高等学校"十二五"规划教材/机械类

液压与气压传动

主　编　钟　平

副主编　鲁晓丽　王昕煜

主　审　吴晓明　赵静一

哈爾濱工業大學出版社

内 容 简 介

本书将流体力学基础知识、液压传动与气压传动三部分教学内容有机地融合为一体，并增加了各种液压、气动元件及系统的实际应用知识。主要内容包括：液压与气压传动基础知识，液压与气动的能源装置、执行元件、控制元件、辅助元件的工作原理、结构特点、应用要点，各种液压、气动基本回路的功用和组成，几种典型液压系统和气动系统，液压系统和气动系统的安装调试、维护保养等。

本书可供高等职业技术院校、高等专科学校的机电类、机械类和近机类专业的师生使用，还可作为各类成人高校相关专业的教学用书，有关工程技术人员也可参考阅读。

图书在版编目(CIP)数据

液压与气压传动/钟平主编.—哈尔滨：哈尔滨工业大学出版社，2008.2(2015.12 重印)
ISBN 978-7-5603-2573-6

Ⅰ.液… Ⅱ.钟… Ⅲ.①液压传动-高等学校-教材 ②气压传动-高等学校-教材 Ⅳ.TH13

中国版本图书馆 CIP 数据核字(2008)第 001424 号

责任编辑　杨　桦　费佳明
封面设计　卞秉利
出版发行　哈尔滨工业大学出版社
社　　址　哈尔滨市南岗区复华四道街 10 号　邮编 150006
传　　真　0451-86414749
网　　址　http://hitpress.hit.edu.cn
印　　刷　肇东粮食印刷厂
开　　本　787 mm×1092 mm　1/16　印张 15.5　字数 355 千字
版　　次　2008 年 2 月第 1 版　2015 年 12 月第 4 次印刷
书　　号　ISBN 978-7-5603-2573-6
定　　价　28.00 元

前　言

改革开放以来，我国应用型高等教育、高等职业教育得到了长足的发展。1999年，教育部组织制定了《高职高专教育专业人才培养目标和规格》，我国的高等职业教育进入了高速发展阶段。为了适应高等教育的发展和工程技术的进步，编者总结了多年来在本门课程教学实践中的经验和教训，并吸取了相关专业的教学改革创新思路，在广泛征求工厂企业、相关研究单位和学生的意见的基础上，努力适应技术发展、满足教学要求，编写了本教材。

本书可供高等职业技术院校、高等专科学校的机电类、机械类和近机类专业的师生使用，还可作为各类成人高校相关专业的教学用书，有关工程技术人员也可参考阅读。

本书包括了流体力学基础知识、液压传动与气压传动三部分教学内容。在本书的编写过程中，作者从培养生产一线技术应用型人才的需要出发，对教学内容进行了重组和整合，不片面追求理论的系统性，而注重增强应用性和强化解决实际问题的能力培养，同时对新技术在生产中的应用也作了介绍。*部分为选修内容。

本课程介绍的内容既是机械类专业的重要技术基础，又是可独立应用的技术，作者在编写本书时力图处理好这两者的关系，但作为教材不可能面面俱到。读者若在生产中应用本书介绍的内容时，还应参考相关的技术手册。

本书由牡丹江大学钟平任主编，鲁晓丽、王昕煜任副主编。第1、2、3章由鲁晓丽编写；第4、5、6章由钟平编写；第7、8、9章由王昕煜编写；第10章由于杰编写。本书由钟平统稿。

燕山大学教授吴晓明、赵静一为本书主审，他们对书稿进行了细致、详尽的审阅，提出了许多宝贵意见，在此表示感谢！

高等职业教育的教学改革是一项艰巨的系统工程，由于编者水平有限，书中难免有欠妥之处，欢迎同仁和读者批评指正。

编　者

2007年11月

目　录

第1章 概　论

驱动机械运动的机械以及各种传动和操纵装置有多种形式，根据所用的部件和零件，可分为机械的、电气的、气动的、液压的。液压传动是以液体作为工作介质对能量进行传动和控制的一种传动形式。液压传动相对于电力拖动和机械传动而言，因其输出力大、质量轻、惯性小、调速方便以及易于控制等优点而广泛应用于工程机械、建筑机械和机床等设备上，其应用领域遍及各个工业部门。

1.1　液压传动的工作原理及系统组成

1.1.1　液压传动系统的工作原理

1.液压千斤顶

图1.1是液压千斤顶的工作原理图。大油缸9和大活塞8组成举升液压缸。杠杆手柄1、小油缸2、小活塞3、单向阀4和7组成手动液压泵。如提起手柄使小活塞向上移动，小活塞下端油腔容积增大，形成局部真空，这时单向阀4打开，通过吸油管5从油箱12中吸油；用力压下手柄，小活塞下移，小活塞下腔压力升高，单向阀4关闭，单向阀7打开，下腔的油液经管道6输入举升油缸9的下腔，迫使大活塞8向上移动，顶起重物。再次提起手柄吸油时，单向阀7自动关闭，使油液不能倒流，从而保证了重物不会自行下落。不断地往复扳动手柄，就能不断地把油液压入举升缸下腔，使重物逐渐地升起。如果打开截止阀11，举升缸下腔的油液通过管道10、截止阀11流回油箱，重物就向下移动。这就是液压千斤顶的工作原理。

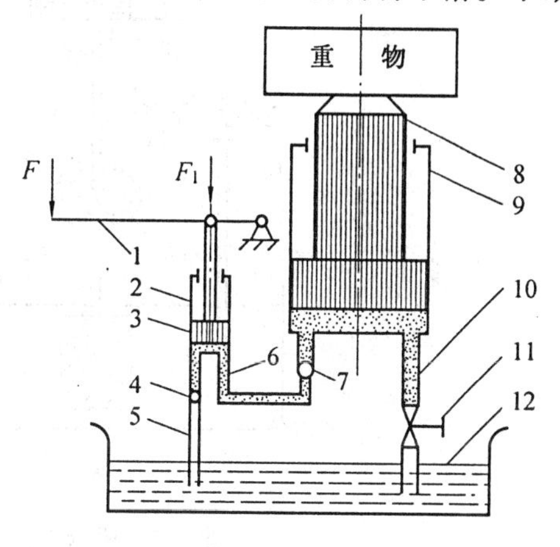

图1.1　液压千斤顶工作原理图

1—杠杆手柄；2—小油缸；3—小活塞；4、7—单向阀；5—吸油管；6、10—管道；8—大活塞；9—大油缸；11—截止阀；12—油箱

通过对上面液压千斤顶工作过程的分析，可以初步了解到液压传动的基本工作原理。

(1)液压传动以液体（一般为矿物油）作为传递运动和动力的工作介质，而且传动中必须经过两次能量转换。首先压下杠杆时，小油缸2输出压力油，是将机械能转换成油液的压力能，压力油经过管道6及单向阀7，推动大活塞8举起重物，是将油液的压力能又转换成机械能。

(2)油液必须在密闭容器（或密闭系统）内传送，而且必须有密闭容积的变化。如果容器不密封，就不能形成必要的压力；如果密闭容积不变化，就不能实现吸油和压油，也就不可能利用受压液体传递运动和动力。

液压传动利用液体的压力能工作，它与在非密闭状态下利用液体的动能或位能工作的液力传动有根本的区别。

2.简单机床的液压传动系统

机床工作台的液压传动系统要比千斤顶的液压传动系统复杂得多。如图 1.2 所示，它由油箱、滤油器、液压泵、溢流阀、开停阀、节流阀、换向阀、液压缸以及连接这些元件的油管、接头组成。其工作原理如下：液压泵由电动机驱动后，从油箱中吸油。油液经滤油器进入液压泵，油液在泵腔中从入口低压到泵出口高压，在图 1.2(a)所示状态下，通过开停阀、节流阀、换向阀进入液压缸左腔，推动活塞使工作台向右移动。这时，液压缸右腔的

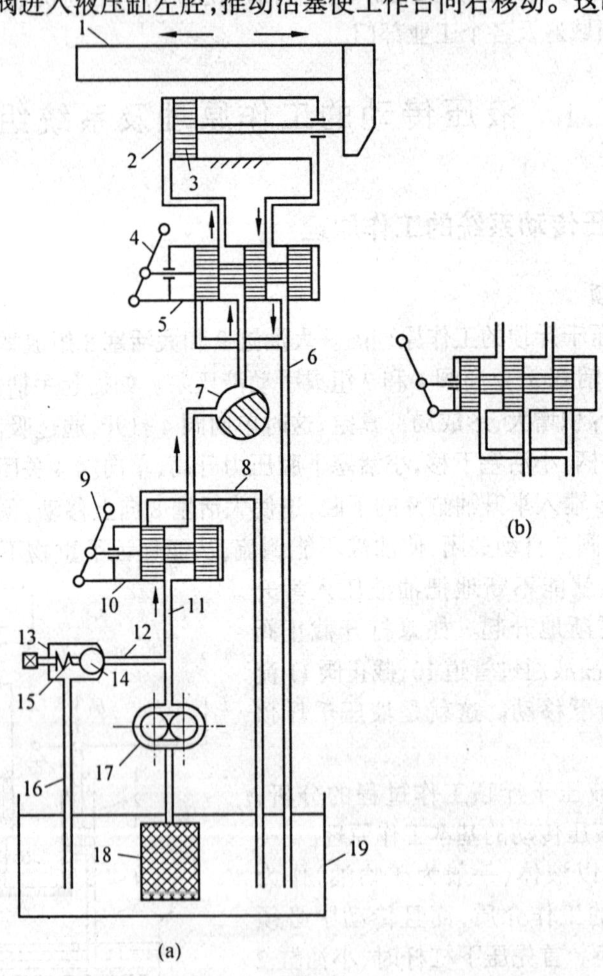

图 1.2 机床工作台液压传动系统工作原理图

1—工作台；2—液压缸；3—活塞；4—换向手柄；5—换向阀；
6、8、16—回油管；7—节流阀；9—开停手柄；10—开停阀；
11—压力管；12—压力支管；13—溢流阀；14—钢球；15—弹簧；
17—液压泵；18—滤油器；19—油箱

油经换向阀和回油管6排回油箱。

如果将换向阀手柄转换成图1.2(b)所示状态，则压力管中的油将经过开停阀、节流阀和换向阀进入液压缸右腔，推动活塞使工作台向左移动，并使液压缸左腔的油经换向阀和回油管6排回油箱。

工作台的移动速度是通过节流阀来调节的。当节流阀开大时，进入液压缸的油量增多，工作台的移动速度增大；当节流阀关小时，进入液压缸的油量减小，工作台的移动速度减小。为了克服移动工作台时所受到的各种阻力，液压缸必须产生一个足够大的推力，这个推力是由液压缸中的油液压力所产生的。要克服的阻力越大，缸中的油液压力越高；反之压力就越低。这种现象正说明了液压传动的一个基本原理——压力取决于负载。

1.1.2 液压传动系统的组成

从机床工作台液压系统的工作过程可以看出，一个完整的、能够正常工作的液压系统，应该由以下五个主要部分组成：

(1)能源装置(动力元件)。能源装置是供给液压系统压力油，把机械能转换成液压能的装置。最常见的装置是液压泵。

(2)执行装置(元件)。执行装置是把液压能转换成机械能以驱动工作机构的装置。其装置有作直线运动的液压缸，有作回转运动的液压马达，它们又称为液压系统的执行元件。

(3)控制调节装置(元件)。控制调节装置是对系统中的压力、流量或流动方向进行控制或调节的装置，如溢流阀、节流阀、换向阀、开停阀等。

(4)辅助装置(元件)。上述三部分之外的其他装置，例如油箱、滤油器、油管等。它们是保证系统正常工作必不可少的装置。

(5)工作介质。传递能量的流体，如液压油等。

1.1.3 液压传动系统图的图形符号

图1.2所示的液压系统是一种半结构式的工作原理图，它具有直观性强、容易理解的优点，当液压系统发生故障时，根据原理图检查十分方便；但图形比较复杂，绘制比较麻烦。我国已经制定了一种用规定的图形符号来表示液压原理图中的各元件和连接管路的国家标准，即“液压系统图图形符号(GB 786—93)”，其对图形符号有以下几条基本规定。

(1)符号只表示元件的职能，连接系统的通路，不表示元件的具体结构和参数，也不表示元件在机器中的实际安装位置。

(2)元件符号内的油液流动方向用箭头表示，线段两端都有箭头的，表示流动方向可逆。

(3)符号均以元件的静止位置或中间零位置表示，当系统的动作另有说明时，可作例外。

图1.3所示为图1.2(a)系统用国标《GB 786—93 液压系统图图形符号》绘制的工作原理图。使用这些图形符号可使液压系统图简单明了，且便于绘图。

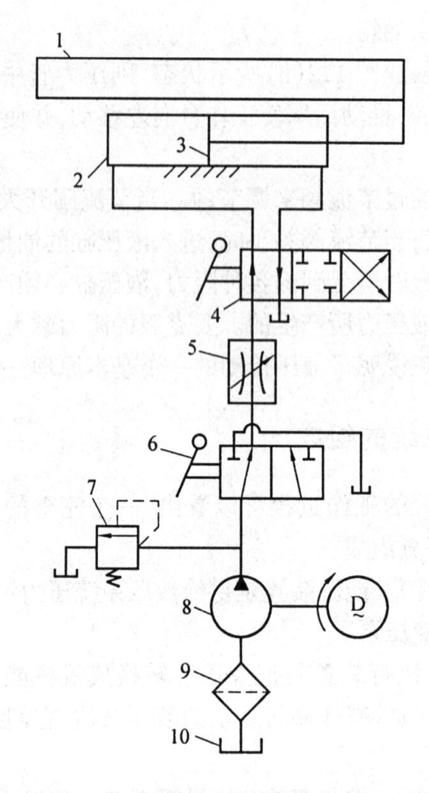

图 1.3 机床工作台液压传动系统的原理符号图
1—工作台;2—液压缸;3—活塞;4—换向阀;
5—节流阀;6—开停阀;7—溢流阀;8—液压泵;
9—滤油器;10—油箱

1.2 液压传动的优缺点

1.2.1 液压传动系统的主要优点

液压传动之所以能得到广泛的应用,是由于它与机械传动、电气传动相比具有以下的主要优点:

(1)由于液压传动是油管连接,所以借助油管的连接可以方便灵活地布置传动机构,这是比机械传动优越的地方。例如,在井下抽取石油的泵可采用液压传动来驱动,以克服长驱动轴效率低的缺点。由于液压缸的推力很大,又加之极易布置,在挖掘机等重型工程机械上,已基本取代了老式的机械传动方式,不仅操作方便,而且外形美观大方。

(2)液压传动装置的质量轻、结构紧凑、惯性小。例如,相同功率液压马达的体积为电动机的 12% ~ 13%。液压泵和液压马达单位功率的质量指标,目前是发电机和电动机的十分之一,液压泵和液压马达可小至 0.002 5 N/W,发电机和电动机则约为 0.03 N/W。

(3)可在大范围内实现无级调速。借助阀或变量泵、变量马达,可以实现无级调速,调速范围可达1:2 000,并可在液压装置运行的过程中进行调速。

(4)传递运动均匀平稳,负载变化时速度较稳定。正因为此特点,金属切削机床中的磨床传动现在几乎都采用液压传动。

(5)液压装置借助于设置溢流阀等易于实现过载保护,同时液压件能自行润滑,因此使用寿命长。

(6)液压传动借助于各种控制阀容易实现自动化,特别是液压控制和电气控制结合使用时,能很容易地实现复杂的自动工作循环,而且可以实现遥控。

(7)液压元件已实现了标准化、系列化和通用化,便于设计、制造和推广使用。

1.2.2 液压传动系统的主要缺点

(1)液压系统中的漏油等因素,影响运动的平稳性和准确性,使得液压传动不能保证严格的传动比。

(2)液压传动对油温的变化比较敏感,温度变化时,液体黏性变化,引起运动特性的变化,使得工作的稳定性受到影响,所以它不宜在温度变化很大的环境条件下采用。

(3)为了减少泄漏,以及为了满足某些性能上的要求,液压元件的配合件制造精度要求较高,加工工艺较复杂。

(4)液压传动要求有单独的能源,不像电源那样使用方便。

(5)液压系统发生故障不易检查和排除。

总之,液压传动的优点是主要的,随着设计制造和使用水平的不断提高,有些缺点正在逐步加以克服,因而液压传动有着广泛的发展前景。

1.3 液压传动的应用和发展

1.3.1 液压传动系统的主要应用

液压传动具有很多优点,最近二三十年来液压技术在各行各业中的应用越来越广泛。

在机床上,液压传动常应用在以下的一些装置中:

(1)进给运动传动装置。磨床砂轮架和工作台的进给运动大部分采用液压传动;车床、六角车床、自动车床的刀架或转塔刀架;铣床、刨床、组合机床的工作台等的进给运动也都采用液压传动。这些部件有的要求快速移动,有的要求慢速移动。有的则既要求快速移动,也要求慢速移动。这些运动多半要求有较大的调速范围,要求在工作中无级调速;有的要求持续进给,有的要求间歇进给;有的要求在负载变化下速度恒定,有的要求有良好的换向性能等。所有这些要求都是可以用液压传动来实现的。

(2)往复主体运动传动装置。龙门刨床的工作台、牛头刨床或插床的滑枕,由于要求作高速往复直线运动,并且要求换向冲击小、换向时间短、能耗低,因此都可以采用液压传动。

(3)仿形装置。车床、铣床、刨床上的仿形加工可以采用液压伺服系统来完成。其精度可达 0.01 ~ 0.02 mm。此外,磨床上的成形砂轮修正装置亦可采用这种系统。

(4)辅助装置。机床上的夹紧装置、齿轮箱变速操纵装置、丝杠螺母间隙消除装置、垂直移动部件平衡装置、分度装置、工件和刀具装卸装置、工件输送装置等,在采用液压传动后,简化了机床结构,提高了机床自动化程度。

(5)静压支承。重型机床、高速机床、高精度机床上的轴承、导轨、丝杠螺母机构等处采用液体静压支承后,可以提高工作平稳性和运动精度。

液压传动在各类机械行业中的应用情况见表 1.1。

表 1.1 液压传动在各类机械行业中的应用实例

行业名称	应 用 实 例
工程机械	挖掘机、装载机、推土机、压路机、铲运机等
起重运输机械	汽车吊、港口龙门吊、叉车、装卸机械、皮带运输机等
矿山机械	凿岩机、开掘机、开采机、破碎机、提升机、液压支架等
建筑机械	打桩机、液压千斤顶、平地机等
农业机械	联合收割机、拖拉机、农具悬挂系统等
冶金机械	轧钢机、压力机等
轻工机械	打包机、注塑机、校直机、橡胶硫化机、造纸机等
汽车工业	自卸式汽车、平板车、高空作业车和汽车中的转向器、减振器等
智能机械	折臂式小汽车装卸器、数字式体育锻炼机、模拟驾驶舱、机器人等

1.3.2 液压传动技术的发展概况

液压传动相对于机械传动来说是一门新学科,从 17 世纪中叶帕斯卡提出静压传动原理,18 世纪末英国制成第一台水压机算起,液压传动虽有二三百年的历史,但是由于早期技术水平和生产需求的不足,液压传动技术没有得到普遍应用。随着科学技术的不断发展,对传动技术的要求越来越高,液压传动技术才不断发展,特别是在第二次世界大战期间及战后,由于军事及建设需求的刺激,液压技术日趋成熟。

第二次世界大战前后,液压传动装置成功地应用于舰艇炮塔转向器,其后出现了液压六角车床和磨床,一些通用机床到 20 世纪 30 年代才用上了液压传动。第二次世界大战期间,在兵器上采用了功率大、反应快、动作准的液压传动和控制装置,它提高了兵器的性能,也促进了液压技术的发展。战后,液压技术迅速转向民用,并随着各种标准的不断制订和完善及各类元件的标准化、规格化、系列化而在机械制造、工程机械、农业机械、汽车制造等行业中推广开来。近 30 年来,原子能技术、航空航天技术、控制技术、材料科学、微电子技术等学科的发展,再次推动了液压技术的发展,使它发展成为包括传动、控制、检测在内的一门完整的自动化技术,在国民经济的各个部门都得到了应用,如工程机械、数控加工中心等。采用液压传动的程度已成为衡量一个国家工业水平的重要标志之一。

思考题和习题

1.1 何谓液压传动？液压传动的基本原理是什么？

1.2 液压传动系统若能正常工作,必须由哪几部分组成？各组成部分的作用是什么？

1.3 液压传动与其他传动方式相比,有哪些优缺点？其最突出的优点是什么？其难以克服的缺点是什么？

1.4 根据图 1.3 画出液压泵、液压缸、节流阀、滤油器的图形符号。

第2章 液压传动基础

液压油是液压传动系统的重要组成部分,是用来传递能量的工作介质。除了传递能量,它还起着润滑运动部件和保护金属不被锈蚀的作用。液压油的质量及其各种性能将直接影响液压系统的工作。因此,了解工作介质的种类、基本性质和主要力学特性,对于正确理解液压传动原理及其规律,从而正确使用液压系统都是非常必要的。这些内容也是液压系统设计和计算的理论基础。

2.1 液压传动的工作介质

2.1.1 工作介质的物理特性

1.密度 ρ

$$\rho = \frac{m}{V} \quad (\text{kg/m}^3 \text{或 g/cm}^3) \tag{2.1}$$

式中 m——液体的质量(kg);

V——流体的容积(m^3 或 cm^3)。

流体的密度随温度和压力而变化,对于液压系统的矿物油,在一般使用温度与压力范围内,其密度变化很小,可近似认为不变,其密度 $\rho \approx 900\ \text{kg/m}^3$。

2.流体的黏性

(1)黏性的含义

液体在外力作用下流动时,由于液体分子间的内聚力而产生一种阻碍液体分子之间进行相对运动的内摩擦力,液体的这种产生内摩擦力的性质称为液体的黏性。由于液体具有黏性,当流体发生剪切变形时,流体内就产生阻滞变形的内摩擦力,由此可见,黏性表征了流体抵抗剪切变形的能力。处于相对静止状态的流体中不存在剪切变形,因而也不存在变形的抵抗,只有当运动流体流层间发生相对运动时,流体对剪切变形的抵抗,也就是黏性才表现出来。黏性所起的作用为阻滞流体内部的相互滑动,在任何情况下它都只能延缓滑动的过程而不能消除这种滑动。

(2)牛顿内摩擦定律

黏性的大小可用黏度来衡量,黏度是选择液压用流体的主要指标,是影响流动流体的重要物理性质。

当液体流动时,液体与固体壁面的附着力及流体本身的黏性使流体内各处的速度大小不等,以流体沿如图2.1所示的平行平板间的流动情况为例,设上平板以速度 u_0 向右运动,下平板固定不动。紧贴于上平板上的流体粘附于上平板上,其速度与上平板相同。

紧贴于下平板上的流体粘附于下平板上，其速度为零。中间流体的速度按线性分布。我们把这种流动看成是许多无限薄的流体层在运动，当运动较快的流体层在运动较慢的流体层上滑过时，两层间由于黏性就产生内摩擦力的作用。根据实际测定的数据可知，流体层间的内摩擦力 F 与流体层的接触面积 A 及流体层的相对流速 $\mathrm{d}u$ 成正比，而与此二流体层间的距离 $\mathrm{d}y$ 成反比，即

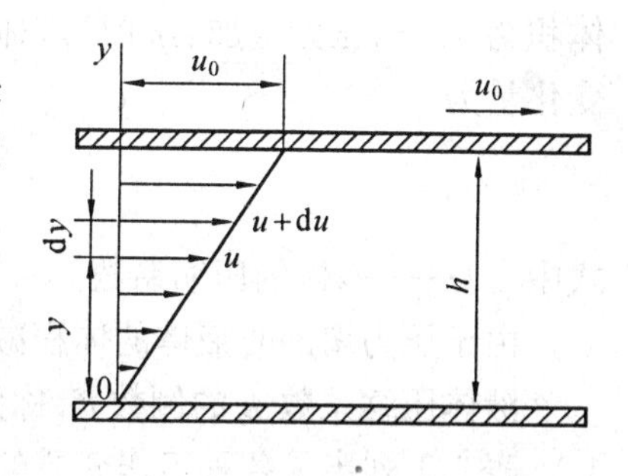

图 2.1 液体的黏性示意图

$$F=\mu A\frac{\mathrm{d}u}{\mathrm{d}y} \tag{2.2}$$

式中 μ——比例系数，也称为液体的黏性系数或动力黏度；

$\mathrm{d}u/\mathrm{d}y$——相对运动速度对液层间距离的变化率，也称速度梯度或剪切率。

此公式称为牛顿黏性公式，也称牛顿内摩擦定律。

流体黏性的大小用黏度来表示。常用的黏度有动力黏度、运动黏度和相对黏度。

(3)液体的黏度

①动力黏度 μ。上式中的比例系数 μ 就表示了流体抵抗变形的能力，即流体黏性的大小，称为流体的动力黏度。其单位为 $\mathrm{N\cdot s/m^2}$，或为 $\mathrm{Pa\cdot s}$。

②运动黏度。运动黏度是动力黏度 μ 与密度 ρ 的比值

$$\nu=\frac{\mu}{\rho} \tag{2.3}$$

运动黏度 ν 无明确的物理意义，因为在其单位中只有长度和时间量纲，所以称为运动黏度。但在工程中常用它来标志液体的黏度。液压油的牌号，就是采用它在 40℃时运动黏度的平均值来标号。例如 YA－N32 液压油就是指这种液压油在 40℃时运动黏度的平均值为 32 $\mathrm{mm^2/s}$。

③相对黏度。在液体黏度的实际测量常用的黏度表示方法是相对黏度(又称条件黏度)，由于测量仪器和条件不同，各国相对黏度的单位也不同，如美国采用赛氏黏度 SSU；英国采用雷氏黏度 R；而我国和德国则采用恩氏黏度$^\circ E$。

恩氏黏度的测定方法如下：测定 200 $\mathrm{cm^3}$ 某一温度的被测液体在自重作用下流过直径 2.8 mm 小孔所需的时间 t_A，然后测出同体积的蒸馏水在 20℃时流过同一孔所需时间 t_B($t_B=50\sim52$ s)，t_A 与 t_B 的比值即为流体的恩氏黏度值。恩氏黏度用符号$^\circ E$ 表示。被测液体温度 t ℃时的恩氏黏度用符号$^\circ E_t$ 表示

$$^\circ E_t=\frac{t_A}{t_B} \tag{2.4}$$

恩氏黏度与运动黏度的换算关系为

$$\nu=0.073\,1^\circ E-\frac{0.063\,1}{^\circ E}\quad(\mathrm{cm^2/s}) \tag{2.5}$$

3.液体的可压缩性

液体因所受压力增高而发生体积缩小的性质称为可压缩性。若压力为 p_0 时液体的

体积为 V_0,当压力增加 Δp 时,液体的体积减小 ΔV,则液体在单位压力变化下的体积相对变化量为

$$k = -\frac{1}{\Delta p}\frac{\Delta V}{V_0} \tag{2.6}$$

式中 k——液体的压缩系数。

由于压力增加时液体的体积减小,因此式(2.6)的右边须加一负号,以使 k 为正值。

液体压缩系数 k 的倒数 K,称为液体的体积模量,即 $K = 1/k$。

表 2.1 列出了各种工作介质的体积模量。

表 2.1 各种工作介质的体积模量(20℃,101.325 kPa)

介质种类	体积模量 K/MPa	介质种类	体积模量 K/MPa
石油基液压油	$(1.4 \sim 2) \times 10^3$	水-乙二醇液	3.45×10^3
水包油乳化液	1.95×10^3	膦酸酯液	2.65×10^3
油包水乳化液	2.3×10^3		

一般情况下,工作介质的可压缩性对液压系统的性能影响不大,但在高压下或研究系统的动态性能时,则必须予以考虑。由于空气的可压缩性很大,所以当工作介质中有游离气泡时,值将大大减小。因此,一般建议对石油基液压油 K 值取为$(0.7 \sim 1.4) \times 10^3$ MPa,且应采取措施尽量减少液压系统工作介质中游离空气的含量。

2.1.2 液压系统对工作介质的要求

液压系统对油液的要求有下面几点:

(1)适宜的黏度和良好的黏温性能。一般液压系统所用的液压油其黏度范围为

$$\nu = 11.5 \times 10^{-6} \sim 35.3 \times 10^{-6}\ \mathrm{m^2/s}(2 \sim 5\ {}^\circ E_{50})$$

(2)润滑性能好。在液压传动机械设备中,除液压元件外,其他一些有相对滑动的零件也要用液压油来润滑,因此,液压油应具有良好的润滑性能。为了改善液压油的润滑性能,可加入添加剂以增加其润滑性能。

(3)良好的化学稳定性,即对热、氧化、水解、相容都具有良好的稳定性。

(4)对金属材料具有防锈性和防腐性。

(5)比热、热传导率大,热膨胀系数小。

(6)抗泡沫性好,抗乳化性好。

(7)油液纯净,含杂质量少。

(8)流动点和凝固点低,闪点(明火能使油面上油蒸气内燃,但油本身不燃烧的温度)和燃点高。

此外,对油液的无毒性、价格等,也应根据不同的情况有所要求。

2.1.3 工作介质的选择

正确而合理地选用液压油,是保证液压设备高效率正常运转的前提。

选用液压油时，可根据液压元件生产厂样本和说明书所推荐的品种号数来选用液压油，或者根据液压系统的工作压力、工作温度、液压元件种类及经济性等因素全面考虑，一般是先确定适用的黏度范围，再选择合适的液压油品种。同时还要考虑液压系统工作条件的特殊要求，如在寒冷地区工作的系统则要求油的黏度指数高、低温流动性好、凝固点低；伺服系统则要求油质纯、压缩性小；高压系统则要求油液抗磨性好。在选用液压油时，黏度是一个重要的参数。黏度的高低将影响运动部件的润滑、缝隙的泄漏以及流动时的压力损失、系统的发热温升等。所以，在环境温度较高，工作压力高或运动速度较低时，为减少泄漏，应选用黏度较高的液压油，否则相反。

表2.2为常见液压油系列品种。其中液压油的牌号(即数字)表示在40℃下油液运动黏度的平均值(单位为cSt)。原名内为过去的牌号，其中的数字表示在50℃时油液运动黏度的平均值。

但是总的来说，应尽量选用较好的液压油，虽然初始成本要高些，但由于优质油使用寿命长，对元件损害小，所以从整个使用周期看，其经济性要比选用劣质油好些。

表2.2 常见液压油系列品种

种类	牌号		原名	用途
	油名	代号		
普通液压油	N32号液压油 N68G号液压油	YA-N32 YA-N68	20号精密机床液压油 40号液压-导轨油	用于环境温度0~45℃工作的各类液压泵的中、低压液压系统
抗磨液压油	N32号抗磨液压油 N150号抗磨液压油 N168K号抗磨液压油	YA-N32 YA-N150 YA-N168K	20抗磨液压油 80抗磨液压油 40抗磨液压油	用于环境温度-10~40℃工作的高压柱塞泵或其他泵的中、高压系统
低温液压油	N15号低温液压油 N46D号低温液压油	YA-N15 YA-N46D	低凝液压油 工程液压油	用于环境温度-20℃~40℃工作的各类高压系统
高黏度指数液压油	N32H号高黏度指数液压油	YD-N32D		用于温度变化不大且对黏温性能要求更高的液压系统

2.1.4 液压油的污染与防护

液压油是否清洁，不仅影响液压系统的工作性能和液压元件的使用寿命，而且直接关系到液压系统是否能正常工作。液压系统多数故障与液压油受到污染有关，因此控制液压油的污染是十分重要的。

1.液压油被污染的原因主要有以下几方面

(1)液压系统的管道及液压元件内的型砂、切屑、磨料、焊渣、锈片、灰尘等污垢在系统使用前冲洗时未被洗干净，在液压系统工作时，这些污垢就进入到液压油里。

(2)外界的灰尘、砂粒等，在液压系统工作过程中通过往复伸缩的活塞杆、流回油箱的漏油等进入液压油里。另外在检修时,稍不注意也会使灰尘、棉绒等进入液压油里。

(3)液压系统本身也不断地产生污垢,而直接进入液压油里,如金属和密封材料的磨损颗粒,过滤材料脱落的颗粒或纤维及油液因油温升高氧化变质而生成的胶状物等。

2.油液污染的危害

液压油污染严重时,直接影响液压系统的工作性能,使液压系统经常发生故障,使液压元件寿命缩短。造成这些危害的原因主要是污垢中的颗粒。对于液压元件来说,由于这些固体颗粒进入到元件里,会使元件的滑动部分磨损加剧,并可能堵塞液压元件里的节流孔、阻尼孔,或使阀心卡死,从而造成液压系统的故障。水分和空气的混入使液压油的润滑能力降低并使它加速氧化变质,产生气蚀,使液压元件加速腐蚀,使液压系统出现振动、爬行等。

3.防止污染的措施

造成液压油污染的原因多而复杂,液压油自身又在不断地产生脏物,因此要彻底解决液压油的污染问题是很困难的。为了延长液压元件的寿命,保证液压系统可靠地工作,将液压油的污染度控制在某一限度以内是较为切实可行的办法。对液压油的污染控制工作主要是从两个方面着手:一是防止污染物侵入液压系统;二是把已经侵入的污染物从系统中清除出去。污染控制要贯穿于整个液压装置的设计、制造、安装、使用、维护和修理等各个阶段。

为防止油液污染,在实际工作中应采取如下措施:

(1)使液压油在使用前保持清洁。液压油在运输和保管过程中都会受到外界污染,新买来的液压油看上去很清洁,其实很"脏",必须将其放置数天后经过滤加入液压系统中使用。

(2)使液压系统在装配后、运转前保持清洁。液压元件在加工和装配过程中必须清洗干净,液压系统在装配后、运转前应彻底进行清洗,最好用系统工作中使用的油液清洗,清洗时油箱除通气孔(加防尘罩)外必须全部密封,密封件不可有飞边、毛刺。

(3)使液压油在工作中保持清洁。液压油在工作过程中会受到环境污染,因此应尽量防止工作中空气和水分的侵入,为完全消除水、气和污染物的侵入,采用密封油箱,通气孔上加空气滤清器,防止尘土、磨料和冷却液侵入,经常检查并定期更换密封件和蓄能器中的胶囊。

(4)采用合适的滤油器。这是控制液压油污染的重要手段。应根据设备的要求,在液压系统中选用不同的过滤方式,不同的精度和不同的结构的滤油器,并要定期检查和清洗滤油器和油箱。

(5)定期更换液压油。更换新油前,油箱必须先清洗一次,系统较脏时,可用煤油清洗,排尽后注入新油。

(6)控制液压油的工作温度。液压油的工作温度过高对液压装置不利,液压油本身也会加速氧化变质,产生各种生成物,缩短它的使用期限,一般液压系统的工作温度最好控制在65℃以下,机床液压系统则应控制在55℃以下。

2.2 流体力学基础

流体力学是以流体(包括液体和气体)为研究对象。因为液体对于体积变化有很大的抗拒力,所以通常把它看做是不可压缩的(也有例外);气体对体积变化抗拒力较小,具有可压缩性,但在低速流动时,压差不大,在允许的精度范围内,可作为不可压缩流体来看待。本节研究的流体主要是不可压缩流体。

2.2.1 流体静力学基础

流体静力学所研究的是静止液体的力学性质。这里所说的静止,是指液体内部质点之间没有相对运动,至于液体整体完全可以像刚体一样作各种运动。

静止液体内的压力有如下特性:

(1)液体的压力沿着内法线方向作用于承压面。

(2)静止液体内任一点的压力在各个方向上都相等。

1.重力作用下静止流体中的压力分布

图2.2所示容器中,盛有密度为 ρ 的不可压缩流体,作用于液体表面上的压力为 $p_s = F/A + p_a$(p_a 为大气压,A 为活塞横截面积)。为求任意深度 h 处的压力 p,可以假想从液面往下切取一个垂直小液柱作为研究体,设液柱的底面积为 ΔA,高为 h,如图2.2所示。

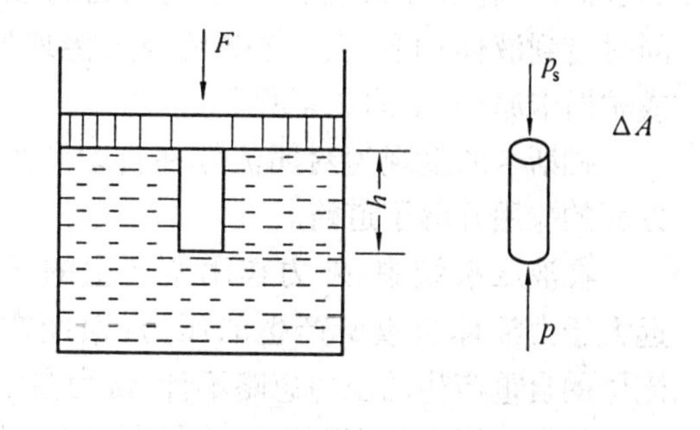

图2.2 静止流体内的压力

由于液柱处于平衡状态,于是有

$$p\Delta A = p_s\Delta A + \rho gh\Delta A \tag{2.7}$$

因此,得

$$p = p_s + \rho gh \tag{2.8}$$

上式为不可压缩流体静力学基本方程式。

由上式可知,重力作用下的静止液体内任一点处的压力都由两部分组成:一部分是表面上所受的压力 p_s,另一部分是该点以上液体自重(重力)所形成的压力 ρgh。当流体重力所形成的压力相对很小时,可忽略不计。此时,可认为流体内部各点的压力处处相等,且压力取决于外力(负载),即

$$p = p_s = \frac{F}{A} \tag{2.9}$$

在 p_s 中不计大气压力时,压力 p 为相对压力。

当流体为液体,容器开口时,液面上只受大气压力 p_a 作用,$p_s = p_a$,即

$$p_a = p_s + \rho gh \tag{2.10}$$

此时,p 为绝对压力。

2.绝对压力、相对压力和真空度

压力的表示方法有两种:一种是以绝对真空作为基准所表示的压力,称为绝对压力;一种是以大气压力作为基准所表示的压力,称为相对压力。由于大多数测压仪表所测的压力都是相对压力,所以相对压力也称为表压力。绝对压力和相对压力的关系如下

相对压力 = 绝对压力 - 大气压力

当绝对压力小于大气压力时,比大气压力小的那部分压力数值称为真空度。即

真空度 = 大气压力 - 绝对压力

绝对压力、相对压力和真空度的相对关系见图 2.3。

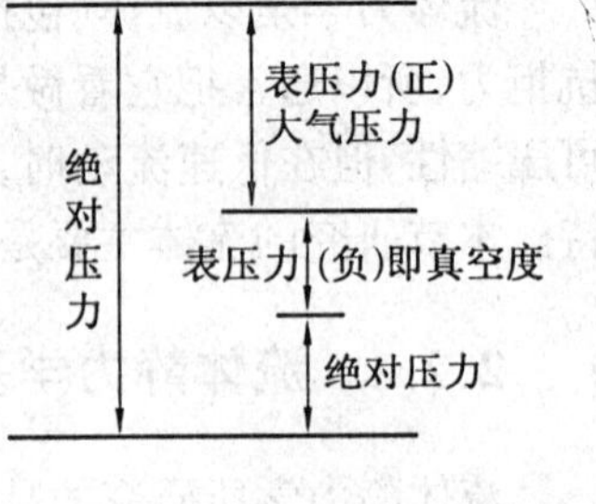

图 2.3 绝对压力与表压力的关系

3.帕斯卡原理

由静力学基本方程式可知,盛放在密封容器内的流体,其外加压力 p_s 变化时,只要流体仍保持原来的静止状态,流体中任一点的压力,均将发生同样大小变化。也就是说,在密闭的容器内,施加于静止流体上的压力将以等值同时传到液体内各点。这就是静压传递原理,或帕斯卡原理,如图 2.4 所示。

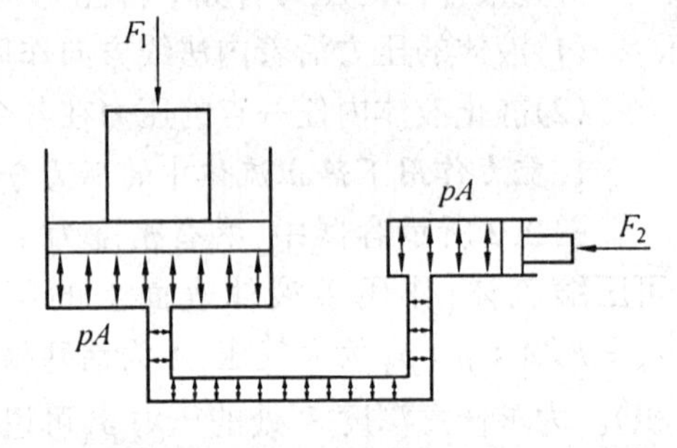

图 2.4 静压传递原理应用实例

帕斯卡的发现为封闭流体在传动和力放大方面的应用开辟了道路。

在液压系统中,外力作用所产生的压力远远大于由液体自重所产生的压力,因此常常将流体的自重产生的压力忽略不计,认为在密封容器中静止的流体的压力处处相等。

根据帕斯卡原理可以对密封容器中的压力进行有关运算。

4.液体静压力对固体壁面的作用力

静止流体和固体壁面相接触时,固体壁面上各点在某一方向上所受流体的压力总和,便是流体在该方向上作用于固体壁面上的力。

如图 2.5 所示,在液压缸活塞、球阀和锥阀阀心上,流体作用在固体壁面上某一方向的作用力 F 等于静止液体的压力 p 和受力面在该方向的投影面积 A 的乘积,即

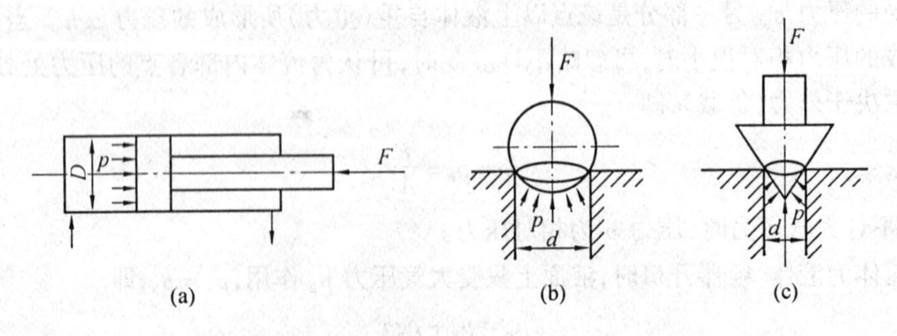

图 2.5 液体静压力对固体壁面的作用力

$$F = pA = p\frac{\pi}{4}d^2 \tag{2.11}$$

式中　d——承压部分曲面投影圆的直径。

2.2.2　流体动力学基础

在液压传动系统中,液压油总是在不断地流动中,因此要研究液体在外力作用下的运动规律及作用在流体上的力,以及这些力和流体运动特性之间的关系。对液压流体力学我们只关心和研究平均作用力和运动之间的关系。本节主要讨论三个基本方程式,即液流的连续性方程、伯努利方程和动量方程。它们是刚体力学中的质量守恒、能量守恒及动量守恒原理在流体力学中的具体应用。前两个方程描述了压力、流速与流量之间的关系,以及液体能量相互间的变换关系,后者描述了流动液体与固体壁面之间作用力的情况。液体是有黏性的,并在流动中表现出来,因此,在研究液体运动规律时,不但要考虑质量力和压力,还要考虑黏性摩擦力的影响。此外,液体的流动状态还与温度、密度、压力等参数有关。为了分析,可以简化条件,从理想液体着手,所谓理想液体是指没有黏性的液体,同时,一般都视为在等温的条件下把黏度、密度视作常量来讨论液体的运动规律。然后再通过实验对产生的偏差加以补充和修正,使之符合实际情况。

1.液体流动的基本基本概念

(1)理想液体与定常流动

理想液体就是指没有黏性、不可压缩的液体。首先对理想液体进行研究,然后再通过实验验证的方法对所得的结论进行补充和修正。这样,不仅使问题简单化,而且得到的结论在实际应用中仍具有足够的精确性。我们把既具有黏性又可压缩的液体称为实际液体。

当液体流动时,可以将流动液体中空间任一点上质点的运动参数,例如压力 p、流速 v 及密度 ρ 表示为空间坐标和时间的函数,即

压力　$p = p(x, y, z, t)$

速度　$v = v(x, y, z, t)$

密度　$\rho = \rho(x, y, z, t)$

如果空间点上的运动参数 p、v 及 ρ 在不同的时间内都有确定的值,即它们只随空间点坐标的变化而变化,不随时间 t 变化,对液体的这种运动称为定常流动或恒定流动。

在流体的运动参数中,只要有一个运动参数随时间而变化,液体的运动就是非定常流动或非恒定流动。

在图 2.6(a)中,我们对容器出流的流量给予补偿,使其液面高度不变,这样,容器中各点的液体运动参数 p、v 及 ρ 都不随时间而变,这就是定常流动。在图 2.6(b)中,我们不对容器的出流给予流量补偿,则容器中各点的液体运动参数将随时间而改变,例如随着时间的消逝,液面高度逐渐减低,因此,这种流动为非定常流动。

(2)流动状态、雷诺数

实际液体具有黏性,是产生流动阻力的根本原因。然而流动状态不同,则阻力大小也是不同的。所以先研究两种不同的流动状态。

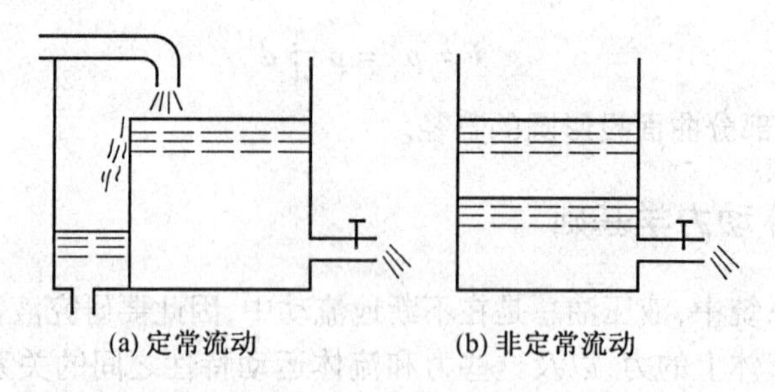

图 2.6 定常流动与非定常流动

① 流动状态——层流和紊流

液体在管道中流动时存在两种不同状态——层流和紊流，它们的阻力性质也不相同，可以通过实验来观察。

试验装置如图 2.7 所示，试验时保持水箱中水位恒定和尽可能平静，然后将阀门 A 微微开启，使少量水流流经玻璃管，即玻璃管内平均流速 v 很小。这时，如将颜色水容器的阀门 B 也微微开启，使颜色水也流入玻璃管内，我们可以在玻璃管内看到一条细直而鲜明的颜色流束，而且不论颜色水放在玻璃管内的任何位置，它都能呈直线状，这说明管中水流都是安定地沿轴向运动，液体质点没有垂直于主流方向的横向运动，所以颜色水和周围的液体没有混杂。如果把 A 阀缓慢开大，管中流量和它的平均流速 v 也将逐渐增大，直至平均流速增加至某一数值，颜色流束开始弯曲颤动，这说明玻璃管内液体质点不再保持安定，开始发生脉动，不仅具有横向的脉动速度，而且也具有纵向脉动速度。如果 A 阀继续开大，脉动加剧，颜色水就完全与周围液体混杂而不再维持流束状态。

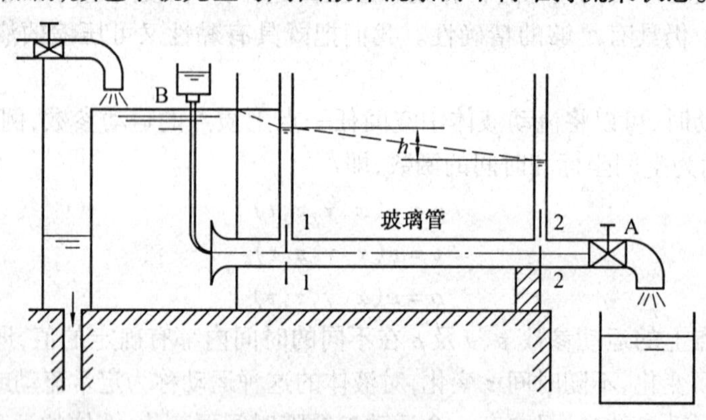

图 2.7 雷诺试验

层流：在液体运动时，如果质点没有横向脉动，不引起液体质点混杂，而是层次分明，能够维持安定的流束状态，这种流动称为层流。

紊流：如果液体流动时质点具有脉动速度，引起流层间质点相互错杂交换，这种流动称为紊流或湍流。

② 雷诺数

液体流动时究竟是层流还是紊流，需用雷诺数来判别。

实验证明，液体在圆管中的流动状态不仅与管内的平均流速 v 和水力直径 d_H 成正比，而且与液体的运动黏度 ν 成反比。但是，真正决定液流状态的，却是这三个参数所组成的一个称为雷诺数 Re 的无量纲纯数

$$Re = v\frac{d_H}{\nu} \tag{2.12}$$

由式(2.12)可知，液流的雷诺数如相同，它的流动状态也相同。当液流的雷诺数 Re 小于临界雷诺数 Re_c 时，液流为层流；反之，液流大多为紊流。常见的液流管道的临界雷诺数 Re_c 由实验求得，见表2.3。

表2.3 常见液流管道的临界雷诺数

管道的材料与形状	临界雷诺数 Re_c	管道的材料与形状	临界雷诺数 Re_c
光滑的金属圆管	2 000～2 320	带环槽的同心环状缝隙	700
橡胶软管	1 600～2 000	带环槽的偏心环状缝隙	400
光滑的同心环状缝隙	1 100	圆柱形滑阀阀口	260
光滑的偏心环状缝隙	1 000	锥状阀口	20～100

其中水力直径 d_H 为

$$d_H = \frac{4A}{\chi} \tag{2.13}$$

式中 A——过流断面面积；

χ——湿周，为过流断面上的液体与固体相润湿的周长。

又如正方形的管道，边长为 b，则湿周为 $4b$，因而水力直径为 $d_H = b$。水力直径的大小，对管道的通流能力影响很大。水力直径大，意味着液流和管壁的接触周长小，管壁对液流的阻力小，通流能力大，且不易堵塞。

2.连续性方程

质量守恒是自然界的客观规律，不可压缩液体的流动过程也遵守能量守恒定律。在流体力学中这个规律用称为连续性方程的数学形式来表达的。

如图2.8所示，当流体在管内作恒定流动时，在同一时间内，流过管道的每一过流断面的质量流量相等。即

$$q_m = \rho_1 v_1 A_1 = \rho_2 v_2 A_2 = 常数 \tag{2.14}$$

当忽略流体的可压缩性时，密度相等，则有

$$v_1 A_1 = v_2 A_2 \tag{2.15}$$

由于通流截面是任意取的，则有

$$q = v_1 A_1 = v_2 A_2 = v_3 A_3 = \cdots = v_n A_n = 常数 \tag{2.16}$$

式中 v_1, v_2——流管通流截面 A_1 及 A_2 上的平均流速。

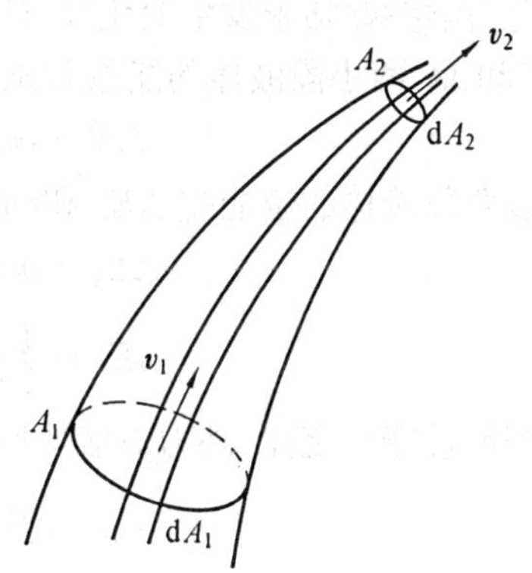

图2.8 液体的微小流束连续性流动示意图

式(2.16)表明通过流管内任一通流截面上的流量相等，当流量一定时，任一通流截面上的通流面积与流速成反比。则有任一通流断面上的平均

流速为

$$v_i = \frac{q}{A_i} \tag{2.17}$$

3.伯努利方程

伯努利方程是能量守恒定律在流体力学中的一种表达方式。

为了便于研究,我们从理想液体、恒定流动入手,逐步深入到实际液体。

(1)理想液体伯努利方程

设密度为 ρ 的理想液体在如图 2.9 所示的管道内作恒定流动,任取一段液流 AB 作为研究对象,设 A、B 两个断面距基准面的高为 Z_1 和 Z_2,过流断面面积分别为 A_1 和 A_2,压力分别为 p_1 和 p_2;由于是理想流体,断面上的流速可以认为是均匀分布的,故设 A、B 断面的流速分别为 v_1 和 v_2。假设经过很短的时间 Δt 以后,AB 段液体移动到 A'、B' 位置,现分析该段液体的做功和能量变化情况。

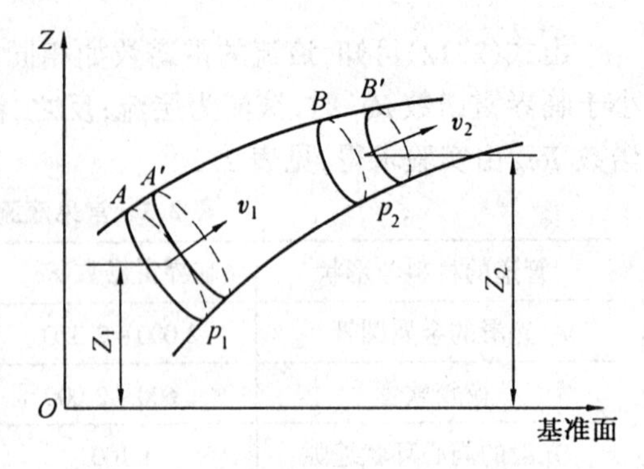

图 2.9 伯努利方程推导示意图

①外力所做的功。作用在该断液体上的外力有侧面和两断面的压力。因理想液体无黏性,侧面压力不能产生摩擦力做功,故外力的功仅是两断面压力所做的功的代数和

$$w = p_1A_1v_1\Delta t - p_2A_2v_2\Delta t \tag{2.18}$$

由连续性方程知

$$A_1v_1 = A_2v_2 = q$$

或

$$A_1v_1\Delta t = A_2v_2\Delta t = q\Delta t = \Delta V$$

式中 ΔV——AA'或BB'间微小液体的体积。

故有

$$w = (p_1 - p_2)\Delta V \tag{2.19}$$

②液体机械能变化。因是理想液体作恒定流动,经过时间 Δt 后,中间 $A'B$ 段液体的所有力学参数均未发生变化,故这段液体的能量没有增减。液体机械能的变化仅表现在 BB' 和 AA' 两小段液体的能量差别上。由于前后两段液体有相同的质量

$$\Delta m = \rho v_1A_1\Delta t = \rho v_2A_2\Delta t = \rho q\Delta t = \rho\Delta V$$

所以两段液体的位能差 ΔE_P 和动能差 ΔE_K 分别为

$$\Delta E_P = \rho gq\Delta t(Z_2 - Z_1) = \rho g\Delta V(Z_2 - Z_1) \tag{2.20}$$

$$\Delta E_K = \frac{1}{2}\rho q\Delta t(v_2^2 - v_1^2) = \frac{1}{2}\rho\Delta V(v_2^2 - v_1^2) \tag{2.21}$$

根据能量守恒定律,外力对液体所做的功等于该液体能量的变化量,$w = \Delta E_P + \Delta E_K$,即

$$(p_1 - p_2)\Delta V = \rho q\Delta t(Z_2 - Z_1) + \frac{1}{2}\rho\Delta V(v_2^2 - v_1^2)$$

将上式各项分别除以微小段液体的体积 ΔV,整理后得理想液体伯努利方程为

$$p_1 + \rho gZ_1 + \frac{1}{2}\rho v_1^2 = p_2 + \rho gZ_2 + \frac{1}{2}\rho v_2^2 \tag{2.22}$$

或写成

$$p+\rho gZ+\frac{1}{2}\rho v^2=\text{常数} \tag{2.23}$$

上式中各项分别是单位体积液体的压力能、位能和动能。因此，上述伯努利方程的物理意义是:在密封管道内作恒定流动的理想液体具有三种形式的能量，即压力能、位能和动能。在流动过程中，三种能量可以相互转化，但各个过流断面上三种能量之和为常数。

(2)实际液体的伯努利方程

实际液体在管道内流动时，由于液体存在黏性，会产生内摩擦力；由于管道形状和尺寸的变化，流体会产生扰动。这些都会消耗能量。因此，实际流体流动时存在能量损失。设单位体积的液体在两断面之间流动的能量损失为 Δp_W。

另外，由于实际液体在管道过流断面上的流速分布是不均匀的，在用平均流速代替实际流速计算动能时，必然会有误差，为了修正这一误差，需引入动能修正系数，它等于单位时间内某截面处的实际动能与按平均流速计算的动能之比。

因此，实际流体的伯努利方程为

$$p_1+\rho gZ_1+\frac{\rho\alpha_1 v_1^2}{2}=p_2+\rho gZ_2+\frac{\rho\alpha_2 v_2^2}{2}+\Delta p_W \tag{2.24}$$

式中，当紊流时取 $\alpha=1$，层流时取 $\alpha=2$。

伯努利方程揭示了液体流动过程中的能量变化规律，因此它是流体力学中的一个特别重要的基本方程。伯努利方程不仅是进行液压系统分析的理论基础，而且还可以用来对多种液压问题进行研究和计算。

应用伯努利方程时必须注意：

①断面1、2上为恒定流动；

②流体上作用的质量力只有重力；

③流体不可压缩；

④断面1、2需顺流方向选取(否则 Δp_W 为负值)，且应选在缓变的过流断面上(断面近似为平面)；

⑤断面中心在基准面以上时，取正值，反之取负值，通常选取特殊位置的水平面作为基准面。

***4. 动量方程**

动量方程是动量定理在流体力学中的具体应用。它用来计算流动的液体作用于限制其流动的固体壁面上的总作用力。

根据理论力学中的动量定理，作用在物体上全部外力的矢量和应等于物体动量的变化率，即

$$\Delta \boldsymbol{F}=\frac{\Delta(m\boldsymbol{v})}{\Delta t} \tag{2.25}$$

下面根据上式来推导恒定流动不可压缩流体的动量方程。

在图2.10所示的管流中，任意取出被过流断面1、2，称为控制表面。断面1、2上的流速分别为 $\boldsymbol{v}_1$、$\boldsymbol{v}_2$。设该段流体在 t 时刻的动量为 $(m\boldsymbol{v})_{1-2}$。经 Δt 时间后，该段液体移动

到 1′−2′,在新位置上的流体的动量为$(mv)_{1'-2'}$。在 Δt 时间内动量的变化为

$$\Delta(mv)=(mv)_{1'-2'}-(mv)_{1-2} \tag{2.26}$$

$$(mv)_{1-2}=(mv)_{1-1'}+(mv)_{1'-2} \tag{2.27}$$

$$(mv)_{1'-2'}=(mv)_{1'-2}+(mv)_{2-2'} \tag{2.28}$$

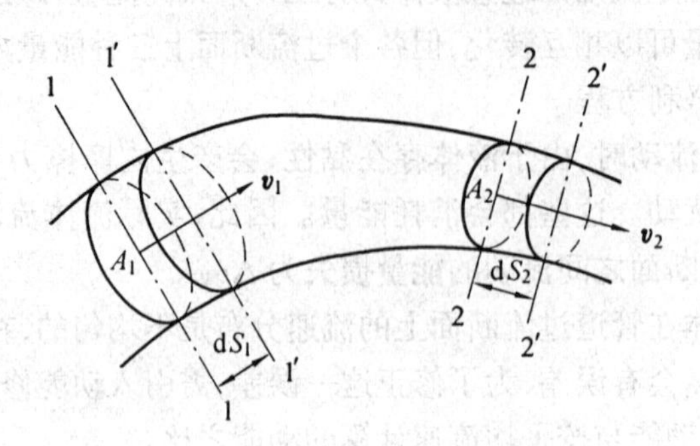

图 2.10 动量变化

因为流体作恒定流动,则 1′−2 之间的液体的各点流速经 Δt 时间后没有变化,1′−2 之间的液体的动量也没有变化,故

$$\Delta(mv)=(mv)_{1'-2'}-(mv)_{1-2}=(mv)_{2-2'}-(mv)_{1-1'}=\rho q\Delta t v_2-\rho q\Delta t v_1 \tag{2.29}$$

于是

$$\sum F=\frac{\Delta(mv)}{\Delta t}=\rho q(v_2-v_1) \tag{2.30}$$

上式即为液体作恒定流动时的动量方程。等式左边为作用于控制体积上的全部外力之和,等式右边即为流体动量的变化率。上式表明,作用在流体控制体积上的外力总和等于单位时间内流出控制表面与流入控制表面的流体动量之差。上式为矢量表达式,在应用中可根据问题的具体要求,向指定方向投影,列出该指定方向上的动量方程,从而求出作用力在该方向上的分量。

由动量方程可知,流体在流动过程中,若其速度的大小、方向发生变化,则一定有力作用在流体上;同时,流体也以大小相等、方向相反的力作用在使其速度改变的物体上。据此,可求得流动流体对固体壁面的作用力。

2.3 实际流体在管道内的流动

实际液体在管道中流动时,因其具有黏性而产生摩擦力,故有能量损失。另外,液体在流动时会因管道尺寸或形状变化而产生撞击和出现漩涡,也会造成能量损失。在液压管路中能量损失表现为液体的压力损失。这样的压力损失可分为两种,一种是沿程压力损失,一种是局部压力损失。

2.3.1 沿程压力损失

液体在等截面直管中流动时因黏性摩擦而产生的压力损失,称为沿程压力损失。液

体的流动状态不同,所产生的沿程压力损失值也不同。

1.层流时的沿程压力损失

管道中流动的液体为层流时,液体质点在作有规则的流动,因此可以用数学方法全面探讨其流动时各参数变化间的相互关系,并推导出沿程压力损失的计算公式。经理论推导和实验证明,沿程压力损失 Δp_y 可用以下公式计算

$$\Delta p_{\mathrm{y}} = \lambda \cdot \frac{l}{d} \rho \frac{v^2}{2} \tag{2.31}$$

式中 λ——沿程阻力系数。对圆管层流,其理论值 $\lambda = 64/Re$。考虑到实际圆管截面可能有变形,以及靠近管壁处的液层可能冷却,阻力略有加大。实际计算时,对金属管应取 $\lambda = 75/Re$,对橡胶管应取 $\lambda = 80/Re$;

l——油管长度(m);

d——油管内径(m);

ρ——液体的密度(kg/m^3);

v——液流的平均流速(m/s)。

2.紊流时的沿程压力损失

紊流时计算沿程压力损失的公式在形式上与层流时的计算公式相同,即仍为式(2.31),但式中的阻力系数 λ 除与雷诺数 Re 有关外,还与管壁的粗糙度有关。实用中对于光滑管,$\lambda = 0.316\,4\ Re^{-0.25}$;对于粗糙管,$\lambda$ 的值要根据不同的 Re 值和管壁的粗糙程度,从有关资料的关系曲线中查取。

2.3.2 局部压力损失

液体流经管道的弯头、接头、突变截面以及过滤网等局部装置时,会使液流的方向和大小发生剧烈的变化,形成漩涡、脱流,液体质点产生相互撞击而造成能量损失。这种能量损失表现为局部压力损失。由于其流动状况极为复杂,影响因素较多,局部压力损失值不易从理论上进行分析计算。因此,一般是先用实验来确定局部压力损失的阻力系数,再按公式计算局部压力损失值。

局部压力损失 Δp_{j} 的计算公式为

$$\Delta p_{\mathrm{j}} = \xi \frac{\rho v^2}{2} \tag{2.32}$$

式中 ξ——局部阻力系数,由实验求得。各种局部结构的 ξ 值可查有关手册;

v——液流在该局部结构处的平均流速。

2.3.3 阀的压力损失

液体流过各种阀类元件时产生压力损失的数值计算亦服从于式(2.32)。但因阀内通道结构复杂,往往液体要经过多个不同阻力系数的变径通道或弯曲通道,故用该公式计算比较困难。因此,对已系列化生产的阀类元件,在额定流量下的最大压力损失 Δp_e 值都作了严格的规定,该值可在液压元件产品样本或有关手册中查到。当流过阀的液体流量

不等于额定流量时，液体通过阀的实际压力损失 Δp_f 值可用以下公式计算

$$\Delta p_f = \Delta p_e \left(\frac{q_s}{q_e} \right)^2 \tag{2.33}$$

式中 q_e——阀的额定流量；

Δp_e——阀在额定流量下允许的最大压力损失；

q_s——通过阀的实际流量；

Δp_f——阀通过实际流量的压力损失。

2.3.4 管路系统的总压力损失

管路系统的总压力损失等于液压执行元件(液压缸或液压马达)进油路的压力损失 Δp_i 与回油路的压力损失 Δp_h 之和，而进、回油路各自的总压力损失 Δp_i、Δp_h 又各自等于其油路中各串联直管的沿程压力损失 $\sum \Delta p_y$、弯管及接头等的局部压力损失 $\sum \Delta p_j$、各阀的压力损失 $\sum \Delta p_f$ 之和。即

$$\Delta p_i = \sum \Delta p_{iy} + \sum \Delta p_{ij} + \sum \Delta p_{if} \tag{2.34}$$

$$\Delta p_h = \sum \Delta p_{hy} + \sum \Delta p_{hj} + \sum \Delta p_{hf} \tag{2.35}$$

如果液压执行元件采用双杆活塞缸或液压马达，其进油腔和回油腔内的有效作用面积相等，进油路和回油路的流量相等，则其管路系统的总压力损失 Δp_z 为

$$\Delta p_z = \Delta p_i + \Delta p_h \tag{2.36}$$

2.4 小孔和间隙的流量及液体冲击和气穴现象

液压传动中常利用液体流经阀的小孔或间隙来控制流量和压力，达到调速和调压的目的。液压元件的泄漏也属于液体的间隙流动。因此，讨论小孔和间隙的流量计算，了解其影响因素，对于正确分析液压元件和系统的工作性能是很有必要的。

2.4.1 液体流经小孔的流量

小孔一般可以分为三种：当小孔的 $l/d \leqslant 0.5$ 长径比时，称为薄壁孔；当 $l/d > 4$ 时，称为细长孔；当 $0.5 < l/d \leqslant 4$ 时，称为短孔。

1. 液体流经薄壁小孔和短孔的流量

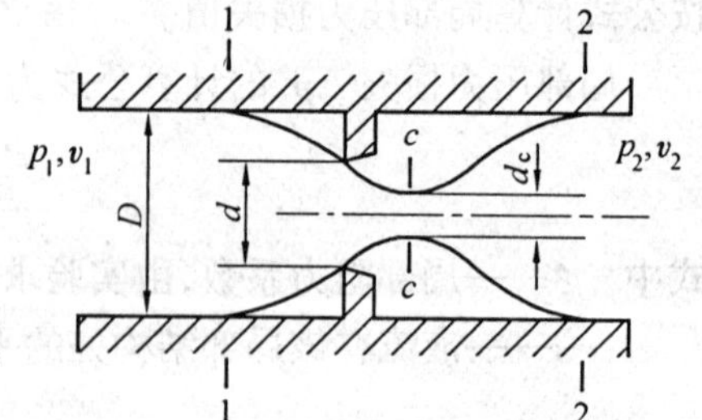

图 2.11 流经薄壁小孔时液流变化示意图

图 2.11 为液体流过薄壁小孔时液流变化的示意图。当液体从薄壁小孔流出时，左边大直径处的液体均向小孔汇集，在惯性力的作用下，小孔出口处的液流由于流线不能突然改变方向，通过孔口后会发生收缩现象，而后再开始扩散。通过收缩和扩散过程，会造成很大的能量损失。

利用实际液体的伯努利方程对液体流经薄壁小孔时的能量变化进行分析，可以得到

如下结论:流经薄壁小孔的流量 q 与小孔的过流断面面积 A 及小孔两端压力差的平方根 $\Delta p^{1/2}$ 成正比。即

$$q = C_q A\left(\frac{2}{\rho}\Delta p\right)^{1/2} = kA\Delta p^{1/2} \tag{2.37}$$

式中 C_q——流量系数,当孔前通道直径与小孔直径之比 $D/d \geqslant 7$ 时,$C_q = 0.6 \sim 0.62$;$D/d < 7$ 时,$C_q = 0.7 \sim 0.8$;

$k = C_q\left(\frac{2}{\rho}\right)^{1/2}$——与小孔的结构及液体的密度等有关的系数。

由于薄壁小孔的孔短且孔口一般为刃口形,其摩擦作用很小,所以通过的流量受温度和黏度变化的影响很小,流量稳定,常用于液流速度调节要求较高的调速阀中。薄壁孔加工比较困难,实际应用较多的是短孔。

液体流经短孔时的流量计算公式与薄壁小孔的流量计算公式(2.37)相同,但其流量系数不同(一般为 $C_q = 0.82$),Δp 的指数稍大于1/2。

2.液体流经细长小孔的流量

流经细长小孔的液流,由于其黏性作用而流动不畅,一般都是呈层流状态,与液流在等径直管中流动相当,其各参数之间的关系可用沿程压力损失的计算公式 $\Delta p = \lambda(l/d)(\rho v^2/2)$ 表达。将式中 λ、v 等用相应的参数代入,经推导可得到液体流经细长孔流量计算公式。即

$$q = \frac{\pi d^4}{128\mu l}\Delta p = \frac{d^2}{32\mu l}\frac{\pi d^2}{4}\Delta p = kA\Delta p \tag{2.38}$$

式中 d——细长小孔的直径;

μ——液体的动力黏度;

l——小孔的长度;

Δp——小孔两端的压力差;

A——小孔的过流断面面积。

由式(2.38)可知,通过细长小孔的流量与小孔的过流断面面积 A 及小孔两端的压力差 Δp 成正比;还可见 q 与液体的动力黏度 μ 成反比,即当细长孔通过液体的黏度不同或黏度变化时,通过它的流量也不同或发生变化,所以流经细长孔的液体的流速受温度的影响比较大。

变换式(2.38),可以得到液体渡过细长孔时,其压力损失 Δp 的计算公式。即

$$\Delta p = \frac{128\mu l q}{\pi d^4} \tag{2.39}$$

由式(2.39)可知,Δp 与 d^4 正反比。当其直径 d 很小时,Δp 相对较大,即液体流过细长小孔时的液阻很大,所以在设计液压元件时,常在压力表座、阀心或阀体上设有细长的阻尼小孔,以减小由液压泵运行等原因造成的液体流量或压力的脉动,使系统运行平稳,且能保护仪表等较重要的元件。

纵观各小孔流量公式,可以归纳出一个通用的公式,即

$$q = kA\Delta p^m \tag{2.40}$$

式中 A——小孔的过流断面面积;

Δp——小孔两端的压力差；

k——由孔的形状、尺寸和液体的性质决定的系数。细长孔为 $k=\dfrac{d^2}{32\mu l}$，薄壁孔和短孔为 $k=C_q\left(\dfrac{2}{\rho}\right)^{1/2}$；

m——由孔的长径比决定的指数，薄壁孔为 $m=0.5$，细长孔为 $m=1$，短孔为 $0.5<m<1$。

由式(2.40)可见，不论是哪种小孔，其通过的流量均与小孔的过流断面面积 A 成正比，改变 A 即可改变通过小孔注入液压缸或液压马达的流量，从而达到对运动部件进行调速的目的。在实际应用中，中、小功率的液压系统常用的节流阀就是利用这种原理工作的，这样的调速称为节流调速。

从式(2.40)还可看到，当小孔的过流断面面积 A 不变，而小孔两端的压力差 Δp 变化(因负载变化或其他原因造成)时，通过小孔的流量也会发生变化，从而使所控执行元件的运动速度也随之变化。因此，这种节流调速的缺点就是系统执行元件的运动速度不够准确、平稳，这也是它不能用于传动比要求准确处的原因。

2.4.2 液体流经间隙的流量

液压元件在装配后，各零件之间可能存在间隙(也称缝隙)，而液压元件内作相对运动的零件之间就必须有适当的间隙。这些间隙的大小对液压元件的性能影响极大。间隙太小，会使运动零件卡死；间隙过大，会造成圈套的泄漏，降低系统的效率和传动精度，还会污染环境。油液流过间隙产生的泄漏量，称为间隙流量。造成液体在间隙中流动的原因有两个：一是间隙两端的压力差引起的流动，称为压差流动；二是由组成间隙的两壁面相对运动而造成的流动，称为剪切流动。这两种流动经常会同时存在。

液体在间隙中流动时，由于间隙小，液流受壁面阻力影响较大，故间隙内的液流几乎都是层流。

1. 液体流经平行平板间隙的流量

(1)流经固定平行平板间隙的流量

如图 2.12 所示，当两固定平行平板之间有间隙，且间隙两端的液体有压力差存在时，液体就会在压差的作用下通过间隙流动。

理论推导和实验均证明，这时通过间隙的流量 q 与间隙的宽度 b、压力差 Δp 及间隙高的三次方 δ^3 成正比，而与液体的黏度 μ 和间隙的泄漏长度 l 成反比。即

$$q=\frac{b\delta^3}{12\mu l}\Delta p \tag{2.41}$$

由式(2.41)可见，减小 b、Δp、δ，增大 μ、l，均可减小间隙液体的泄漏量。但由于该泄漏量 q 与 δ^3 成正比，所以减小间隙的高度 δ 是减小泄漏量的最有效的措施。

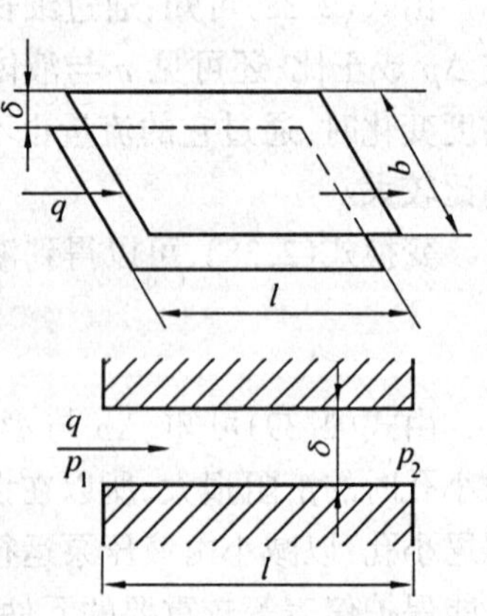

图 2.12 液体流经固定平行平板间隙

(2)流经相对运动平行平板间隙的流量

当一平板固定,另一平行平板以速度 u_0 与其作相对运动时,由于液体有黏性,紧贴于运动平板的液体以速度 u_0 运动,紧贴于固定平板的液体保持静止,中间各层液体的流速呈线性分布,即液体作剪切流动。

因为间隙中液体的平均流速 $v = u_0/2$,故由于平行平板相对运动而使液体渡过间隙的流量为

$$q = vA = u_0 b \frac{\delta}{2} \tag{2.42}$$

在一般情况下,相对运动平板间隙中既有压差流动,又有剪切流动,因此,流过相对运动平行平板间隙的流量为压差流量和剪切流量的代数和。即

$$q = \frac{b\delta^3}{12\mu l}\Delta p \pm \frac{u_0}{2} b\delta \tag{2.43}$$

当长平板相对于短平板移动方向与压差方向相同时取"+"号,方向相反时取"-"号。

2.液体流过环形间隙的流量

在液压元件中,如液压缸的活塞与缸体的内孔之间、液压阀的阀心与阀孔之间,都存在环形间隙,而且实际上由于活动圆柱体(活塞或阀心)自重的影响或制造、装配等原因,圆柱体与孔的配合间隙不均匀,存在一定的偏心度,这对液体流过间隙时的流量(泄漏量)有相当大的影响。

(1)液体流经同心环形间隙的流量

如图 2.13 所示,液体流经同心环形间隙,设圆柱体的直径为 d,间隙高度为 δ,间隙长度为 l。

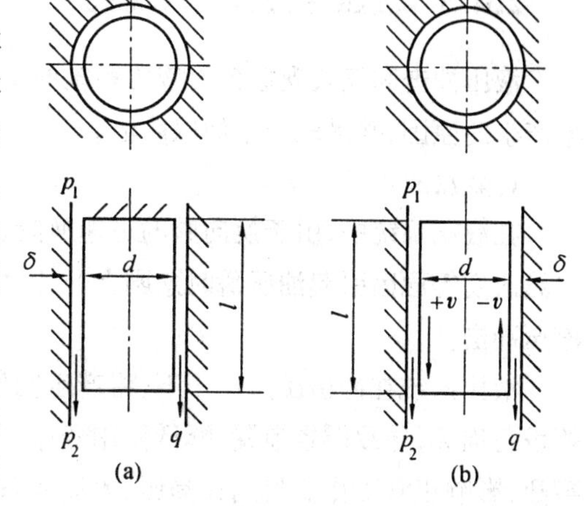

图 2.13 液体流过同心环形间隙

如果将环形间隙沿圆周方向展开,就相当于一个平行平板间隙。因此,只要用 πd 替代式(2.43)中的 b 就可得到液体通过内外表面间有相对运动情况下同心环形间隙(图 2.13(b))的流量公式。即

$$q = \frac{\pi d\delta^3}{12\mu l}\Delta p \pm \frac{\pi d\delta}{2} u_0 \tag{2.44}$$

当相对运动速度 $u_0 = 0$ 时(图 2.13(a)),为液体渡过无相对运动环形间隙的流量公式。即

$$q = \frac{\pi d\delta^3}{12\mu l}\Delta p \tag{2.45}$$

(2)液体流经偏心环形间隙的流量

如果圆环的内外圆不同心,偏心距为 e,如图 2.14 所示,则形成偏心环形间隙,其流量公式为

$$q = \frac{\pi d\delta^3}{12\mu l}\Delta p(1 + 1.5\varepsilon^2) \pm \frac{\pi d\delta}{2} u_0 \tag{2.46}$$

式中　δ——内外圆同心时的间隙；

ε——相对偏心率，$\varepsilon = e/\delta$。

由式(2.46)可见，当偏心距 $e = 0$ 时，$\varepsilon = 0$，它就是同心环形间隙的流量公式。当偏心量增大时，偏心率 ε 增大，通过间隙的流量 q 也随之增大。当 $e = \delta$ 时，$\varepsilon = 1$，此时偏心最大(称为完全偏心)，其压差流量为同心环形间隙压差流量的 2.5 倍。可见，在制作或装配时，保证圆柱形液压配合件的同轴度是十分重要的。为此，常在阀心和活塞的圆柱表面上加工多条环形压力平衡槽，由于槽中油液的压力相等，所以能使配合件自动对中，减小偏心，从而减小泄漏油量。

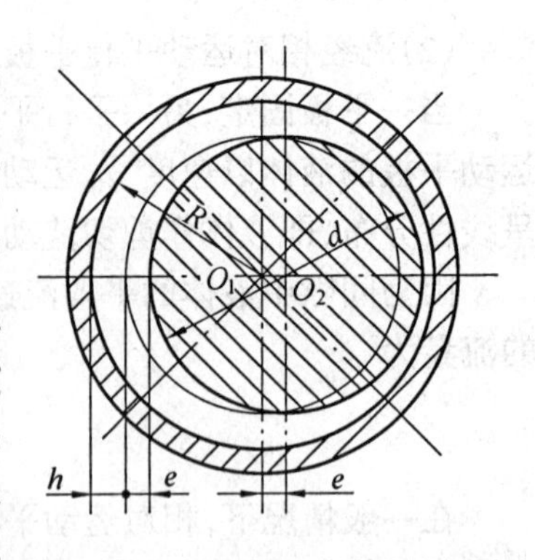

图 2.14　液体流经偏心环形间隙

2.4.3　液压冲击和气穴现象

液压冲击和气穴现象会给液压系统的正常工作带来不利影响，因此需要了解这些现象产生的原因，并采取措施加以防治。

1. 液压冲击

在液压系统中，由于换向阀的迅速换向、液压管路突然关闭、液压缸运动速度和方向突然改变等原因引起油压瞬时急剧上升，产生很高的压力峰值，出现冲击，这种现象称为液压冲击。

液压系统在冲击压力作用下，将产生剧烈振动、噪声，引起管道、液压元件及密封装置等设备损坏，导致严重泄漏，降低使用寿命，还会使压力继电器、顺序阀等元件误动作造成事故，影响正常工作。特别在高压、大流量系统中，其破坏性更加严重。

通常有以下几种办法和措施来防止和减少液压冲击：缓慢开闭阀门；延长运动部件制动和换向时间；限制油液流速；采用橡胶软管、蓄能器和其他缓冲装置吸收液压冲击时的能量。

2. 气穴现象

在液流中，如果某处的压力低于空气分离压，就会使原来溶于液体中的气体分离出来，形成气泡，这种现象统称为气穴现象(又称空穴现象)。当压力进一步降低到饱和蒸气压时，液体迅速气化，气穴现象加剧。

气穴现象会造成流量和压力的脉动，引起振动和噪声；气穴现象产生出的大量气泡，还会聚集在管道的最高处或通流的狭窄处形成气塞，使油流不畅。气泡在高压区破裂时，会产生局部的高温高压，元件表面受到高温高压的作用，会发生氧化腐蚀(气蚀)。当液流速度过高时，液压泵吸油口处的真空度过大，绝对压力低于空气分离压时，也会发生气穴现象。防止气穴现象发生的措施有：减小小孔或缝隙前后的压力降；降低液压泵的安装高度；限制吸油管的流速；提高管道和装置的密封性。

思考题和习题

2.1 何谓液体的黏性?

2.2 液体黏性的大小用黏度来表示,常用的黏度有哪三种? 它们的表示符号和单位各是什么?

2.3 何谓液体的可压缩性? 液体的可压缩性比钢的可压缩性大多少?

2.4 为什么能依据雷诺数来判别流态? 它的物理意义是什么?

2.5 阐述层流与紊流的物理现象及其判别方法。

2.6 伯努利方程的物理含义是什么?

2.7 为什么减缓阀门的关闭速度可以降低液压冲击?

2.8 如图所示,有一直径为 d、质量为 m 的活塞浸在液体中,并在力 F 的作用下处于静止状态。若液体的密度为 ρ,活塞浸入深度为 h,试确定液体在测压管内的上升高度 x。

2.9 如图所示,一具有一定真空度的容器用一根管子倒置于一液面与大气相通的水槽中,液体在管中上升的高度 $h=1$ m,设液体的密度为 $\rho=1\ 000$ kg/m^3,试求容器内的真空度。

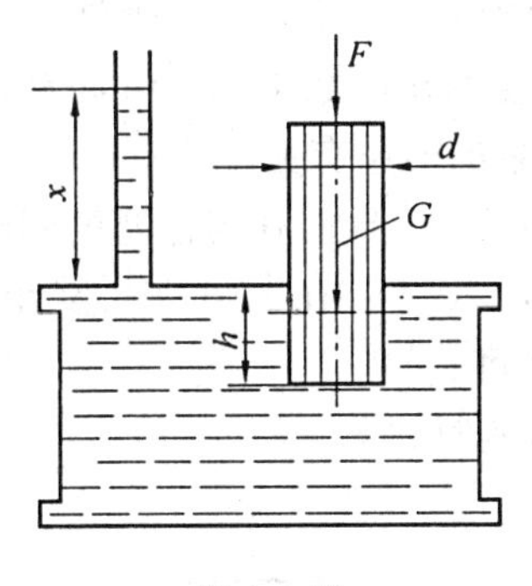

题2.8图

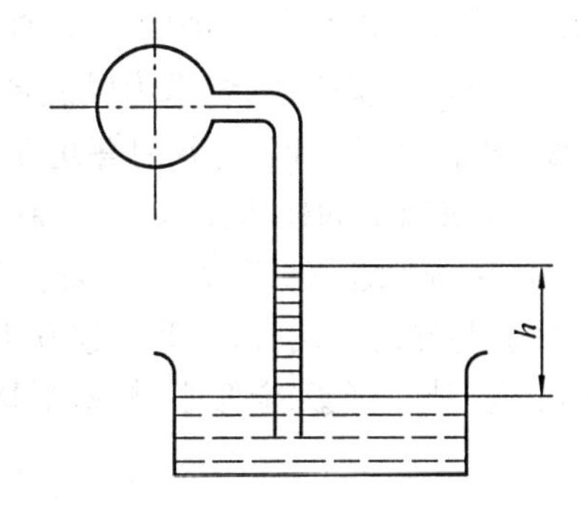

题2.9图

2.10 如图所示,已知水深 $H=10$ m,截面 $A_1=0.02$ m^2,截面 $A_2=0.04$ m^2,求孔口的出流流量以及点2处的表压力(取 $\alpha=1$,不计损失)。

2.11 某压力控制阀如图所示,当 $p_1=6$ MPa 时,阀动作。若 $d_1=10$ mm,$d_2=15$ mm,$p_2=0.5$ MPa,试求:(1)弹簧的预压力 F;(2)当弹簧刚度 $k=10$ N/mm 时的弹簧预压缩量 x。

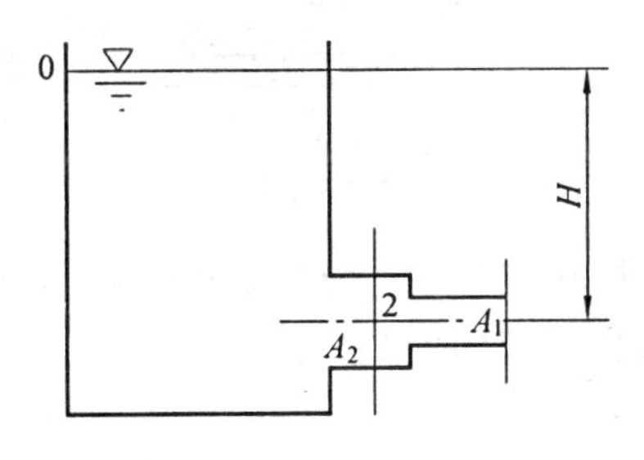

题2.10图

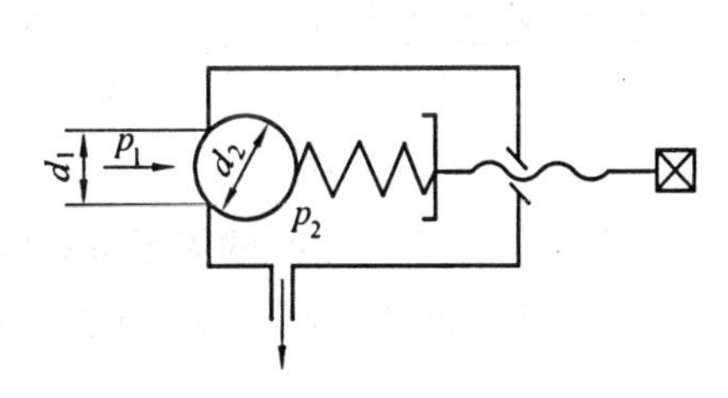

题2.11图

2.12 如图所示的水平放置的抽吸装置，其出口和大气相通，细管处的截面积 $A_1 = 3.2\ \text{cm}^2$，出口处管道截面积 $A_2 = 4A_1$。如果装置中心轴线与液箱液面相距 $h = 1$ m，且液体为理想液体，试求开始抽吸时，水平管道中通过的流量 q。

2.13 如图所示一倾斜管道其长度为 $l = 20$ m，$d = 10$ mm，两端的高度差为 $h = 15$ m。当液体密度为 $\rho = 900\ \text{kg/m}^3$，运动黏度 $\nu = 45 \times 10^{-6}\ \text{m}^2/\text{s}$，求在 $p_1 = 4.5 \times 10^5\text{Pa}$，$p_2 = 2.5 \times 10^5\text{Pa}$ 时在管道中流动液体的流动方向和流量。

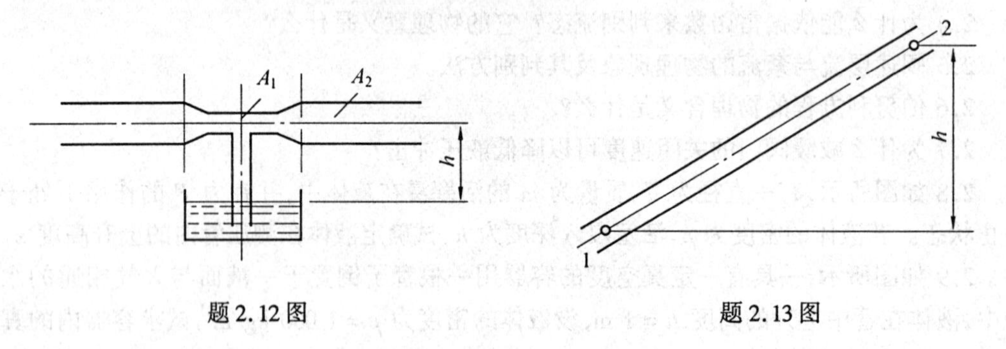

题 2.12 图　　题 2.13 图

2.14 图示的液压泵从油箱中吸油。液压泵排量 $V = 72\ \text{cm}^3/\text{r}$，转速 $n = 1\ 500$ r/min，油液黏度 $\nu = 40 \times 10^{-4}\text{m}^2/\text{s}$，密度 $\rho = 900\ \text{kg/m}^3$。吸油管长度 $l = 6$ m，吸油管直径 $d = 30$ mm，在不计局部损失时，试求为保证泵吸油口真空度不超过 $0.4 \times 10^5\text{Pa}$ 时液压泵吸油口高于油箱液面的最大值 h，并回答此 h 是否与液压泵的转速有关。

2.15 $d = 20$ mm 的柱塞在力 $F = 100$ N 作用下向下运动，导向孔与柱塞的间隙如图所示为 $h = 0.01$ mm，缝隙长度 $l = 70$ mm。当油液黏度 $\mu = 0.5 \times 10^{-1}\text{Pa}\cdot\text{s}$ 时，试计算：

(1)柱塞与导向孔同心，柱塞下移 0.1 m 所需的时间 t。

(2)柱塞与导向孔完全偏心，柱塞下移 0.1 m 所需的时间 t。

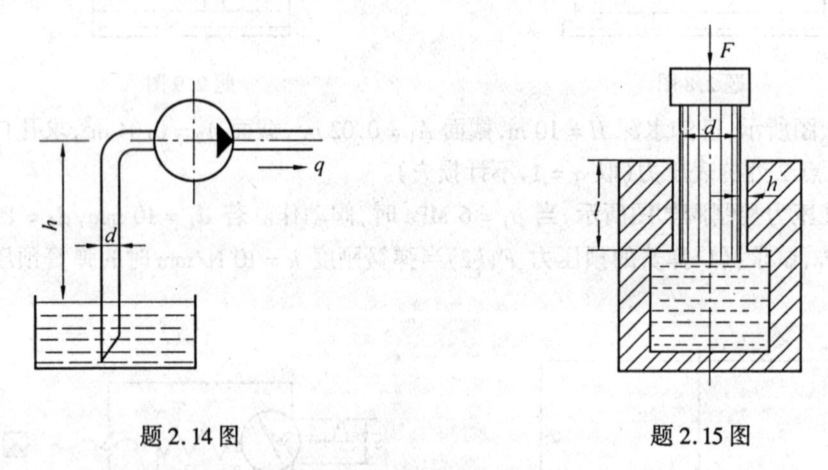

题 2.14 图　　题 2.15 图

2.16 若通过一薄壁小孔的流量 $q = 10$ L/min 时，孔前后压差为 0.2 MPa，孔的流量系数 $C_q = 0.62$，油液密度 $\rho = 900\ \text{kg/m}^3$。试求该小孔的通流面积。

第3章 液压泵、液压马达

液压泵是液压系统的动力元件,它是将输入的机械能转换为液体压力能的能量转换装置。液压马达是液压系统的执行元件,它是将液体的压力能转换为旋转运动机械能的能量转换装置。

3.1 液压泵的概述

3.1.1 液压泵的工作原理、分类及图形符号

1.液压泵的工作原理

液压泵由原动机驱动,把输入的机械能转换为油液的压力能,再以压力、流量的形式输入到系统中去,为执行元件提供动力,它是液压传动系统的核心元件,其性能好坏将直接影响到系统是否能够正常工作。

液压泵都是依靠密封容积变化的原理来进行工作的,图3.1所示的是一单柱塞液压泵的工作原理图,图中柱塞2装在缸体3中形成一个密封容积 a,柱塞在弹簧4的作用下始终压紧在偏心轮1上。原动机驱动偏心轮1旋转使柱塞2作往复运动,使密封容积 a 的大小发生周期性的交替变化。当 a 由小变大时就形成部分真空,使油箱中油液在大气压作用下,经吸油管顶开单向阀6进入油腔 a 而实现吸油;反之,当 a 由大变小时,a 腔中吸满的油液将顶开单向阀5流入系统而实现压油。这样液压泵就将原动机输入的机械能转换成液体的压力能,原动机驱动偏心轮不断旋转,液压泵就不断地吸油和压油。

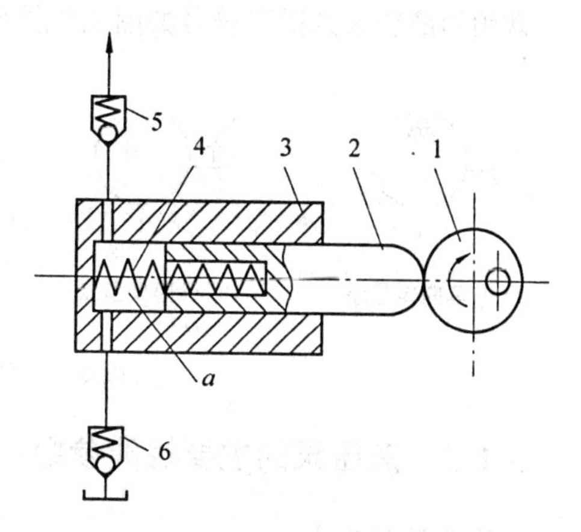

图3.1 液压泵工作原理图
1—偏心轮;2—柱塞;3—缸体;
4—弹簧;5、6—单向阀

2.液压泵的特点

单柱塞液压泵具有一切容积式液压泵的基本特点:

(1)具有若干个密封且又可以周期性变化空间。液压泵输出流量与此空间的容积变化量和单位时间内的变化次数成正比,与其他因素无关。这是容积式液压泵的一个重要特性。

(2)油箱内液体的绝对压力必须恒等于或大于大气压力。这是容积式液压泵能够吸入油液的外部条件。因此,为保证液压泵正常吸油,油箱必须与大气相通,或采用密闭的充压油箱。

(3)具有相应的配流机构,将吸油腔和排油腔隔开,保证液压泵有规律地、连续地吸、排液体。液压泵的结构原理不同,其配油机构也不相同。图 3.1 中的单向阀 5、6 就是配流机构。

容积式液压泵中的油腔处于吸油时称为吸油腔。吸油腔的压力决定于吸油高度和吸油管路的阻力,吸油高度过高或吸油管路阻力太大,会使吸油腔真空度过高而影响液压泵的自吸能力;油腔处于压油时称为压油腔,压油腔的压力则取决于外负载和排油管路的压力损失,从理论上讲排油压力与液压泵的流量无关。

容积式液压泵排油的理论流量取决于液压泵的有关几何尺寸和转速,而与排油压力无关。但排油压力会影响泵的内泄露和油液的压缩量,从而影响泵的实际输出流量,所以液压泵的实际输出流量随排油压力的升高而降低。

液压泵按其结构形式不同可分为叶片泵、齿轮泵、柱塞泵、螺杆泵等;按其输出流量能否改变,又可分为定量泵和变量泵;按其工作压力不同还可分为低压泵、中压泵、中高压泵和高压泵等;按输出液流的方向,又有单向泵和双向泵之分。

液压泵的类型很多,其结构不同,但是它们的工作原理相同,都是依靠密闭容积的变化来工作的,因此都称为容积式液压泵。

常用的液压泵的图形符号如图 3.2 所示。

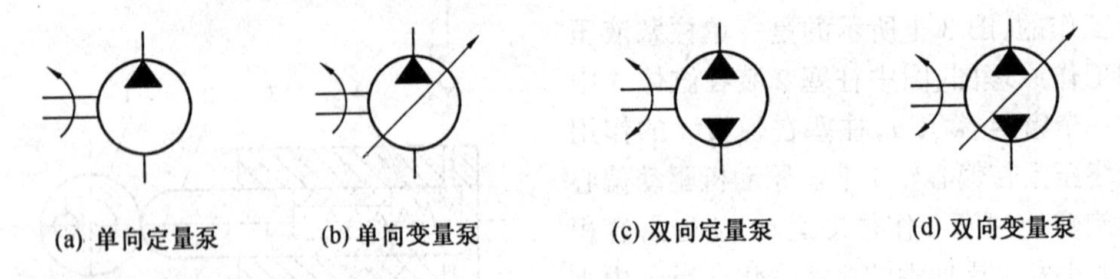

(a) 单向定量泵　(b) 单向变量泵　(c) 双向定量泵　(d) 双向变量泵

图 3.2　液压泵图形符号

3.1.2　液压泵的主要性能参数

1.液压泵的压力

(1)工作压力 p

液压泵工作时输出油液的实际压力称为工作压力 p。其数值取决于负载的大小。

(2)额定压力 p_n

液压泵在正常工作条件下,按试验标准规定连续运转的最高压力称为液压泵的额定压力。

(3)最高允许压力 p_{max}

在超过额定压力的条件下,根据试验标准规定,允许液压泵短暂运行的最高压力值,称为液压泵的最高允许压力。

2. 液压泵的排量 V 和流量 q

(1)排量 V

在没有泄漏的情况下,液压泵每转一周,由其密封容积几何尺寸变化计算而得到的排出液体的体积叫做液压泵的排量。排量可调节的液压泵称为变量泵;排量为常数的液压泵则称为定量泵。

(2)理论流量 q_t

理论流量是指在不考虑液压泵的泄漏流量的情况下,在单位时间内所排出的液体体积的平均值。显然,如果液压泵的排量为 V,其主轴转速为 n,则该液压泵的理论流量 q_t 为

$$q_t = Vn \tag{3.1}$$

(3)实际流量 q

液压泵在某一具体工况下,单位时间内所排出的液体体积称为实际流量,它等于理论流量 q_t 减去泄漏流量 Δq,即

$$q = q_t - \Delta q \tag{3.2}$$

(4)额定流量 q_n

液压泵在正常工作条件下,按试验标准规定(如在额定压力和额定转速下)必须保证的流量。

3. 液压泵的功率

(1)液压功率与压力及流量的关系

功率是指单位时间内所做的功,在液压缸系统中,忽略其他能量损失,当进油腔的压力为 p,流量为 q,活塞的面积为 A,则液体作用在活塞上的推力 $F = pA$,活塞的移动速度 $v = q/A$,所以液压功率为

$$P = Fv = \frac{pAq}{A} = pq \tag{3.3}$$

由上式可见,液压功率 P 等于液体压力 p 与液体流量 q 的乘积。

(2)泵的输入功率 P_i

原动机(如电动机等)对泵的输出功率即为泵的输入功率,它表现为原动机输出转矩 T 与泵输入轴角速度 ω($\omega = 2\pi n$)的乘积。即

$$P_i = 2\pi nT \tag{3.4}$$

(3)泵的输出功率 P_o

P_o 为泵实际输出液体的压力 p 与实际输出流量 q 的乘积。即

$$P_o = pq \tag{3.5}$$

4. 液压泵的效率 η

(1)液压泵的容积效率 η_v

η_v 为泵的实际流量 q 与理论流量 q_t 之比。即

$$\eta_v = \frac{q}{q_t} = \frac{q}{Vn} \tag{3.6}$$

由式(3.6)可得到已知排量为 V(mL/r)和转速 n(r/min)时,实际流量为 q(L/min)的计算公式。即

$$q = Vn\eta_v \times 10^3 \tag{3.7}$$

(2)液压泵的机械效率 η_m

由于泵在工作中存在机械损耗和油液黏性引起的摩擦损失,所以液压泵的实际输入转矩 T_i 必然大于理论转矩 T_t,其机械效率为 η_m 为泵的理论转矩 T_t 与实际输入转矩的 T_i 比值。即

$$\eta_m = \frac{T_t}{T_i} \tag{3.8}$$

(3)液压泵的总效率 η

η 为泵的输出功率 P_o 与输入功率 P_i 之比。即

$$\eta = \frac{P_o}{P_i} \tag{3.9}$$

不计能量损失时,泵的理论功率 $P_t = pq_t = 2\pi nT_t$,所以

$$\eta = \frac{P}{P_i} = \frac{pq}{2\pi nT_i} = \frac{pq_t\eta_v}{2\pi nT_i} = \eta_v\eta_m \tag{3.10}$$

5.液压泵所需电动机功率的计算

在液压系统设计时,如果已选定了泵的类型,并计算出了所需泵的输出功率 P_o,则可用公式 $P_i = P_o/\eta$ 计算泵所需要的输入功率 P_i。

在实用中,可直接用以下两个公式之一计算

$$P_i = \frac{pq}{1\,000} \tag{3.11}$$

式中 p——液体压力(Pa);
q——液体流量(m^3/s);
P_i——输入功率(kW)。

$$P_i = \frac{pq}{60} \tag{3.12}$$

式中 p——液体压力(MPa);
q——液体流量(L/min);
P_i——输入功率(kW)。

例如,已知某液压系统所需泵输出油的压力为 4.5 MPa,流量为 10 L/min,泵的总效率为 0.7,则泵所需要的输入功率 P_i 应为

$$P_i = 4.5 \times \frac{10}{60} \div 0.7 = 1.07\ \text{kW}$$

这样,即可从电动机产品样本中查取功率为 1.1 kW的电动机。

6.液压泵的特性曲线

液压泵的特性曲线是在一定的介质、转速和温度下,通过试验得出的。它表示液压泵的工作压力 p 与容积效率 η_v(或实际流量)、总效率 η 与输入功

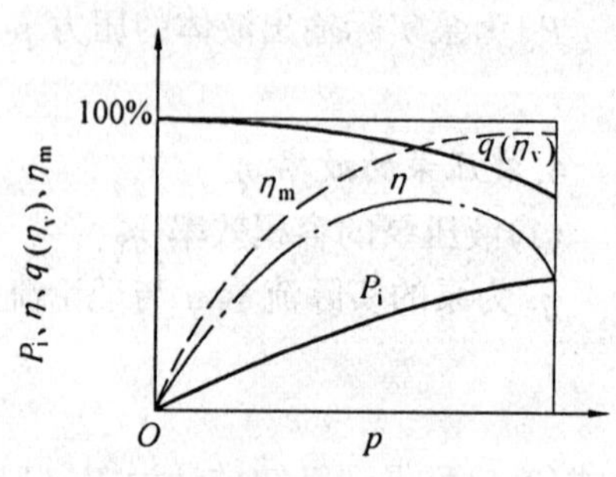

图 3.3 液压泵的特性曲线

率 P_i 之间的关系。图 3.3 所示为某一液压泵的性能曲线。

由性能曲线可以看出,实际流量随工作压力的升高而减少。当压力 $p=0$ 时(空载),泄漏量 $\Delta q\approx0$,实际流量近似等于理论流量。总效率 η 随工作压力增高而增大,且有一个最高值。

3.2 齿 轮 泵

齿轮泵是液压系统中广泛采用的一种液压泵,其主要特点是结构简单,制造方便,价格低廉,体积小,质量轻,自吸性能好,对油液污染不敏感,工作可靠;其主要缺点是流量和压力脉动大,噪声大,排量不可调。它一般做成定量泵,按结构不同,齿轮泵分为外啮合齿轮泵和内啮合齿轮泵,而以外啮合齿轮泵应用最广。下面以外啮合齿轮泵为例来剖析齿轮泵。

3.2.1 齿轮泵的工作原理和结构

外啮合齿轮泵的工作原理如图 3.4 所示。在泵体内装有一对齿数相同、宽度和模数相等的齿轮,齿轮两端面由端盖密封。泵体内相互啮合的主、从动齿轮 2 和 3 与两端盖及泵体一起构成密封工作容积,齿轮的啮合点将左、右两腔隔开,形成了吸、压油腔,当齿轮按图示方向旋转时,右侧吸油腔内的轮齿脱离啮合,密封工作腔容积不断增大,形成部分真空,油液在大气压力作用下从油箱经吸油管进入吸油腔,并被旋转的轮齿带入左侧的压油腔。左侧压油腔内的轮齿不断进入啮合,使密封工作腔容积减小,油液受到挤压被排往系统,这就是齿轮泵的吸油和压油过程。在齿轮泵的啮合过程中,啮合点沿啮合线,把吸油区和压油区分开。

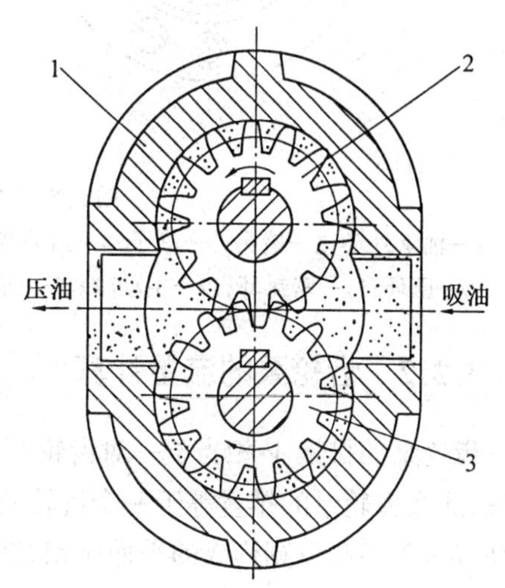

图 3.4 外啮合齿轮泵的工作原理

1—泵体;2—主动齿轮;3—从动齿轮

CB-B 齿轮泵的结构如图 3.5 所示,它是分离三片式结构,三片是指泵盖 4,8 和泵体 7。泵的前后盖和泵体由两个定位销 17 定位,用六个螺钉固紧。主动齿轮 6 用键 5 固定在主动轴 12 上并由电动机带动旋转。为了保证齿轮能灵活地转动,同时又要保证泄露最小,在齿轮端面和泵盖之间应有适当间隙(轴向间隙),对小流量泵轴向间隙为 0.025~0.04 mm,大流量泵为 0.04~0.06 mm。齿顶和泵体内表面间的间隙(径向间隙),由于密封带长,同时齿顶线速度形成的剪切流动又和油液泄露方向相反,故对泄露的影响较小,传动轴会有变形,当齿轮受到不平衡的径向力后,应避免齿顶和泵体内壁相碰,所以径向间隙就可稍大,一般取 0.13~0.16 mm。为了防止压力油从泵体和泵盖间泄露到泵外,并减小压紧螺钉的拉力,在泵体两侧的端面上开有油封卸荷槽 16,使渗入泵体和泵盖间的压力油引入吸油腔。在泵盖和从动轴上的小孔,其作用将泄露到轴承端部的压力油也引到泵的吸油腔去，防止油液外溢，同时也润滑了滚针轴承。

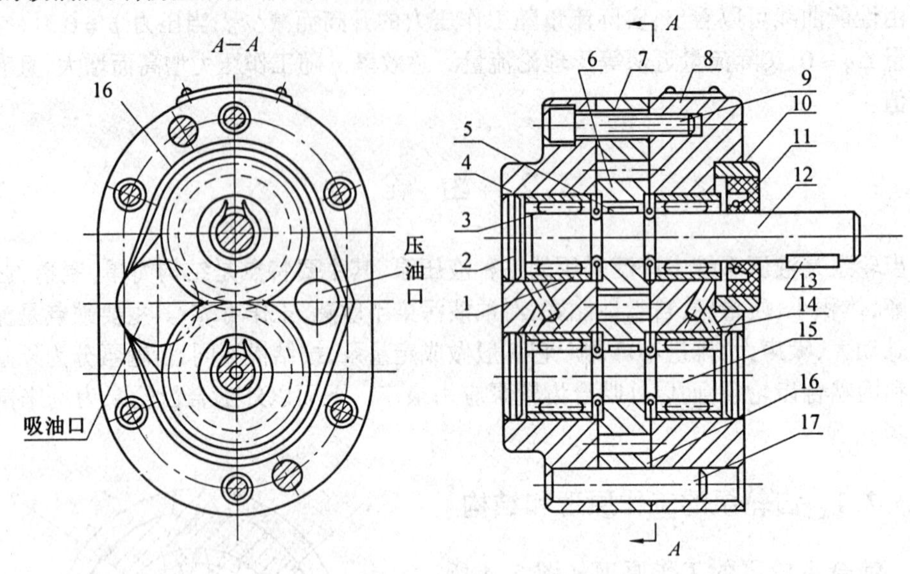

图 3.5 CB－B 齿轮泵的结构

1—轴承外环；2—堵头；3—滚子；4—后泵盖；5—键；6—齿轮；7—泵体；8—前泵盖；9—螺钉；10—压环；11—密封环；12—主动轴；13—键；14—泻油孔；15—从动轴；16—泻油槽；17—定位销

3.2.2 齿轮泵的流量计算

齿轮泵的排量 V 相当于一对齿轮所有齿谷容积之和，假如齿谷容积大致等于轮齿的体积，那么齿轮泵的排量等于一个齿轮的齿谷容积和轮齿容积体积的总和，相当于以有效齿高（$h=2m$）和齿宽构成的平面所扫过的环形体积，即

$$V=\pi DhB=2\pi zm^2B \tag{3.13}$$

式中 D——齿轮分度圆直径，$D=mz$（cm）；

h——有效齿高，$h=2m$（cm）；

B——齿轮宽（cm）；

m——齿轮模数（cm）；

z——齿数。

实际上齿谷的容积要比轮齿的体积稍大，故上式中的 π 常以 3.33 代替，则式（3.13）可写成

$$V=6.66zm^2B \tag{3.14}$$

齿轮泵的流量 q（L/min）为

$$q=6.66zm^2Bn\eta_v\times10^{-3} \tag{3.15}$$

式中 n——齿轮泵转速（r/min）；

η_v——齿轮泵的容积效率。

实际上齿轮泵的输油量是有脉动的，故式（3.15）所表示的是泵的平均输油量。

3.2.3 齿轮泵的结构特点

1.齿轮泵的困油问题

齿轮泵要能连续地供油,就要求齿轮啮合的重叠系数 ε 大于1,也就是当一对齿轮尚未脱开啮合时,另一对齿轮已进入啮合,这样,就出现同时有两对齿轮啮合的瞬间,在两对齿轮的齿向啮合线之间形成了一个封闭容积,一部分油液也就被困在这一封闭容积中(图3.6(a)),齿轮连续旋转时,这一封闭容积便逐渐减小,到两啮合点处于节点两侧的对称位置时(图3.6(b)),封闭容积为最小,齿轮再继续转动时,封闭容积又逐渐增大,直到图3.6(c)所示位置时,容积又变为最大。在封闭容积减小时,被困油液受到挤压,压力急剧上升,使轴承上突然受到很大的冲击载荷,使泵剧烈振动,这时高压油从一切可能泄漏的缝隙中挤出,造成功率损失,使油液发热。当封闭容积增大时,由于没有油液补充,因此形成局部真空,使原来溶解于油液中的空气分离出来,形成了气泡,油液中产生气泡后,会引起噪声、气蚀等一系列恶果。以上情况就是齿轮泵的困油现象。这种困油现象极为严重地影响着泵的工作平稳性和使用寿命。

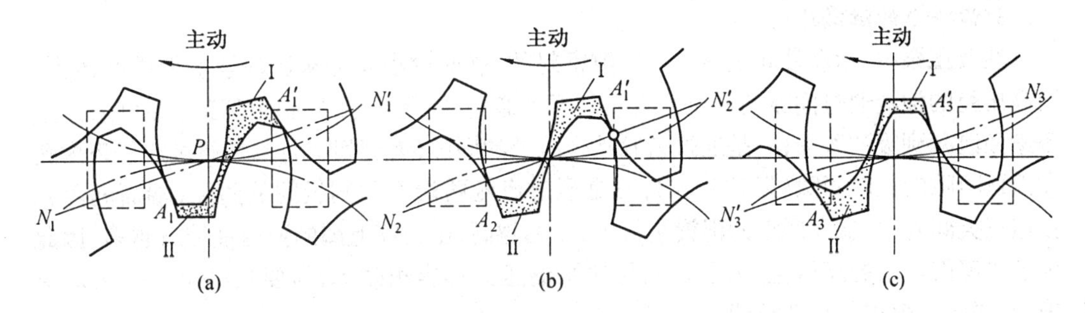

图3.6 齿轮泵的困油现象

为了消除困油现象,在CB-B型齿轮泵的泵盖上铣出两个困油卸荷凹槽,其几何关系如图3.7所示。卸荷槽的位置应该使困油腔由大变小时,能通过卸荷槽与压油腔相通,而当困油腔由小变大时,能通过另一卸荷槽与吸油腔相通。两卸荷槽之间的距离为 a,必须保证在任何时候都不能使压油腔和吸油腔互通。

按上述对称开的卸荷槽,当困油封闭腔由大变至最小时(图3.7),由于油液不易从即将关闭的缝隙中挤出,故封闭油压仍将高于压油腔压力;齿轮继续转动,当封闭腔和吸油腔相通的瞬间,高压油又突然和吸油腔的低压油相接触,会引起冲击和噪声。于是CB-B型齿轮泵将卸荷槽的位置整个向吸油腔侧平移了一个距离。这时封闭腔只有在由小变至最大时才和压油腔断开,油压没有突变,封闭腔和吸油腔接通时,封闭腔不会出现真空也没有压力冲击,这样改进后,使齿轮泵的振动和噪声得到了进一步改善。

2.径向不平衡力

齿轮泵工作时,在齿轮和轴承上承受径向液压力的作用。如图3.8所示,泵的右侧为吸油腔,左侧为压油腔。在压油腔内有液压力作用于齿轮上,沿着齿顶的泄漏油,具有大小不等的压力,就是齿轮和轴承受到的径向不平衡力。液压力越高,这个不平衡力就越大,其结果不仅加速了轴承的磨损,降低了轴承的寿命,甚至使轴变形,造成齿顶和泵体内壁的摩擦等。为了解决径向力不平衡问题,在有些齿轮泵上,采用开压力平衡槽的办法来消除径向不平衡力,但这将使泄漏增大,容积效率降低等。CB－B型齿轮泵则采用缩小压油腔,以减少液压力对齿顶部分的作用面积来减小径向不平衡力,所以泵的压油口孔径比吸油口孔径要小。

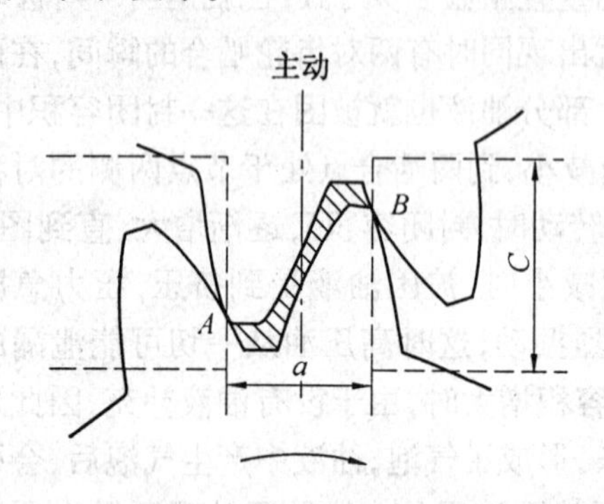

图3.7 齿轮泵的困油卸荷槽图

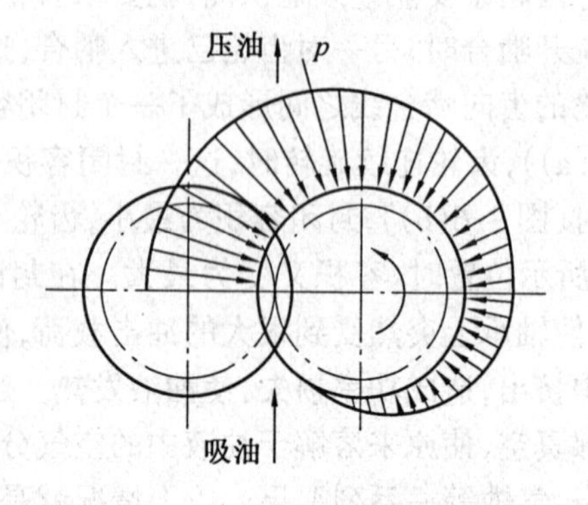

图3.8 齿轮泵的径向不平衡力

3.齿轮泵的泄漏通道

在液压泵中,运动件间是靠微小间隙密封的,这些微小间隙从运动学上形成摩擦副,而高压腔的油液通过间隙向低压腔泄漏是不可避免的;齿轮泵压油腔的压力油可通过三条途径泄漏到吸油腔去;一是通过齿轮啮合线处的间隙(齿侧间隙);二是通过定子环内孔和齿顶间隙的径向间隙(齿顶间隙);三是通过齿轮两端面和侧板间的间隙(端面间隙)。在这三类间隙中,端面间隙的泄漏量最大,压力越高,由间隙泄漏的液压油液就越多,因此为了实现齿轮泵的高压化,为了提高齿轮泵的压力和容积效率,需要从结构上来采取措施,对端面间隙进行自动补偿。

3.2.4 高压齿轮泵的特点

上述齿轮泵由于泄漏大(主要是端面泄漏,约占总泄漏量的70%～80%),且存在径向不平衡力,故压力不易提高。高压齿轮泵主要是针对上述问题采取了一些措施,如尽量减小径向不平衡力和提高轴与轴承的刚度;对泄漏量最大处的端面间隙,采用了自动补偿装置等。下面对端面间隙的补偿装置作简单介绍。

1.浮动轴套式

图3.9(a)是浮动轴套式的间隙补偿装置。它利用泵的出口压力油,引入齿轮轴上的浮动轴套1的外侧A腔,在液体压力作用下,使轴套紧贴齿轮3的侧面,因而可以消除间隙并可补偿齿轮侧面和轴套间的磨损量。在泵启动时,靠弹簧来产生预紧力,保证了轴向间隙的密封。

2.浮动侧板式

浮动侧板式补偿装置的工作原理与浮动轴套式基本相似,它也是利用泵的出口压力油引到浮动侧板4的背面(图3.9(b)),使之紧贴于齿轮3的端面来补偿间隙。启动时,浮动侧板靠密封圈来产生预紧力。

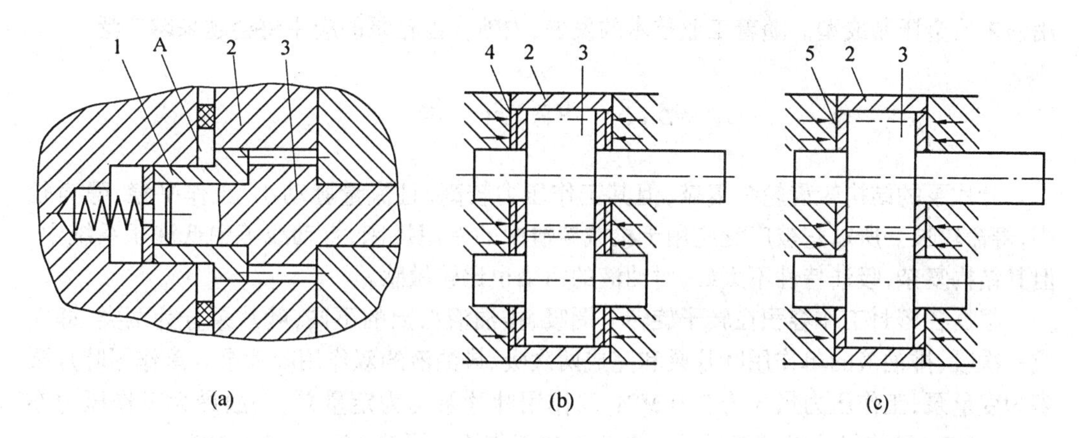

图 3.9　端面间隙补偿装置示意图

1—浮动轴套;2—泵体;3—齿轮;4—浮动侧板;5—挠性侧板

3.挠性侧板式

图 3.9(c)是挠性侧板式间隙补偿装置,它是利用泵的出口压力油引到侧板 5 的背面后,靠侧板自身的变形来补偿端面间隙的,侧板的厚度较薄,内侧面要耐磨(如烧结有 0.5～0.7 mm 的磷青铜),这种结构采取一定措施后,易使侧板外侧面的压力分布大体上和齿轮侧面的压力分布相适应。

3.2.5　内啮合齿轮泵

内啮合齿轮泵的工作原理也是利用齿间密封容积的变化来实现吸油压油的。图 3.10 所示是内啮合齿轮泵其中的一种——摆线齿轮泵的工作原理图。

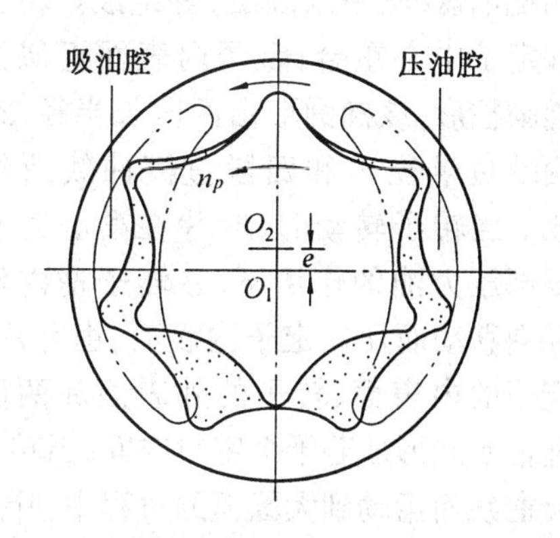

图 3.10　内啮合齿轮泵的工作原理图

内啮合齿轮泵由配油盘(前、后盖)、外转子(从动轮)和偏心安置在泵体内的内转子(主动轮)等组成。内、外转子相差一齿,图中内转子为六齿,外转子为七齿,由于内外转子是多齿啮合,这就形成了若干密封容积。内转子带动外转子作同向旋转。这时,由内转子齿顶和外转子齿谷间形成的密封容积(图中阴线部分),随着转子的转动密封容积就逐渐扩大,于是就形成局部真空,油液被吸入密封腔,当封闭容积达到最大时吸油完毕。当转子继续旋转时,充满油液的密封容积便逐渐减小,油液受挤压,于是通过另一配油窗口将油排出,压油完毕。内转子每转一周,由内转子齿顶和外转子齿谷所构成的每个密封容积,完成吸、压油各一次,当内转子连续转动时,即完成了液压泵的吸排油工作。

内啮合齿轮泵的外转子齿形是圆弧,内转子齿形为短幅外摆线的等距线,故又称为内啮合摆线齿轮泵,也叫转子泵。内啮合齿轮泵可正、反转,可作液压马达用。

内啮合齿轮泵有许多优点,如结构紧凑,体积小,零件少,转速可高达 10 000 r/mim,运动平稳,噪声低,容积效率较高等。缺点是流量脉动大,转子的制造工艺复杂等,目前已采用粉末冶金压制成型。随着工业技术的发展,内啮合齿轮泵的应用将会越来越广泛。

3.3 叶 片 泵

叶片泵的结构较齿轮泵复杂,但其工作压力较高,且流量脉动小,工作平稳,噪声较小,寿命较长。所以它被广泛应用于机械制造中的专用机床、自动线等中低液压系统中,但其结构复杂,吸油特性不太好,对油液的污染也比较敏感。

根据各密封工作容积在转子旋转一周吸、排油液次数的不同,叶片泵分为两类,即完成一次吸、排油液的单作用叶片泵和完成两次吸、排油液的双作用叶片泵。单作用叶片泵多为变量泵,工作压力最大为 7.0 MPa,双作用叶片泵均为定量泵,一般最大工作压力亦为 7.0 MPa,结构经改进的高压叶片泵最大的工作压力可达 16.0~21.0 MPa。

3.3.1 双作用叶片泵

1.双作用叶片泵的工作原理

双作用叶片泵的工作原理如图3.11所示,泵由定子 1、转子 2、叶片 3 和配油盘(图中未画出)等组成。转子和定子中心重合,定子内表面近似为椭圆柱形,该椭圆形由两段长半径 R、两段短半径 r 和四段过渡曲线所组成。当转子转动时,叶片在离心力和根部压力油的作用下,在转子槽内作径向移动而压向定子内表面,由叶片、定子的内表面、转子的外表面和两侧配油盘间形成若干个密封空间,当转子按图示方向旋转时,处在小圆弧上的密封空间经过渡曲线而运动到大圆弧的过程中,叶片外伸,密封空间的容积增大,要吸入油液;再从大圆弧经过渡曲线运动到小圆弧的过程中,叶片被定子内壁逐渐压进槽内,密封空间容积变小,将油液从压油口压出,因而,当转子每转一周,每个工作空间要完成两次吸油和压油,所以称之为双作用叶片泵,这种叶片泵由于有两个吸油腔和两个压油腔,并且各自的中心夹角是对称的,所以作用在转子上的油液压力相互平衡,因此双作用叶片泵又称为卸荷式叶片泵,为了要使径向力完全平衡,密封空间数(即叶片数)应当是双数。

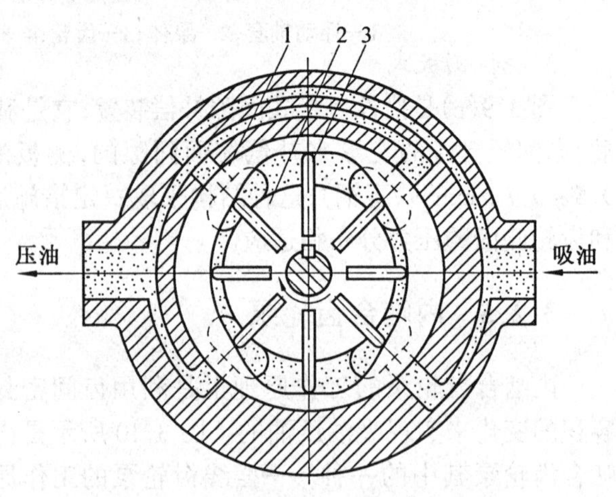

图 3.11 双作用叶片泵的工作原理
1—定子;2—转子;3—叶片

2.双作用叶片泵的排量和流量计算

双作用叶片泵的排量计算简图如图 3.12 所示,由于转子在转一周的过程中,每个密封空间完成两次吸油和压油,所以当定子的大圆弧半径为 R,小圆弧半径为 r,叶片宽度为 B,叶片数为 z,两叶片间的夹角为 $\beta = 2\pi/z$ 弧度

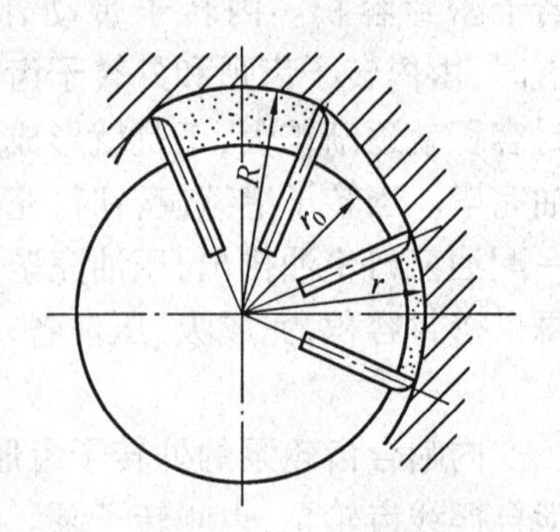

图 3.12 双作用叶片泵排量计算简图

时，每个密封容积排出的油液体积为半径为 R 和 r、扇形角为 β、厚度为 B 的两扇形体积之差的两倍，因而在不考虑叶片的厚度和倾角时双作用叶片泵的排量为

$$V=2\pi(R^2-r^2)B \tag{3.16}$$

一般在双作用叶片泵中，叶片底部全部接通压力油腔，因而叶片在槽中作往复运动时，叶片槽底部的吸油和压油不能补偿由于叶片厚度所造成的排量减小，为此双作用叶片泵当叶片厚度为 b、叶片安放的倾角为 θ 时的排量为

$$V=2\pi(R^2-r^2)B-2\frac{R-r}{\cos\theta}bzB=2B\left[\pi(R^2-r^2)-\frac{R-r}{\cos\theta}bz\right] \tag{3.17}$$

所以当双作用叶片泵的转数为 n，泵的容积效率为 η_v 时，泵的理论流量和实际输出流量分别为

$$q_t=Vn=2B\left[\pi(R^2-r^2)-\frac{R-r}{\cos\theta}bz\right]n \tag{3.18}$$

$$q=q_t\eta_v=2B\left[\pi(R^2-r^2)-\frac{R-r}{\cos\theta}bz\right]n\eta_v \tag{3.19}$$

双作用叶片泵如不考虑叶片厚度，泵的输出流量是均匀的，但实际叶片是有厚度的，长半径圆弧和短半径圆弧也不可能完全同心，尤其是叶片底部槽与压油腔相通，因此泵的输出流量将出现微小的脉动，但其脉动率较其他形式的泵（螺杆泵除外）小得多，且在叶片数为4的整数倍时最小，为此，双作用叶片泵的叶片数一般为12或16片。

3. 双作用叶片泵的结构

YB双作用叶片泵的结构如图3.13所示。它由前泵体7、后泵体6、左右配油盘1、5、定子4、转子12、叶片11、传动轴3等组成，右配油盘5的右侧与高压油腔相通，使配油盘与定子端面紧密配合，对转子端面间隙自动补偿。

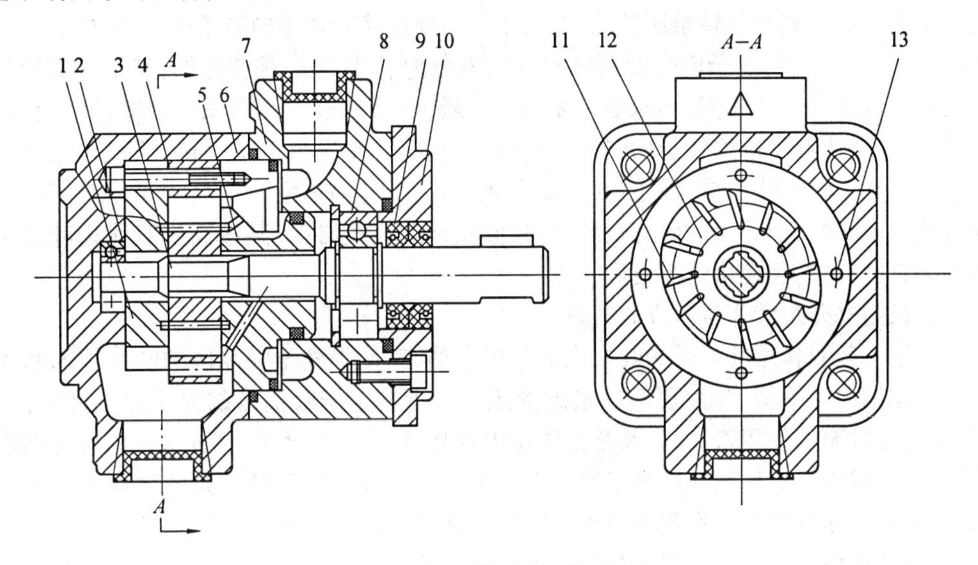

图3.13 双作用叶片泵的典型结构

1、5—配油盘；2、8—轴承；3—传动轴；4—定子；6—后泵体；7—前泵体；9—密封圈；10—盖板；11—叶片；12—转子；13—定位销

(1)配油盘。双作用叶片泵的配油盘如图 3.14 所示。

在盘上有两个吸油窗口 2、4 和两个压油窗口 1、3,窗口之间为封油区,通常应使封油区对应的中心角 β 稍大于或等于两个叶片之间的夹角,否则会使吸油腔和压油腔连通,造成泄漏,当两个叶片间密封油液从吸油区过渡到封油区(长半径圆弧处)时,其压力基本上与吸油压力相同,但当转子再继续旋转一个微小角度时,使该密封腔突然与压油腔相通,使其中油液压力突然升高,油液的体积突然收缩,压油腔中的油倒流进该腔,使液压泵的瞬时流量突然减小,引起液压泵的流量脉动、压力脉动和噪声,为此在配油盘的压油窗口靠叶片从封油区进入压油区的一边开有一个截面形状为三角形的三角槽(又称眉毛槽),使两叶片之间的封闭油液在未进入压油区之前就通过该三角槽与压力油相连,其压力逐渐上升,因而缓减了流量和压力脉动,并降低了噪声。环形槽 c 与压油腔相通并与转子叶片槽底部相通,使叶片的底部作用有压力油。

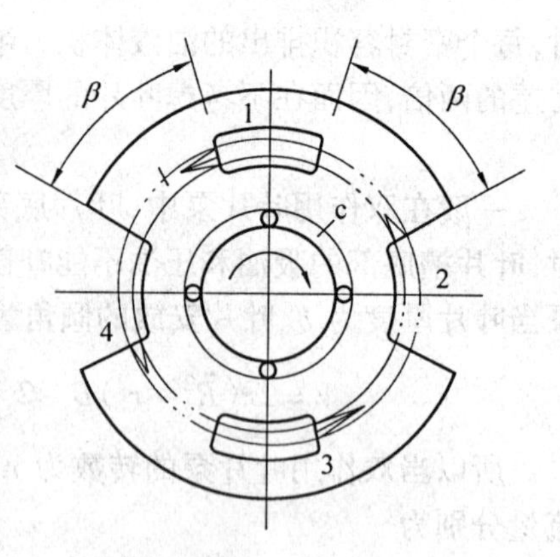

图 3.14 配油盘

1、3—压油窗口;2、4—吸油窗口

(2)定子曲线。定子曲线是由四段圆弧和四段过渡曲线组成的。过渡曲线应保证叶片贴紧在定子内表面上,保证叶片在转子槽中径向运动时速度和加速度的变化均匀,四段圆弧和四段过渡曲线接点处应圆滑过渡,以避免冲击、噪声和磨损。目前常用的过渡曲线有阿基米德螺旋线,等加速 - 等减速曲线等。

(3)叶片的倾角。叶片在工作过程中,受离心力和叶片根部压力油的作用,使叶片和定子紧密接触。当叶片转至压油区时,定子内表面迫使叶片推向转子中心,它的工作情况和凸轮相似,叶片与定子内表面接触有一压力角为 β,且大小是变化的,其变化规律与叶片径向速度变化规律相同,即从零逐渐增加到最大,又从最大逐渐减小到零,因而在双作用叶片泵中,将叶片顺着转子回转方向前倾一个 θ 角,使压力角减小到 β',这样就可以减小侧向力 F_T,因而叶片泵叶片的倾角 θ 一般 10° ~ 14°。YB 型叶片泵叶片相对于转子径向连线前倾 13°。但近年的研究表明,叶片倾角并非完全必要,某些高压双作用叶片泵的转子槽是径向的,且使用情况良好。

4. 提高双作用叶片泵压力的措施

由于一般双作用叶片泵的叶片底部通压力油,就使得处于吸油区的叶片顶部和底部的液压作用力不平衡,叶片顶部以很大的压紧力抵在定子吸油区的内表面上,使磨损加剧,影响叶片泵的使用寿命,尤其是工作压力较高时,磨损更严重,因此吸油区叶片两端压力不平衡,限制了双作用叶片泵工作压力的提高。所以在高压叶片泵的结构上必须采取措施,使叶片压向定子的作用力减小。常用的措施有:

(1)减小作用在叶片底部的油液压力。将泵的压油腔的油通过阻尼槽或内装式小减压阀通到吸油区的叶片底部,使叶片经过吸油腔时,叶片压向定子内表面的作用力不致过大。

(2)减小叶片底部承受压力油作用的面积。叶片底部受压面积为叶片的宽度和叶片厚度的乘积，因此减小叶片的实际受力宽度和厚度，就可减小叶片受压面积。如图3.15所示，这种结构中采用了复合式叶片（亦称子母叶片），叶片分成母叶片1与子叶片2两部分。通过配油盘使母子叶片间的小腔a总是和压力油相通，而母叶片底部c腔，则借助于虚线所示的油孔，始终与顶部油液压力相同。当叶片处在吸油腔工作时，叶片根部不受高压油作用，只受a腔的高压油作用压向定子内表面，由于a腔面积不大，所以减小了叶片和定子内表面间的作用力，但能使叶片与定子接触，保证密封。

(3)使叶片顶端和底部的液压作用力平衡。图3.16(a)所示的泵采用双叶片结构，叶片槽中有两个可以作相对滑动的叶片1和2，每个叶片都有一棱边与定子内表面接触，在叶片的顶部形成一个油腔a，叶片底部油腔b始终与压油腔相通，并通过两叶片间的小孔c与油腔a相连通，因而使叶片顶端和底部的液压作用力得到平衡。适当选择叶片顶部棱边的宽度，可以使叶片对定子表面既有一定的压紧力，又不致使该力过大。为了使叶片运动灵活，对零件的制造精度将提出较高的要求。

图3.16(b)所示为叶片装弹簧的结构，这种结构叶片1较厚，顶部与底部有孔相通，叶片底部的油液是由叶片顶部经叶片的孔引入的，因此叶片上下油腔油液的作用力基本平衡，为使叶片紧贴定子内表面，保证密封，在叶片根部装有弹簧。

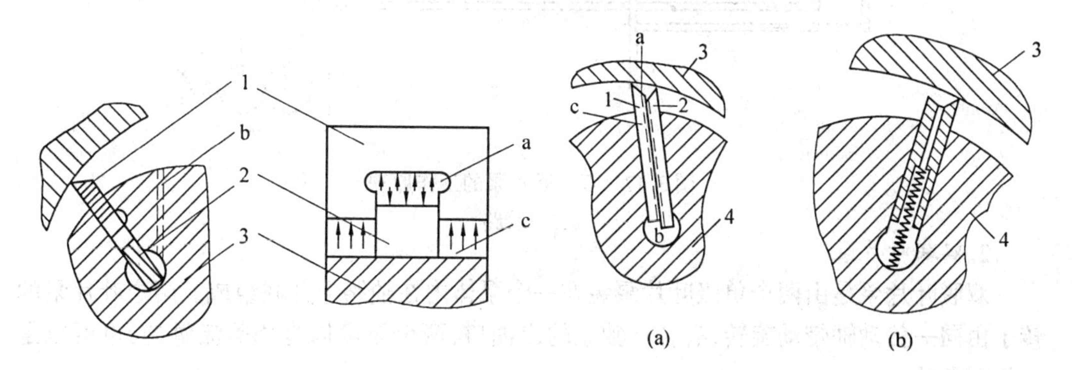

图3.15 减小叶片作用面积的子母叶片式结构
1—母叶片；2—子叶片；3—转子

图3.16 叶片液压力平衡的高压叶片泵叶片结构
1、2—叶片；3—定子；4—转子

3.3.2 双级叶片泵和双联叶片泵

1.双级叶片泵

为了要得到较高的工作压力，也可以不用高压叶片泵，而用双级叶片泵，双级叶片泵是由两个普通压力的单级叶片泵装在一个泵体内在油路上串接而成的，如果单级泵的压力可达7.0 MPa，双级泵的工作压力就可达14.0 MPa。

双级叶片泵的工作原理如图3.17所示，两个单级叶片泵的转子装在同一根传动轴上，当传动轴回转时就带动两个转子一起转动。第一级泵经吸油管从油箱吸油，输出的油液就送入第二级泵的吸油口，第二级泵的输出油液经管路送往工作系统。设第一级泵输出压力为p_1，第二级泵输出压力为p_2。为使两级转子具有相等的负载，需保证$p_2=2p_1$。为了平衡两个泵的载荷，在泵体内设有载荷平衡阀。第一级泵和第二级泵的输出油路分别经管路 1 和 2 通到平衡阀的大滑阀和小滑阀的端面，两滑阀的面积比 $A_1/A_2=2$。当两个泵的流量相等时，平衡阀两边的阀口都封闭，$p_1A_1=p_2A_2$，则 $p_2=2p_1$。如第一级泵的流量大于第二级时，油液压力 p_1 就增大，使 $p_1>1/2p_2$，因此 $p_1A_1>p_2A_2$，平衡阀被推向右，第一级泵的多余油液从管路 1 经阀口流回第一级泵的进油管路，使两个泵的载荷获得平衡；如果第二级泵流量大于第一级时，油压 p_1 就降低，使 $p_1A_1<p_2A_2$，平衡阀被推向左，第二级泵输出的部分油液从管路 2 经阀口流回第二级泵的进油口而获得平衡。

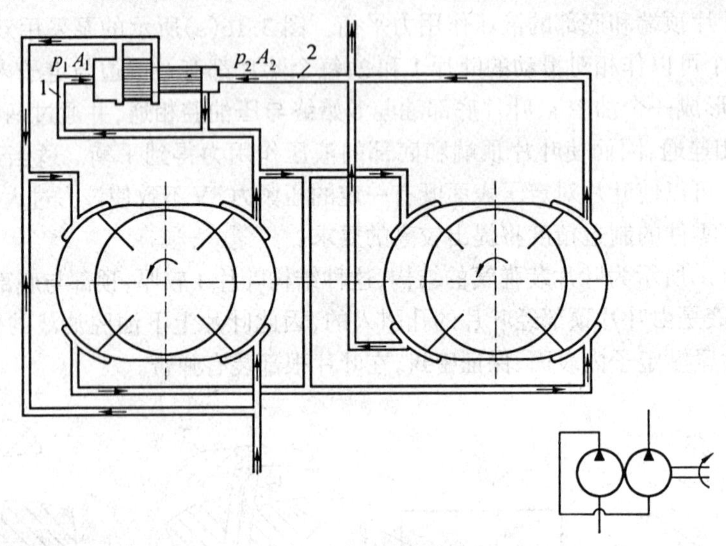

图 3.17　双级叶片泵的工作原理

1、2—管路

2. 双联叶片泵

双联叶片泵是由两个单级叶片泵装在一个泵体内在油路上并联组成。两个叶片泵的转子由同一传动轴带动旋转，有各自独立的出油口，两个泵可以是相等流量的，也可以是不等流量的。

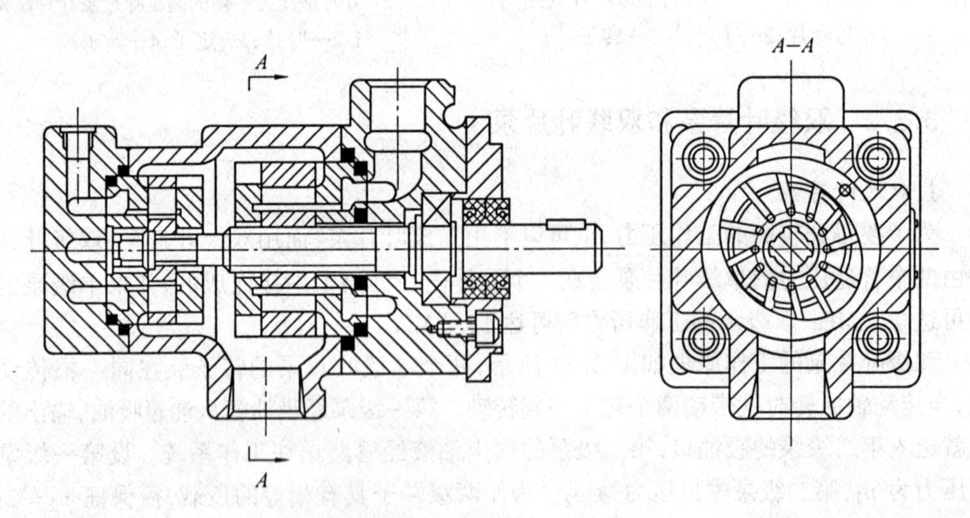

图 3.18　YB 型双联叶片泵结构

双联叶片泵常用于有快速进给和工作进给要求的机械加工的专用机床中,这时双联泵由一小流量和一大流量泵组成。当快速进给时,两个泵同时供油(此时压力较低),当工作进给时,由小流量泵供油(此时压力较高),同时在油路系统上使大流量泵卸荷,这与采用一个高压大流量的泵相比,可以节省能源,减少油液发热。这种双联叶片泵也常用于机床液压系统中需要两个互不影响的独立油路中。

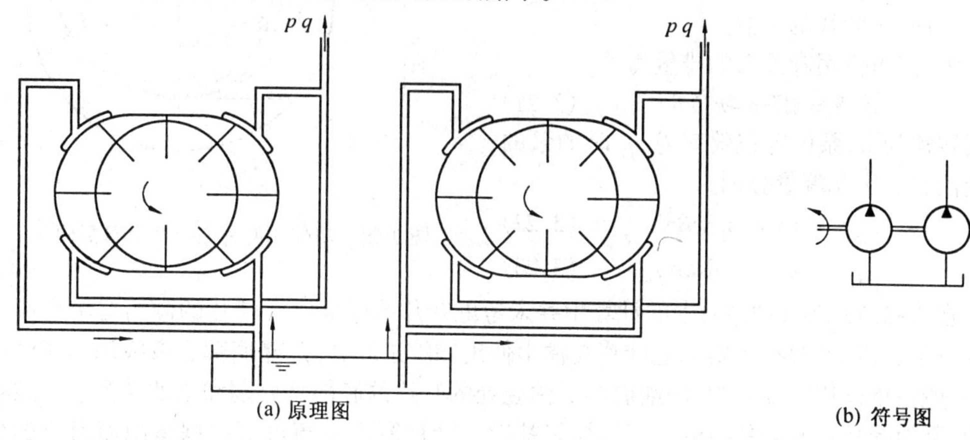

图 3.19 双联叶片泵工作原理及图形符号

3.3.3 单作用叶片泵

1.单作用叶片泵的工作原理

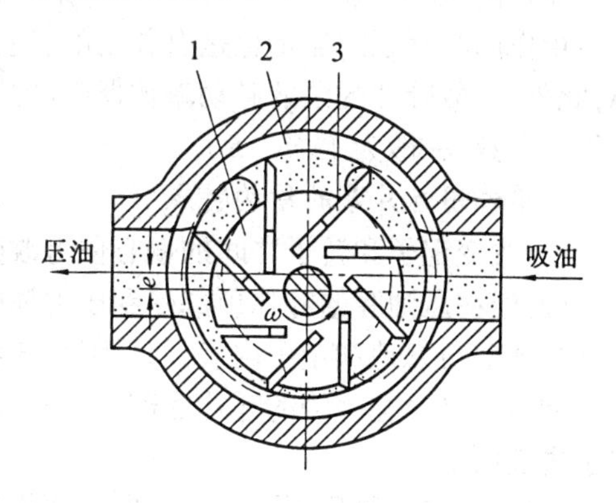

图 3.20 单作用叶片泵的工作原理
1—转子;2—定子;3—叶片

单作用叶片泵的工作原理如图 3.20 所示,单作用叶片泵由转子 1、定子 2、叶片 3 和端盖等组成。定子具有圆柱形内表面,定子和转子间有偏心距。叶片装在转子槽中,并可在槽内滑动,当转子回转时,由于离心力的作用,使叶片紧靠在定子内壁,这样在定子、转子、叶片和两侧配油盘间就形成若干个密封的工作空间,当转子按图示的方向回转时,在图的右部,叶片逐渐伸出,叶片间的工作空间逐渐增大,从吸油口吸油,这是吸油腔。在图的左部,叶片被定子内壁逐渐压进槽内,工作空间逐渐缩小,将油液从压油口压出,这是压油腔,在吸油腔和压油腔之间,有一段封油区,把吸油腔和压油腔隔开,这种叶片泵在转子每转一周,每个工作空间完成一次吸油和压油,因此称为单作用叶片泵。转子不停地旋转,泵就不断地吸油和排油。

2.单作用叶片泵的排量和流量计算

单作用叶片泵的排量为各工作容积在主轴旋转一周时所排出的液体的总和,如图 3.21所示,两个叶片形成的一个工作容积 V' 近似地等于扇形体积 V_1 和 V_2 之差,即

$$V' = V_1 - V_2 = \frac{1}{2}B\beta[(R+e)^2 - (R-e)^2] = \frac{4\pi}{z}ReB \tag{3.20}$$

式中 R——定子的内径(m);

e——转子与定子之间的偏心矩(m);

B——叶片的宽度(m);

β——相邻两个叶片间的夹角,

$\beta = 2\pi/z$;

z——叶片的个数。

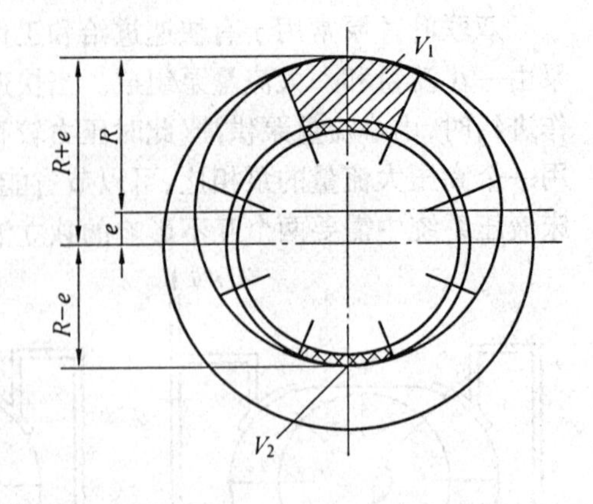

图 3.21 单作用叶片泵排量计算简图

因此,单作用叶片泵的排量为

$$V = zV' = 4\pi ReB \tag{3.21}$$

故当转速为 n,泵的容积效率为 η_v 时的泵的理论流量和实际流量分别为

$$q_t = Vn = 4\pi ReBn \tag{3.22}$$

$$q = q_t\eta_v = 4\pi ReBn\eta_v \tag{3.23}$$

在式(3.22)和式(3.23)中的计算中并未考虑叶片的厚度以及叶片的倾角对单作用叶片泵排量和流量的影响,实际上叶片在槽中伸出和缩进时,叶片槽底部也有吸油和压油过程,一般在单作用叶片泵中,压油腔和吸油腔处的叶片的底部是分别和压油腔及吸油腔相通的,因而叶片槽底部的吸油和压油恰好补偿了叶片厚度及倾角所占据体积而引起的排量和流量的减小,这就是在计算中不考虑叶片厚度和倾角影响的缘故。

单作用叶片泵的流量也是有脉动的,理论分析表明,泵内叶片数越多,流量脉动率越小,此外,奇数叶片的泵的脉动率比偶数叶片的泵的脉动率小,所以单作用叶片泵的叶片数均为奇数,一般为 13 或 15 片。

3.单作用叶片泵的结构特点

(1)改变定子和转子之间的偏心便可改变流量。偏心反向时,吸油压油方向也相反。

(2)处在压油腔的叶片顶部受到压力油的作用,该作用要把叶片推入转子槽内。为了使叶片顶部可靠地和定子内表面相接触,压油腔一侧的叶片底部要通过特殊的沟槽和压油腔相通。吸油腔一侧的叶片底部要和吸油腔相通,这里的叶片仅靠离心力的作用顶在定子内表面上。

(3)由于转子受到不平衡的径向液压作用力,所以这种泵一般不宜用于高压。

(4)为了更有利于叶片在惯性力作用下向外伸出,而使叶片有一个与旋转方向相反的倾斜角,称为后倾角,一般为 24°。

3.3.4 限压式变量叶片泵

1.限压式变量叶片泵的工作原理

限压式变量叶片泵是单作用叶片泵,根据前面介绍的单作用叶片泵的工作原理,改变定子和转子间的偏心距 e,就能改变泵的输出流量,限压式变量叶片泵能借助输出压力的大小自动改变偏心距 e 的大小来改变输出流量。当压力低于某一可调节的限定压力时,泵的输出流量最大;压力高于限定压力时,随着压力增加,泵的输出流量线性地减少,其工作原理如图 3.22 所示。泵的出口经通道 7 与活塞 6 相通。在泵未运转时,定子 2 在弹簧 9 的作用下,紧靠活塞 4,并使活塞 4 靠在螺钉 5 上。这时,定子和转子有一偏心量 e_0,调节螺钉 5 的位置,便可改变 e_0。当泵的出口压力 p 较低时,则作用在活塞 4 上的液压力也较小,若此液压力小于上端的弹簧作用力,当活塞的面积为 A、调压弹簧的刚度 k_s、预压缩量为 x_0 时,有

$$pA < k_s x_0 \tag{3.24}$$

此时,定子相对于转子的偏心量最大,输出流量最大。随着外负载的增大,液压泵的出口压力 p 也将随之提高,当压力升至与弹簧力相平衡的控制压力 p_B 时,有

$$p_B A = k_s x_0 \tag{3.25}$$

当压力进一步升高,使 $pA > k_s x_0$,这时,若不考虑定子移动时的摩擦力,液压作用力就要克服弹簧力推动定子向左移动,随之泵的偏心量减小,泵的输出流量也减小。p_B 称为泵的限定压力,即泵处于最大流量时所能达到的最高压力,调节调压螺钉 10,可改变弹簧的预压缩量 x_0,即可改变 p_B 的大小。

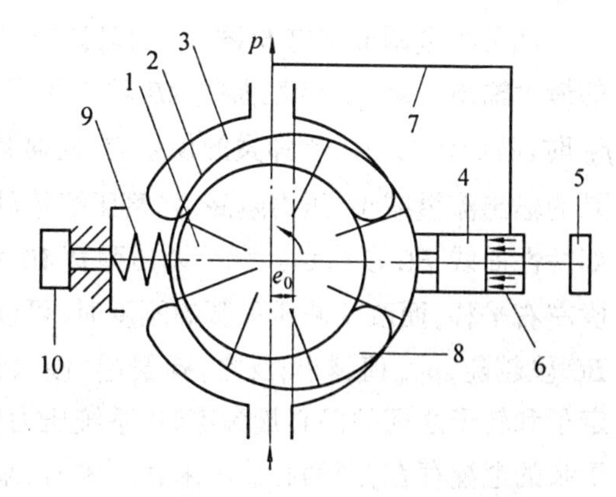

图 3.22 限压式变量叶片泵的工作原理
1—转子;2—定子;3—压油窗口;4—活塞;5—螺钉;6—活塞腔;7—通道;8—吸油窗口;9—调压弹簧;10—调压螺钉

设定子的最大偏心量为 e_0,偏心量减小时,弹簧的附加压缩量为 x,则定子移动后的偏心量 e 为

$$e = e_0 - x \tag{3.26}$$

这时,定子上的受力平衡方程式为

$$pA = k_s(x_0 + x) \tag{3.27}$$

将式(3.25)、式(3.26)代入式(3.27)可得

$$e = e_0 - \frac{A(p - p_B)}{k_s} \quad p \geqslant p_B \tag{3.28}$$

式(3.28)表示了泵的工作压力与偏心量的关系,由式可以看出,泵的工作压力越高,偏心量就越小,泵的输出流量也就越小,且当 $p = k_s(e_0 + x_0)/A$ 时,泵的输出流量为零,控制定子移动的作用力是将液压泵出口的压力油引到柱塞上,然后再加到定子上去,这种控制方式称为外反馈式。

2.限压式变量叶片泵的特性曲线

限压式变量叶片泵在工作过程中,当工作压力 p 小于预先调定的限定压力 p_B 时,液压作用力不能克服弹簧的预紧力,这时定子的偏心距保持最大不变,因此泵的输出流量 q_A 不变,但由于供油压力增大时,泵的泄漏流量 q_1 也增加,所以泵的实际输出流量 q 也略有减少,如图 3.23 限压式变量叶片泵的特性曲线中的 AB 段所示。

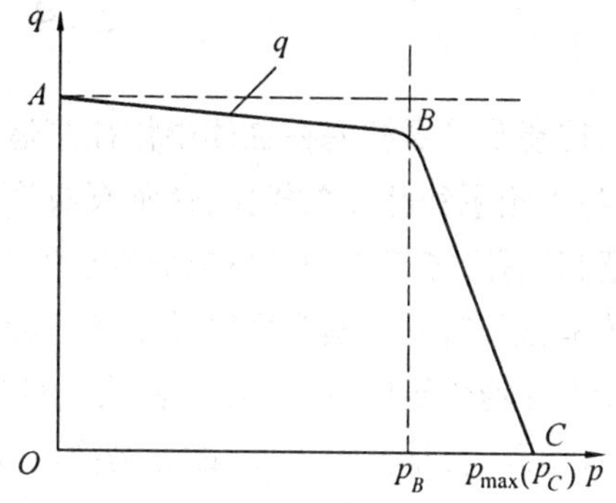

图 3.23 限压式变量叶片泵的特性曲线

调节流量调节螺钉 5(图 3.22)可调节最大偏心量(初始偏心量)的大小。从而改变泵的最大输出流量 q_A,特性曲线 AB 段上下平移,当泵的供油压力 p 超过预先调整的压力 p_B 时,液压作用力大于弹簧的预紧力,此时弹簧受压缩定子向偏心量减小的方向移动,使泵的输出流量减小,压力越高,弹簧压缩量越大,偏心量越小,输出流量越小,其变化规律如特性曲线 BC 段所示。调节调压弹簧 10 可改变限定压力 p_B 的大小,这时特性曲线 BC 段左右平移,而改变调压弹簧的刚度时,可以改变 BC 段的斜率,弹簧越“软”(k_s 值越小),BC 段越陡,p_{max}值越小;反之,弹簧越“硬”(k_s 值越大),BC 段越平坦,p_{max}值亦越大。当定子和转子之间的偏心量为零时,系统压力达到最大值,该压力称为截止压力,实际上由于泵的泄漏存在,当偏心量尚未达到零时,泵向系统的输出流量实际已为零。

3.限压式变量叶片泵与双作用叶片泵的区别

(1)在限压式变量叶片泵中,当叶片处于压油区时,叶片底部通压力油,当叶片处于吸油区时,叶片底部通吸油腔,这样,叶片的顶部和底部的液压力基本平衡,这就避免了定量叶片泵在吸油区定子内表面严重磨损的问题。如果在吸油腔叶片底部仍通压力油,叶片顶部就会给定子内表面以较大的摩擦力,以致减弱了压力反馈的作用。

(2)叶片也有倾角,但倾斜方向正好与双作用叶片泵相反,这是因为限压式变量叶片泵的叶片上下压力是平衡的,叶片在吸油区向外运动主要依靠其旋转时的离心惯性作用。根据力学分析,这样的倾斜方向更有利于叶片在离心惯性作用下向外伸出。

(3)限压式变量叶片泵结构复杂,轮廓尺寸大,相对运动的机件多,泄漏较大,轴上承受不平衡的径向液压力,噪声较大,容积效率和机械效率都没有定量叶片泵高;但是,它能按负载压力自动调节流量,在功率使用上较为合理,可减少油液发热。

限压式变量叶片泵对既要实现快速行程,又要实现工作进给(慢速移动)的执行元件来说是一种合适的油源:快速行程需要大的流量,负载压力较低,正好使用特性曲线的 AB 段,工作进给时负载压力升高,需要流量减少,正好使用其特性曲线的 BC 段,因而合理调整拐点压力 p_B 是使用该泵的关键。目前这种泵被广泛用于要求执行元件有快速、慢速和保压阶段的中低压系统中,有利于节能和简化回路。

3.4 柱塞泵

柱塞泵是靠柱塞在缸体中作往复运动造成密封容积的变化来实现吸油与压油的液压泵,与齿轮泵和叶片泵相比,这种泵有许多优点。第一,构成密封容积的零件为圆柱形的柱塞和缸孔,加工方便,可得到较高的配合精度,密封性能好,在高压工作时仍有较高的容积效率;第二,只需改变柱塞的工作行程就能改变流量,易于实现变量;第三,柱塞泵中的主要零件均受压应力作用,材料强度性能可得到充分利用。由于柱塞泵压力高,结构紧凑,效率高,流量调节方便,故在需要高压、大流量、大功率的系统中和流量需要调节的场合,如龙门刨床、拉床、液压机、工程机械、矿山冶金机械、船舶上得到广泛的应用。柱塞泵按柱塞的排列和运动方向不同,可分为径向柱塞泵和轴向柱塞泵两大类。

3.4.1 径向柱塞泵

1.径向柱塞泵的工作原理

径向柱塞泵的工作原理如图3.24所示,柱塞1径向排列装在缸体2中,缸体由原动机带动连同柱塞1一起旋转,所以缸体2一般称为转子,柱塞1在离心力的(或在低压油)作用下抵紧定子4的内壁,当转子按图示方向回转时,由于定子和转子之间有偏心距 e,柱塞绕经上半周时向外伸出,柱塞底部的容积逐渐增大,形成部分真空,因此便经过衬套3(衬套3是压紧在转子内,并和转子一起回转)上的油孔从配油孔5和吸油口b吸油;当柱塞转到下半周时,定子内壁将柱塞向里推,柱塞底部的容积逐渐减小,向配油轴的压油口c压油,当转子回转一周时,每个柱塞底部的密封容积完成一次吸压油,转子连续运转,即完成压吸油工作。配油轴固定不动,油液从配油轴上半部的两个孔a流入,从下半部两个油孔d压出,为了进行配油,配油轴在和衬套3接触的一段加工出上下两个缺口,形成吸油口b和压油口c,留下的部分形成封油区。封油区的宽度应能封住衬套上的吸压油孔,以防吸油口和压油口相连通,但尺寸也不能大得太多,以免产生困油现象。

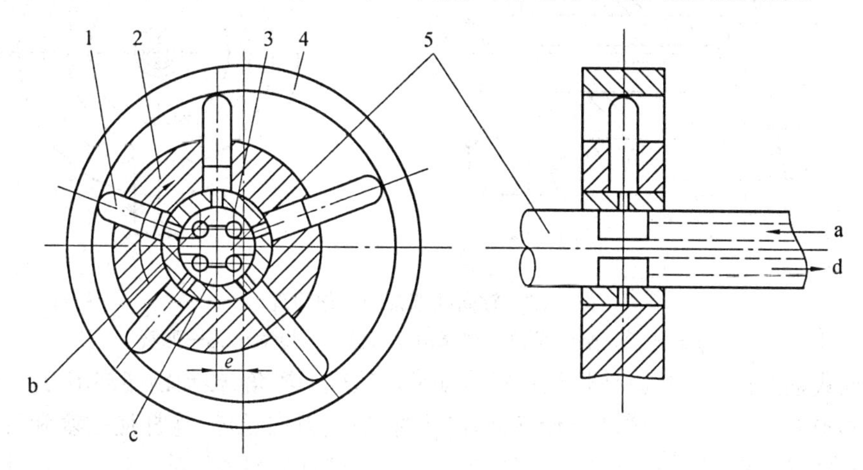

图3.24 径向柱塞泵的工作原理

1—柱塞;2—缸体;3—衬套;4—定子;5—配油轴

2.径向柱塞泵的排量和流量计算

当转子和定子之间的偏心距为 e 时,柱塞在缸体孔中的行程为 $2e$,设柱塞个数为 z,直径为 d 时,泵的排量为

$$V=\frac{\pi}{4}d^2 2e \tag{3.29}$$

设泵的转数为 n,容积效率为 η_v,则泵的实际输出流量为

$$q=\frac{\pi}{4}d^2 2ezn\eta_v=\frac{\pi}{2}d^2 ezn\eta_v \tag{3.30}$$

3.4.2 轴向柱塞泵

1.轴向柱塞泵的工作原理

轴向柱塞泵是将多个柱塞配置在一个共同缸体的圆周上,并使柱塞中心线和缸体中

心线平行的一种泵。轴向柱塞泵有两种形式,直轴式(斜盘式)和斜轴式(摆缸式),如图3.25所示为直轴式轴向柱塞泵的工作原理,这种泵主体由缸体1、配油盘2、柱塞3和斜盘4组成。柱塞沿圆周均匀分布在缸体内。斜盘轴线与缸体轴线倾斜一角度,柱塞靠机械装置或在低压油作用下压紧在斜盘上(图中为弹簧),配油盘2和斜盘4固定不转,当原动机通过传动轴使缸体转动时,由于斜盘的作用,迫使柱塞在缸体内作往复运动,并通过配油盘的配油窗口进行吸油和压油。如图3.25中所示回转方向,当缸体转角在π~2π范围内,柱塞向外伸出,柱塞底部缸孔的密封工作容积增大,通过配油盘的吸油窗口吸油;在0~π范围内,柱塞被斜盘推入缸体,使缸孔容积减小,通过配油盘的压油窗口压油。缸体每转一周,每个柱塞各完成吸、压油一次,如改变斜盘倾角,就能改变柱塞行程的长度,即改变液压泵的排量,改变斜盘倾角方向,就能改变吸油和压油的方向,即成为双向变量泵。

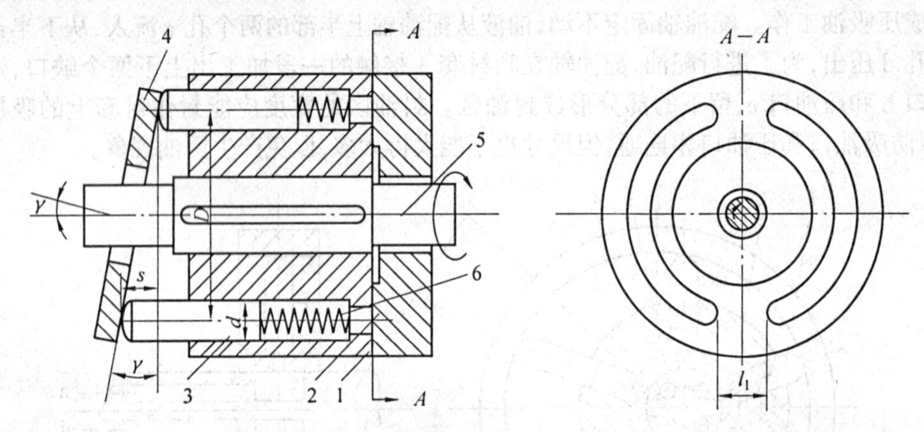

图3.25 轴向柱塞泵的工作原理

1—缸体;2—配油盘;3—柱塞;4—斜盘;5—传动轴;6—弹簧

斜轴式轴向柱塞泵的缸体轴线相对传动轴轴线成一倾角,传动轴端部用万向铰链、连杆与缸体中的每个柱塞相联结,当传动轴转动时,通过万向铰链、连杆使柱塞和缸体一起转动,并迫使柱塞在缸体中作往复运动,借助配油盘进行吸油和压油。这类泵的优点是变量范围大,泵的强度较高,但和上述直轴式相比,其结构较复杂,外形尺寸和质量均较大。

轴向柱塞泵的优点是:结构紧凑,径向尺寸小,惯性小,容积效率高,目前最高压力可达40.0 MPa,甚至更高,一般用于工程机械、压力机等高压系统中,但其轴向尺寸较大,轴向作用力也较大,结构比较复杂。

2.轴向柱塞泵的排量和流量计算

如图3.25所示,柱塞的直径为 d,柱塞分布圆直径为 D,斜盘倾角为 γ 时,柱塞的行程为 $s = D\tan\gamma$,所以当柱塞数为 z 时,轴向柱塞泵的排量为

$$V = \frac{\pi d^2 D\tan\gamma z}{4} \tag{3.31}$$

设泵的转数为 n,容积效率为 η_v 则泵的实际输出流量为

$$q = \frac{\pi d^2 D\tan\gamma zn\eta_v}{4} \tag{3.32}$$

实际上,由于柱塞在缸体孔中运动的速度不是恒速的,因而输出流量是有脉动的,当柱塞

数为奇数时，脉动较小，且柱塞数多脉动也较小，因而一般常用的柱塞泵的柱塞个数为 7、9 或 11。

3.轴向柱塞泵的结构特点

(1)典型结构。图 3.26 所示为一种直轴式轴向柱塞泵的结构。柱塞 9 的球状头部装在滑靴 12 内，以缸体 5 作为支撑的定心弹簧 3 通过钢球 20 推压回程压板 14，回程压板和柱塞滑靴一同转动。在排油过程中借助斜盘 15 推动柱塞作轴向运动；在吸油时依靠回程压板、钢球和弹簧组成的回程装置将滑靴紧紧压在斜盘表面上滑动，使泵具有自吸能力。在滑靴与斜盘相接触的部分有一油室，它通过柱塞中间的小孔与缸体中的工作腔相连，压力油进入油室后在滑靴与斜盘的接触面间形成了一层油膜，起着静压支承的作用，使滑靴作用在斜盘上的力大大减小，因而磨损也减小。传动轴 8 通过左边的花键带动缸体 5 旋转，由于滑靴 12 贴紧在斜盘表面上，柱塞在随缸体旋转的同时在缸体中作往复运动。缸体中柱塞底部的密封工作容积是通过配油盘 6 与泵的进出口相通的。随着传动轴的转动，液压泵就连续地吸油和排油。

(2)变量机构。由式(3.32)可知，若要改变轴向柱塞泵的输出流量，只要改变斜盘的倾角，即可改变轴向柱塞泵的排量和输出流量，下面介绍常用的轴向柱塞泵的手动变量和伺服变量机构的工作原理。

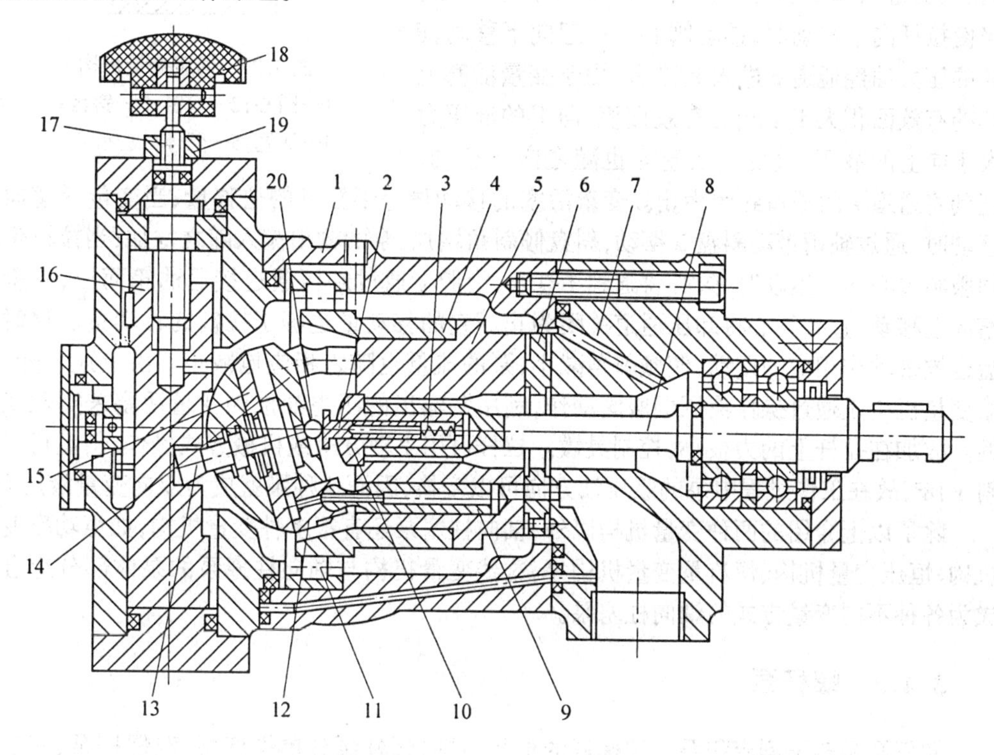

图 3.26 直轴式轴向柱塞泵结构

1—中间泵体；2—内套；3—定心弹簧；4—缸套；5—缸体；6—配油盘；7—前泵体；8—传动轴；9—柱塞；10—套筒；11—轴承；12—滑靴；13—销轴；14—压板；15—斜盘；16—变量柱塞；17—丝杠；18—手轮；19—螺母；20—钢球

①手动变量机构。如图 3.26 所示,转动手轮 18,使丝杠 17 转动,带动变量柱塞 16 作轴向移动(因导向键的作用,变量柱塞只能作轴向移动,不能转动)。通过销轴 13 使斜盘 15 绕变量机构壳体上的圆弧导轨面的中心(即钢球中心)旋转。从而使斜盘倾角改变,达到变量的目的。当流量达到要求时,可用锁紧螺母 19 锁紧。这种变量机构结构简单,但操纵不轻便,且不能在工作过程中变量。

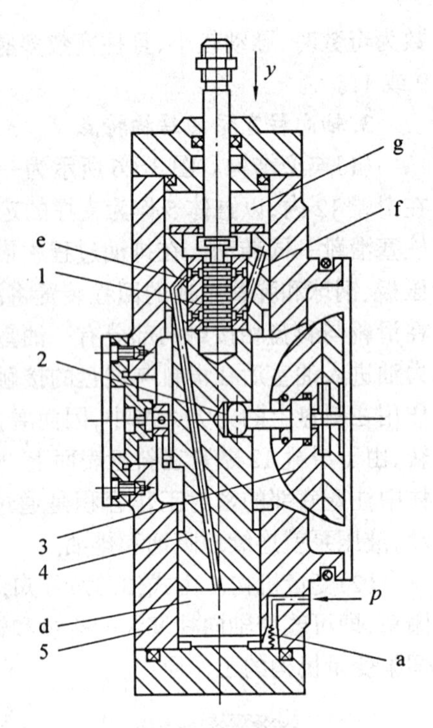

图 3.27 伺服变量机构

1—阀心;2—铰链;3—斜盘;4—活塞;5—壳体

②伺服变量机构。图 3.27 所示为轴向柱塞泵的伺服变量机构,以此机构代替图 3.26 所示轴向柱塞泵中的手动变量机构,就成为手动伺服变量泵。其工作原理为:泵输出的压力油由通道经单向阀 a 进入变量机构壳体的下腔 d,液压力作用在变量活塞 4 的下端。当与伺服阀阀心 1 相联的拉杆不动时(图示状态),变量活塞 4 的上腔 g 处于封闭状态,变量活塞不动,斜盘 3 在某一相应的位置上。当使拉杆向下移动时,推动阀心 1 一起向下移动,d 腔的压力油经通道 e 进入上腔 g。由于变量活塞上端的有效面积大于下端的有效面积,向下的液压力大于向上的液压,故变量活塞 4 也随之向下移动,直到将通道 e 的油口封闭为止。变量活塞的移动量等于拉杆的位移量、当变量活塞向下移动时,通过轴销带动斜盘 3 摆动,斜盘倾斜角增加,泵的输出流入随之增加;当拉杆带动伺服阀阀心向上运动时,阀心将通道 f 打开,上腔 g 通过卸压通道接通油箱而压,变量活塞向上移动,直到阀心将卸压通道关闭为止。它的移动量也等于拉杆的移动量。这时斜盘也被带动作相应的摆动,使倾斜角减小,泵的流量也随之相应地减小。由上述可知,伺服变量机构是通过操作液压伺服阀动作,利用泵输出的压力油推动变量活塞来实现变量的。故加在拉杆上的力很小,控制灵敏。拉杆可用手动方式或机械方式操作,斜盘可以倾斜 $\pm 18°$,故在工作过程中泵的吸压油方向可以变换,因而这种泵就成为双向变量液压泵。

除了以上介绍的两种变量机构以外,轴向柱塞泵还有很多种变量机构,如恒功率变量机构、恒压变量机构、恒流量变量机构等,这些变量机构与轴向柱塞泵的泵体部分组合就成为各种不同变量方式的轴向柱塞泵。

3.4.3 螺杆泵

螺杆泵是转子型容积泵。按螺杆的根数不同,螺杆泵分单螺杆泵、双螺杆泵、三螺杆泵和多螺杆泵。

螺杆泵的组成如图 3.28 所示为三螺杆泵,主要由前、后端盖,主、从动螺杆和泵体组成。

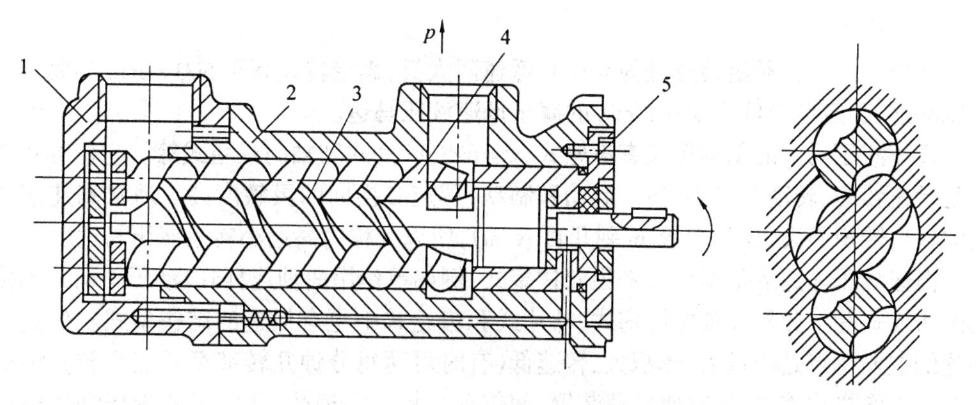

图3.28 螺杆泵的结构图

1—后泵盖;2—泵体;3—从动螺杆;4—主动螺杆;5—前端盖

其工作原理是主动螺杆带动从动螺杆转动,密封油腔带动其内的油液沿轴向向右移动。泵的左端为吸油区,右端为压油区。

螺杆泵的结构特点是主动螺杆为凸螺杆,从动螺杆为凹螺杆,主、从动螺杆为共轭螺杆。

螺杆泵具有不产生困油现象,流量均匀,工作平稳等优点,但加工工艺复杂,加工精度要求高,压力低,成本高,不易维修等缺点。螺杆泵适用于高精度设备。

3.5 液压马达

3.5.1 液压马达的特点、分类及图形符号

液压马达是把液体的压力能转换为机械能的装置,从原理上讲,液压泵可以作液压马达用,液压马达也可作液压泵用。但事实上同类型的液压泵和液压马达虽然在结构上相似,但由于两者的功能不同,导致了结构上的某些差异。例如:

(1)液压马达一般需要正反转,所以在内部结构上应具有对称性,而液压泵一般是单方向旋转的,其内部结构可以不对称。

(2)液压泵的吸油腔为真空,一般液压泵的吸油口比出油口的尺寸大。而液压马达低压腔的压力稍高于大气压力,所以没有上述要求。

(3)液压马达要求能在很宽的转速范围内正常工作,因此,应采用液动轴承或静压轴承。因为当马达速度很低时,若采用动压轴承,就不易形成润滑膜。

(4)液压泵在结构上需保证具有自吸能力,而液压马达就没有这一要求。

(5)液压马达必须具有较大的起动扭矩。所谓起动扭矩,就是马达由静止状态启动时,马达轴上所能输出的扭矩,该扭矩通常大于在同一工作压差时处于运行状态下的扭矩,所以,为了使起动扭矩尽可能接近工作状态下的扭矩,要求马达扭矩的脉动小,内部摩擦小。

由于液压马达与液压泵具有上述不同的特点,使得很多类型的液压马达和液压泵不

能互逆使用。

液压马达按其额定转速分为高速和低速两大类，额定转速高于 500 r/min 的属于高速液压马达，额定转速低于 500 r/min 的属于低速液压马达。

高速液压马达的基本形式有齿轮式、螺杆式、叶片式和轴向柱塞式等。它们的主要特点是转速较高、转动惯量小，便于启动和制动，调速和换向的灵敏度高。通常高速液压马达的输出转矩不大(仅几十 N·m 到几百 N·m)，所以又称为高速小转矩液压马达。

高速液压马达的基本形式是径向柱塞式，例如单作用曲轴连杆式、液压平衡式和多作用内曲线式等。此外在轴向柱塞式、叶片式和齿轮式中也有低速的结构型式。低速液压马达的主要特点是排量大、体积大、转速低(有时可达每分钟几转甚至零点几转)，因此可直接与工作机构连接，不需要减速装置，使传动机构大为简化，通常低速液压马达输出转矩较大(可达几千 N·m 到几万 N·m)，所以又称为低速大转矩液压马达。

液压马达也可按其结构类型来分，可以分为齿轮式、叶片式、柱塞式和其他型式。

液压马达图形符号如图 3.29 所示。

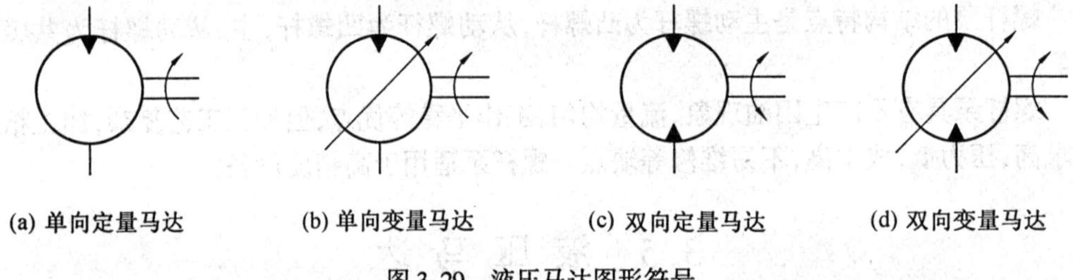

(a) 单向定量马达　(b) 单向变量马达　(c) 双向定量马达　(d) 双向变量马达

图 3.29　液压马达图形符号

3.5.2　液压马达的性能参数

液压马达的性能参数很多，下面是液压马达的主要性能参数。

1.排量、流量和容积效率

习惯上将马达的轴每转一周，按几何尺寸计算所进入的液体容积，称为马达的排量 V，有时称之为几何排量、理论排量，即不考虑泄漏损失时的排量。

液压马达的排量表示出其工作容腔的大小，它是一个重要的参数。因为液压马达在工作中输出的转矩大小是由负载转矩决定的。但是，推动同样大小的负载，工作容腔大的马达的压力要低于工作容腔小的马达的压力，所以说工作容腔的大小是液压马达工作能力的主要标志，也就是说，排量的大小是液压马达工作能力的重要标志。

根据液压动力元件的工作原理可知，马达转速 n、理论流量 q_t 与排量 V 之间具有下列关系

$$q_t = nV \tag{3.33}$$

式中　q_t——理论流量(m^3/s)；

n——转速(r/min)；

V——排量(m^3/r)。

为了满足转速要求，马达实际输入流量 q_i 大于理论输入流量，则有

$$q_i = q_t + \Delta q \tag{3.34}$$

式中 Δq——泄漏流量。

$$\eta_v = \frac{q_t}{q_i} = \frac{1}{1 + \Delta q / q_t} \tag{3.35}$$

所以得实际流量

$$q_i = \frac{q_t}{\eta_v} \tag{3.36}$$

2.液压马达输出的理论转矩

根据排量的大小,可以计算在给定压力下液压马达所能输出的转矩的大小,也可以计算在给定的负载转矩下马达的工作压力的大小。当液压马达进、出油口之间的压力差为 Δp,输入液压马达的流量为 q,液压马达输出的理论转矩为 T_t,角速度为 ω,如果不计损失,液压马达输入的液压功率应当全部转化为液压马达输出的机械功率,即

$$\Delta P_q = T_t \omega \tag{3.37}$$

又因为 $\omega = 2\pi n$,所以液压马达的理论转矩为

$$T_t = \frac{\Delta p \cdot V}{2\pi} \tag{3.38}$$

式中 Δp——马达进出口之间的压力差。

3.液压马达的机械效率

由于液压马达内部不可避免地存在各种摩擦,实际输出的转矩 T_i 总要比理论转矩 T_t 小些,即

$$T_i = T_t \eta_m \tag{3.39}$$

式中 η_m——液压马达的机械效率(%)。

4.液压马达的启动机械效率 η_{m0}

液压马达的启动机械效率是指液压马达由静止状态启动时,马达实际输出的转矩 T_i 与它在同一工作压差时的理论转矩 T_t 之比。即

$$\eta_{m0} = \frac{T_i}{T_t} \tag{3.40}$$

液压马达的启动机械效率表示出其启动性能的指标。因为在同样的压力下,液压马达由静止到开始转动的启动状态的输出转矩要比运转中的转矩大,这给液压马达带载启动造成了困难,所以启动性能对液压马达是非常重要的,启动机械效率正好能反映其启动性能的高低。启动转矩降低的原因,一方面是在静止状态下的摩擦系数最大,在摩擦表面出现相对滑动后摩擦系数明显减小,另一方面也是最主要的方面是因为液压马达静止状态润滑油膜被挤掉,基本上变成了干摩擦。一旦马达开始运动,随着润滑油膜的建立,摩擦阻力立即下降,并随滑动速度增大和油膜变厚而减小。

实际工作中都希望启动性能好一些,即希望启动转矩和启动机械效率大一些。现将不同结构形式的液压马达的启动机械效率 η_{m0}的大致数值列入表 3.1 中。

表 3.1 液压马达的启动机械效率

液压马达的结构形式		启动机械效率 η_{m0}
齿轮马达	老结构	0.60~0.80
	新结构	0.85~0.88
叶片马达	高速小扭矩型	0.75~0.85
轴向柱塞马达	滑履式	0.80~0.90
	非滑履式	0.82~0.92
曲轴连杆马达	老结构	0.80~0.85
	新结构	0.83~0.90
静压平衡马达	老结构	0.80~0.85
	新结构	0.83~0.90
多作用内曲线马达	由横梁的滑动摩擦副传递切向力	0.90~0.94
	传递切向力的部位具有滚动副	0.95~0.98

由表 3.1 可知,多作用内曲线马达的启动性能最好,轴向柱塞马达、曲轴连杆马达和静压平衡马达居中,叶片马达较差,而齿轮马达最差。

5. 液压马达的转速

液压马达的转速取决于供液的流量和液压马达本身的排量 V,可用下式计算

$$n_t = \frac{q_i}{V} \tag{3.41}$$

式中 n_t——理论转速(r/min)。

由于液压马达内部有泄漏,并不是所有进入马达的液体都推动液压马达做功,一小部分因泄漏损失掉了。所以液压马达的实际转速要比理论转速低一些。

$$n = n_t \eta_v \tag{3.42}$$

式中 n——液压马达的实际转速(r/min);

η_v——液压马达的容积效率(%)。

6. 最低稳定转速

最低稳定转速是指液压马达在额定负载下,不出现爬行现象的最低转速。所谓爬行现象,就是当液压马达工作转速过低时,往往保持不了均匀的速度,进入时动时停的不稳定状态。

实际工作中,一般都期望最低稳定转速越小越好。

3.5.3 叶片式液压马达

1. 工作原理

图 3.30 所示为叶片液压马达的工作原理图。

当压力为 p 的油液从进油口进入叶片 1 和 3 之间时,叶片 2 因两面均受液压油的作用所以不产生转矩。叶片 1、3 上,一面作用有压力油,另一面为低压油。由于叶片 3 伸出

的面积大于叶片1伸出的面积，因此作用于叶片3上的总液压力大于作用于叶片1上的总液压力，于是压力差使转子产生顺时针的转矩。同样道理，压力油进入叶片5和7之间时，叶片7伸出的面积大于叶片5伸出的面积，也产生顺时针转矩。这样，就把油液的压力能转变成了机械能，这就是叶片马达的工作原理。当输油方向改变时，液压马达就反转。

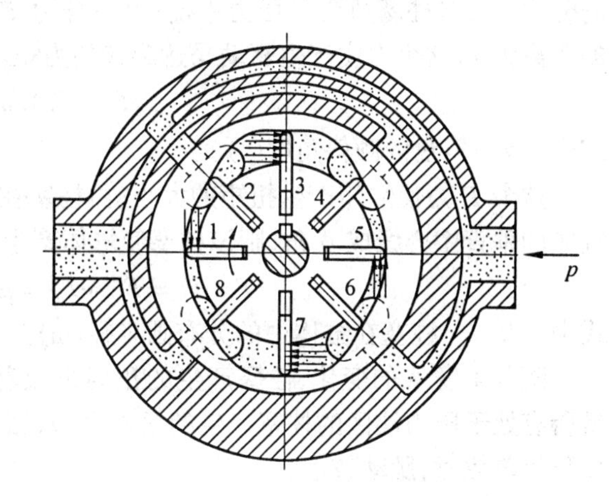

图3.30 叶片马达的工作原理图
1~7—叶片

2.结构特点

叶片液压马达与相应的叶片泵相比有以个几个特点：

(1)叶片底部有弹簧，以保证在初始条件下叶片能紧贴在定子内表面上，以形成成密封工作腔，否则进油腔和回油腔将串通，就不能形成油压，也不能输出转矩。

(2)叶片槽是径向的，以便叶片液压马达双向都可以旋转。

(3)在壳体中装有两个单向阀，以使叶片底部能始终都通压力油(使叶片与定子内表面压紧)而不受叶片液压马达回转方向的影响。

叶片马达的体积小，转动惯量小，因此动作灵敏，可适应的换向频率较高。但泄漏较大，不能在很低的转速下工作，因此，叶片马达一般用于转速高、转矩小和动作要求灵敏的场合。

3.5.4 轴向柱塞式液压马达

轴向柱塞马达的结构形式基本上与轴向柱塞泵一样，故其种类与轴向柱塞泵相同，也分为直轴式轴向柱塞马达和斜轴式轴向柱塞马达两类。

轴向柱塞马达的工作原理如图3.31所示。

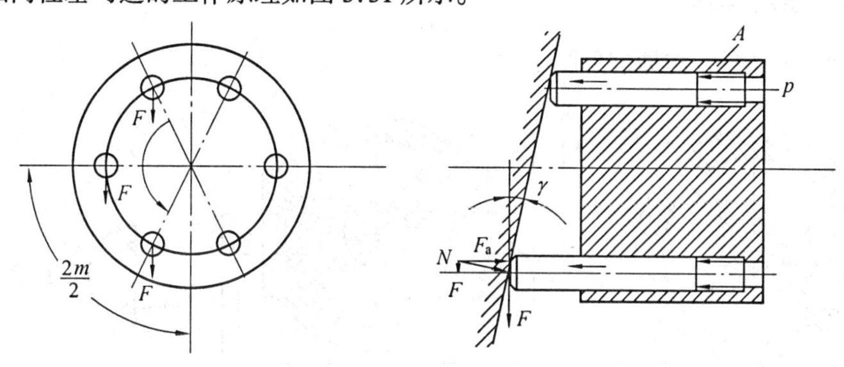

图3.31 斜盘式轴向柱塞马达的工作原理图

当压力油进入液压马达的高压腔之后，工作柱塞便受到油压作用力为 pA(p 为油压力，A 为柱塞面积)，通过滑靴压向斜盘，其反作用为 N。N 力分解成两个分力，沿柱塞轴

向分力 F_a,与柱塞所受液压力平衡;另一分力 F,与柱塞轴线垂直向上,它与缸体中心线的距离为 r,这个力便产生驱动马达旋转的力矩。F 力的大小为

$$F = F_a A \tan \gamma \tag{3.43}$$

式中 γ—斜盘的倾斜角度(°)。

这个 F 力使缸体产生扭矩的大小,由柱塞在压油区所处的位置而定。设有一柱塞与缸体的垂直中心线成 ϕ 角,则该柱塞使缸体产生的扭矩 T 为

$$T = Fr = FR\sin \phi = pAR\tan \gamma \sin \phi \tag{3.44}$$

式中 R——柱塞在缸体中的分布圆半径(m)。

随着角度 ϕ 的变化,柱塞产生的扭矩也跟着变化。整个液压马达能产生的总扭矩,是所有处于压力油区的柱塞产生的扭矩之和,因此,总扭矩也是脉动的,当柱塞的数目较多且为单数时,脉动较小。

液压马达的实际输出的总扭矩可用下式计算

$$T = \eta_m \frac{\Delta pV}{2\pi} \tag{3.45}$$

式中 Δp——液压马达进出口油液压力差(N/m^2);

V——液压马达理论排量(m^3/r);

η_m——液压马达机械效率。

从式中可看出,当输入液压马达的油液压力一定时,液压马达的输出扭矩仅和每转排量有关。因此,提高液压马达的每转排量,可以增加液压马达的输出扭矩。改变输入油液方向,可以改变液压马达转动方向。

轴向柱塞式液压马达结构简单,体积小,质量轻,工作压力高,转速范围宽,低速稳定性好,启动机械效率高。

一般来说,轴向柱塞马达都是高速马达,输出扭矩小,因此,必须通过减速器来带动工作机构。如果我们能使液压马达的排量显著增大,也就可以使轴向柱塞马达做成低速大扭矩马达。

3.5.5 摆动马达

摆动液压马达的工作原理见图 3.32。

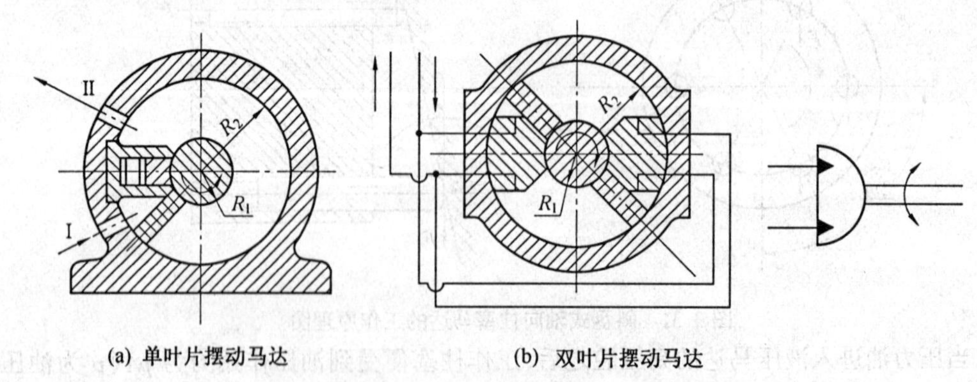

(a) 单叶片摆动马达　　(b) 双叶片摆动马达

图 3.32 摆动缸摆动液压马达的工作原理图

图3.32(a)是单叶片摆动马达。若从油口Ⅰ通入高压油,叶片作逆时针摆动,低压油从油口Ⅱ排出。因叶片与输出轴连在一起,输出轴摆动同时输出转矩、克服负载。

此类摆动马达的工作压力小于10 MPa,摆动角度小于280°。由于径向力不平衡,叶片和壳体、叶片和挡块之间密封困难,限制了其工作压力的进一步提高,从而也限制了输出转矩的进一步提高。

图3.32(b)是双叶片式摆动马达。在径向尺寸和工作压力相同的条件下,分别是单叶片式摆动马达输出转矩的2倍,但回转角度要相应减少,双叶片式摆动马达的回转角度一般小于120°。

综上所述液压马达与液压泵相比有如下特点。

(1)相同点

均是利用“密封”容积的交替变化进行工作的,均需要有配流装置,油箱要和大气相通;工作中均会产生困油现象和径向不平衡力、液压冲击和液体泄漏等现象;两者都是能量转换装置;理论上它们的输入与输出量具有相同的数学关系式;两者重要的参数都是压力和流量。

(2)不同点

①驱动动力不同。液压泵是电机带动,液压马达是液体压力驱动。

②结构不同。液压泵为保证其性能,一般是非对称结构;液压马达需要正反转,结构必须具有对称性。

③自吸能力要求不同。马达依靠压力油工作,不需要有自吸能力,而液压泵必须要有自吸能力。

④泄漏形式不同。液压泵采用内泄漏形式,马达必须采用外泄漏式结构。

⑤容积效率不同。为了提高马达的机械效率,其轴向间隙补偿装置的压紧力比液压泵小,所以液压马达容积效率比液压泵低。

思考题和习题

3.1 由图3.1说明液压泵的工作原理。液压泵完成吸油和压油必须具备什么条件?为什么将各类液压泵都称为容积式液压泵?

3.2 液压泵按其结构不同,可分为哪几类?液压泵的图形符号有哪几个?其结构与其表示的图形符号有什么关系?

3.3 什么是液压泵的额定压力和额定流量?液压泵在使用时,其实际工作压力和实际流量是否允许达到泵的额定压力和泵的额定流量?

3.4 机械功率 P 等于力 F 与速度 v 的乘积,即 $P = Fv$。液压功率 P 与液体的压力 p 和流量 q 有什么关系?

3.5 新型号的液压泵产品说明书中,除原来规定的参数数值(如额定压力、额定压力损失、排量、容积效率、总效率)外,还向用户提供了液压泵的性能曲线;对某些变量泵,为了显示整个允许范围内的全性能,还应提供什么资料?这些资料表示了泵的哪些性能?对用户有什么作用?

3.6 叶片泵为什么能得到最广泛的应用?目前所用中压叶片泵、中高压叶片泵和高压叶片泵的额定压力范围各是多少?

3.7 双作用定量叶片泵的定子内表面,其过渡曲面的母线是什么曲线? 采用这种曲线的片槽要后倾还是前倾?

3.8 为什么双作用定量叶片泵的叶片及叶片槽要前倾? 而限压式变量叶片泵的叶片及叶片槽要后倾?

3.9 一般叶片泵的转速不能低于 500 r/min,这是为什么?

3.10 双作用式定量叶片泵的容积效率和总效率各是多少? 这种泵的转速是多少? 其排量范围为多大? 这种泵在安装时,其吸油口和压油口的相对位置能否根据需要而改变?

3.11 双联叶片泵有什么优点? 它常用在什么场合下? 说明 YB - 10/25 的含义。

3.12 中高压叶片泵结构的主要特点是什么? 提高叶片泵压力的主要措施有哪几种?

3.13 外啮合齿轮泵有哪些优缺点? 低压齿轮泵、中高压齿轮泵和高压齿轮泵的压力范围各是多少?

3.14 什么是齿轮泵的困油现象? 困油现象有什么危害? 用什么方法减小或较好地解决齿轮泵的困油问题?

3.15 中高压齿轮泵的结构主要有哪些特点?

3.16 径向柱塞泵和轴向柱塞泵各有什么优缺点? 各适用于什么场合?

3.17 已知某一液压泵的排量 $V = 100$ mL/r,转速 $n = 1\,450$ r/min,容积效率 $\eta_v = 0.95$,总效率 $\eta = 0.9$,泵输出油的压力 $p = 10$ MPa。求泵的输出功率 P_o 和所需电动机的驱动功率 P_i 各等于多少?

3.18 已知一齿轮泵的参数为:齿轮模数 $m = 4$ mm,齿数 $z = 12$,齿宽 $b = 32$ mm,泵的容积效率 $\eta_v = 0.8$,机械效率 $\eta_m = 0.9$,转速 $n = 1\,450$ r/min,工作压力 $p = 2.5$ MPa。试计算齿轮泵的理论流量、实际流量、输出功率及电动机的驱动功率各是多少?

3.19 某组合机床动力滑台的液压系统采用双联叶片泵 YB - 40/6。快速进给时,两泵同时供油,工作压力为 10×10^5 Pa;工进时大流量泵卸荷,卸荷压力为 3×10^5 Pa,系统由小流量泵供油,工作压力为 45×10^5 Pa。若泵的总效率为 0.8,求该双联泵所需的电动机功率为多少?

3.20 某变量叶片泵,其转子的外径 $d = 83$ mm,定子的内径 $D = 89$ mm,定子宽度 $b = 30$ mm。求:(1)当泵的排量 $V = 16$ mL/r 时,定子与转子的偏心量 e 为多少? (2)泵的最大排量 V 为多少?

3.21 一轴向柱塞泵,其斜盘的倾角 $\gamma = 22°30'$,柱塞直径 $d = 22$ mm,柱塞分布圆直径 $D = 68$ mm,柱塞数 $z = 7$。若泵的容积效率 $\eta_v = 0.98$,机械效率 $\eta_m = 0.9$,转速 $n = 960$ r/min,输出压力 $p = 10$ MPa,试求泵的理论流量、实际流量和泵的输入功率各等于多少?

3.22 液压马达的时油压力为 10×10^6 Pa,排量为 200 mL/r,总效率 $\eta = 0.75$,机械效率 $\eta_m = 0.9$。试计算:(1)该液压马达能输出的理论转矩。(2)若马达的转速为 500 r/min,则输入液压马达的理论流量应为多少? (3)若外负载为 200 N·m($n = 500$ r/min)时,该液压马达的输入功率和输出功率各为多少?

第4章 液压缸、液压辅件

4.1 液压缸

液压缸又称为油缸,它是液压系统中的一种执行元件,其功能就是将液压能转变成直线往复的机械运动。

4.1.1 液压缸的类型和特点

液压缸按结构特点的不同可分为活塞缸和柱塞缸,用以实现直线运动,输出推力和速度。

液压缸按其作用方式不同,可分为单作用式和双作用式两种。单作用式液压缸中液压力只能使活塞(或柱塞)单方向运动,反方向运动必须靠外力(如弹簧力或自重等)实现;双作用式液压缸可由液压力实现两个方向的运动。

4.1.2 常用的液压缸

1.活塞式液压缸

活塞式液压缸根据其使用要求不同可分为双杆式和单杆式两种。

(1)双杆式活塞缸。活塞两端都有一根直径相等的活塞杆伸出的液压缸称为双杆式活塞缸,它一般由缸体、缸盖、活塞、活塞杆和密封件等零件构成。根据安装方式不同可分为缸筒固定式和活塞杆固定式两种。

如图4.1(a)所示为缸筒固定式的双杆活塞缸。它的进、出口布置在缸筒两端,活塞通过活塞杆带动工作台移动,当活塞的有效行程为 l 时,整个工作台的运动范围为 $3l$,所以机床占地面积大,一般适用于小型机床,当工作台行程要求较长时,可采用图4.1(b)所示的活塞杆固定的形式,这时,缸体与工作台相连,活塞杆通过支架固定在机床上,动力由缸体传出。这种安装形式中,工作台的移动范围只等于液压缸有效行程 l 的两倍($2l$),因此占地面积小。进出油口可以设置在固定不动的空心的活塞杆的两端,但必须使用软管连接。

由于双杆活塞缸两端的活塞杆直径通常是相等的,因此它左、右两腔的有效面积也相等,当分别向左、右腔输入相同压力和相同流量的油液时,液压缸左、右两个方向的推力和速度相等。当活塞的直径为 D,活塞杆的直径为 d,液压缸进、出油腔的压力为 p_1 和 p_2,输入流量为 q 时,双杆活塞缸的推力 F 和速度 v 为

$$F = A(p_1 - p_2) = \frac{\pi(D^2 - d^2)(p_1 - p_2)}{4} \tag{4.1}$$

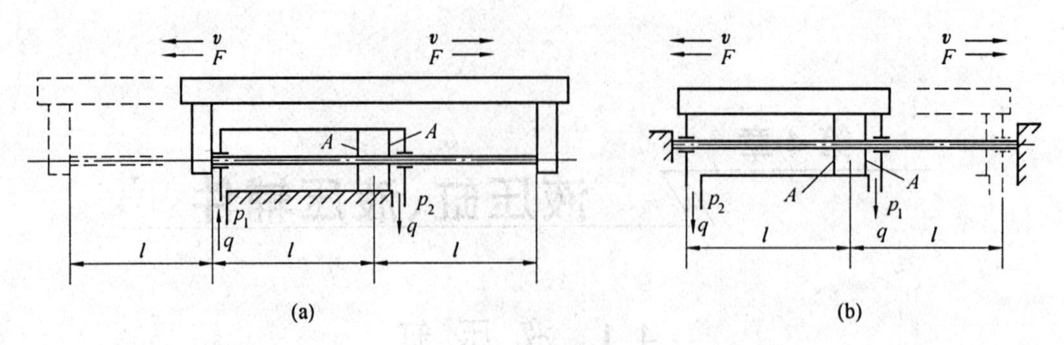

图 4.1 双杆活塞缸

$$v=\frac{q}{A}=\frac{4q}{\pi(D^2-d^2)} \tag{4.2}$$

式中 A——活塞的有效工作面积。

双杆活塞缸在工作时,设计成一个活塞杆是受拉的,而另一个活塞杆不受力,因此这种液压缸的活塞杆可以做得细些。

(2)单杆式活塞缸。如图 4.2 所示,活塞只有一端带活塞杆,单杆液压缸也有缸体固定和活塞杆固定两种形式,但它们的工作台移动范围都是活塞有效行程的两倍。

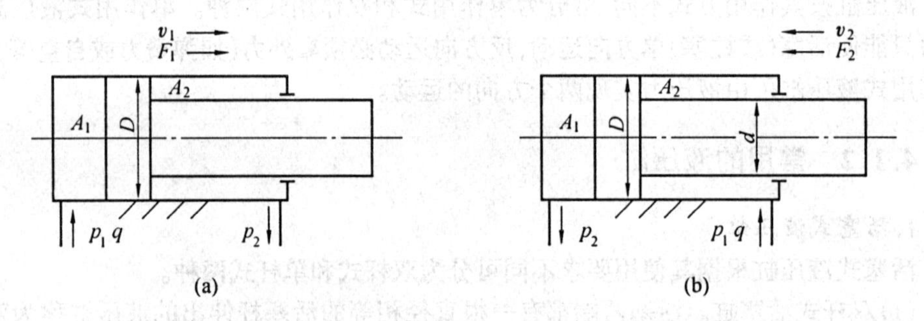

图 4.2 单杆式活塞缸

由于液压缸两腔的有效工作面积不等,因此它在两个方向上的输出推力和速度也不等,其值分别为

$$F_1=(p_1A_1-p_2A_2)=\frac{\pi[(p_1-p_2)D^2+p_2d^2]}{4} \tag{4.3}$$

$$F_2=(p_1A_2-p_2A_1)=\frac{\pi[(p_1-p_2)D^2-p_1d^2]}{4} \tag{4.4}$$

$$v_1=\frac{q}{A_1}=\frac{4q}{\pi D^2} \tag{4.5}$$

$$v_2=\frac{q}{A_2}=\frac{4q}{\pi(D^2-d^2)} \tag{4.6}$$

由式(4.3)~式(4.6)可知,由于 $A_1>A_2$,所以 $F_1>F_2, v_1<v_2$。如把两个方向上的输出速度 v_2 和 v_1 的比值称为速度比,记作 λ_v,则 $\lambda_v=\frac{v_2}{v_1}=\frac{1}{1-(d/D)/2}$。因此,$d=D\sqrt{(\lambda_v-1)/\lambda_v}$,在已知 D 和 λ_v 时,可确定 d 值。

(3)差动油缸。单杆活塞缸在其左右两腔都接通高压油时称为差动连接,如图4.3所示。差动连接缸左右两腔的油液压力相同,但是由于左腔(无杆腔)的有效面积大于右腔(有杆腔)的有效面积,故活塞向右运动,同时使右腔中排出的油液(流量为 q')也进入左腔,加大了流入左腔的流量($q+q'$),从而也加快了活塞移动的速度。实际上活塞在运动时,由于差动连接时两腔间的管路中有压力损失,所以右腔中油液的压力稍大于左腔油液压力,而这个差值一般都较小,可以忽略不计,则差动连接时活塞推力 F_3 和运动速度 v_3 为

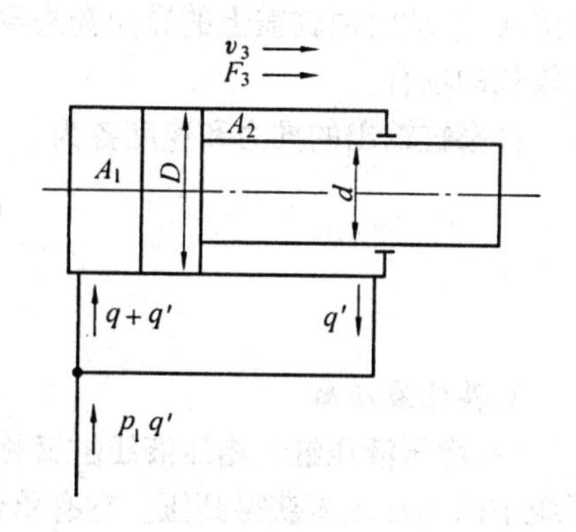

图 4.3　差动缸

$$F_3 = p_1(A_1 - A_2) = \frac{p_1 \pi d^2}{4} \tag{4.7}$$

进入无杆腔的流量

$$q_1 = v_3 \frac{\pi D^2}{4} = q + v_3 \frac{\pi(D^2 - d^2)}{4}$$

$$v_3 = \frac{4q}{\pi d^2} \tag{4.8}$$

由式(4.7)、式(4.8)可知,差动连接时液压缸的推力比非差动连接时小,速度比非差动连接时大,正好利用这一点,可使在不加大油源流量的情况下得到较快的运动速度,这种连接方式被广泛应用于组合机床的液压动力系统和其他机械设备的快速运动中。如果要求机床往返快速相等时,则由式(4.7)和式(4.8)得

$$\frac{4q}{\pi(D^2 - d^2)} = \frac{4q}{\pi d^2}$$

即

$$D = \sqrt{2} d \tag{4.9}$$

把单杆活塞缸实现差动连接,并按 $D = \sqrt{2} d$ 设计缸径和杆径的油缸称之为差动液压缸。

2. 柱塞缸

如图 4.4(a)所示为柱塞缸,它只能实现一个方向的液压传动,反向运动要靠外力。若需要实现双向运动,则必须成对使用。如图 4.4(b)所示,这种液压缸中的柱塞和缸筒

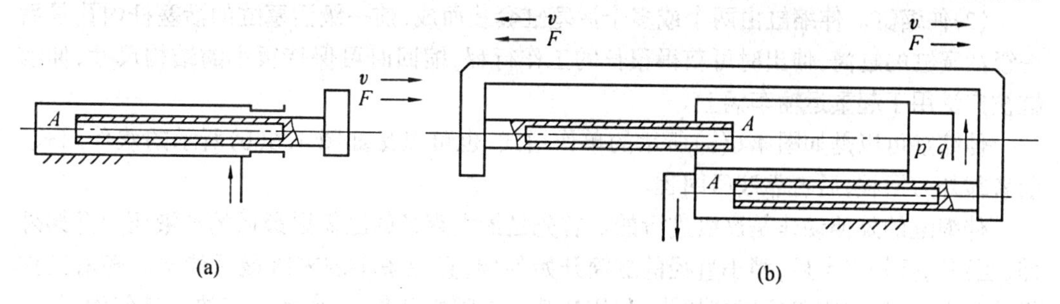

图 4.4　柱塞缸

不接触，运动时由缸盖上的导向套来导向，因此缸筒的内壁不需精加工，它特别适用于行程较长的场合。

柱塞缸输出的推力和速度各为

$$F = pA = \frac{p\pi d^2}{4} \tag{4.10}$$

$$v = \frac{q}{A} = \frac{4q}{\pi d^2} \tag{4.11}$$

3. 其他液压缸

(1)增压液压缸。增压液压缸又称增压器，它利用活塞和柱塞有效面积的不同使液压系统中的局部区域获得高压。它有单作用和双作用两种型式，单作用增压缸的工作原理如图 4.5(a)所示，当输入活塞缸的液体压力为 p_1，活塞直径为 D，柱塞直径为 d 时，柱塞缸中输出的液体压力为高压，其值为

$$p_2 = p_1(\frac{D}{d})^2 = Kp_1 \tag{4.12}$$

式中　K——增压比，$K = (\frac{D}{d})^2$，它代表其增压程度。

显然增压能力是在降低有效能量的基础上得到的，也就是说增压缸仅仅是增大输出的压力，并不能增大输出的能量。

单作用增压缸在柱塞运动到终点时，不能再输出高压液体，需要将活塞退回到左端位置，再向右行时才又输出高压液体，为了克服这一缺点，可采用双作用增压缸，如图 4.5(b)所示，由两个高压端连续向系统供油。

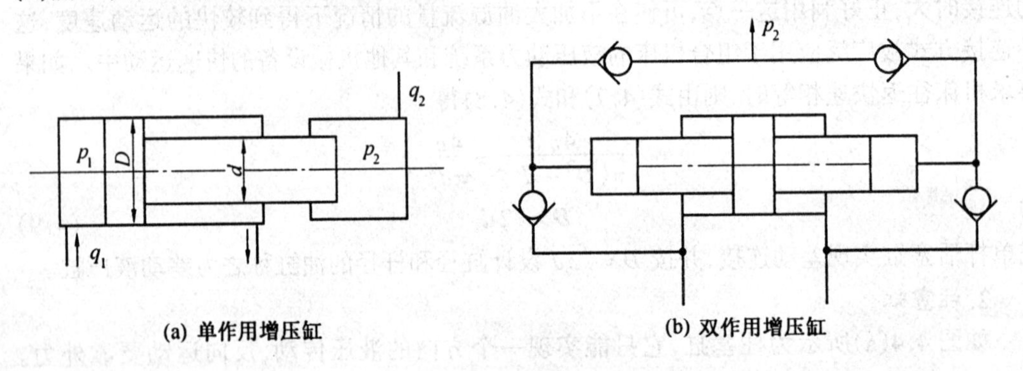

(a) 单作用增压缸　　(b) 双作用增压缸

图 4.5　增压缸

(2)伸缩缸。伸缩缸由两个或多个活塞缸套装而成，前一级活塞缸的活塞杆内孔是后一级活塞缸的缸筒，伸出时可获得很长的工作行程，缩回时可保持很小的结构尺寸，伸缩缸被广泛用于起重运输车辆上。

伸缩缸可以是如图 4.6(a)所示的单作用式，也可以是如图 4.6(b)所示的双作用式，前者靠外力回程，后者靠液压回程。

伸缩缸的外伸动作是逐级进行的。首先是最大直径的缸筒以最低的油液压力开始外伸，当到达行程终点后，稍小直径的缸筒开始外伸，直径最小的末级最后伸出。随着工作级数变大，外伸缸筒直径越来越小，工作油液压力随之升高，工作速度变快。其值为

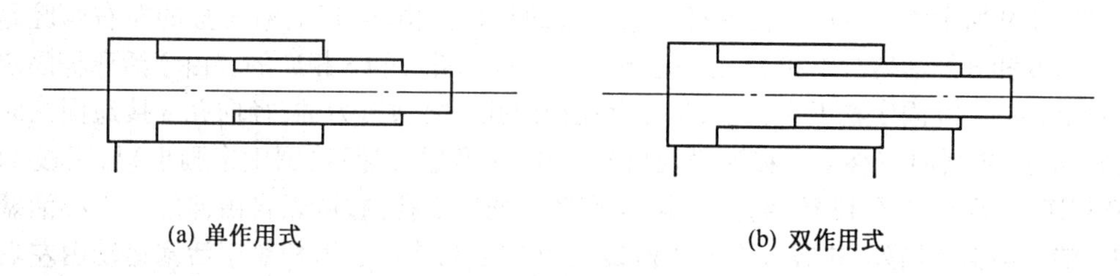

图 4.6　伸缩缸

$$F_i = \frac{\pi}{4} D_i^2 \qquad (4.13)$$

$$v_i = \frac{4q}{\pi D_i^2} \qquad (4.14)$$

式中　i——指第 i 级活塞缸。

(3)齿轮缸。它由两个柱塞缸和一套齿条传动装置组成,如图 4.7 所示。柱塞的移动经齿轮齿条传动装置变成齿轮的传动,用于实现工作部件的往复摆动或间歇进给运动。

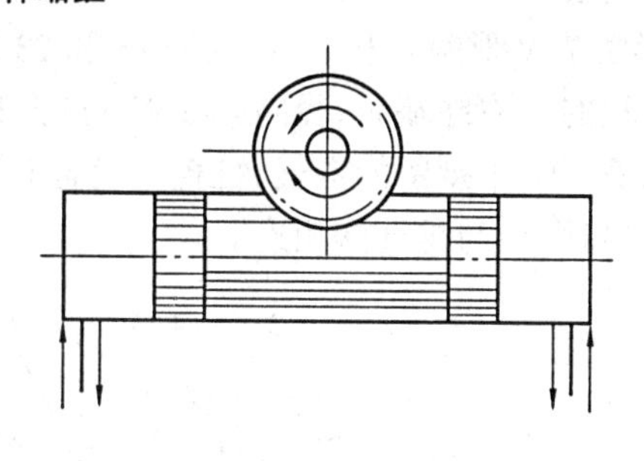

图 4.7　齿轮缸

4.1.3　液压缸的典型结构和组成

1.液压缸的典型结构举例

图 4.8 所示的是一个较常用的双作用单活塞杆液压缸。它是由缸底 20、缸筒 10、缸盖兼导向套 9、活塞 11 和活塞杆 18 组成。缸筒一端与缸底焊接,另一端缸盖(导向套)与缸筒用卡键 6、套 5 和弹簧挡圈 4 固定,以便拆装检修,两端设有油口 A 和 B。活塞 11 与活塞杆 18 利用卡键 15、卡键帽 16 和弹簧挡圈 17 连在一起。活塞与缸孔的密封采用的是一对 Y 形聚氨酯密封圈 12,由于活塞与缸孔有一定间隙,采用由尼龙 1010 制成的耐磨环(又叫支承环)13 定心导向。杆 18 和活塞 11 的内孔由密封圈 14 密封。较长的导向套 9 则可保证活塞杆不偏离中心,导向套外径由 O 形圈 7 密封,而其内孔则由 Y 形密封圈 8 和防尘圈 3 分别防止油外漏和灰尘带入缸内。缸与杆端销孔与外界连接,销孔内有尼龙衬套抗磨。

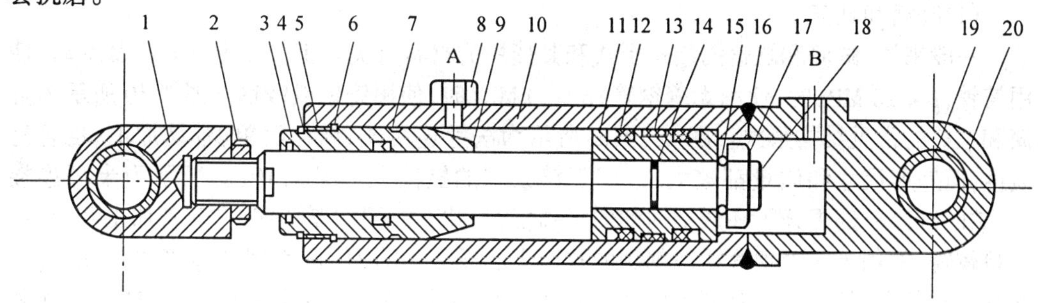

图 4.8　双作用单活塞杆液压缸

1—耳环;2—螺母;3—防尘圈;4、17—弹簧挡圈;5—套;6、15—卡键;7、14—O 形密封圈;8、12—Y 形密封圈;9—缸盖兼导向套;10—缸筒;11—活塞;13—耐磨环;16—卡键帽;18—活塞杆;19—衬套;20—缸底如图 4.9 所示为一空心双活塞杆式液压缸的结构。由图可见,液压缸的左右两腔是通过油口 b 和 d 经活塞杆 1 和 15 的中心孔与左右径向孔 a 和 c 相通的。由于活塞杆固定在床身上,缸体 10 固定在工作台上,工作台在径向孔 c 接通压力油,径向孔 a 接通回油时向右移动;反之则向左移动。在这里,缸盖 18 和 24 是通过螺钉(图中未画出)与压板 11 和 20 相连,并经钢丝环 12 相连,左缸盖 24 空套在托架 3 孔内,可以自由伸缩。空心活塞杆的一端用堵头 2 堵死,并通过锥销 9 和 22 与活塞 8 相连。缸筒相对于活塞运动由左右两个导向套 6 和 19 导向。活塞与缸筒之间、缸盖与活塞杆之间以及缸盖与缸筒之间分别用 O 形圈 7、V 形圈 4 和 17 和纸垫 13 和 23 进行密封,以防止油液的内、外泄漏。缸筒在接近行程的左右终端时,径向孔 a 和 c 的开口逐渐减小,对移动部件起制动缓冲作用。为了排除液压缸中剩留的空气,缸盖上设置有排气孔 5 和 14,经导向套环槽的侧面孔道(图中未画出)引出与排气阀相连。

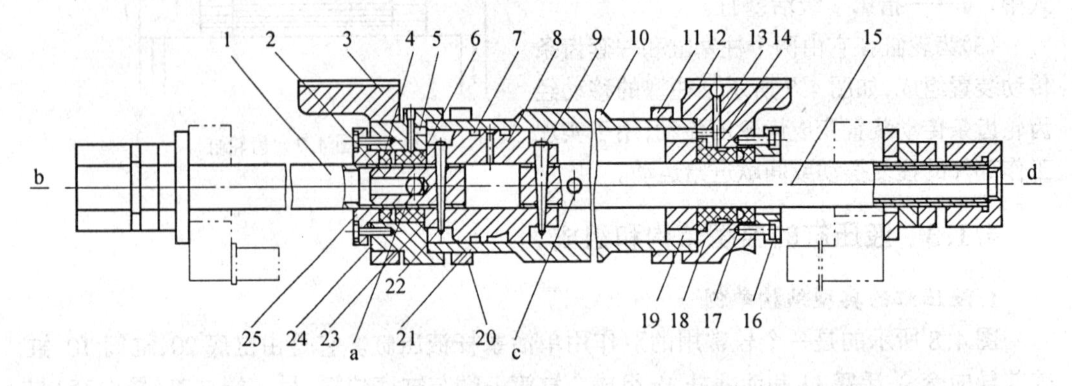

图 4.9 空心双活塞杆式液压缸的结构

1—活塞杆;2—堵头;3—托架;4、17—V 形密封圈;5、14—排气孔;6、19—导向套;7—O 形密封圈;8—活塞;9、22—锥销;10—缸体;11、20—压板;12、21—钢丝环;13、23—纸垫;15—活塞杆;16、25—压盖;18、24—缸盖

2. 液压缸的组成

从上面所述的液压缸典型结构中可以看到,液压缸的结构基本上可以分为缸筒和缸盖、活塞和活塞杆、密封装置、缓冲装置和排气装置五个部分,分述如下。

(1)缸筒和缸盖

一般来说,缸筒和缸盖的结构形式和其使用的材料有关。工作压力 $p<10$ MPa 时,使用铸铁;$p<20$ MPa 时,使用无缝钢管;$p>20$ MPa 时,使用铸钢或锻钢。图 4.10 所示为缸筒和缸盖的常见结构形式。图 4.10(a)所示为法兰连接式,结构简单,容易加工,也容易装拆,但外形尺寸和质量都较大,常用于铸铁制的缸筒上。图 4.10(b)所示为半环连接式,它的缸筒壁部因开了环形槽而削弱了强度,为此有时要加厚缸壁,它容易加工和装拆,质量较轻,常用于无缝钢管或锻钢制的缸筒上。图 4.10(c)所示为螺纹连接式,它的缸筒端部结构复杂,外径加工时要求保证内外径同心,装拆要使用专用工具,它的外形尺寸和质量都较小,常用于无缝钢管或铸钢制的缸筒上。图 4.10(d)所示为拉杆连接式,结构的通用性大,容易加工和装拆,但外形尺寸较大,且较重。图 4.10(e)所示为焊接连接式,结构简单,尺寸小,但缸底处内径不易加工,且可能引起变形。

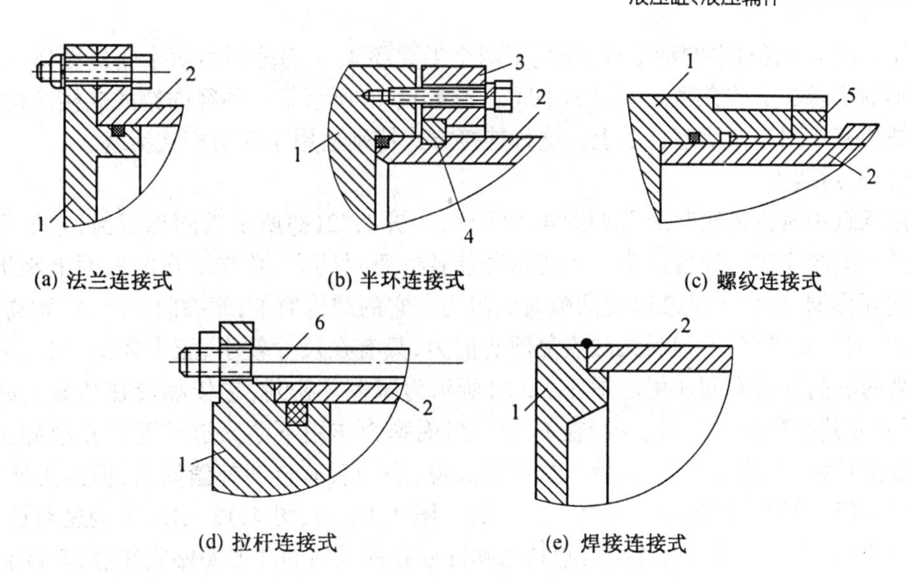

图 4.10 缸筒和缸盖结构

1—缸盖;2—缸筒;3—压板;4—半环;5—防松螺帽;6—拉杆

(2)活塞与活塞杆

可以把短行程的液压缸的活塞杆与活塞做成一体,这是最简单的形式。但当行程较长时,这种整体式活塞组件的加工较难,所以常把活塞与活塞杆分开制造,然后再连接成一体。图 4.11 所示为几种常见的活塞与活塞杆的连接形式。

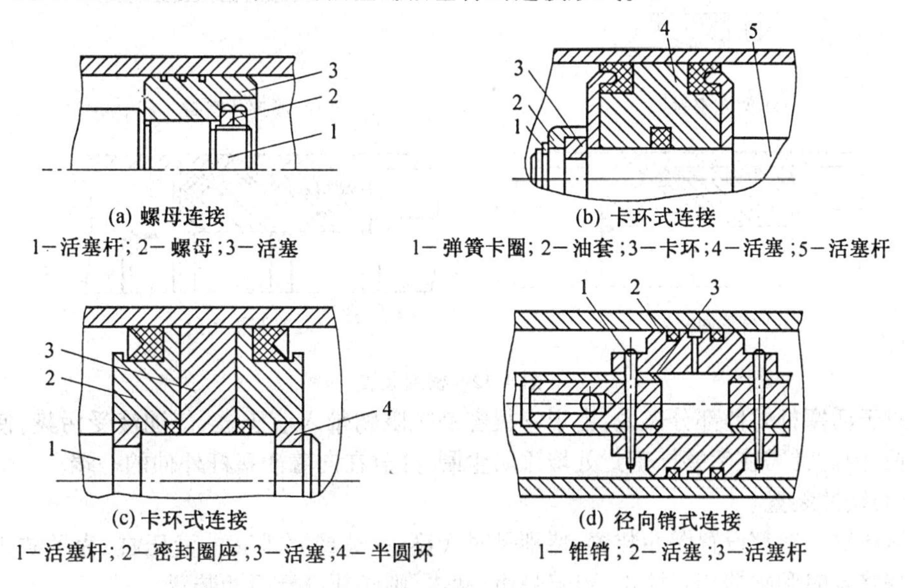

图 4.11 常见的活塞组件结构形式

图 4.11(a)所示为活塞与活塞杆之间采用螺母连接,它适用负载较小,受力无冲击的液压缸中。螺纹连接虽然结构简单,安装方便可靠,但在活塞杆上车螺纹将削弱其强度。图 4.11(b)和(c)所示为卡环式连接方式。图 4.11(b)中活塞杆 5 上开有一个环形槽,槽内装有两个半圆环 3 以夹紧活塞 4,半环 3 由轴套 2 套住,而轴套 2 的轴向位置用弹簧卡圈 1

来固定。图 4.11(c)中的活塞杆,使用了两个半圆环 4,它们分别由两个密封圈座 2 套住,半圆形的活塞 3 安放在密封圈座的中间。图 4.11(d)所示是一种径向销式连接结构,用锥销 1 把活塞 2 固连在活塞杆 3 上。这种连接方式特别适用于双出杆式活塞。

(3)密封装置

液压缸中常见的密封装置如图 4.12 所示。图 4.12(a)所示为间隙密封,它依靠运动间的微小间隙来防止泄漏。为了提高这种装置的密封能力,常在活塞的表面上制出几条细小的环形槽,以增大油液通过间隙时的阻力。它的结构简单,摩擦阻力小,可耐高温,但泄漏大,加工要求高,磨损后无法恢复原有能力,只有在尺寸较小、压力较低、相对运动速度较高的缸筒和活塞间使用。图 4.12(b)所示为摩擦环密封,它依靠套在活塞上的摩擦环(尼龙或其他高分子材料制成)在 O 形密封圈弹力作用下贴紧缸壁而防止泄漏。这种材料效果较好,摩擦阻力较小且稳定,可耐高温,磨损后有自动补偿能力,但加工要求高,装拆较不便,适用于缸筒和活塞之间的密封。图 4.12(c)、图 4.12(d)所示为密封圈(O 形圈、V 形圈等)密封,它利用橡胶或塑料的弹性使各种截面的环形圈贴紧在静、动配合面之间来防止泄漏。它结构简单,制造方便,磨损后有自动补偿能力,性能可靠,在缸筒和活塞之间、缸盖和活塞杆之间、活塞和活塞杆之间、缸筒和缸盖之间都能使用。

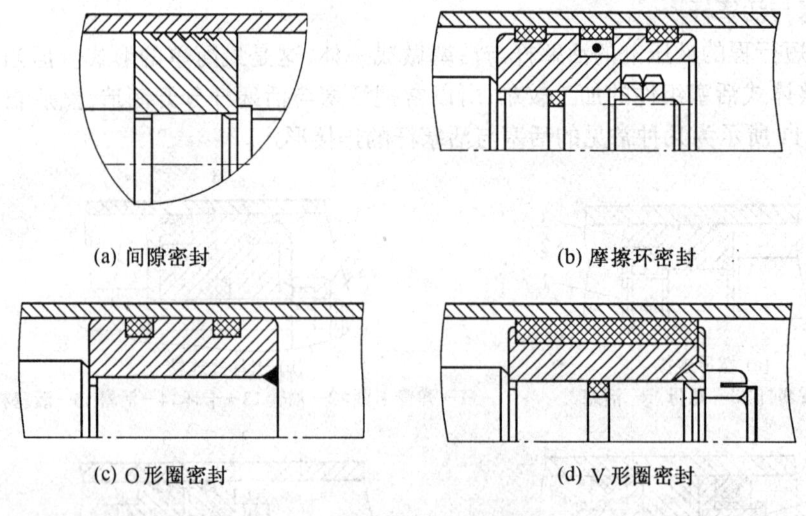

图 4.12　密封装置

对于活塞杆外伸部分来说,由于它很容易把脏物带入液压缸,使油液受污染,使密封件磨损,因此常需在活塞杆密封处增添防尘圈,并放在向着活塞杆外伸的一端。

(4)缓冲装置

液压缸一般都设置缓冲装置,特别是对大型、高速或要求高的液压缸,为了防止活塞在行程终点时和缸盖相互撞击,引起噪声、冲击,则必须设置缓冲装置。

缓冲装置的工作原理是利用活塞或缸筒在其走向行程终端时封住活塞和缸盖之间的部分油液,强迫它从小孔或细缝中挤出,以产生很大的阻力,使工作部件受到制动,逐渐减慢运动速度,达到避免活塞和缸盖相互撞击的目的。

如图 4.13(a)所示,当缓冲柱塞进入与其相配的缸盖上的内孔时,孔中的液压油只能通过间隙 δ 排出,使活塞速度降低。由于配合间隙不变,故随着活塞运动速度的降低,起缓冲作用。当缓冲柱塞进入配合孔之后,油腔中的油只能经节流阀1排出,如图4.13(b)所示。由于节流阀1是可调的,因此缓冲作用也可调节,但仍不能解决速度减低后缓冲作用减弱的缺点。如图4.13(c)所示,在缓冲柱塞上开有三角槽,随着柱塞逐渐进入配合孔中,其节流面积越来越小,解决了在行程最后阶段缓冲作用过弱的问题。

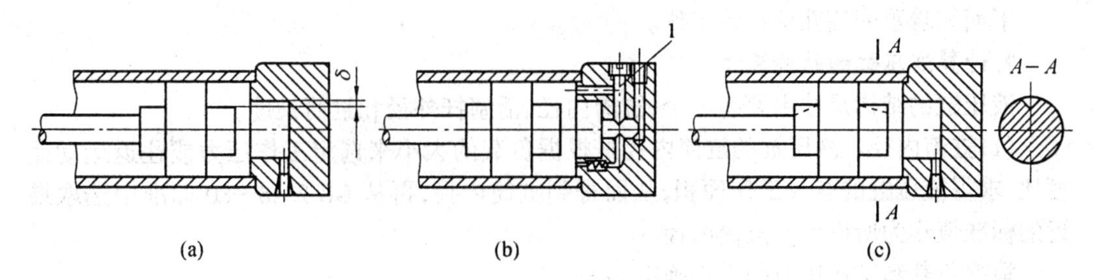

图4.13 液压缸的缓冲装置

1—节流阀

(5)排气装置

液压缸在安装过程中或长时间停放重新工作时,液压缸里和管道系统中会渗入空气,为了防止执行元件出现爬行,噪声和发热等不正常现象,需把缸中和系统中的空气排出。一般可在液压缸的最高处设置进出油口把气带走,也可在最高处设置如图4.14(a)所示的放气孔或专门的放气阀(图4.14(b)、(c))。

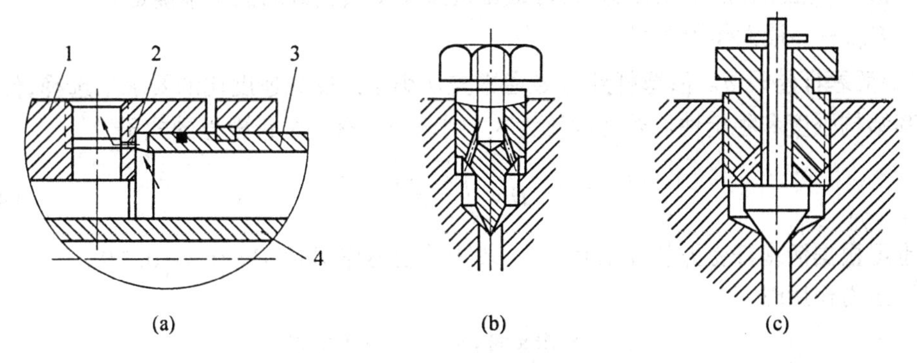

图4.14 放气装置

1—缸盖;2—放气小孔;3—缸体;4—活塞杆

*4.1.4 液压缸的设计和计算

液压缸是液压传动的执行元件,它和主机工作机构有直接的联系,对于不同的机种和机构,液压缸具有不同的用途和工作要求。因此,在设计液压缸之前,必须对整个液压系统进行工况分析,编制负载图,选定系统的工作压力,然后根据使用要求选择结构类型,按负载情况、运动要求、最大行程等确定其主要工作尺寸,进行强度、稳定性和缓冲验算,最后再进行结构设计。

1.液压缸的设计内容和步骤

(1)选择液压缸的类型和各部分结构形式。

(2)确定液压缸的工作参数和结构尺寸。

(3)结构强度、刚度的计算和校核。

(4)导向、密封、防尘、排气和缓冲等装置的设计。

(5)绘制装配图、零件图、编写设计说明书。

下面只着重介绍几项设计工作。

2.计算液压缸的结构尺寸

液压缸的结构尺寸主要有三个:缸筒内径、活塞杆外径和缸筒长度。

(1)缸筒内径。液压缸的缸筒内径是根据负载的大小来选定工作压力或往返运动速度比,求得液压缸的有效工作面积,从而得到缸筒内径,再从 GB 2348—80 标准中选取最近的标准值作为所设计的缸筒内径。

根据负载和工作压力的大小确定 D:

①以无杆腔做工作腔时

$$D=\sqrt{\frac{4F_{max}}{\pi p_{I}}} \tag{4.15}$$

②以有杆腔做工作腔时

$$D=\sqrt{\frac{4F_{max}}{\pi p_{I}}+d^2} \tag{4.16}$$

式中 p_I——缸工作腔的工作压力,可根据机床类型或负载的大小来确定;

F_{max}——最大作用负载。

(2)活塞杆外径 d。活塞杆外径 d 通常先从满足速度或速度比的要求来选择,然后再校核其结构强度和稳定性。若速度比为 λ_v,则该处应有一个带根号的式子

$$D=\sqrt{\frac{\lambda_v-1}{\lambda_v}} \tag{4.17}$$

也可根据活塞杆受力状况来确定,一般为受拉力作用时,$d=0.3\sim0.5D$。

受压力作用时

$$p_I<5\ \text{MPa 时}, d=0.5\sim0.55D$$

$$5\ \text{MPa}<p_I<7\ \text{MPa 时}, d=0.6\sim0.7D$$

$$p_I<7\ \text{MPa 时}, d=0.7D$$

(3)缸筒长度 L。缸筒长度 L 由最大工作行程长度加上各种结构需要来确定,即

$$L=l+B+A+M+C$$

式中 l——活塞的最大工作行程;

B——活塞宽度,一般为$(0.6\sim1)D$;

A——活塞杆导向长度,取$(0.6\sim1.5)D$;

M——活塞杆密封长度,由密封方式定;

C——其他长度。

一般缸筒的长度最好不超过内径的 20 倍。

另外,液压缸的结构尺寸还有最小导向长度 H。

(4)最小导向长度的确定。当活塞杆全部外伸时,从活塞支承面中点到导向套滑动面中点的距离称为最小导向长度 H(图 4.15)。如果导向长度过小,将使液压缸的初始挠度(间隙引起的挠度)增大,影响液压缸的稳定性,因此设计时必须保证有一最小导向长度。

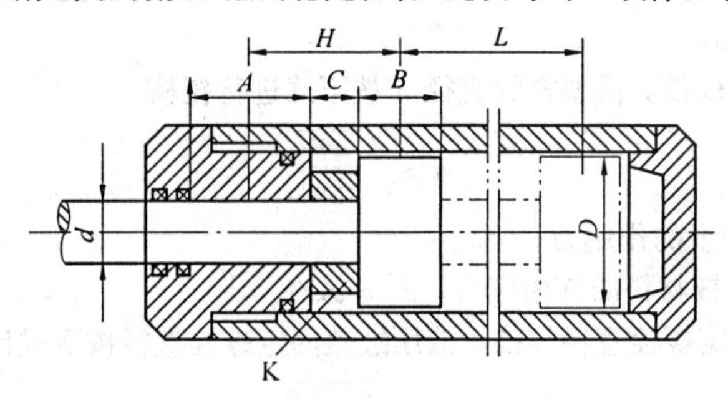

图 4.15 油缸的导向长度
K—隔套

对于一般的液压缸,其最小导向长度应满足下式

$$H \geqslant \frac{L}{20} + \frac{D}{2} \tag{4.18}$$

式中 L——液压缸最大工作行程(m);

D——缸筒内径(m)。

一般导向套滑动面的长度 A,在 $D < 80$ mm 时取 $A = (0.6 \sim 1.0)D$,在 $D > 80$ mm 时取 $A = (0.6 \sim 1.0)d$;活塞的宽度 B 则取 $B = (0.6 \sim 1.0)D$。为保证最小导向长度,过分增大 A 和 B 都是不适宜的,最好在导向套与活塞之间装一隔套 K,隔套宽度 C 由所需的最小导向长度决定,即

$$C = H - \frac{A + B}{2} \tag{4.19}$$

采用隔套不仅能保证最小导向长度,还可以改善导向套及活塞的通用性。

3.强度校核

对液压缸的缸筒壁厚 δ、活塞杆直径 d 和缸盖固定螺栓的直径,在高压系统中必须进行强度校核。

(1)缸筒壁厚校核。缸筒壁厚校核时分薄壁和厚壁两种情况,当 $D/\delta \geqslant 10$ 时为薄壁,壁厚按下式进行校核

$$\delta \geqslant \frac{p_t D}{2[\sigma]} \tag{4.20}$$

式中 D——缸筒内径;

p_t——缸筒试验压力,当缸的额定压力 $p_n \leqslant 16$ MPa 时,取 $p_t = 1.5p_n$;

p_n——缸生产时的额定压力,当 $p_n > 16$ MPa 时,取 $p_t = 1.25p_n$;

$[\sigma]$——缸筒材料的许用应力,$[\sigma] = \sigma_b / n$;

σ_b——材料的抗拉强度;

n——安全系数,一般取 $n = 5$。

当 $D/\delta < 10$ 时为厚壁,壁厚按下式进行校核

$$\delta \geqslant \frac{D}{2}\left(\sqrt{\frac{[\sigma]+0.4p_t}{[\sigma]-1.3p_t}}-1\right) \tag{4.21}$$

在使用式(4.20)、式(4.21)进行校核时,若液压缸缸筒与缸盖采用半环连接,δ 应取缸筒壁厚最小处的值。

(2)活塞杆直径校核。活塞杆的直径 d 按下式进行校核

$$d \geqslant \sqrt{\frac{4F}{\pi[\sigma]}} \tag{4.22}$$

式中 F——活塞杆上的作用力;

$[\sigma]$——活塞杆材料的许用应力,$[\sigma]=\sigma_b/1.4$。

(3)液压缸盖固定螺栓直径校核。液压缸盖固定螺栓直径按下式计算

$$d \geqslant \sqrt{\frac{5.2kF}{\pi z[\sigma]}} \tag{4.23}$$

式中 F——液压缸负载;

z——固定螺栓个数;

k——螺纹拧紧系数,$k=1.12\sim1.5$;

$[\sigma]$——为螺栓材料的许用应力,$[\sigma]=\sigma_s/(1.2\sim2.5)$,$\sigma_s$ 为材料的屈服极限。

4.液压缸稳定性校核

活塞杆受轴向压缩负载时,其直径 d 一般不小于长度 L 的 1/15。当 $L/d \geqslant 15$ 时,须进行稳定性校核,应使活塞杆承受的力 F 不能超过使它保持稳定工作所允许的临界负载 F_k,以免发生纵向弯曲,破坏液压缸的正常工作。F_k 的值与活塞杆材料性质、截面形状、直径和长度以及缸的安装方式等因素有关,验算可按材料力学有关公式进行。

5.缓冲计算

液压缸的缓冲计算主要是估计缓冲时缸中出现的最大冲击压力,以便用来校核缸筒强度、制动距离是否符合要求。缓冲计算中如发现工作腔中的液压能和工作部件的动能不能全部被缓冲腔所吸收时,制动中就可能产生活塞和缸盖相碰现象。

液压缸在缓冲时,缓冲腔内产生的液压能 E_1 和工作部件产生的机械能 E_2 分别为

$$E_1 = p_c A_c L_c \tag{4.24}$$

$$E_2 = p_p A_p L_c + \frac{1}{2}mv_0^2 - F_f L_c \tag{4.25}$$

式中 p_c——缓冲腔中的平均缓冲压力;

p_p——高压腔中的油液压力;

A_c、A_p——缓冲腔、高压腔的有效工作面积;

L_c——缓冲行程长度;

m——工作部件质量;

v_0——工作部件运动速度;

F_f——摩擦力。

式(4.25)中等号右边第一项为高压腔中的液压能,第二项为工作部件的动能,第三项为摩擦能。当 $E_1=E_2$ 时,工作部件的机械能全部被缓冲腔液体所吸收,由上两式得

$$p_c = \frac{E_2}{A_c L_c} \tag{4.26}$$

如缓冲装置为节流口可调式缓冲装置，在缓冲过程中的缓冲压力逐渐降低，假定缓冲压力线性地降低，则最大缓冲压力即冲击压力为

$$p_{cmax} = p_c + \frac{mv_0^2}{2A_c L_c} \tag{4.27}$$

如缓冲装置为节流口变化式缓冲装置，则由于缓冲压力 p_c 始终不变，最大缓冲压力的值如式(4.27)所示。

6. 液压缸设计中应注意的问题

液压缸的设计和使用正确与否，直接影响到它的性能和易否发生故障。在这方面，经常碰到的是液压缸安装不当、活塞杆承受偏载、液压缸或活塞下垂以及活塞杆的压杆失稳等问题。所以，在设计液压缸时，必须注意以下几点：

(1)尽量使液压缸的活塞杆在受拉状态下承受最大负载，或在受压状态下具有良好的稳定性。

(2)考虑液压缸行程终了处的制动问题和液压缸的排气问题。缸内如无缓冲装置和排气装置，系统中需有相应的措施，但是并非所有的液压缸都要考虑这些问题。

(3)正确确定液压缸的安装、固定方式。如承受弯曲的活塞杆不能用螺纹连接，要用止口连接。液压缸不能在两端用键或销定位。只能在一端定位，为的是不致阻碍它在受热时的膨胀，如冲击载荷使活塞杆压缩。定位件须设置在活塞杆端，如为拉伸则设置在缸盖端。

(4)液压缸各部分的结构需根据推荐的结构形式和设计标准进行设计，尽可能做到结构简单、紧凑、加工、装配和维修方便。

(5)在保证能满足运动行程和负载力的条件下，应尽可能地缩小液压缸的轮廓尺寸。

(6)要保证密封可靠，防尘良好。液压缸可靠的密封是其正常工作的重要因素。如泄漏严重，不仅降低液压缸的工作效率，甚至会使其不能正常工作(如满足不了负载力和运动速度要求等)。良好的防尘措施，有助于提高液压缸的工作寿命。

总之，液压缸的设计内容不是一成不变的，根据具体的情况有些设计内容可不做或少做，也可增大一些新的内容。设计步骤可能要经过多次反复修改，才能得到正确、合理的设计结果。在设计液压缸时，正确选择液压缸的类型是所有设计计算的前提。在选择液压缸的类型时，要从机器设备的动作特点、行程长短、运动性能等要求出发，同时还要考虑到主机的结构特征及给液压缸提供的安装空间和具体位置。

如机器的往复直线运动直接采用液压缸来实现是最简单又方便的。对于要求往返运动速度一致的场合，可采用双活塞杆式液压缸；若有快速返回的要求，则宜用单活塞杆式液压缸，并可考虑用差动连接。行程较长时，可采用柱塞缸，以减少加工的困难；行程较长但负载不大时，也可考虑采用一些传动装置来扩大行程。往复摆动运动既可用摆动式液压缸，也可用直线式液压缸加连杆机构或齿轮－齿条机构来实现。

4.2 辅助装置

液压系统中的辅助元件是指除液压动力元件、执行元件、控制元件之外的其他组成元件,它们是组成液压传动系统必不可少的一部分,对系统的性能、效率、温升、噪声和寿命的影响极大。这些元件主要包括蓄能器、过滤器、油箱、管件和密封件等。

4.2.1 过滤器

在液压系统故障中,近80%是由于油液污染引起,故在液压系统中必须使用过滤器。过滤器的功用是清除油液中的各种杂质,以免其划伤、磨损、卡死有相对运动的零件,或堵塞零件上的小孔及缝隙,影响系统的正常工作,降低液压元件的寿命,甚至造成液压系统的故障。因此,用过滤器对油液进行过滤是十分重要的。

1.选用过滤器的基本要求

(1)应有适当的过滤精度

过滤精度是指过滤器滤除杂质颗粒直径 d 的公称尺寸(单位 μm)。过滤器按过滤精度不同可分为四个等级:粗过滤器($d \geqslant 100$ μm);普通过滤器($d \geqslant 10 \sim 100$ μm);精密过滤器($d \geqslant 5 \sim 10$ μm);特精过滤器($d \geqslant 1 \sim 5$ μm)。

不同的液压系统有不同的过滤精度要求,可参照表4.1选择。

表4.1 各种液压系统的过滤精度

系统类别	润滑系统	传动系统			伺服系统
工作压力 p/MPa	0~2.5	<14	14~32	>32	≤21
精度 d/μm	≤100	25~30	≤25	≤10	≤5

研究表明,由于液压元件相对运动表面间间隙较小,如果采用高精度过滤器有效地控制1~5 μm的污染颗粒,液压泵、液压马达、各种液压阀及液压油的使用寿命均可大大延长,液压故障亦会明显减少。

(2)过滤器的通流量与压力损失

选用的过滤器通流量过小时,会导致清洗或更换周期太短,也会增加压力损失。其通流量过大,虽然会减少压力损失,但体积会加大从而影响液压系统元件的布置。一般所选过滤器的通流量应是实际流量的2~3倍。

2.过滤器的类型及其特点

过滤器类型按滤芯材料和结构形式的不同,可分为网式、线隙式、纸芯式、烧结式过滤器及磁性过滤器等。

(1)网式过滤器

图4.16所示为网式过滤器,在塑料或金属筒形骨架2上包着一层或两层铜丝网1,过滤精度由网孔大小和层数决定。这种过滤器的特点是:结构简单,通流能力大,清洗方便,压力损失小(一般小于0.025 MPa),缺点是过滤精度低(一般过滤精度为0.08~

0.18 mm)。

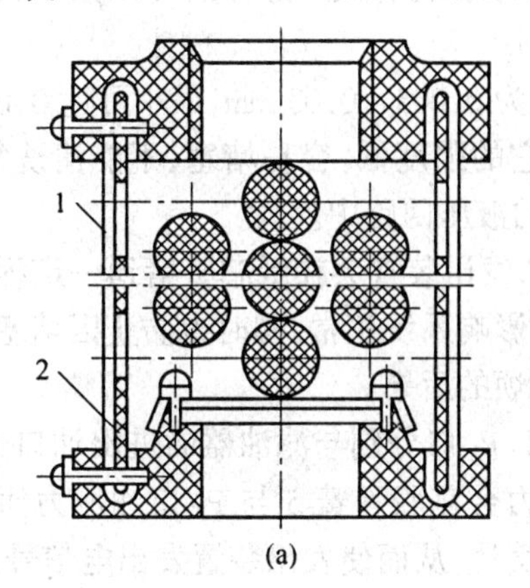

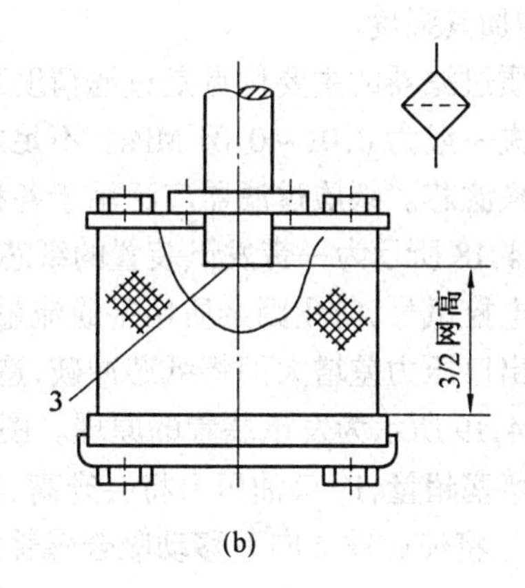

图4.16 网式过滤器

1—铜丝网;2—骨架;3—吸液管口

网式过滤器一般装在液压系统的吸油管路入口处,避免吸入较大的杂质,以保护液压泵。

(2)线隙式过滤器

线隙式过滤器的滤芯通常用铜丝、铝丝或不锈钢丝缠绕在骨架上而成,利用线丝之间形成的缝隙滤除杂质。

如图4.17所示,过滤器的过滤元件是边长为0.50±0.02 mm的等边三角形不锈钢丝,它绕在铝制骨架上,形成0.08~0.12 mm的过滤缝隙。滤芯两端盖上铝制前端盘3与端盘6,并装在由前座2、后座7和四根螺钉8及两根管套构成的框架中。与前端盘3用圆柱销连接的小轴1从前座2伸出。转动小轴,滤芯随之转动。在滤芯顺时针转动时,装在其外面框架螺钉8上的簧片与刮板5即可清除滤芯上的脏物。

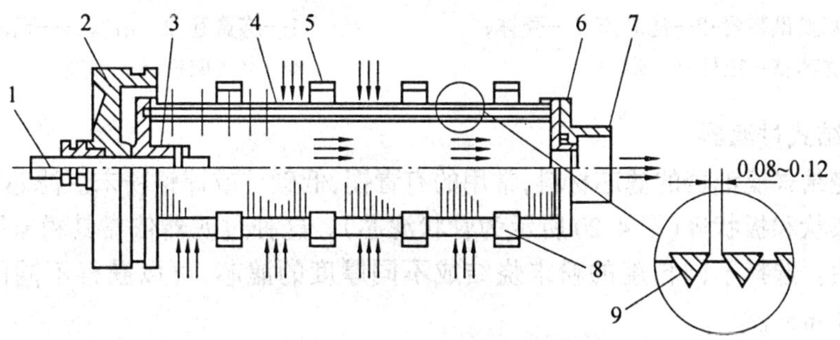

图4.17 线隙式过滤器

1—小轴;2—前座;3—前端盘;4—骨架;5—簧片与刮板;6—端盘;7—后座;8—螺钉;9—三角金属丝

线隙式滤油器过滤精度一般为0.03~0.1 mm。承压较高,可用于排油管路上,若用于吸油油管路上,应使实际流量为其通流量的2/3~1/2,以防过流压力损失太大。

(3)纸芯过滤器

纸芯是以酚醛树脂或纯木浆制成,以纸中微孔对油液进行过滤。为增加通流面积,将滤纸和同尺寸的钢丝网叠放，按 W 形反复折叠形成桶状滤芯，这样既可以减少其外形尺寸，又增加其强度。

纸质过滤器的主要优点是过滤精度高，一般为 0.005 ~ 0.03 mm，最小可达 0.001 mm。压力损失一般为 0.01 ~ 0.04 MPa。不足之处是它的强度低，容易堵塞，不能清洗复用，需经常更换滤芯。纸质过滤器广泛用于各种重要的液压回路中。

图 4.18 所示为一带发讯装置的纸芯过滤器，发讯装置会在纸芯脏堵到一定程度时及时发出电控讯号，防止因杂质堵塞通流量不足而影响系统正常，同时也防止因堵塞引起滤油器进出口压力差增大而将纸芯冲破，造成更麻烦的后果。

图 4.19 所示为发讯装置的原理。图中 P_1 口、P_2 口分别与滤油器的进出油口连通，若滤油器堵塞超量，P_1 口油压力将会升高，其作用力会克服弹簧 5 与 P_2 口油压力而向下压活塞 2，这将使磁铁 4 向下移动吸合感簧管中的簧片，从而使发讯装置发出电信号。

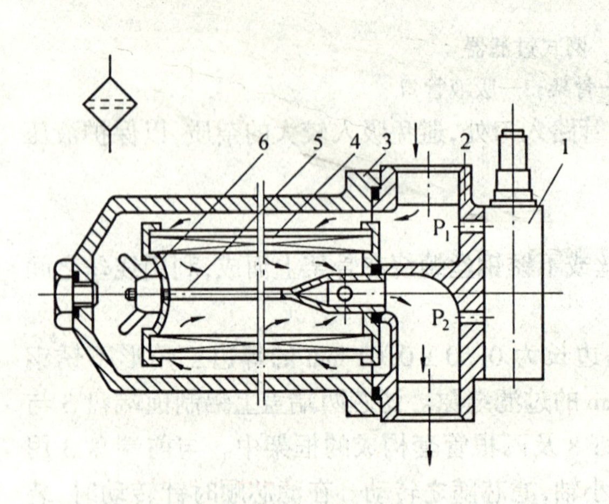

图 4.18 纸芯过滤器

1—堵塞发讯装置；2—滤芯座；3—壳体；
4—纸滤芯；5—拉杆；6—螺母

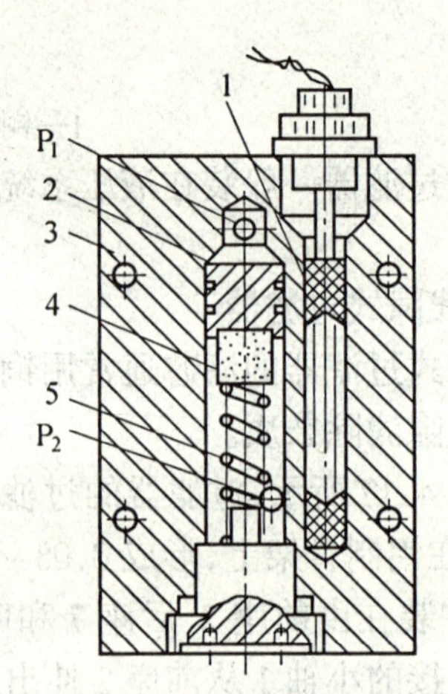

图 4.19 过滤器堵塞发讯装置

1—感簧管；2—活塞；3—壳体；
4—永久磁铁；5—弹簧

(4)烧结式过滤器

金属烧结式滤油器的滤芯材料，常用的有青铜，低碳钢或镍铬粉末。滤芯可以做成杯状、管状、碟状和板状等(图 4.20 所示为管状滤芯)。这种过滤器依靠其粉末颗粒间的间隙微孔滤油。选择不同粒度的粉末烧结成不同厚度的滤芯，可以获得不同的过滤精度(0.01 ~ 0.1 mm)。

烧结式过滤器的优点：过滤精度高，滤芯的强度高，抗液压冲击性能好，能在较高温度下工作，有良好的抗腐蚀性，且制造简单。缺点：易堵塞，难清洗，压力损失大(0.03 ~ 0.2 MPa)，使用中烧结颗粒可能会脱落。烧结式过滤器一般用于要求过滤质量较高的液压系统中。

(5)磁性过滤器

磁性过滤器依靠磁性材料把混在油中的铁质杂质吸住，达到过滤目的。其优点是过滤效果好，缺点是对其他污染物不起作用，所以常把它与其他种类的过滤器配合使用。

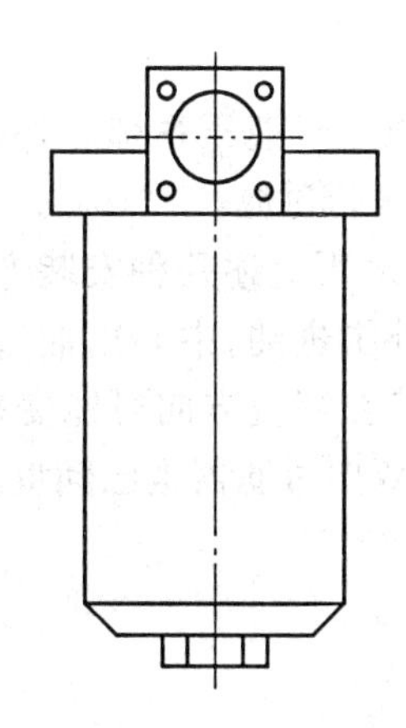

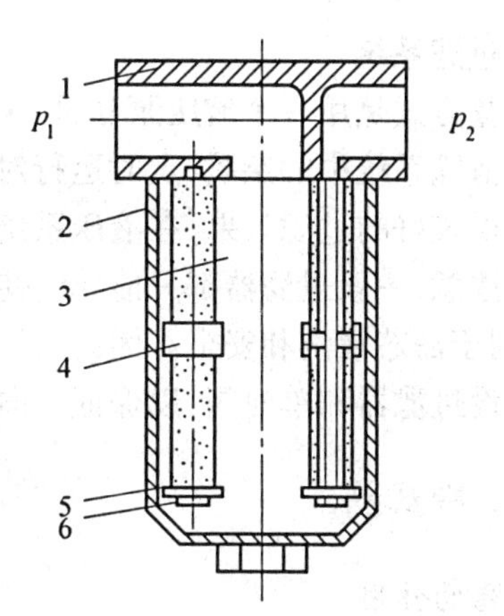

图4.20 烧结式滤油器

1—滤芯座;2—壳体;3—滤芯;4—连接环;5—压盖;6—螺栓

3.过滤器的选用及其使用位置

(1)过滤器的选用

过滤器应满足系统(或回路)的使用要求、空间要求和经济性。选用时应注意以下几点:

①应满足系统的过滤精度要求。

②应满足系统的流量要求,能在较长的时间内保持足够的通液能力。

③工作可靠,满足承压要求。

④滤芯抗腐蚀性能好,能在规定的温度下长期工作。

⑤滤芯清洗、更换简便。

(2)过滤器的使用位置

过滤器在液压系统中安装的位置,通常有以下几种情况:

①安装在泵的吸油管路上

这种安装位置主要是保护泵不致吸入较大的颗粒杂质,但由于一般泵的吸油口不允许有较大阻力,因此只能安装压力损失较小的粗级或普通精度等级的过滤器。

②安装在泵的压油管路上

这种安装位置主要用来保护除泵以外的其他液压元件。油与过滤器在高压下工作时,滤芯及壳体应能承受油路上的工作压力和冲击压力。为防止过滤器堵塞而使液压泵过载或引起滤芯破裂,可以并联安全阀和设堵塞发讯装置。

③安装在回油路上

这种安装位置适用于液压执行元件在脏湿环境下工作的系统,可在油液流入油箱以前滤去污染物。由于回油路压力低,可采用强度较低的精过滤器。

④装在系统的分支油路上

当泵流量较大时,若仍采用上述各种油路过滤杂质,则要求过滤器的通流面积大,使得过滤器的体积较大。为此,在相当于总流量20%~30%左右的支路上安装一小规格过滤器对油液进行过滤,不会在主油路上造成压力损失,但不能保证杂质不进入系统。

⑤单独过滤系统

这种设置方式是用一个液压泵和过滤器组成一个独立于液压系统之外的过滤回路，它可以经常清除系统中的杂质，定时运行对油箱的油液进行过滤。

为了获得较好的过滤效果，在液压系统中往往综合运用上述几种安装方法。安装过滤器时应当注意，一般过滤器都只能单向使用(滤芯的外围进油，中心出油)，进出油口不能反接，以利于滤芯清洗和安全。因此，过滤器不要安装在液流方向可能变换的油路上。必要时可增设过滤器和单向阀，以保证双向过滤。目前双向过滤器也已问世。

4.2.2 冷却器

1.冷却器的作用

油液的工作温度一般保持在30~50℃时比较理想，最高不超过70℃，否则不仅会使油液黏度降低，增加泄漏，而且能加速油液变质。当油液依靠油箱冷却后，而油温仍超过70℃时，就需采用冷却器。冷却器符号如图4.21所示。

冷却器类型按冷却介质分，有风冷、水冷和氨冷等不同的形式。

2.冷却器的类型特点

机械设备多使用水冷却器，按冷却器结构特点可分为风扇冷却器、蛇形管冷却器、多管式冷却器等。

(1)风扇冷却器

风冷是使用风扇产生的高速气流，通过散热器将油箱的热量带走，从而降低油温。这种冷却方法结构简单，但是冷却效果差。

(2)蛇形管水冷却器

图4.22是在油箱内敷设蛇形管通入循环水的蛇形管冷却器。蛇形管一般使用壁厚1.15 mm、外径15~25 mm的紫铜管盘旋制成。采用这种冷却方法结构简单，但由于油箱中油液只能自己对流冷却，所以效果较差。

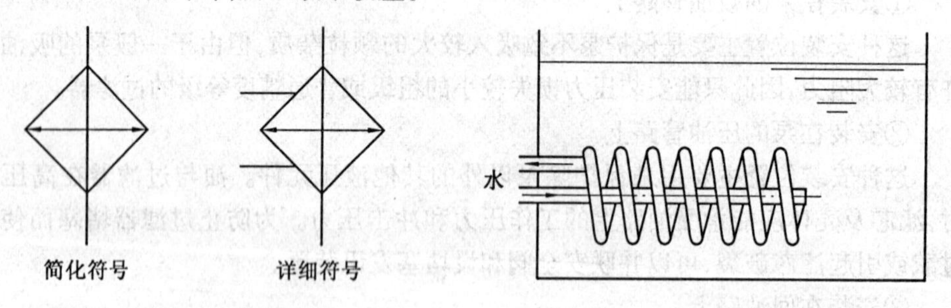

图4.21 冷却器图形符号　　图4.22 蛇形管冷却器

(3)多管水冷却器

多管水冷却器是一种强制对流的冷却器，在使用时应使液流方向与水流方向相反，这样可提高冷却效果。

图4.23所示为ZLQFW型卧式冷却器结构，其传热系数 h 为110~175 W/(m²·℃)最高允许温度80℃，工作介质压力16×10^5Pa，冷却介质压力为8×10^5Pa，该冷却器体积小，

散热面积大，维修方便，管板在一头浮动，不致由于热膨胀产生故障，冷却管束能从壳体取出便于维修、清洗、检查。浮动管板端采用单独密封，保证冷却介质与被冷却介质不能混淆。水腔中装有防电化腐蚀的锌棒，能延长维护周期和使用寿命。

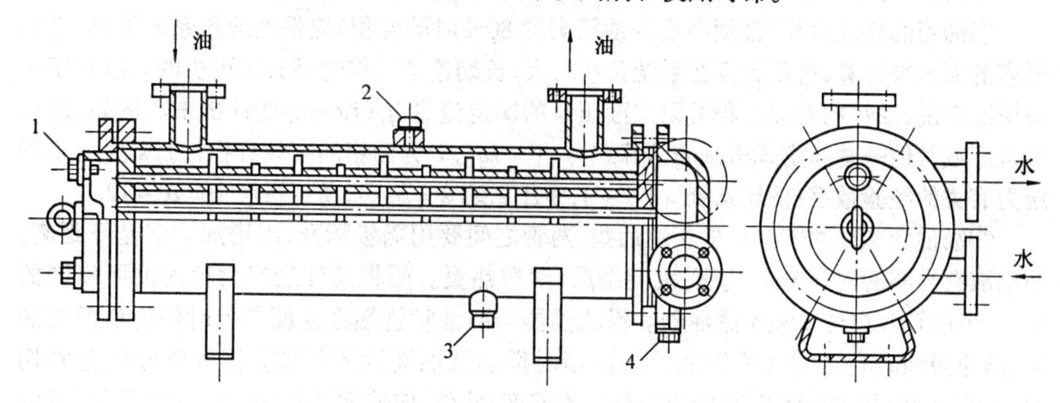

图4.23 ZLQFW型卧式冷却器结构

1—水排气孔；2—油排气孔；3—放油孔；4—放水孔

4.2.3 油箱和蓄能器

1.油箱

(1)功用和结构

①功用。油箱的功用主要是储存油液，此外还起着散发油液中热量(在周围环境温度较低的情况下则是保持油液中热量)、释出混在油液中的气体、沉淀油液中污物等作用。

②结构。液压系统中的油箱有整体式和分离式两种。整体式油箱利用主机的内腔作为油箱，这种油箱结构紧凑，各处漏油易于回收，但增加了设计和制造的复杂性，维修不便，散热条件不好，且会使主机产生热变形。分离式油箱单独设置，与主机分开，减少了油箱发热和液压振源对主机工作精度的影响，因此得到了普遍的采用，特别在精密机械上。

油箱的典型结构如图4.24所示。由图可见，油箱内部用隔板7、9将吸油管1与回油管4隔开。顶部、侧部和底部分别装有滤油网2、液位计6和排放污油的放油阀8。安装液压泵及其驱动电机的安装板5则固定在油箱顶面上。

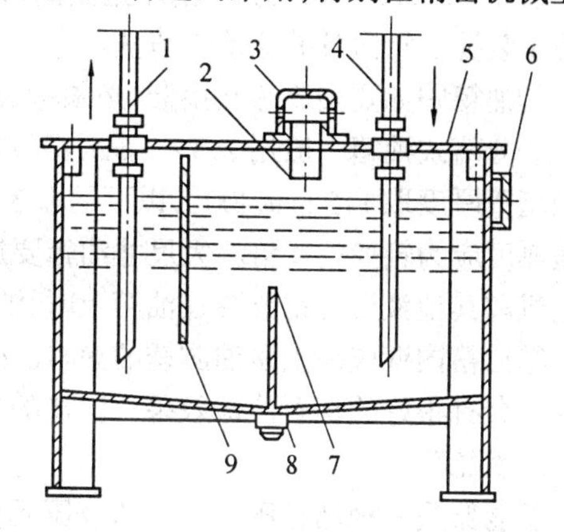

图4.24 油箱

1—吸油管；2—滤油网；3—盖；4—回油管；5—安装板；6—油位计；7,9—隔板；8—放油阀

此外，近年来又出现了充气式的闭式油箱，它的不同之处在于油箱是整个封闭的，顶部有一充气管，可送入0.05～0.07 MPa过滤纯净的压缩空气。空气或者直接与油液接触，或者被输入到蓄能器式的皮囊内不与油液接触。这种油箱的优点是改善了液压泵的吸油条件，但它要求系统中的回油管、泄油管

承受背压。油箱本身还须配置安全阀、电接点压力表等元件以稳定充气压力，因此它只在特殊场合下使用。

(2)设计时的注意事项

①油箱的有效容积(油面高度为油箱高度80%时的容积)应根据液压系统发热、散热平衡的原则来计算，这项计算在系统负载较大、长期连续工作时是必不可少的。但对于一般情况来说，油箱的有效容积可以按液压泵的额定流量 q_p(L/min)估计出来。例如，适用于机床或其他一些固定式机械的估算式为：$V = kq_p$，V 为油箱的有效容积(L)；k 为与系统压力有关的经验数字：低压系统 $k = 2 \sim 4$，中压系统 $k = 5 \sim 7$，高压系统 $k = 10 \sim 12$。

②吸油管和回油管应尽量相距远些，两管之间要用隔板隔开，以增加油液循环距离，使油液有足够的时间分离气泡，沉淀杂质，消散热量。隔板高度最好为箱内油面高度的3/4。吸油管入口处要装粗滤油器。粗滤油器与回油管管端在油面最低时仍应浸没在油中，防止吸油时卷吸空气或回油冲入油箱时搅动油面而混入气泡。回油管管端宜斜切45°，以增大出油口截面积，减慢出口处油流速度，此外，应使回油管斜切口面对箱壁，以利油液散热。当回油管排回的油量很大时，宜使它出口处高出油面，向一个带孔或不带孔的斜槽(倾角为5°～15°)排油，使油流散开，一方面减慢流速，另一方面排走油液中空气。减慢回油流速、减少它的冲击搅拌作用，也可以采取让它通过扩散室的办法来达到。泄油管管端亦可斜切并面壁，但不可没入油中。

管端与箱底、箱壁间距离均不宜小于管径的3倍。粗滤油器距箱底不应小于20 mm。

③为了防止油液污染，油箱上各盖板、管口处都要妥善密封。注油器上要加滤油网。防止油箱出现负压而设置的通气孔上需装空气滤清器。空气滤清器的容量至少应为液压泵额定流量的2倍。油箱内回油集中部分及清污口附近宜装设一些磁性块，以去除油液中的铁屑和带磁性颗粒。

④为了易于散热和便于对油箱进行搬移及维护保养，按GB 3766—83规定，箱底离地至少应在150 mm以上。箱底应适当倾斜，在最低部位处设置堵塞或放油阀，以便排放污油。按照GB 3766—83规定，箱体上注油口的近旁必须设置液位计。滤油器的安装位置应便于装拆。箱内各处应便于清洗。

⑤油箱中如要安装热交换器，必须考虑好它的安装位置，以及测温、控制等措施。

⑥分离式油箱一般用2.5～4 mm钢板焊成。箱壁越薄，散热越快，建议100 L容量的油箱箱壁厚度取1.5 mm，400 L以下的取3 mm，400 L以上的取6 mm，箱底厚度大于箱壁，箱盖厚度应为箱壁的4倍。大尺寸油箱要加焊角板、筋条，以增加刚性。当液压泵及其驱动电机和其他液压件都要装在油箱上时，油箱顶盖要相应地加厚。

⑦油箱内壁应涂上耐油防锈的涂料。外壁如涂上一层极薄的黑漆(不超过0.025 mm厚度)，会有很好的辐射冷却效果。铸造的油箱内壁一般只进行喷砂处理，不涂漆。

2.蓄能器

蓄能器是一种储存压力液体的液压元件。当系统需要时，蓄能器可以将所存的压力液体释放出来，输送到系统中去工作；而当系统中工作液体过剩时，这些多余的液体，又会克服蓄能器中加载装置的作用力，进入蓄能器而储存起来。

根据加载方式的不同，有重力加载式(亦称重锤式)、弹簧加载式(亦称弹簧式)和气体加载式三类。以气体加载式应用最广,常用的有活塞式和气囊式两种蓄能器。

(1)常用蓄能器的基本结构与工作原理

气体加载式蓄能器可以分为隔离式和非隔离式两大类。它的结构、品种很多,后者由于液体与加载气体直接接触,缺点较多,在一般的液压传动系统中很少应用。而前者应用很广泛。

①气瓶式蓄能器

气瓶式蓄能器如图4.25(a)所示。它由一个封闭的壳体3形成容器,在壳体的下部有一个进、出液口与液压系统相连,顶部有一个进气孔1,安装充气阀充入压缩气体。这种蓄能器结构简单、容量大、体积小、惯性小、反应灵敏、占地面积小。其缺点是:气体2与液体4直接接触,气体容易被液体吸收,使系统工作不稳定;气体消耗量大,必须经常充气;只能垂直安放,以确保气体被封在壳体上部。因此,该蓄能器只适用于低、中压大流量系统。

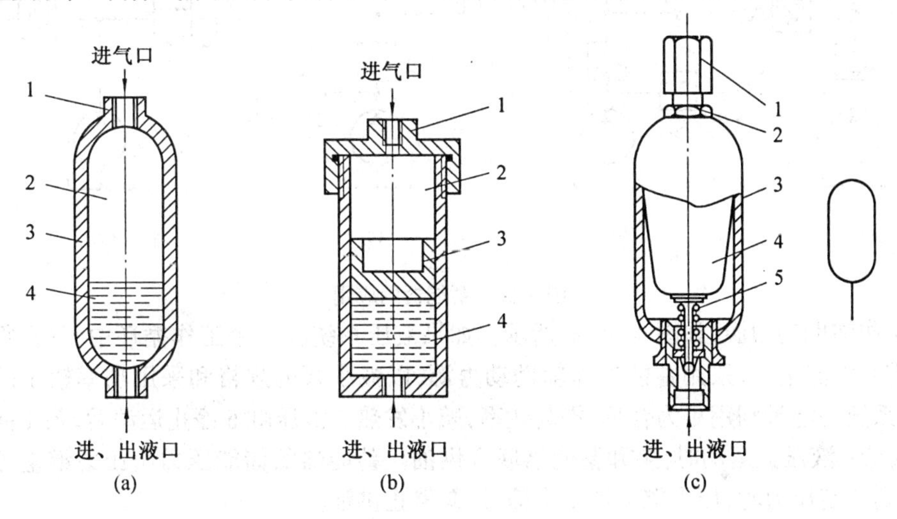

图4.25 蓄能器

②活塞式蓄能器

如图4.25(b)所示。它利用活塞3将容器分成气室2和油室4,将气体与液体隔开,利用气体压缩和膨胀来储存和释放液压能。压缩气体由充气阀经进气口1进入气室,液压油由壳体下部进、出液口进入油室,活塞3随着油室中油压的增减在壳体内上、下移动,向上移动气体受到压缩就储能,向下移动就释放能量。充气压力为液压系统最低工作压力的80%~90%。这种蓄能器结构简单、工作可靠、容易安装、维修方便、寿命长。但活塞惯性和摩擦阻力较大、反应不灵敏、容量不大、密封要求较高,此外密封件磨损后,会使气液混合,影响系统工作的稳定性,不适宜用于缓和液压冲击、脉动以及低压系统。主要用于中、高压系统储能。

③气囊式蓄能器

气囊式蓄能器气囊式蓄能器如图4.25(c)所示。主要由壳体3、气囊4、充气阀1和菌形阀(提升阀)5等组成。气囊4用特殊耐油橡胶与充气阀1一起压制而成,从壳体3下部的开口放进去,用螺母2固定于壳体的上部,气囊将容器内的气体和液体隔开。受弹簧力作用的菌形阀和释放液压能的充气阀只在气囊充气时打开,蓄能器工作时该阀关闭。充气压力为液压系统最高工作压力的25%到最低工作压力的65%~85%之间,以延长气囊的使用寿命。这种蓄能器密封可靠、气囊惯性小、反应灵敏、结构紧凑、体积小、质量轻、容易维护,但气囊蓄能器的气囊和壳体制造较困难,主要用于储能、吸收液压冲击和脉动。

(2)蓄能器的功用

蓄能器的主要功用,如图4.26所示。

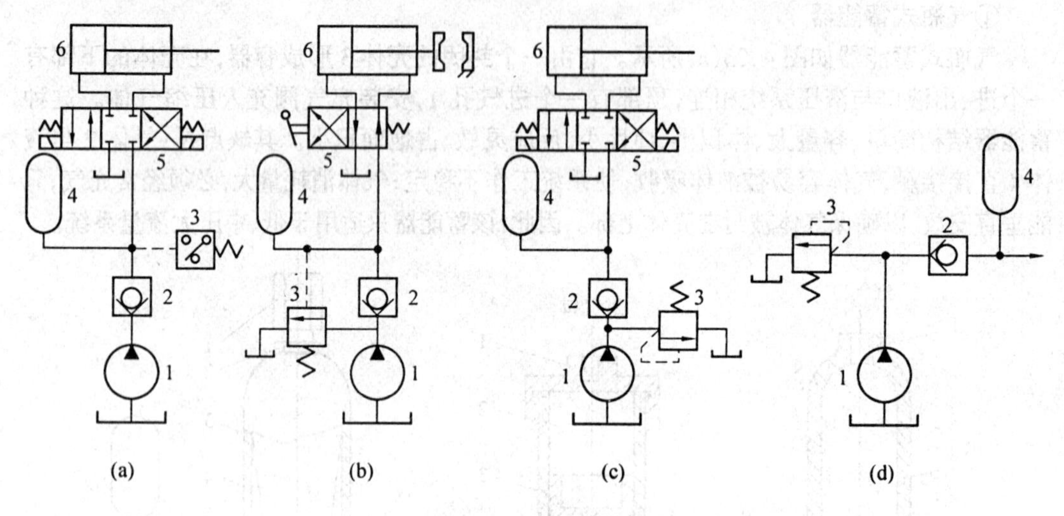

图4.26 蓄能器的应用

①作辅助动力源,如图4.26(a)所示。如果液压系统在一个工作循环中,只在很短时间内需要大流量,可采用蓄能器作辅助动力源,以减小泵的规格和采用功率较小的电动机,使系统中能量利用更为合理,提高效率,减小发热。液压缸6停止运动后,泵1向蓄能器4充液;液压缸运动时,泵和蓄能器联合供油。蓄能器的储能压力由压力继电器3控制,达到调定压力时,压力继电器发出信号,泵停止供油。

②系统保压,如图4.26(b)所示液压夹紧装置液压系统。当液压泵停止向夹紧装置供油,卸荷阀3打开,泵卸荷,而由蓄能器4补偿系统泄漏,使系统在一段时间内保持系统压力。该系统还可作为应急能源,以防发生故障。

③缓和液压冲击,如图4.26(c)所示。当液压缸6突然停止运动,换向阀5突然关闭或换向,液压泵突然启动或突然停转时,都会引起液压冲击,采用蓄能器可使冲击压力得到缓和。

④吸收压力脉动,如图4.26(d)所示。液压泵的流量脉动会使执行元件运动速度不均匀,并引起系统压力脉动。在液压泵附近安装蓄能器4,便可吸收压力脉动,减小流量或压力脉动的幅值。

⑤回收能量。蓄能器在液压系统节能中的一个有效应用是将运动部件的动能和下落质量的位能以压力能的形式加以回收和利用,从而减小系统能量损失和由此引起的发热。如为了防止行走车辆在频繁制动中将动能全部经制动器转化为热能,可在车辆行走系统的机械传动链中加入蓄能器,将动能以压力能的形式进行回收利用。

(3)蓄能器的安装与使用

蓄能器安装的位置除应考虑便于检修外,对用于补油保压的蓄能器,应尽可能安装在执行元件的附近；而用于缓和液压冲击、吸收压力脉动的蓄能器，应装在冲击源或脉动源的近旁。选择蓄能器时，需计算蓄能器的容量，其计算方法可参阅有关手册。

蓄能器安装、使用时还应注意以下问题：

①气体式蓄能器应使用惰性气体(一般为氮气)。允许工作压力由结构形式而定。

②不同蓄能器适用工作范围也不相同，例如气囊强度不高，不能随很大的压力波动，而且只能在-20℃~70℃的温度范围内工作。

③气体式蓄能器应油口向下垂直安装。装在管路上的蓄能器，须用支板或支架固定。

④蓄能器与液压泵之间应安装单向阀，防止液压泵停转或卸荷时，蓄能器内储存的压力油倒流。为便于充气和检修，蓄能器与管路系统之间应安装截止阀。

4.2.4 液压传动常用密封件

液压传动的能量都是在密闭的容积和管道内的，密封的好坏直接影响液压系统的工作性能和效率。

1.密封类型

按密封的工作形式分类有固定密封、往复运动密封、旋转运动密封。

按密封的工作机理可分间隙密封和接触密封。

(1)间隙密封

间隙密封是靠密封表面之间很小的配合间隙来实现密封的(例如滑阀式换向阀的阀心与阀体之间的密封)。密封的效果取决于间隙大小、密封面长度、密封两端压力差和表面加工质量。这种密封不用任何专用的密封元件，所以结构简单，尺寸小。但是，它对尺寸精度、几何形状精度和表面光洁度的要求高。由于温度和变形等原因，间隙密封有时会产生别劲或卡阻等现象。由于有间隙存在，不能完全避免泄漏，但间隙内充满油液，密封件在运动时摩擦阻力小，寿命长，结构简单。在允许有少量泄漏的地方采用这种密封方式是合理的，间隙密封不需要密封件。

(2)接触密封

接触密封是在需要密封的接触面间，装专用的密封元件，靠密封元件的弹性力和工作介质的压力达到密封目的。密封件使用的材料有橡胶(丁晴、聚氨酯、氯丁等)，夹织物橡胶、塑料(聚四氟乙烯)、皮革、金属等。

对密封件的主要要求是：

①在一定的工作压力和温度范围内，具有良好的密封效果，泄漏量尽可能小；

②摩擦系数小，摩擦力稳定，不会引起运动零件的爬行和卡死现象；

③耐磨性好、寿命长，在一定程度上能自动补偿被密封件的磨损和几何精度的误差；

④耐油性、抗腐蚀性好，不损坏被密封零件的表面；

⑤制造容易，维护简单。

在液压装置中接触密封常用的密封件有O形、Y形、Y_X形、山形、V形密封圈和活塞环等。一般的O形圈、Y形圈、油封，都用丁腈胶制造，活塞环则用金属制成。

2.密封圈工作原理

(1)O形密封圈

O形密封圈采用橡胶材料，属干挤压密封。O形密封圈的密封原理如图4.27所示。

在没有液压力作用时,O 形密封圈(必须)处于预压缩状态(图 4.27(a));有液压力作用时,O 形圈被挤到槽的一侧,处于自封状态(图 4.27(b))。

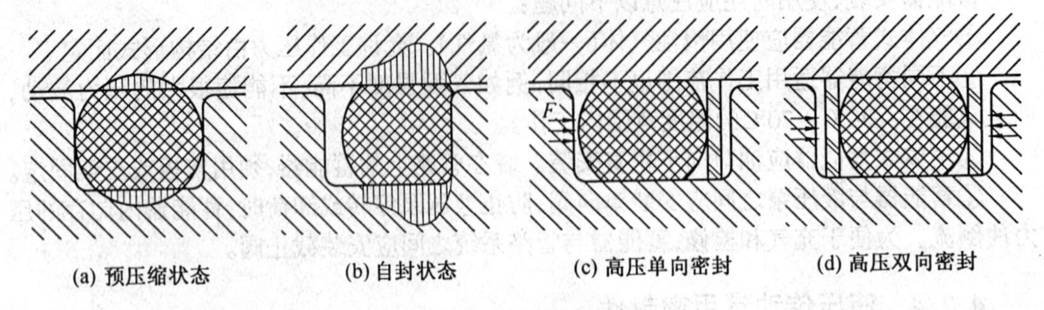

图 4.27 O 形密封圈工作原理

O 形密封圈用于固定密封时,可承受 100 MPa 甚至更高的液体压力,而用于动密封时,可以承受 35 MPa 以下的压力。由图 4.27(b)情况可看出在液压作用力较大时,O 形圈有可能被挤入间隙而出现卡阻现象。一般用于动密封时,液压力超过 10 MPa。用于静密封时,工作介质压力超过 35 MPa 时,应设置挡圈,以延长 O 形密封圈的使用寿命,如图 4.27(c)、(d)所示。

O 形密封圈密封性能好、摩擦系数小、安装空间小,它的结构简单,使用方便,广泛用于固定密封和运动密封,其应用范围最广。

O 形密封圈不适于直径大、行程长、速度快的油缸,因为在这样的条件下,容易被拧扭损伤。

(2)Y 形密封圈

Y 形密封圈又称唇形密封圈,它有较显著的自紧作用。无液压时,其唇部与被密封件产生初始接触压力,以保持低压密封,其尾部与轴类零件之间保持一定的间隙,如图 4.28(a)所示。工作中,液压力把 Y 形圈推向左方,消除 Y 形圈与轴的间隙,同时作用于 Y 形圈的谷部而在唇口产生径向压力,使唇口与轴接触压力增加,从而因自紧作用得到良好的密封,如图 4.28(b)所示。

Y 形圈曾广泛地使用在各种液压缸的活塞上,但由于唇边易磨损翻转,失去密封作用,使得 Yx 形密封应用越来越多。Yx 形密封可以避免翻唇现象,它是在 Y 形圈结构基础上将其中一个唇边减短而设计的,使用时应注意,Yx 形密封圈分为孔用和轴用两种,其中孔用 Yx 密封圈装在轴类零件的(如活塞)沟槽内,而轴用 Yx 密封圈则装在孔类零件(如液压缸的导向套)的沟槽内。

(3)山形密封圈

山形密封圈又称尖顶形密封圈,它有单尖或双尖,其断面形状如图 4.29 所示。山形密封圈的尖顶部外层为夹织物橡胶,内层与固定面接触的部分为纯橡胶,内外层压制硫化成一体,尖顶的作用是减小接触面积,以增大接触压力。内层作为弹性元件,外层夹织物橡胶可以渗透油液,防止干摩擦,从而能延长使用寿命。由于山形圈的截面比鼓形圈小,弹性大,在活塞上只要设一沟槽就可安装,从而可以简化活塞的结构,山形密封圈多用于双伸缩立柱。

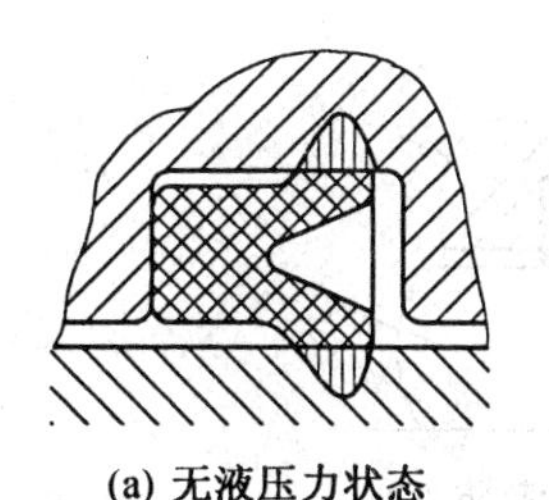
(a) 无液压力状态

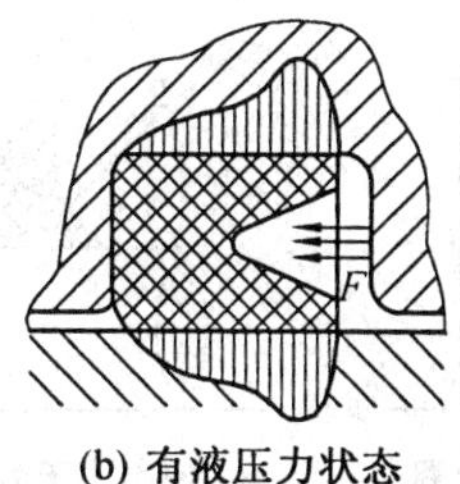

(b) 有液压力状态

图 4.28 Y形密封圈工作原理图

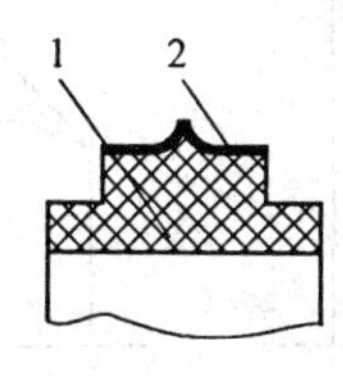

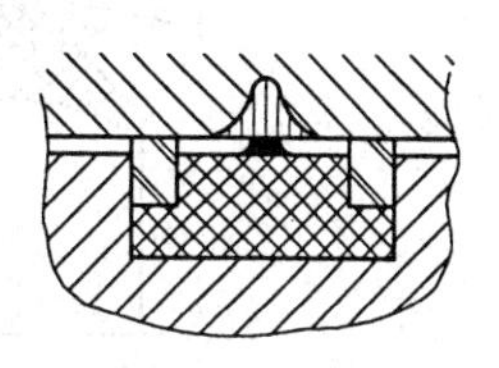

图 4.29 山形密封圈工作原理图
1—橡胶;2—夹织物橡胶

(4)蕾形密封圈

蕾形密封圈的截面如图 4.30 所示,它是在 U 形夹织物橡胶圈的唇内填塞橡胶压制硫化而成的单向实心密封圈。唇内橡胶作为弹性元件,使唇边外张贴紧密封表面。由于它是实心,唇边不会翻转。蕾形圈大都用于支架液压缸导向套与活塞杆之间。当使用压力大于 30 MPa 时,应加挡圈,最高工作压力可达 60 MPa。

(5)鼓形密封圈

鼓形密封的断面形状如图 4.31(a)所示。它以两个 U 形夹布橡胶圈为骨架,与其唇边相对,在中间填塞橡胶压制硫化而形成双向实心密封。鼓形密封圈装在支架液压缸活塞的外沟槽内,用于活塞与缸壁之间的密封。如图 4.31(b)所示,它的两侧各配装一个塑料导向环 3。

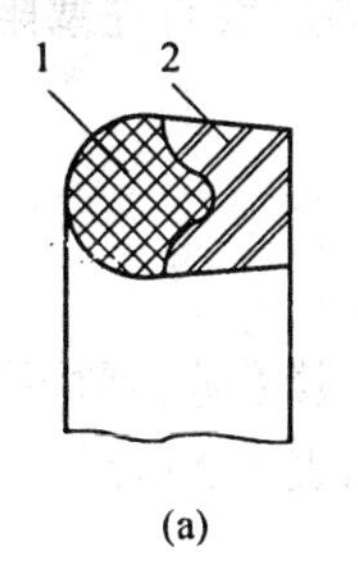

(a)

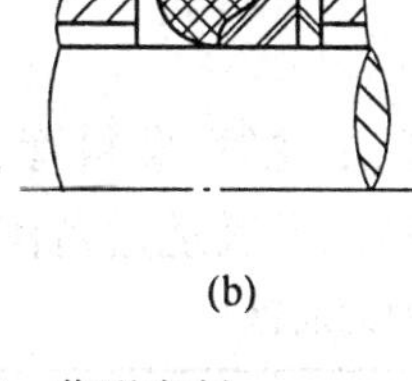
(b)

图 4.30 蕾形密封
1—橡胶;2—夹布橡胶

1 2
(a)

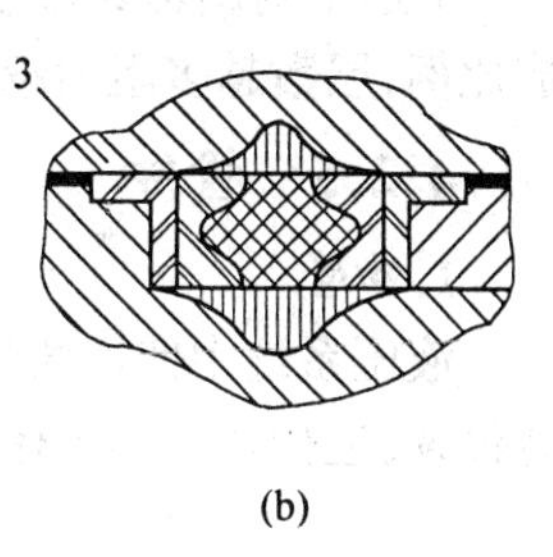

(b)

图 4.31 鼓形密封
1—橡胶;2—夹布橡胶;3—导向环

鼓形密封圈可承受 60 MPa 的工作压力。其优点是双向密封,可以简化活塞的结构。缺点是轴向尺寸较大,占据了活塞的行程。

(6)防尘圈

防尘圈的断面形状如图 4.32 所示,它安装在液压缸的缸盖上。其唇部直径尺寸小于活塞杆,组装后紧箍在活塞杆上,故可防止污染物随活塞杆拉回时带入油缸,污染工作液体。

防尘圈有带骨架和无骨架两种,如图 4.32(a)、(b)所示。骨架防尘圈与缸盖内孔为过盈配合,结合较紧。无骨架防尘圈必须安装在缸帽的沟槽内,防止滑出。

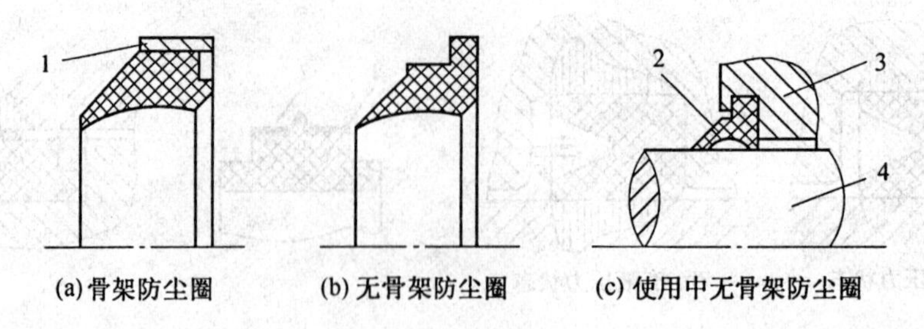

(a)骨架防尘圈　(b)无骨架防尘圈　(c)使用中无骨架防尘圈

图4.32　防尘圈

1—骨架;2—防尘团;3—缸帽;4—活塞杆

(7)V型密封圈

V形密封圈用于柱塞密封。如图4.33所示,V型密封圈由压环1、密封圈2和衬垫3组成。V形密封圈由夹织物橡胶制成,一方面增加其结构强度,另一方面高压油液能渗透进去,增加其与柱塞的润滑作用,延长密封圈的使用寿命。安装时槽口对着压力液体并要预紧,使其唇部产生初始接触压力。工作时,工作液体对V形圈的谷部和唇口产生径向压力,使唇口扩张对柱塞与缸孔实现密封,液体压力越高,接触压力越大,密封效果越好。

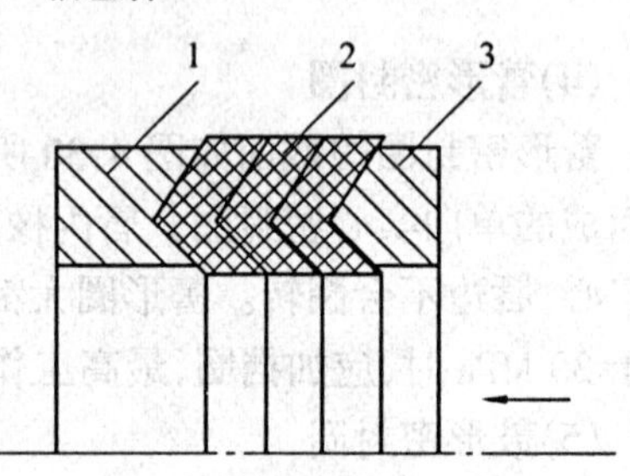

图4.33　V形密封圈

1—压环;2—V形密封圈;3—衬环

V形密封圈密封可靠,适于高速往复运动的高压密封。但V形圈的层数与柱塞阻力成比例,层数越多阻力越大,消耗功率也越大。

4.2.5　管件

1.油管

液压系统中使用的油管种类很多,有钢管、铜管、尼龙管、塑料管、橡胶管等,须按照安装位置、工作环境和工作压力来正确选用。油管的特点及其适用范围如表4.2所示。

表4.2　液压系统中使用的油管

种类		特点和适用场
硬管	钢管	能承受高压,价格低廉,耐油,抗腐蚀,刚性好,但装配时不能任意弯曲;常在装拆方便处用作压力管道,中、高压用无缝管,低压用焊接管
	紫铜管	易弯曲成各种形状,但承压能力一般不超过6.5~10 MPa,抗震能力较弱,又易使油液氧化;通常用在液压装置内配接不便之处
软管	尼龙管	乳白色半透明,加热后可以随意弯曲成形或扩口,冷却后又能定形不变,承压能力因材质而异,自2.5~8 MPa不等
	塑料管	质轻耐油,价格便宜,装配方便,但承压能力低,长期使用会变质老化,只宜用作压力低于0.5 MPa的回油管、泄油管等
	橡胶管	高压管由耐油橡胶夹几层钢丝编织网制成,钢丝网层数越多,耐压越高,价格昂贵,用作中、高压系统中两个相对运动件之间的压力管道 低压管由耐油橡胶夹帆布制成,可用做回油管道

油管的规格尺寸(管道内径和壁厚)可由式(4.28)、式(4.29)算出 d、δ 后,查阅有关的标准选定

$$d = 2\sqrt{\frac{q}{\pi v}} \tag{4.28}$$

$$\delta = \frac{pdn}{2\sigma_b} \tag{4.29}$$

式中 d——油管内径;

q——管内流量;

v——管中油液的流速,吸油管取 0.5 ~ 1.5 m/s,高压管取 2.5 ~ 5 m/s(压力高的取大值,低的取小值,例如:压力在 6 MPa 以上的取 5 m/s,在 3 ~ 6 MPa 之间的取 4 m/s,在 3 MPa 以下的取 2.5 ~ 3 m/s;管道较长的取小值,较短的取大值;油液黏度大时取小值),回油管取 1.5 ~ 2.5 m/s,短管及局部收缩处取 5 ~ 7 m/s;

δ——油管壁厚;

p——管内工作压力;

n——安全系数,对钢管来说,$p < 7$ MPa 时取 $n = 8$,7 MPa $< p <$ 17.5 MPa 时取 $n = 6$,$p >$ 17.5 MPa 时取 $n = 4$;

σ_b——管道材料的抗拉强度。

油管的管径不宜选得过大,以免使液压装置的结构庞大;但也不能选得过小,以免使管内液体流速加大,系统压力损失增加或产生振动和噪声,影响正常工作。

在保证强度的情况下,管壁可尽量选得薄些。薄壁易于弯曲,规格较多,装接较易,采用它可减少管系接头数目,有助于解决系统泄漏问题。

2.接头

管接头是油管与油管、油管与液压件之间的可拆式连接件,它必须具有装拆方便、连接牢固、密封可靠、外形尺寸小、通流能力大、压降小、工艺性好等各项要求。

管接头的种类很多均已标准化,其规格品种可查阅有关手册。液压系统中油管与管接头的常见连接方式如图 4.34 所示。管接头有扩口式(a)适用于纯铜管、薄壁钢管、尼龙

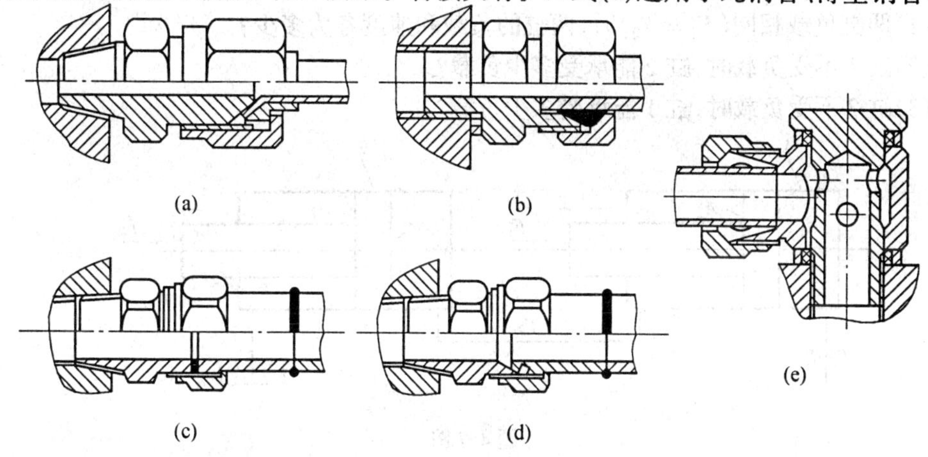

图 4.34 常见管接头

管等中、低压管件的连接；焊接式利用O形密封圈密封(c)或球面与锥面接触密封(d)，适用于中、高压系统；卡套式(b)、(e)常用于高压系统。

思考题和习题

4.1 试分析图4.9所示空心双杆活塞缸其活塞杆受什么力？如果将背紧螺母置于床身支座的内侧，活塞杆受什么力？上述两种结构哪一种比较好？为什么？

4.2 试按图4.3推导单杆活塞缸差动连接时推力 F_3 和速度 v_3 的计算公式。

4.3 设有一双杆活塞缸，缸内径 $D=10$ cm，活塞杆直径 $d=0.7D$，若要求活塞杆运动的速度 $v=8$ cm/s，求液压缸所需要的流量 q。

4.4 如图所示，一与工作台相连的柱塞缸，工作台质量为980 kg，如缸筒与柱塞之间的摩擦力为1 960 N，$D=100$ mm，$d=70$ mm，$d_0=30$ mm，求工作台在0.2 s时间内从静止加速到最大稳定速度 $v=7$ m/min时，泵的供油压力和流量各为多少？

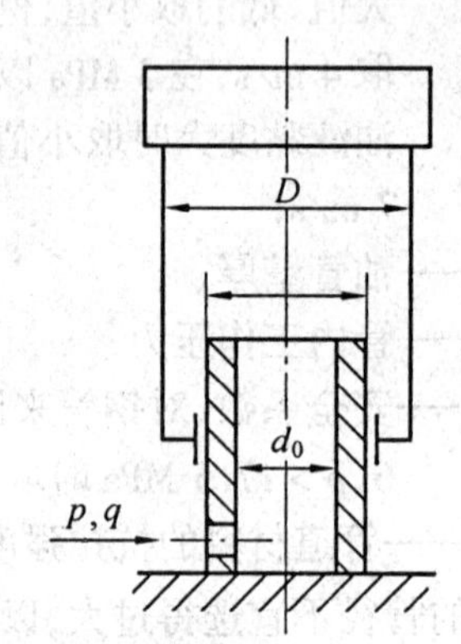

题4.4图

4.5 设计一单杆液压缸，已知外载 $F=2\times10^4$ N，活塞和活塞杆处的摩擦阻力 $F_\mu=12\times10^2$ N，液压缸的工作压力为5 MPa，试计算液压缸的内径 D。若活塞最大工作进级速度为0.04 m/s，系统的泄漏损失为10%，应选取多大流量的泵？若泵的效率为0.85，电动机的驱动功率应多大？

4.6 设计一单杆液压缸，用以实现“快进—工进—快退”工作循环，且快进与快退的速度相等，均为5 m/min，采用额定流量为25 L/min，额定压力为6.3 MPa的定量叶片泵供油，试计算液压缸内径 D 和活塞杆直径 d。当外负载为 25×10^3N时，液压缸的工进压力为多少？当工进时的速度为1 m/min时，进入液压缸的流量为多少(不计摩擦损失)？

4.7 如图所示两结构尺寸相同的液压缸，$A_1=100$ cm^2，$A_2=80$ cm^2，$p_1=0.9$ MPa，$q_1=12$ L/min。若不计摩擦损失和泄漏，试问：

(1)两缸负载相同($F_1=F_2$)时，两缸的负载和速度各为多少？

(2)缸1不受负载时，缸2能承受多少负载？

(3)缸2不受负载时，缸1能承受多少负载？

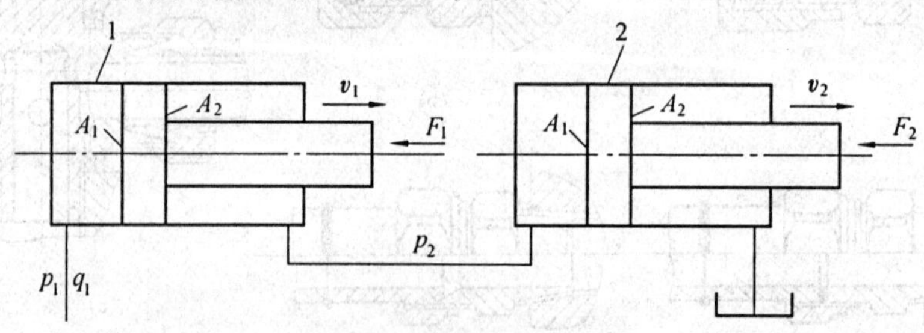

题4.7图

4.8 一柱塞缸的柱塞固定,缸筒运动,压力油从空心柱塞中通入,压力为 $p = 10$ MPa,流量为 $q = 25$ L/min,缸筒直径为 $D = 100$ mm,柱塞外径为 $d = 80$ mm,柱塞内孔直径为 $d_0 = 30$ mm,试求柱塞缸所产生的推力和运动速度。

4.9 液压缸如何实现排气和缓冲?

4.10 蓄能器有哪几种类型?各有什么特点?

4.11 蓄能器在液压系统中有哪些功用?

4.12 过滤器有哪些类型?各有什么特点?

4.13 油箱设计时应满足哪些要求?

4.14 常见的密封装置有哪些?各有什么特点?分别用于什么场合?

第5章 液压控制阀和基本回路

液压控制元件及基本回路是液压系统分析、设计和学习的关键部分之一，学习本章时可把图形符号、结构原理图和结构图三者对照联系起来，可以更深入理解其原理和功能。

本章内容包括单向阀、换向阀、溢流阀、减压阀、顺序阀、压力继电器、节流阀、调整阀、溢流节流阀、比例阀、逻辑阀及其组成的基本回路和其他基本回路，还介绍了伺服阀及伺服系统。

5.1 控制元件的分类及基本性能参数

液压控制阀是液压传动系统中的控制调节元件，它控制或调节油液流动的方向、压力或流量，以满足执行元件所需要的运动方向、力（或力矩）和速度的要求，使整个液压系统能按要求协调地进行工作。由于调节的工作介质是液体，所以统称为阀。液压阀性能的优劣，工作是否可靠，对整个液压系统能否正常工作将产生直接影响。

由于液压阀不是对外做功的元件，而是用来实现执行元件所要求的变向、力（或力矩）和速度的要求，因此对液压控制阀的共同要求主要有以下几点：

(1)动作灵敏，使用可靠，工作时冲击振动小，使用寿命长。

(2)油液通过阀时液压损失要小，密封性能好。

(3)结构简单紧凑，安装、维护、调整方便，成本低，通用性好。

5.1.1 液压阀的分类

1.根据结构形式

控制元件可分为滑阀式、锥阀式、球阀式、膜片式、喷嘴挡板式等。

2.根据用途

(1)方向控制阀。用来控制液压系统中油液流动方向以满足执行元件运动方向的要求。如单向阀、换向阀等。

(2)压力控制阀。用来控制液压系统中的工作压力或通过压力信号实现控制。如溢流阀、减压阀、顺序阀、压力继电器、组合式压力控制阀等。

(3)流量控制阀。用来控制液压系统中油液的流量，以满足执行元件调速的要求。如节流阀、调速阀、分流－集流阀等。

上述三类阀可以互相组合，即将其中某些阀组合起来装在一个阀体内构成复合阀，以减少管路连接，使结构更为紧凑，提高系统效率。例如单向阀与减压阀、顺序阀或节流阀组合在一起可以分别构成单向减压阀、单向顺序阀、单向节流阀；电磁阀和溢流阀组装在一起构成电磁卸荷阀。复合阀种类很多，可根据其主要用途区别出是属于上述三类阀中的哪一类。现在有很多机床液压系统为了缩小体积和操作控制的方便，将几种不同类型的阀合并在一个箱体内构成液压操纵箱。

3.根据安装连接方式

(1)螺纹式(管式)连接。该类阀的油口为螺纹孔，可直接通过油管同其他元件连接，并固定在管路上。该连接方式结构简单、制造方便、质量轻，但拆卸不便，布置分散，且刚性差，仅用于简单液压系统。

(2)法兰式连接。该类阀在其油口上制出法兰，通过法兰与管道连接。一般通径大于Φ32 mm的大流量阀采用法兰式连接。该连接方式连接可靠、强度高，但尺寸大，拆卸困难。

(3)板式连接。该类阀的各油口均布置在同一安装面上，油口不加工螺纹，而是用螺钉将其固定在有对应油口的连接板上，再通过板上的螺纹孔与管道或其他元件连接。把几个阀用螺钉分别固定在一个通道体的不同侧面上，由通道体上加工出的孔道连接各阀，组成液压集成块，再由集成块的上下面互相连接，组合成系统，就可实现无管集成化连接。由于拆卸方便，连接可靠，刚性好，故这种连接方式在机床行业中应用最广泛。

(4)叠加式连接。该类阀的各油口通过阀体上下两个结合面与其他阀相互叠装连接，从而组成回路。阀体内除装有完成自身功能的阀心外，还加工有油路通道。这种连接结构紧凑，压力损失小，在工程机械中应用较多。

(5)插装式连接。该类阀是将仅由阀心和阀套等组成的插装式阀心单元组件，插装在专门设计的公共阀体的预制孔中，再用连接螺纹或盖板固定成一体的阀，并通过阀体内通道把各插装式阀连通组成回路。公共阀体起到阀体和管路通道的双重作用。这是一种能灵活组装，具有一定互换性的新型连接方式，在高压大流量系统中得到广泛应用。

4.根据控制方式

(1)定值或开关控制阀。借助手轮、手柄、凸轮、弹簧、电磁铁等来开、关流体通道，定值控制流体的压力或流量。包括普通控制阀、插装阀、叠加阀。

(2)比例控制阀。输出量与输入量成比例，多用于开环控制系统。包括普通比例阀和带反馈的比例阀。

(3)伺服控制阀。以系统输入信号和反馈信号的偏差信号作为阀的输入信号，成比例地控制系统的压力、流量，多用于要求高精度、快速响应的闭环控制系统，包括机液伺服阀、电液伺服阀等。

5.1.2 液压控制阀的参数、型号与图形符号

1.参数

主要有规格参数和性能参数，在出厂标牌上注明，是选用液压阀的基本依据。

规格参数表示阀的大小，规定其适用范围。一般用阀进、出油口的名义通径表示，单位为mm。旧国标中阀的规格参数主要是额定流量。

性能参数表示阀工作的品质特征，如最大工作压力、开启压力、允许背压、压力调整范围、额定压力损失、最小稳定流量等。参数除在产品说明书、标牌上指明外，也反映在阀的型号中。

2.型号

型号是液压阀的名称、种类、规格、性能、辅助特点等内容的综合标志,用一组规定的字母、数字、符号来表示。型号是行业技术语言的重要部分,也是选用、购销、技术交流过程中常用的依据。详细可查阅机械设计手册。

3.液压阀的图形符号

液压阀的图形符号是用简略图形表示的,依靠液压元件的图形符号,能直观表示元件工作原理和职能。严格按 GB/T 786.1—1993 规定画出的图形符号,是分析、绘制液压系统的基本单元。国标中每种液压元件都有各自明确的图形符号。一般液压系统均由元件图形符号绘出,个别的可以用结构原理表示。

5.1.3 液压回路的分类

液压系统是由若干个液压回路组成,每一个液压回路由一些相关的液压元件组成,并能完成液压系统的某一特定的功能。

按完成的功能不同有:

(1)方向控制回路——换向回路、锁紧回路等。

(2)压力控制回路——调压、保压、减压、增压、卸荷和平衡回路等。

(3)速度控制回路——调速、快速和速度转换回路等。

(4)多缸工作控制回路——顺序动作、同步、互锁、多缸快慢速互不干扰回路。

5.2 方向控制阀及其应用

方向控制阀是通过控制液体流动的方向来操纵执行元件的运动,如液压缸的前进、后退与停止,液压马达的正反转与停止等。

5.2.1 单向阀

1.普通单向阀

利用液压力与弹簧力对阀心作用力方向的不同来控制阀心的开闭。允许油液单方向流通,反向则不通。根据阀心形状有锥阀式和钢球式;根据安装连接方式有管式和板式。

如图 5.1 所示,当压力油从阀体油口 P_1 处流入时,压力油克服压在钢球或锥阀心上的弹簧 3 的作用力以及阀心与阀体之间的摩擦力,顶开钢球或锥阀心,从阀体油口 P_2 处流出。而当压力油从油口 P_2 流入时,作用在阀心上的液压力与弹簧力同向,使阀心压紧在阀座上,阀口关闭,压力油无法通过,油口 P_1 处无油液流出。

2.液控单向阀

图 5.2(a)所示是液控单向阀的结构。当控制口 K 处无压力油通入时,它的工作机制和普通单向阀一样;压力油只能从通口 P_1 流向通口 P_2,不能反向倒流。当控制口 K 有控制压力油时,因控制活塞 1 右侧 a 腔通泄油口,活塞 1 右移,推动顶杆 2 顶开阀心 3,使通口 P_1 和 P_2 接通,油液就可在两个方向自由通流。图 5.2(b)所示是液控单向阀的职能符号。

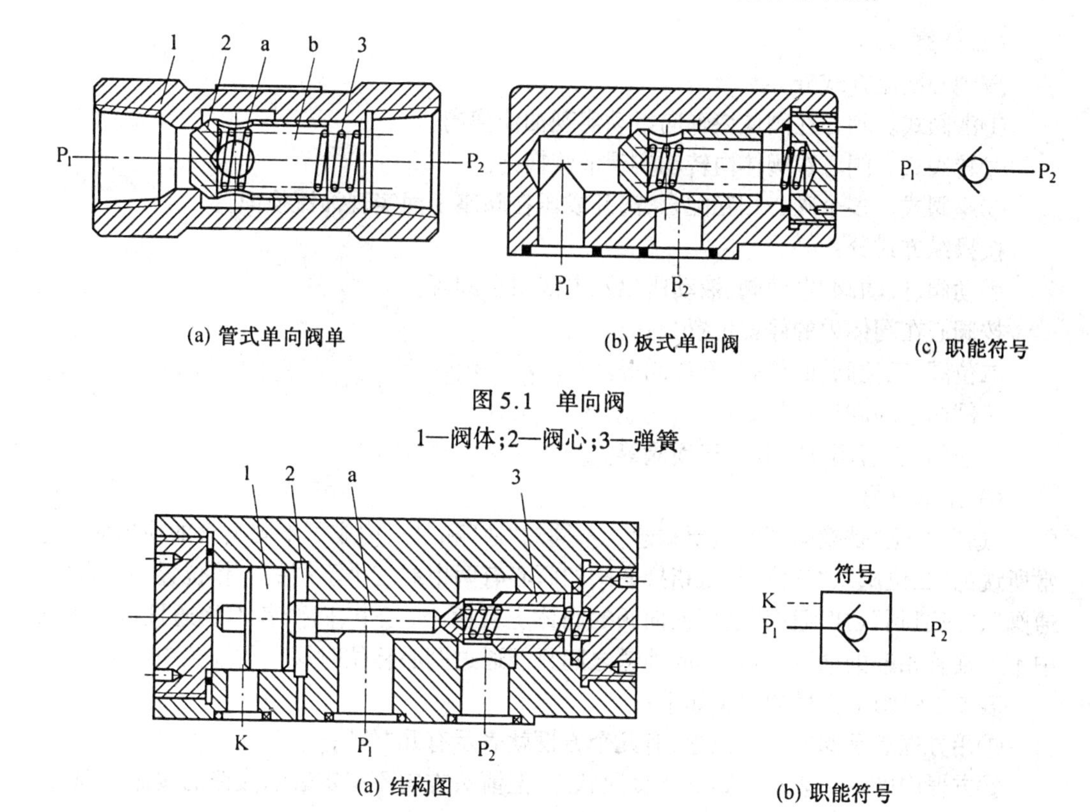

(a) 管式单向阀单 (b) 板式单向阀 (c) 职能符号

图5.1 单向阀

1—阀体;2—阀心;3—弹簧

(a) 结构图 (b) 职能符号

图5.2 液控单向阀

1—活塞;2—顶杆;3—阀心

用来控制液压阀工作的控制油液,一般从主油路上单独引出,其压力不应低于主油路压力的30%~50%,为了减小控制活塞移动的背压阻力,将控制活塞制成台阶状并增设一外泄油口L。为减少压力损失,单向阀的弹簧刚度很小,但若置于回油路作背压阀使用时,则应换成较大刚度的弹簧。

5.2.2 换向阀

1.换向阀的工作原理、分类、图形符号

(1)工作原理

换向阀是利用阀心和阀体间相对位置的不同来变换不同管路间的通断关系,控制阀体上各油口的连通情况,从而使油路接通、切断,或改变方向。如图5.3所示,阀心在阀体内滑动就改变了工作位置,当阀心左移,由泵输来的压力油从P口经A口通入缸的左腔,缸右腔油液经阀B口至T口回油箱,活塞右移;反之活塞左移。

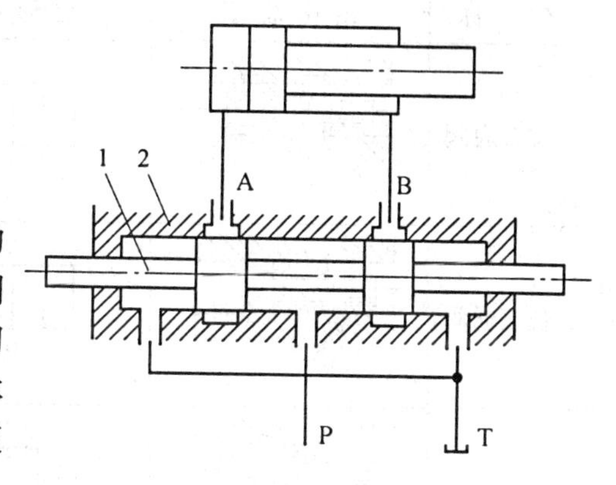

图5.3 换向阀的工作原理示意图

1—阀心;2—阀体

(2)分类

按阀心配流方式分：

①滑阀式。阀心在阀体内轴向滑动实现油流换向。

②转阀式。阀心在阀体内转动实现油流换向。

③座阀式。多个阀心相互配合，离开或压在阀座上而实现油流换向。

按操纵方式分：

手动阀、机动阀、电动阀、液动阀以及电液组合阀等。

按阀心在阀体内的停留位置分：

二位阀、三位阀、四位阀、五位阀等。

按阀体上的阀口数量分：

二通阀、三通阀、四通阀、五通阀等。

(3)图形符号

“通”和“位”是换向阀的重要概念。不同的“通”和“位”构成了不同类型的换向阀。通常所说的“二位阀”、“三位阀”是指换向阀的阀心有两个或三个不同的工作位置。所谓“二通阀”、“三通阀”、“四通阀”是指换向阀的阀体上有两个、三个、四个各不相通且可与系统中不同油管相连的油道接口，不同油道之间只能通过阀心移位时阀口的开关来沟通。

表5.1中图形符号的含义如下：

①用方框表示阀的工作位置，有几个方框就表示有几“位”；

②方框内的箭头表示油路处于接通状态，但箭头方向不一定表示液流的实际方向；

③方框内符号“⊥”或“⊤”表示该通路不通；

④方框外部连接的接口数有几个，就表示几“通”；

⑤一般情况下，阀与系统供油路连接的进油口用字母P表示；阀与系统回油路连通的回油口用T(有时用O)表示；而阀与执行元件连接的油口用A、B等表示。有时在图形符号上用L表示泄漏油口。

表5.1 常用换向阀的结构原理和图形符号

名称	结构简图	图形符号	备注
二位二通阀	A P	A P	能控制油路的通与断；常态位置时阀口关闭为常闭型；若管口画在左位，则表示常态位置时阀口开通，为常开型
二位三通阀	A P B	A B P	可以使P口压力液流向A或流向B；常态位置时P与A通；注意两位所表示的三个油口相对位置应相同
三位五通阀	T A P B T	A B T P T	对于五通阀，P口在中间，也在实际阀体轴线方向的中间；执行元件往复运动时，回液油路可以不同

(4)常态、中位机能

①常态。换向阀都有两个或两个以上的工作位置,其中一个为常态位,即阀心未受到操纵力时所处的位置。图形符号中的中位是三位阀的常态位。利用弹簧复位的二位阀则以靠近弹簧的方框内的通路状态为其常态位。绘制系统图时,油路一般应连接在换向阀的常态位上。

②中位机能。对于各种操纵方式换向滑阀,阀心在中间位置时各油口的连通情况称为换向阀的中位机能,不同的中位机能,可以满足液压油系统的不同要求,表5.2为常见的三位四通,中位机能的型式,滑阀状态和符号。

表5.2 三位四通阀的中位机能

型 别	结构简图	图形符号	中位机能主要特点及作用
O型	A B P T	A B P T	各油口相互不连通; 油泵不能卸荷; 不影响换向阀之间的并联; 可以将执行元件短时间锁紧(有间隙泄漏)
Y型	A B P T	A B P T	A,B,T油口之间相互沟通; 油泵不能卸荷; 不影响换向阀之间的并联; 执行元件处于浮动状态
H型	A B P T	A B P T	各油口相互沟通; 油泵处于卸荷状态; 影响换向阀之间的并联; 执行元件处于浮动状态
M型	A B P T	A B P T	A与B、P与T油口相互沟通; 油泵可以卸荷; 影响换向阀之间的并联; 可以将执行元件短时间锁紧

从三位换向阀的中位机能可以观察换向阀的各个阀口的连通情况:压力液是否卸荷;是否影响多个换向阀的并联;换向阀下游执行元件是锁紧还是浮动。此外还可以判断执行元件的启动或制动是否平稳。

2.几种常用的换向阀

(1)手动换向阀

手动换向阀主要有弹簧复位和钢珠定位两种型式。图5.4(a)所示为钢球定位式三位四通手动换向阀,用手操纵手柄推动阀心相对阀体移动后,可以通过钢球使阀心稳定在三个不同的工作位置上。图5.4(b)则为弹簧自动复位式三位四通手动换向阀。通过手柄推动阀心后,要想维持在极端位置,必须用手扳住手柄不放,一旦松开了手柄,阀心会在弹簧力的作用下,自动弹回中位。

图5.4(c)所示为旋转移动式手动换向阀,旋转手柄可通过螺杆推动阀心改变工作位置。这种结构具有体积小、调节方便等优点。由于这种阀的手柄带有锁,不打开锁不能调节,因此使用安全。

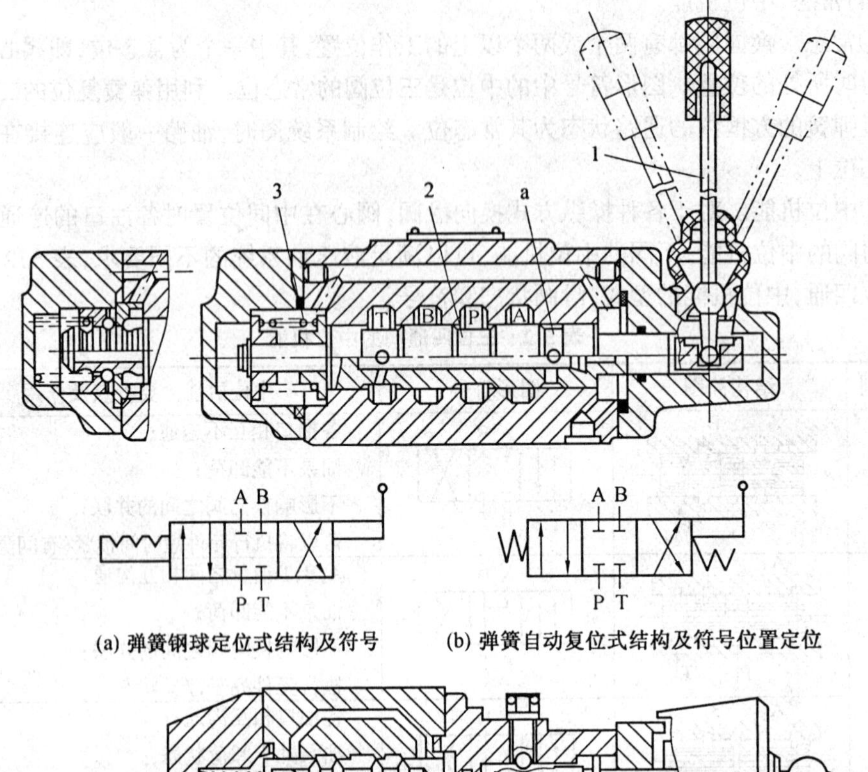

(a) 弹簧钢球定位式结构及符号　(b) 弹簧自动复位式结构及符号位置定位

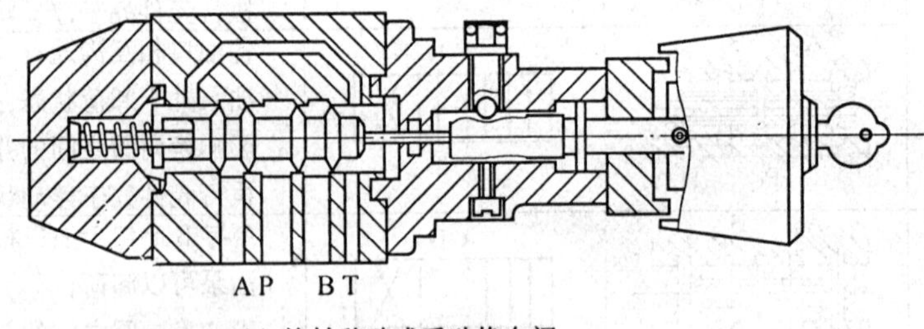

(c) 旋转移动式手动换向阀

图 5.4　三位四通手动换向阀

1—操纵杆;2—阀芯;3—复位弹簧

(2)机动换向阀

机动换向阀又称行程阀,它主要用来控制机械运动部件的行程它是借助于安装在工作台上的挡铁或轮来使阀心移动,从而控制油液的流动方向。机动换向阀通常是二位的,有二通、三通、四通和五通几种,其中二位二通机动阀又分常驻机构闭和常闭和常开两种。

图 5.5(a)为滚轮式二位二通常闭式机动换向阀,在图示位置阀心 3 被弹簧 4 压向左端,油腔 P 和 A 不通,当挡铁或凸轮压滚轮 2 使阀心 3 移动到右端时,就使油腔 P 和 A 接通,图 5.5(b)为其图形符号。

(3)电磁换向阀

电磁换向阀是利用电磁铁的通电吸合与断电释放而直接推动阀心来控制液流方向的,它是电气系统与液压系统之间的信号系统转换零件,它的电气信号系统由液压设备中的按钮开关、限位开关、行程式开关等电气元件发出,从而可以使液压油系统方便地实现各种操作及自动顺序动作。

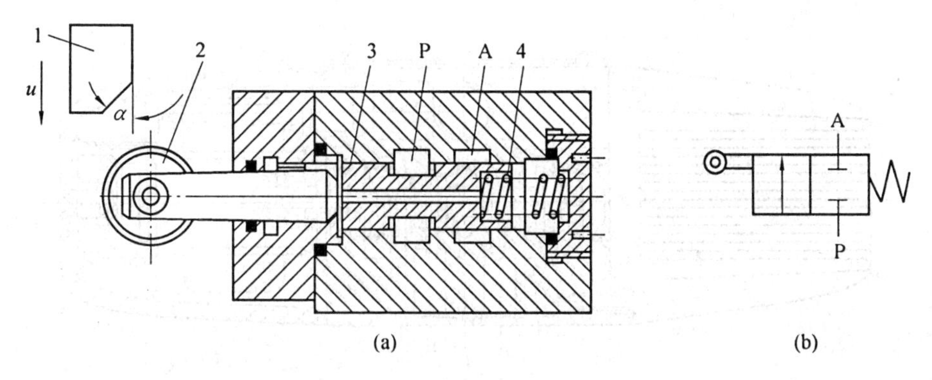

图5.5　二位二通机动换向阀

1—挡铁;2—滚轮;3—阀心;4—弹簧

电磁铁按使用电源的不同,可分为交流和直流两种,按衔铁工作腔是否有液又可分为“干式”和“湿式”。交流电磁铁起动力较大,不需要专门的电源,吸合、释放快,动作时间约为0.01~0.03 s,其缺点是若电源电压下降15%以上,则电磁铁吸力明显减小,若衔铁不动作干式电磁感应铁会在10~15 min后烧坏线圈(湿式电磁铁为1~1.5 H)且冲击及噪声较大,寿命低,因而在实际使用中交流电磁铁允许的切换频率一般为10次/min,且不得超过30次/min。直流电电磁感应铁工作较可靠,吸合、释放动作时间表约为0.05~0.08 s,允许使用的换频率较高。一般可达120次/min,最高可过300次/min,且冲击小,体积小,寿命长,但需有专门的直流电源,成本较高。此外,还有一种整形电磁铁,其电磁铁是直流电的,但电磁铁本身带有整流器,通入的交流电经整流后再供给直流电磁铁。目前,国外新发展了一种油浸式电磁感应铁,不含衔铁,而且激磁线圈都浸在油液中工作,它具有寿命更长,工作更平衡可靠的特点,但由于造价高,应用范围不广。

图5.6(a)所示为二位三通交流电磁感应阀结构,在图示位置,油口P和A相通,油口B断开;当电磁感应铁通电吸合时,推杆1将阀心片2推向右端,这时油口P和A断开,而与B相通。当电磁铁断电释放时,弹簧3推动阀心复位,图5.6(b)为其图形符号。

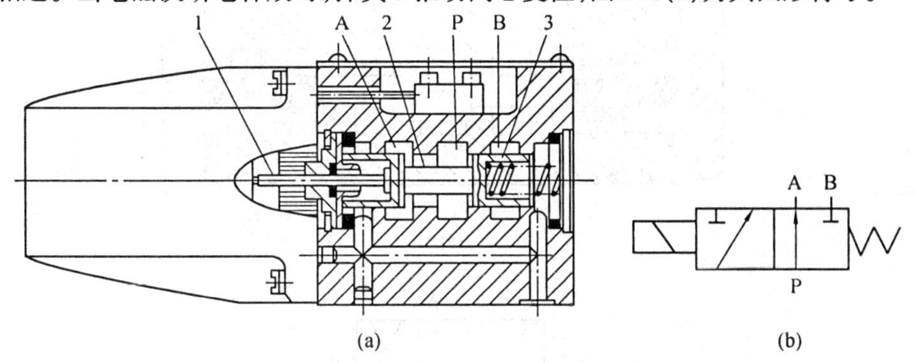

图5.6　二位三通电磁阀

1—推杆;2—阀心;3—弹簧

电磁阀就其工作位置来说,有二位和三位两种类型,二位电磁感应阀有一个电磁铁,靠弹簧复位;三位电磁感应阀有两个电磁感应铁。如图5.7所示为一中三位五通电磁感应换向阀的结构和图形符号。

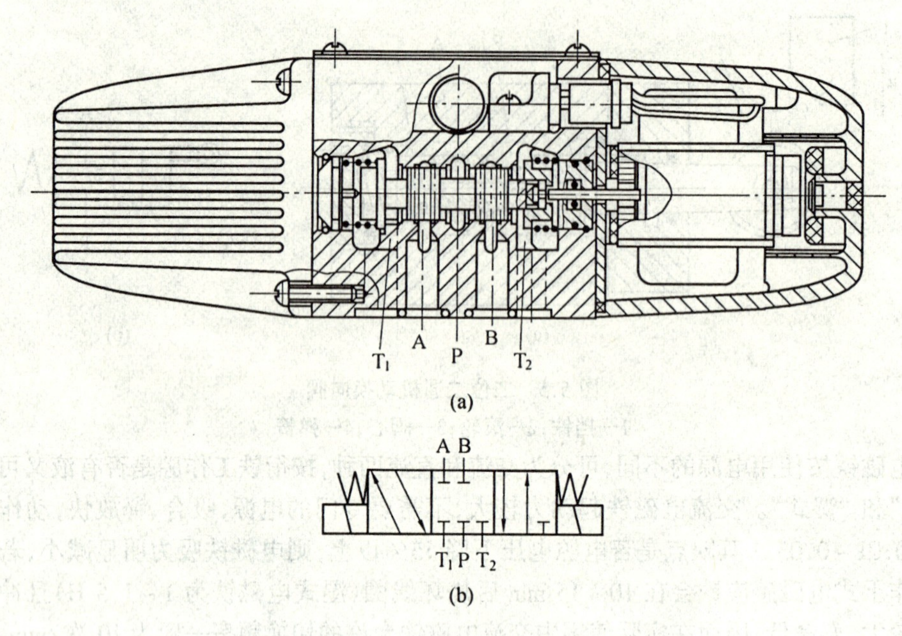

图 5.7　三位五通电磁阀

(4)液动换向阀

液动换向阀是利用控制油路的压力油来改变阀心位置的换向阀,图 5.8 为三位四通液动换向阀的结构和图形符号。阀心是由其两端密封腔中油液的压差来移动的,当控制油路的压力油从阀右边的控制区油口 K_2 进入滑阀右控时,K_1 接通回油,阀心向左移动。使压力油口 P 与 B 相通,A 与 T 相通;当 K_1 接通压力油,K_2 接通回油时,阀心向右移动,使得 P 与 A 相通,B 与 T 相通;当 K_1、K_2 都通回油时,阀心在两端弹簧钢和定位作用下回到中间位置。

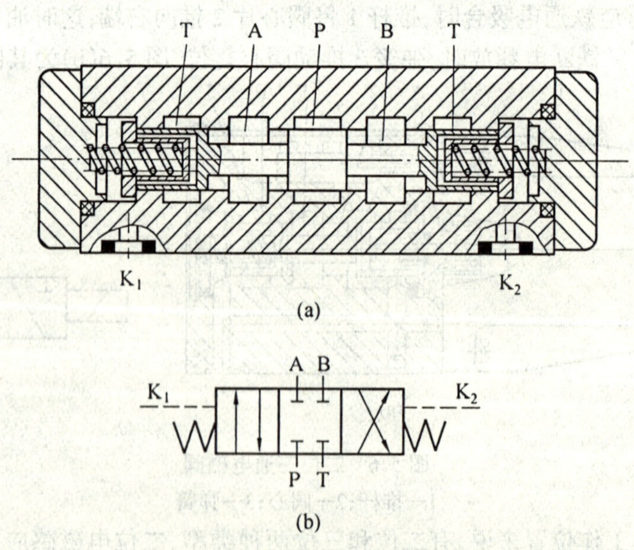

图 5.8　三位四通液动阀

(5)电液换向阀

在大型液压设备中,当通过阀的流量较大时,作用在滑阀上的摩擦力和液动力较大,此时电磁换向阀的电磁铁推力相对地太小,需要用电液换向阀来代替电磁换向阀,电液换向阀是由电磁阀和液动滑阀组合而成。电磁滑阀起先导作用,它可以改变控制液流的方向,从而改变液动滑阀阀心的位置。由于操纵液动滑阀的液压推力可以很大,所以主阀心的尺寸可以做大很大,允许有较大的油液流量通过。这样用较小的电磁铁就能控制较大的液流。

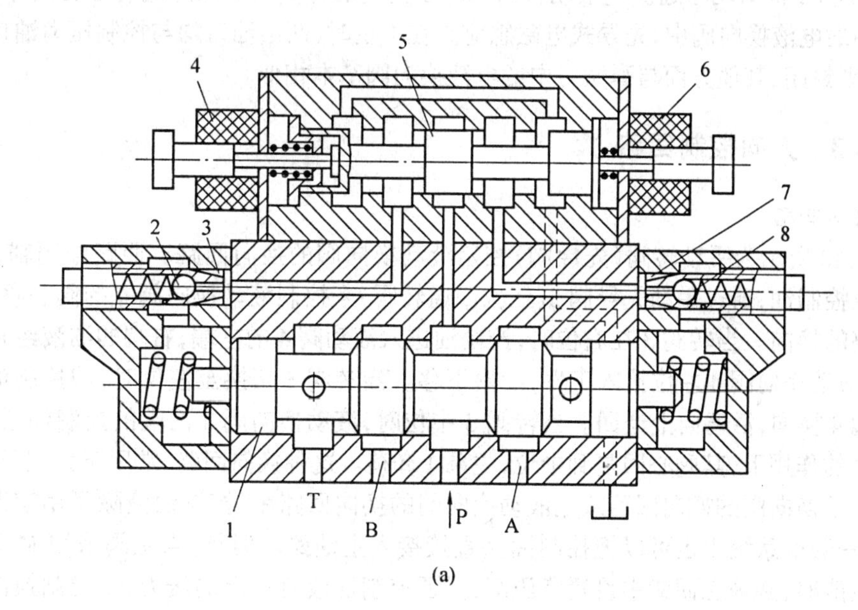

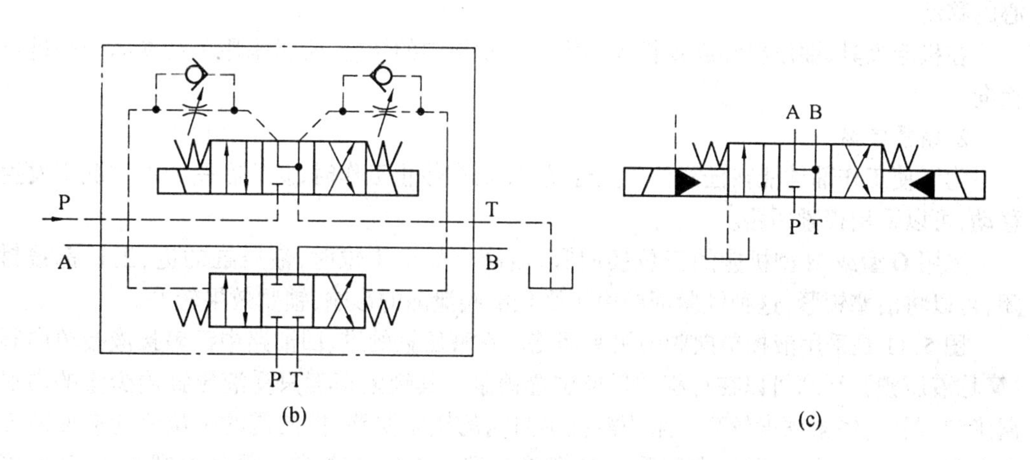

图 5.9 三位四通电液换向阀的结构和图形符号

1—液动阀阀心;2—单向阀;3—节流阀;4、6—电磁铁;5—电磁阀阀心;7—节流阀;8—单向阀

图 5.9 所示为弹簧对中型三位四通电液换向阀的结构和图形符号,当先导电磁阀左边的电磁铁通电后使其阀心向右边位置移动,来自主阀 P 口或外接油口的控制压力油可经先导电磁阀的左位单向阀进入主阀左端容腔,并推动主阀阀心向右移动,这时主阀心右

端容腔中的控制油液可通过先导电磁阀的右位节流阀回油箱,使主阀 P 与 A,B 与 T 的油路相通;反之,由先导电磁阀右边的电磁铁通电,可使 P 与 B,A 与 T 的油路相通。当先导电磁阀的两个电磁铁均不带电时,先导阀阀心在其对中弹簧作用下回到中位,此时来自主阀 P 口或外接油口的控制压力油不再进入主阀心的左、右两容腔,主阀心左右两腔的油液通过先导阀中间位置与先导阀 T 口相通(图 5.9(b)),再从主阀的 T 口或外接油口流回油箱,主阀心在两端对中弹簧的预压力的推动下,依靠阀体定位,准确地回到中位,此时主阀的 P、A、B 和 T 油口均不通。电液动换向阀除了上述的弹簧对中以外还有液压对中的,在液压对中的电液换向阀中,先导式电磁感应阀在中位时,两出油口均与控制压力油口 P 连通,而 T 则封闭,其他方面与弹簧对中的电液换向阀基本相似。

5.2.3 方向控制回路

1.换向回路

图 5.10 所示为手动转阀(先导阀)控制液动换向阀的换向回路。回路中用辅助泵 2 提供低压控制油,通过手动先导阀 3(三位四通转阀)来控制液动换向阀 4 的阀心移动,实现主油路的换向。当转阀 3 在右位时,控制油进入液动阀 4 的左端,右端的油液经转阀回油箱,使液动换向阀 4 左位接入工件,活塞下移。当转阀 3 切换至左位时,即控制油使液动换向阀 4 换向,活塞向上退回。当转阀 3 中位时,液动换向阀 4 两端的控制油通油箱,在弹簧力的作用下,其阀心回复到中位,主泵 1 卸荷。这种换向回路,常用于大型压机上。

在液动换向阀的换向回路或电液动换向阀的换向回路中,控制油液除了用辅助泵供给外,在一般的系统中也可以把控制油路直接接入主油路。但是,当主阀采用 M 型或 H 型中位机能时,必须在回路中设置背压阀,保证控制油液有一定的压力,以控制换向阀阀心的移动。

在机床夹具、油压机和起重机等不需要自动换向的场合,常常采用手动换向阀来进行换向。

2.锁紧回路

为了使工作部件能在任意位置上停留,以及在停止工作时,防止在受力的情况下发生移动,可以采用锁紧回路。

采用 O 型或 M 型机能的三位换向阀,当阀心处于中位时,液压缸的进、出口都被封闭,可以将活塞锁紧,这种锁紧回路由于受到滑阀泄漏的影响,锁紧效果较差。

图 5.11 是采用液控单向阀的锁紧回路。在液压缸的进、回油路中都串接液控单向阀(又称液压锁),活塞可以在行程的任何位置锁紧。其锁紧精度只受液压缸内少量的内泄漏影响,因此,锁紧精度较高。采用液控单向阀的锁紧回路,换向阀的中位机能应使液控单向阀的控制油液卸压(换向阀采用 H 型或 Y 型),此时,液控单向阀便立即关闭,活塞停止运动。假如采用 O 型机能,在换向阀中位时,由于液控单向阀的控制腔压力油被闭死而不能使其立即关闭,直至由换向阀的内泄漏使控制腔泄压后,液控单向阀才能关闭,影响其锁紧精度。

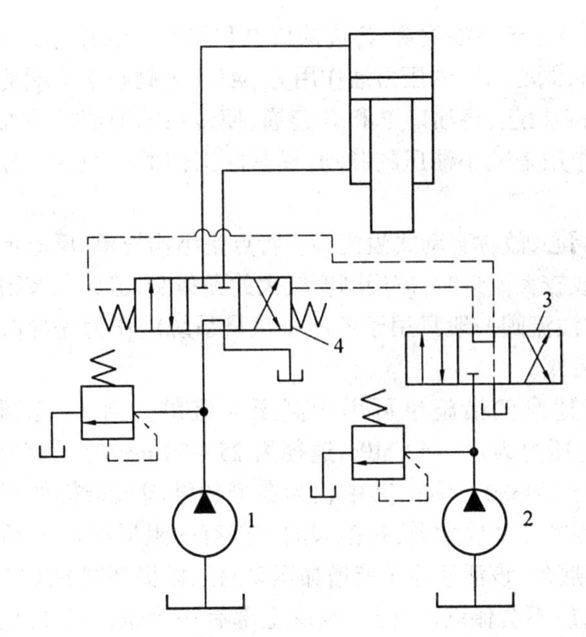

图5.10 先导阀控制液动换向阀的换向回路
1—主泵;2—辅助泵;3—手动先导阀;4—液动阀

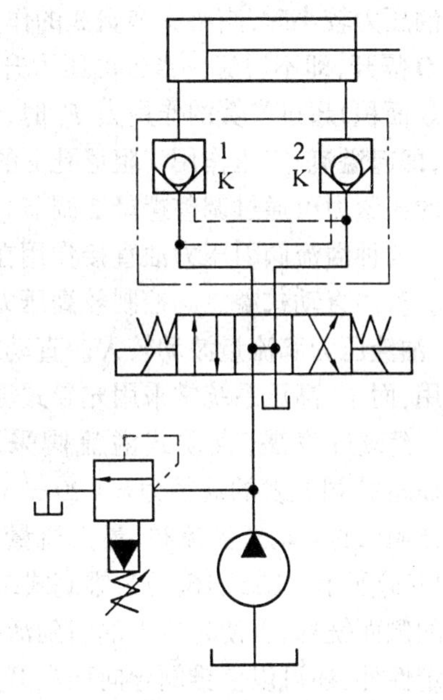

图5.11 采用液控单向阀的锁紧回路
1,2—液控单向阀

5.3 压力控制阀及其应用

在液压传动系统中,控制油液压力高低的液压阀称之为压力控制阀,简称压力阀。这类阀的共同点是利用作用在阀心上的液压力和弹簧力相平衡的原理工作的。包括溢流阀及调压回路,顺序阀及顺序动作回路,减压阀与减压回路,压力继电器及其应用几部分内容。

5.3.1 溢流阀与调压回路

1.溢流阀的结构及其工作原理

常用的溢流阀按其结构形式和基本动作方式可归结为直动式和先导式两种。

(1)直动式溢流阀

直动式溢流阀是靠系统中的压力油直接作用在阀心上与弹簧力相平衡,控制阀心的启闭动作实现溢流。如图5.12所示为一低压直动式溢流阀。进油口P的压力油进入阀体,并经阻尼孔a进入阀心7的下端油腔,当

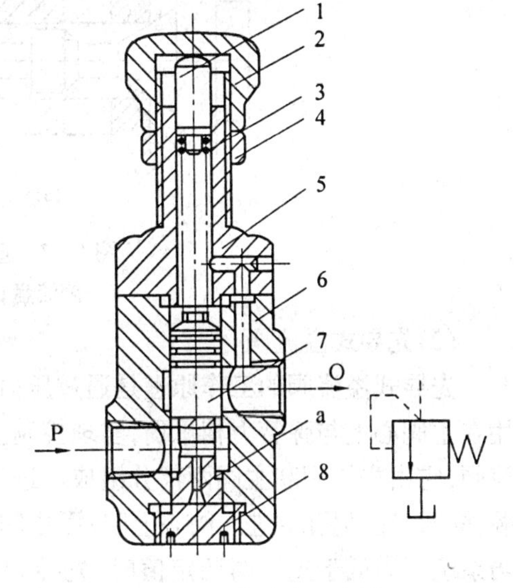

图5.12 直动式溢流阀
1—推杆;2—调整螺母;3—弹簧;4—锁紧螺母;5—阀盖;6—阀体;7—阀心;8—螺塞

进油压力较小时,阀心在弹簧 3 的作用下处于下端位置,将进油口 P 和与油箱连通的出油口 O 隔开,即不溢流。当进油压力升高,阀心所受的压力油作用力 pA(A 为阀心 7 下端的有效面积)超过弹簧的作用力 F_s 时,阀心抬起,将油口 P 和 O 连通,使多余的油液排回油箱,即起溢流、定压作用。阻尼孔 a 的作用是减小油压的脉动,提高阀工作的平稳性。弹簧的压紧力可通过调整螺母 2 调节。

这种溢流阀因压力油直接作用在阀心,故称直动式溢流阀。特点是结构简单,反应灵敏。若用直动式溢流阀控制较高压力或较大流量时,需用刚度较大的硬弹簧,造成调节困难,油液压力和流量波动较大。直动式溢流阀一般只用于低压小流量系统或作为先导阀使用,而中、高压系统常采用先导式溢流阀。

经改进发展,直动式溢流阀采取适当的措施也可用于高压大流量。例如,德国 Rexroth 公司开发的通径为 6 ~ 20 mm 的压力为 40 ~ 63 MPa,通径为 25 ~ 30 mm 的压力为 31.5 MPa的直动式溢流阀,最大流量可达到330 L/min,其中较为典型的锥阀式结构如图 5.13(a)所示。图 5.16(b)为锥阀式结构的局部放大图,在锥阀的下部有一阻尼活塞 3,活塞的侧面铣扁,以便将压力油引到活塞底部,该活塞除了能增加运动阻尼以提高阀的工作稳定性外,还可以使锥阀导向而在开启后不会倾斜。此外,锥阀上部有一个偏流盘 1,盘上的环形槽用来改变液流方向,一方面以补偿锥阀 2 的液动力;另一方面由于液流方向的改变,产生一个与弹簧力相反方向的射流力。当通过溢流阀的流量增加时,虽然因锥阀阀口增大引起弹簧力增加,但由于与弹簧力方向相反的射流力同时增加,结果抵消了弹簧力的增量,有利于提高阀的通流流量和工作压力。

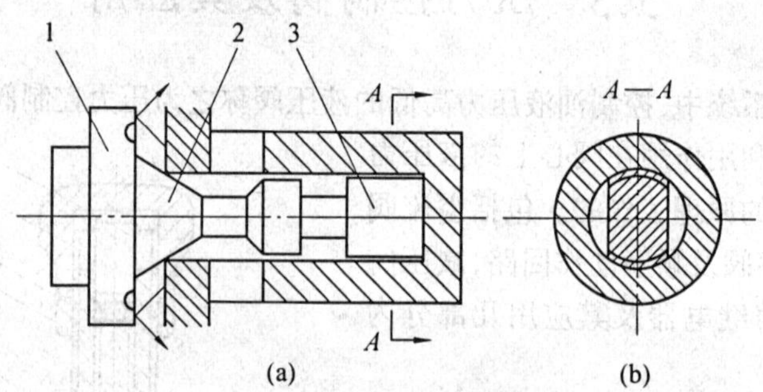

图 5.13 直动式锥型溢流阀

1—偏流盘;2—锥阀;3—活塞

(2)先导式溢流阀

先导式溢流阀的工作原理是通过压力油先作用在先导阀心上与弹簧力相平衡,再作用在主阀心上与弹簧力相平衡,实现控制主阀心的启闭动作。如图 5.14 所示为先导式溢流阀,它由先导阀和主阀两部分组成。进油口 P 的压力油进入阀体,并经孔 f 进入阀心下腔;同时经阻尼孔 e 进入阀心上腔;而主阀心上腔压力油由先导式溢流阀来调整并控制。当系统压力低于先导阀调定值时,先导阀关闭,阀内无油液流动,主阀心上、下腔油压相等,因而它在主阀弹簧作用下使阀口关闭,阀不溢流。当进油口 P 的压力升高时,先导阀进油腔油压也升高,直至达到先导阀弹簧的调定压力时,先导阀被打开,主阀心上腔油液经先导阀口及阀体上的孔道 a 经回油口 T 流回油箱,经孔 e 的油液因流动产生压降,使主阀心两端产生压力差，当此压差大于主阀弹簧的作用力时，主阀心抬起，实现溢流稳压。调节先导阀的手轮，便可调整溢流阀的工作压力。

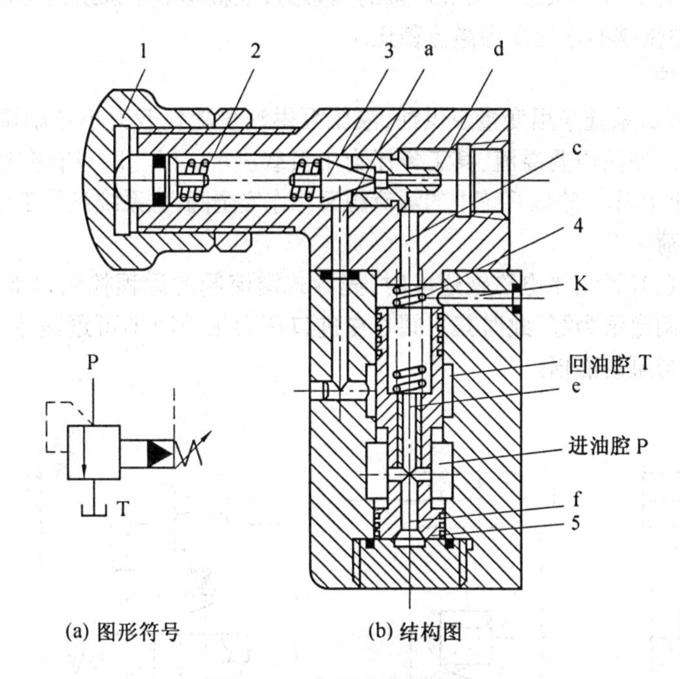

(a) 图形符号　　(b) 结构图

图 5.14　先导式溢流阀

1—调压手轮；2—弹簧；3—先导阀心；4—主阀弹簧；5—主阀心

结构特点分析：由于主阀心开度是靠上下面压差形成的液压力与弹簧力相互作用来调节，所以主阀弹簧的刚度很小。这样在阀的开口度随溢流量发生变化时，调定压力的波动很小。当更换先导阀的弹簧刚度不同时，便可得到不同的调压范围。在先导式溢流阀的主阀心上腔另外开有一油口 K(称为远控口)与外界相通，不用时可用螺塞堵住，这时主阀心上腔的油压只能由自身的先导阀来控制。但当用一油管将远控口 K 与其他压力控制阀相连时，主阀心上腔的油压就可以由安装在别处的另一个压力阀控制，而不受自身的先导阀调控，从而实现溢流阀的远程控制，但此时，远控阀的调整压力要低于自身先导阀的调整压力。

与直动式溢流阀的区别：阀的进口控制压力是通过先导阀心和主阀心两次比较得来的，故稳压性能好；因流经先导阀的流量很小，所以即使是高压阀，其弹簧刚度也不大，阀的调节性能得到很大改善；大量溢流流量经主阀阀口流回油箱，主阀弹簧只在阀口关闭时起复位作用，弹簧力很小，所以主阀弹簧刚度也很小；主阀心的开启是利用液流流经阻尼孔而形成的压力差来实现的，由于阻尼孔是细长孔，所以易堵塞。

3.溢流阀的应用及调压回路

溢流阀在液压系统中能分别起到溢流稳压、安全保护、远程调压与多级调压，使泵卸荷以及使液压缸回油腔形成背压等多种作用。

①溢流稳压

如图 5.15(a)系统采用定量泵供油，且其进油路或回油路上设置节流阀或调速阀，使液压泵输出的压力油一部分进入液压缸工作,而多余的油液须经溢流阀流回油箱,溢流阀处于其调定压力的常开状态。调节弹簧的压紧力,也就调节了系统的工作压力。因此,在这种情况下,溢流阀的作用即为溢流稳压。

②安全保护

如图 5.15(b)系统采用变量泵供油,液压泵供油量随负载大小自动调节至需要值,系统内没有多余的油液需要溢流,其工作压力由负载决定。溢流阀只有在过载时才打开,对系统起安全保护作用。故该系统中的溢流阀又称作安全阀,且系统正常工作时它是常闭的。

③使泵卸荷

如图 5.16(a)所示,当电磁铁通电时,先导式溢流阀的远程控制口 K 与油箱连通,相当于先导阀的调定值为零,此时其主阀心在进口压力很低时即可迅速抬起,使泵卸荷,以减少能量损耗与泵的磨损。

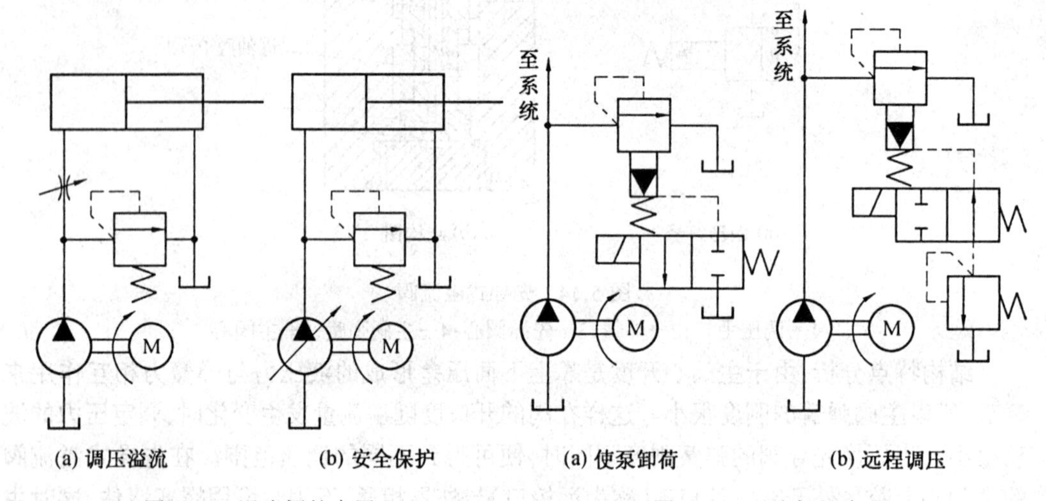

(a) 调压溢流 (b) 安全保护

图 5.15 溢流阀的应用

(a) 使泵卸荷 (b) 远程调压

图 5.16 溢流阀的应用

④远程调压

如图 5.16(b)所示,当换向阀的电磁铁不通电时,其右位工作,先导式溢流阀的外控口与低压调压阀连通,当溢流阀主阀心上腔的油压达到低压阀的调整压力时,主阀心即可抬起溢流(其先导阀不再起调压作用),即实现远程调压。

⑤形成背压

将溢流阀设置在液压缸的回油路上,这样缸的回油腔只有达到溢流阀的调定压力时,回油路才与油箱连通,使缸的回油腔形成背压,从而避免了当负载突然减小时活塞的前冲现象,提高运动部件运动的平稳性。

⑥多级调压

如图 5.17 所示多级调压回路中,系统可实现四级压力控制。图 5.17(a)中,先导式溢流阀 1 与溢流阀 2、3、4 的调定压力都不相同,且阀 1 调压最高。当系统工作时,若仅电磁铁 1YA 通电,则系统获得由阀 1 调定的最高工作压力;若仅 1YA、2YA 通电,则系统可得到由阀 2 调定的工作压力;若仅 1YA、3YA 通电,则系统可得到由阀 3 调定的工作压力;若仅 1YA、4YA 通电,则得到由阀 4 调定的工作压力;若 1YA 不通电,则阀 1 的外控口与油箱连通,使液压泵卸荷。这种多级调压及卸荷回路,除阀1以外的控制阀,由于通过的流量很小,仅为控制油路流量,因此可用小规格的阀,结构尺寸较小。又如图5.16(b)所示,阀1调压最高,且与溢流阀2、3、4的调定压力都不相同,只要控制电磁换向阀电磁铁的通电顺序,就可使系统得到相应的工作压力。这种调压回路的特点是,各阀均应与泵有相同的额定流量,其尺寸较大,因此只适用于流量小的系统。

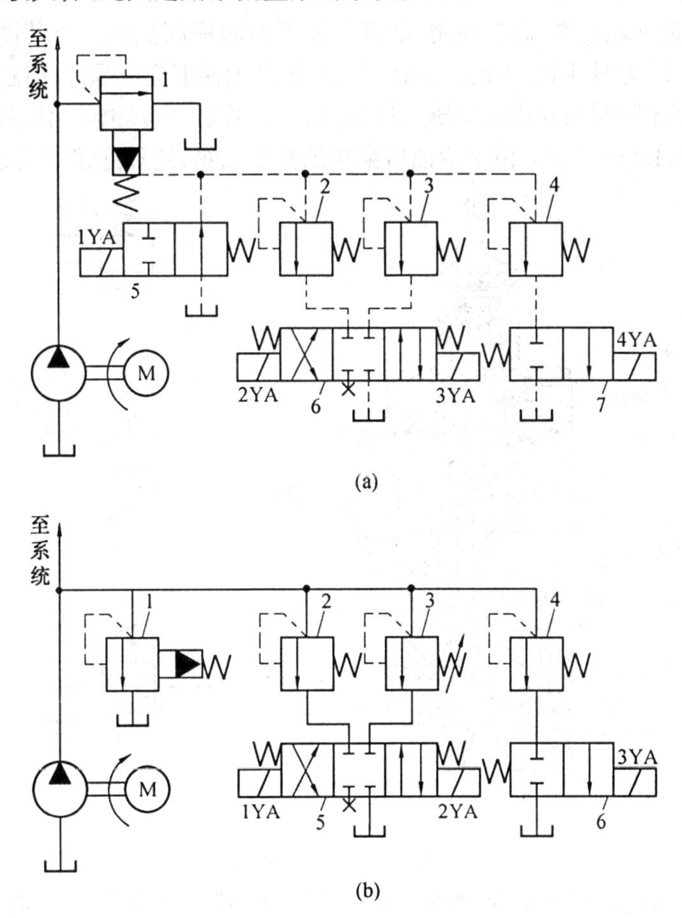

图5.17 多级调压及卸荷回路
1—先导式溢流阀;2、3、4—溢流阀;5、6、7—换向阀

5.3.2 顺序阀与顺序动作回路

顺序阀与溢流阀类同,也有直动式和先导式两类,从控制方式上可有内控式和外控式,从卸油形式上可有内泄式和外泄式。

内控式顺序阀的工作原理与溢流阀很相似,区别在于:一是顺序阀的出油口不接油箱而是接后续的液压元件,因此泄油口要单独接回油箱;二是顺序阀阀口的封油长度大于溢流阀,所以在进口压力低于调定值时阀口全闭,达到调定值时阀口开启,进出油口接通,使后续元件动作。

1.顺序阀

顺序阀利用油路中压力的变化控制阀口启闭,实现执行元件顺序动作。

(1)直动式顺序阀

如图 5.18(a)所示为直动式顺序阀的结构图。它由阀体、阀心、弹簧、控制活塞等零件组成。当其进油口的压力低于弹簧 6 的调定压力时,控制活塞 3 下端油液向上的推力小,阀心 5 处于最下端位置,阀口关闭,油液不能通过顺序阀流出。当其进油口的压力达到弹簧 6 的调定压力时,阀心 5 抬起,阀口开启,压力油便能通过顺序阀流出,使阀后的油路工作。这种顺序阀利用其进油口压力控制,称为普通顺序阀(也称为内控式顺序阀),其图形符号如图 5.18(b)所示。由于泄油口要单独接回油箱,这种连接方式称为外泄。

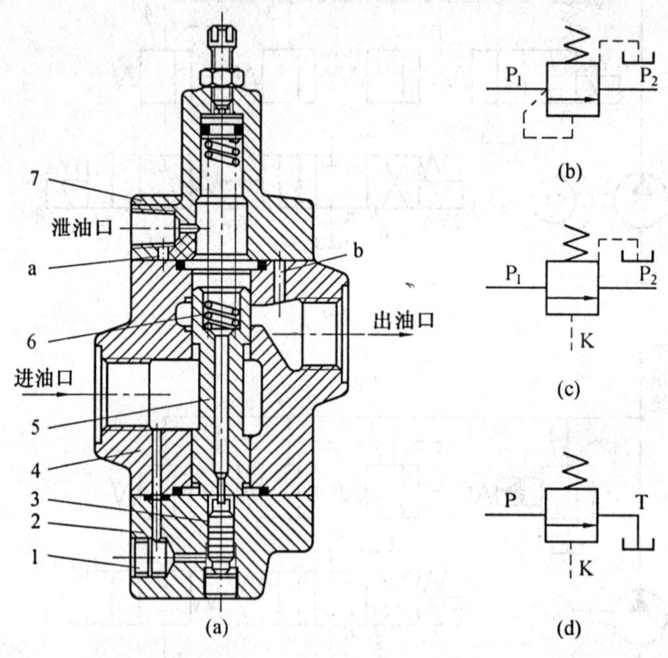

图 5.18 直动式顺序阀

1—螺塞;2—下阀盖;3—控制活塞;4—阀体;5—阀心;6—弹簧;7—上阀盖

若将下阀盖 2 相对于阀体转过 90°或 180°,将螺塞 1 拆下,在该处接控制油管并通入控制油,则阀的启闭便可由外供控制油控制。这时即成为液控顺序阀,其职能符号如图 5.18(c)所示。若再将上端盖 7 转过 180°,使泄油口处的小孔 a 与阀体上的小孔 b 连通,将泄油口用螺塞封住,并使顺序阀的出油口与油箱连通,则顺序阀就成为卸荷阀,其泄油可由阀的出油口流回油箱,这种连接方式称为内泄。卸荷阀的图形符号如图 5.18(d)所示。

(2)先导式顺序阀

如图 5.19 所示,先导式顺序阀的工作原理与溢流阀很相似,所不同的是二次油路即出口不接回油箱,泄漏油口 L 必须单独接回油箱。但这种顺序阀的缺点是外泄漏量过大。因先导阀是按顺序压力调整的,当执行元件达到顺序动作后,压力可能继续升高,将先导阀口开得很大,导致大量流量从导阀处外泄。故在小流量液压系统中不宜采用这种结构。

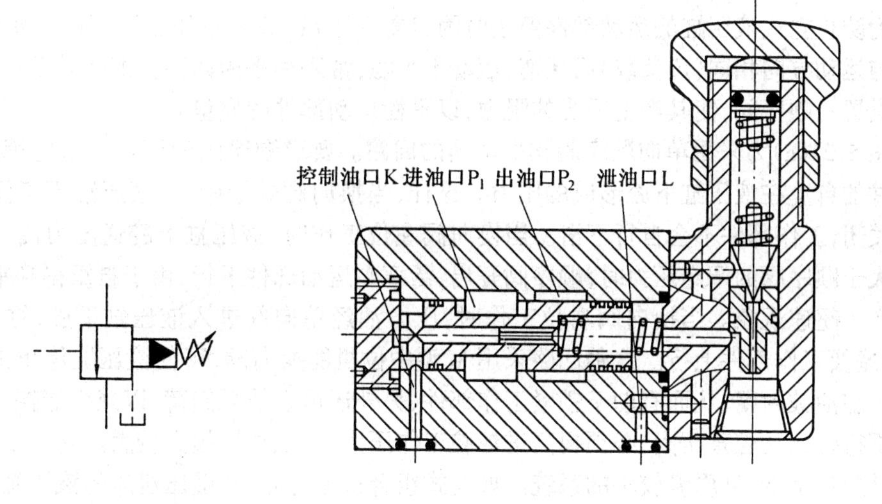

图5.19 先导式液控顺序阀

2.顺序阀的应用

(1)顺序动作回路

图5.20为顺序阀实现机床加工工件先定位后夹紧的顺序动作回路。当电磁阀由通电状态转到断电状态时,压力油分别进入定位缸和夹紧缸上腔,但夹紧缸此时不动作,定位缸活塞下移实现工件定位。同时,定位缸上腔压力升高,直到压力等于顺序阀调定压力时,顺序阀开启,夹紧缸开始动作。单向阀用以实现夹紧缸退回动作。

顺序阀的调整压力应高于先动作的缸的正常工作压力,以保证动作顺序可靠。中压系统一般要高0.5~0.8 MPa。

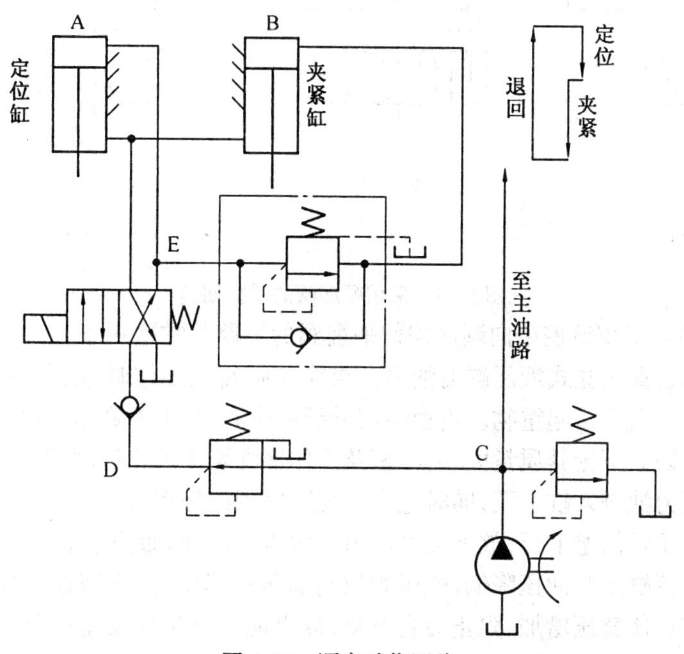

图5.20 顺序动作回路

(2)用顺序阀控制的平衡回路

为防止立式液压缸的运动部件停止时因自重而下滑,或在液压缸下行时因负载力的方向与运动方向相同(负负载)而超速,运动不平稳,常采用平衡回路。即在其下行的回油路上设置一顺序阀,使其产生适当的阻力,以平衡运动部件的质量。

图 5.21(a)为采用单向顺序阀作平衡阀的回路。要求顺序阀的调定压力应稍大于工作部件的自重在液压缸下腔形成的压力。这样,当换向阀处于中位,液压缸不工作时,顺序阀关闭,工作部件不会自行下滑。当换向阀左位工作时,液压缸上腔通压力油,下腔的背压大于顺序阀的调定压力时,顺序阀开启,活塞与运动部件下行,由于自重得到平衡,故不会产生超速现象。当换向阀右位工作时,压力油经单向阀进入液压缸下腔,缸上腔回油,活塞及工作部件上行。这种回路采用 M 型中位机能换向阀,可使液压缸停止工作时,缸上下腔油被封闭,从而有助于锁紧工作部件,另外还可以使泵卸荷,以减少能耗。另外,由于下行时回油腔背压大,必须提高进油腔工作压力,所以功率损失较大。它主要用于工作部件质量不变,且质量较小的系统。如立式组合机床、插床和锻压机床的液压系统中皆有应用。

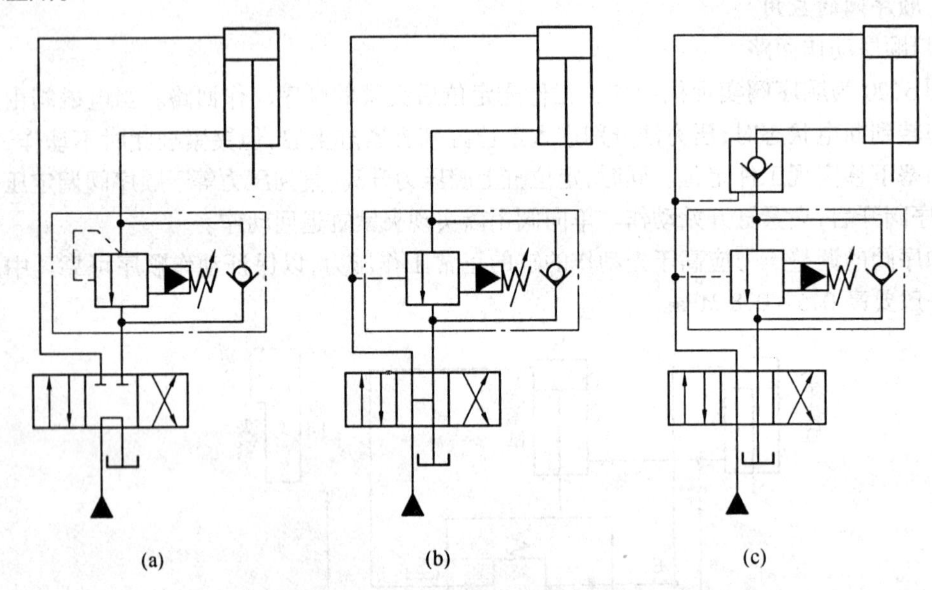

图 5.21 采用顺序阀的平衡回路

图 5.21(b)为采用液控单向顺序阀作平衡阀的回路。它适用于工作部件的质量变化较大的场合,如起重机立式液压缸的油路。当换向阀右位工作时,压力油进入缸下腔,缸上腔回油,使活塞上升吊起重物。当换向阀处于中位时,缸上腔卸压,液控顺序阀关闭,缸下腔油被封闭,因而不论其质量大小,活塞及工作部件均能停止运动并被锁住。当换向阀右位工作时,压力油进入缸上腔,同时进入液控顺序阀的外控口,使顺序阀开启,液压缸下腔可顺利回油,于是活塞下行,放下重物。由于背压较小,因而功率损失较小。下行时,若速度过快,必然使缸上腔油压降低,顺序阀控制油压也降低,因而液控顺序阀在弹簧力的作用下关小阀口,使背压增加,阻止活塞下降,故也能保证工作安全可靠。但由于下行时液控顺序阀处于不稳定状态,其开口量有变化,故运动的平稳性较差。

以上两种平衡回路，由于顺序阀总有泄漏，故在长时间停止时，工作部件仍会有缓慢下移。为此，可在液压缸与顺序阀之间加一个液控单向阀(图5.21(c))能减少泄漏影响。

5.3.3 减压阀与减压回路

减压阀是使出口压力(二次压力)低于进口压力(一次压力)的一种压力控制阀。其作用是用来减低液压系统中某一回路的油液压力，使用一个油源能同时提供两个或几个不同压力的输出。减压阀在各种液压设备的夹紧系统、润滑系统和控制系统中应用较多。此外，当油液压力不稳定时，在回路中串入一减压阀可得到一个稳定的较低的压力。减压阀也有直动型和先导型之分，直动型较少单独使用，先导型应用较多。减压原理是依靠压力油通过缝隙(液阻)降压，使出口压力低于进口压力，并保持出口压力为一定值，缝隙越小，压力损失越大，减压作用就越强。

1.先导式减压阀的结构及工作原理

如图5.22(a)为先导式减压阀，它由先导阀与主阀组成。油压为 p_1 的压力油，由主阀的进油口注入，经减压阀口h后由出油口流出，其压力为 p_2。出口油液经阀体7和下阀盖8上的孔道a、b及主阀心6上的阻尼孔c注入主阀心上腔d及先导阀右腔e。当出口压力 p_2 低于先导阀弹簧的调定压力时，先导阀呈关闭状态，主阀心上、下腔油压相等，它在阀弹簧力作用下处于最下端位置(图示位置)。这时减压阀口h开度最大，不起减压作用，其进、出口油压基本相等。当 p_2 达到先导阀弹簧调定压力时，先导阀开启，主阀心腔油经先导阀流回油箱T，下腔油经阻尼孔向上流动，使阀心两端产生压力差。主阀心在此压差作用下向上抬起，关小减压阀口h，阀口压降 Δp 增加。由于出口压力为调定压力 p_2，因而其进口压力 p_1 值会升高，即 $p_1 = p_2 + \Delta p$(或 $p_2 = p_1 - \Delta p$)，阀起到了减压作用。这时若由于负载增大或进口压力向上波动而使 p_2 增大，在 p_2 大于弹簧调定值的瞬时，主阀心立即上移，使开口h迅速减小，Δp 进一步增大，出口压力 p_2 便自动下降，仍恢复为原来的调定值。由此可见，减压阀能利用出油口压力反馈作用，自动控制阀口开度，保证出口压力基本上为弹簧调定的压力(图5.22(b)为减压阀图形符号)，因此，它也被称为定值减压阀。

将先导式减压阀和先导式溢流阀进行比较，它们之间有如下几点不同之处：

(1)减压阀保持出口压力基本不变，而溢流阀保持进口处压力基本不变。

(2)在不工作时，减压阀进、出油口互通，而溢流阀进出油口不通。

(3)为保证减压阀出口压力调定值恒定，它的导阀弹簧腔需通过泄油口单独外接油箱；而溢流阀的出油口是通油箱的，所以这的导阀的弹簧腔和泄漏油可通过阀体上的通道和出油口相通，不必单独外接油箱。

2.减压回路

当泵的输出压力是高压而局部回路或支路要求低压时，可以采用减压回路，如机床液压系统中的定位、夹紧、回路分度以及液压元件的控制油路等，它们往往要求比主油路较低的压力。减压回路较为简单，一般是在所需低压的支路上串接减压阀。采用减压回路虽能方便地获得某支路稳定的低压，但压力油经减压阀口时要产生压力损失，这是它的缺点。

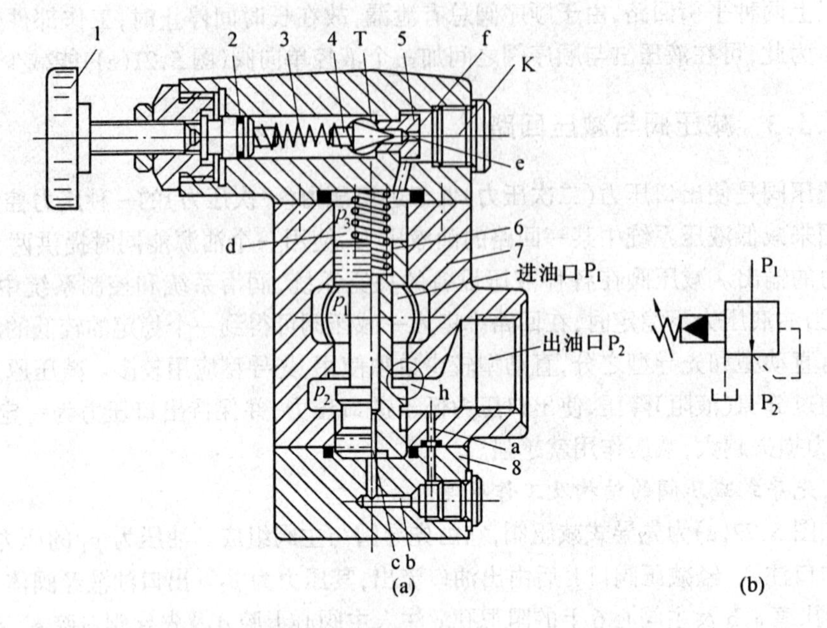

图 5.22 先导式减压阀

1—调压手轮；2—密封圈；3—弹簧；4—先导阀心；5—阀座；6—主阀心；7—主阀体；8—阀盖

最常见的减压回路为通过定值减压阀与主油路相连，如图 5.23(a)所示。回路中的单向阀为主油路压力降低(低于减压阀调整压力)时防止油液倒流，起短时保压作用，减压回路中也可以采用类似两级或多级调压的方法获得两级或多级减压。图 5.23(b)所示为利用先导型减压阀 1 的远控口接一远控溢流阀 2，则可由阀 1、阀 2 各调得一种低压。但要注意，阀 2 的调定压力值一定要低于阀 1 的调定减压值。

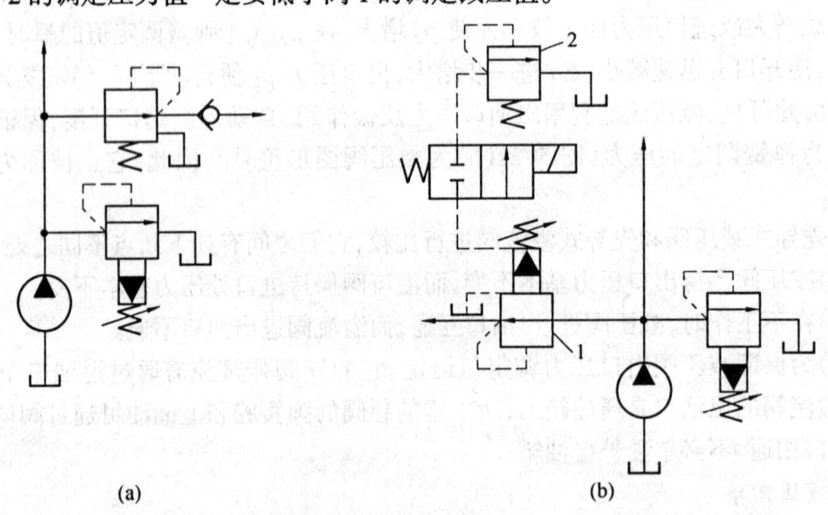

图 5.23 减压回路

1—先导型减压阀；2—远控溢流阀

为了使减压回路工作可靠，减压阀的最低调整压力不应小于 0.5 MPa，最高调整压力至少应比系统压力小 0.5 MPa。当减压回路中的执行元件需要调速时，调速元件应放在减压阀的后面，以避免减压阀泄漏(指由减压阀泄油口流回油箱的油液)对执行元件的速度产生影响。

5.3.4 压力继电器及应用

压力继电器是一种将油液的压力信号转换成电信号的电液控制元件，当油液压力达到压力继电器的调定压力时，即发出电信号，以控制电磁铁、电磁离合器、继电器等元件动作，或关闭电动机，使系统停止工作，起安全保护作用等。

1.压力继电器的结构和工作原理

膜片式结构原理分析：如图5.24所示，当进口K的压力达到弹簧7的调定值时，膜片1在液压力的作用下产生中凸变形，使柱塞2向上移动。柱塞上的圆锥面使钢球5和6作径向移动，钢球6推动杠杆10绕销轴9逆时针偏转，致使其端部压下微动开关11，发出电信号，接通或断开某一电路。当进口压力因漏油或其他原因下降到一定值时，弹簧7使柱塞2下移，钢球5和6回落到柱塞的锥面槽内，微动开关11复位，切断电信号，并将杠杆10推回，断开或接通电路。

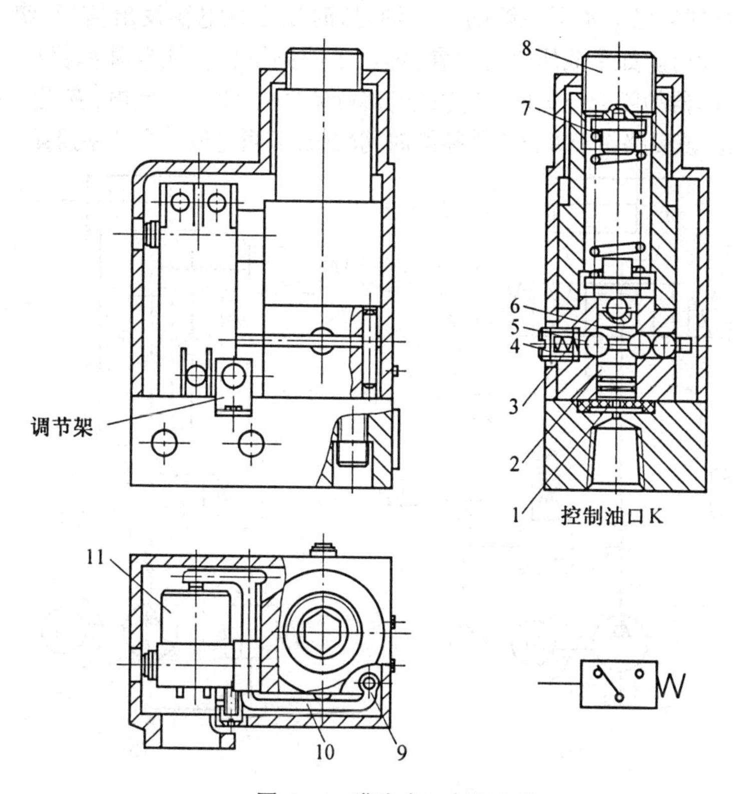

图5.24 膜片式压力继电器

1—膜片；2—柱塞；3—弹簧；4—调节螺钉；5、6—钢球；7—弹簧；
8—调压螺钉；9—销轴；10—杠杆；11—微动开关

性能指标：

(1)调压范围。即压力继电器发出电信号的最低压力和最高压力之间的范围称为调压范围。打开面盖，拧动调压螺钉 8 即可调整其工作压力。

(2)通断调节区间。压力继电器发出电信号时的压力，称为开启压力；切断电信号时的压力称为闭合压力。由于开启时摩擦力的方向与油压作用力的方向相反，闭合时则相同，故开启压力大于闭合压力。两者之差称为压力继电器通断返回区间，它应有足够大的数值。否则，系统压力脉动时，压力继电器发出的电信号会时断时续。返回区间可用螺钉 4 调节弹簧 3 对钢球 6 的压力来调整。如中压系统中使用的压力继电器返回区间一般为 0.35～0.8 MPa。

膜片式压力继电器的优点是膜片位移小、反应快、重复精度高。其缺点是易受压力波动的影响，不宜用于高压系统，常用于中、低压液压系统中。高压系统中常使用单触点柱塞式压力继电器。

2.压力继电器的应用

(1)实现保压－卸荷

如图 5.25(a)所示，当 1YA 通电时，液压泵向蓄能器和夹紧缸左腔供油，活塞向右移动，当夹头接触工件时，液压缸左腔油压开始上升，当达到压力继电器的开启压力时，表示工件已被夹紧，蓄能器已储备了足够的压力油，这时压力继电器发出信号，使 3YA 通电，控制溢流阀使泵卸荷。如果液压缸有泄漏，油压下降则可由蓄能器补油保压。当系统压力下降到压力继电器的闭合压力时，压力继电器自动复位，使 3YA 断电，液压泵重新向液压缸和蓄能器供油。该回路用于夹紧工件持续时间较长，可明显地减少功率损耗。

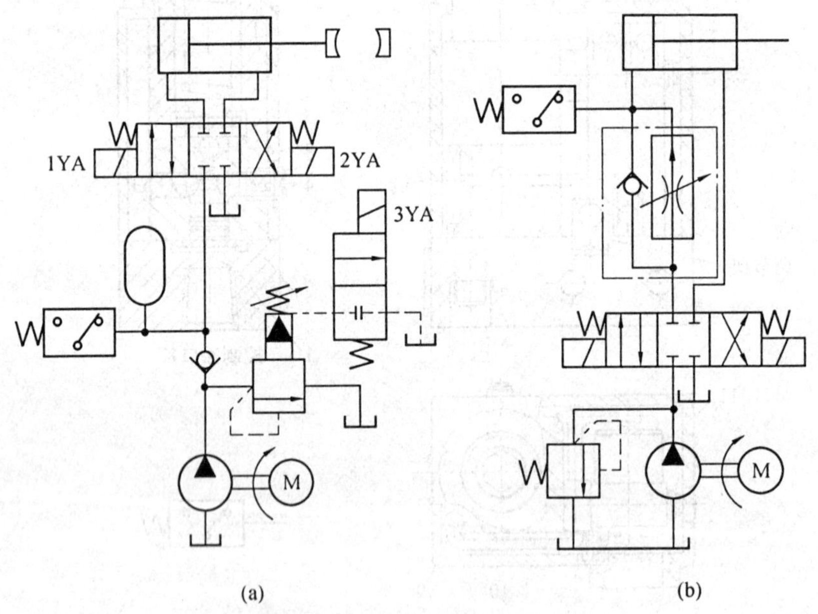

图 5.25　压力继电器的应用

(2)实现顺序动作

如图 5.25(b)所示，当图中电磁铁左位工作时，液压缸左腔进油，活塞右移实现慢速工进；当活塞行至终点停止时，缸左腔油压升高，当油压达到压力继电器的开启压力时，压力继电器发出电信号，使换向阀右端电磁铁通电，换向阀右位工作。这时压力油进入缸右腔,左腔经单向阀回油,活塞快速向左退回,实现了由工进到快退的转换。

5.4 流量控制阀及速度控制回路

流量控制阀(简称流量阀),它通过改变阀口通流面积的大小来控制通过的流量。

液压系统流量控制的目的是控制液压执行元件的运动速度。液压缸速度 $v = q/A$,液压马达转速 $n = q/V_M$,可以通过调节进入执行元件时流量 q 或马达排量 V_M 来实现调速。

常用的速度控制回路有以下三种类型:

(1)节流调速回路。采用定量泵供油,由节流阀或调速阀等流量阀改变进入或流出液压缸(或液压马达)的流量来实现速度的调节。

(2)容积调速回路。通过改变变量泵的流量或改变变量液压马达的排量来实现速度调节。

(3)容积节流调速回路(即联合调速回路)。采用变量泵供油,并由流量阀改变进入或流出液压执行元件的流量,同时又使变量泵的流量与通过流量阀的流量相适应,从而实现速度的调节。

5.4.1 流量控制阀

流量控制阀可以通过调节阀口通流面积来控制油路流量,从而改变执行元件的运动速度。常用的流量控制阀有节流阀、调速阀,及这些阀与单向阀、行程阀等所组成的各种组合阀。

1.节流口形式及流量特性

流量控制阀的节流口形式有多种。图5.26是几种常用的节流口。

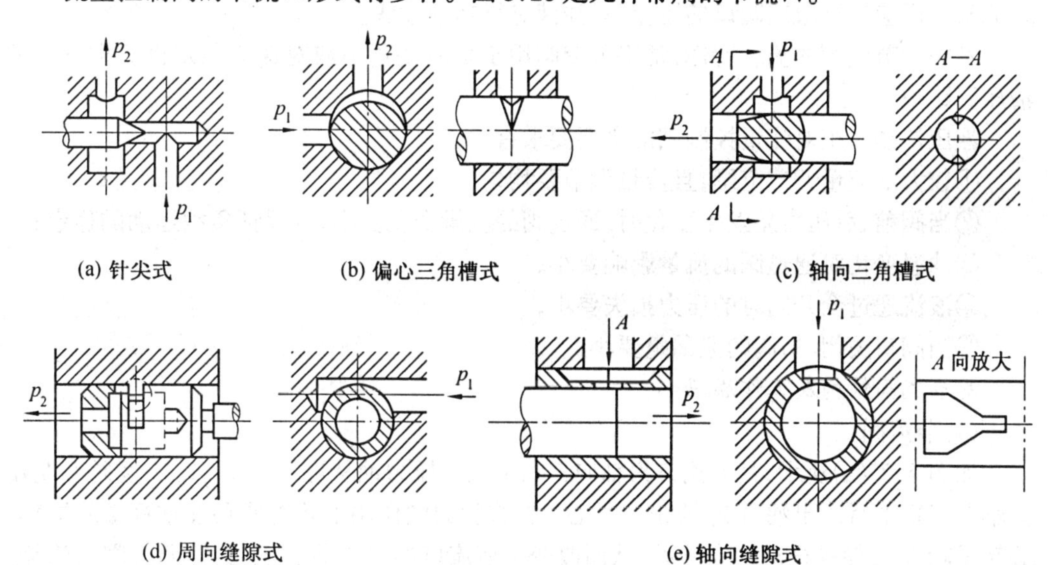

图5.26 流量控制阀的节流口

(1)节流阀的流量特性

由于实用的节流阀阀口都介于薄壁孔和细长孔之间,故由节流阀的流量特性可用小孔一般流量公式表达

$$q = kA\Delta p^m \tag{5.1}$$

式中 A——节流口通流面积;

Δp——节流阀进出口油液的压力之差;

k——系数,取决于节流口结构形式、液体流态、油液性质等因素,对于薄壁小孔,$k = C_q(2/\rho)^{1/2}$;对于细长孔,$k = d^2/(32\mu l)$;

m——指数,对于薄壁小孔紊流态时;$m = 0.5$,对于细长孔,$m = 1$;介于二者之间的节流口,$0.5 < m < 1$;

式中其他各字母含义与本书第2章中的内容相同。

由式(5.1)可知,节流阀的流量与通流面积 A、Δp 有关。节流阀的出口压力往往是负载压力,也就是说节流阀通流量会受负载影响,负载压力增大时,流量会减小。此外,由系数 k 的选取可看出,若节流阀的阀口形状接近于细长孔,油液温度变化引起的黏度改变也会影响节流阀的流量。由此可知薄壁孔节流阀的流量特性较好,常将它用于中低压调速回路中。

(2)节流阀最小稳定流量

节流阀能保证正常工作(无断流,且流量变化不大于10%)的最小流量为节流阀最小稳定流量。实验表明,保持阀的进出口压差、油温和黏度不变,将节流口逐步减小到很小时,通过的流量就会出现时大时小的周期性脉动现象,甚至断流,这种现象为节流口阻塞。一般认为产生的阻塞,其主要原因是油液中含有杂质或者是油液在高温下的生成物,经过阀口时粘附堆积,被冲掉后又堆积,导致流量脉动甚至断流。节流口阻塞会影响执行元件速度的稳定性,因此在选用节流阀时,要注意调速回路的实际最小流量应大于阀的最小稳定流量。还应注意限制阀口的压差,对油液进行精细过滤。

考虑到节流阀的流量特性,常将节流阀用于负载变化小或对速度稳定性要求不高的液压回路中。

液压传动系统对流量控制阀的主要要求有:

①较大的流量调节范围,且流量调节要均匀;

②当阀前、后压力差发生变化时,通过阀的流量变化要小,以保证负载运动的稳定;

③油温变化对通过阀的流量影响要小;

④液流通过全开阀时的压力损失要小;

⑤当阀口关闭时,阀的泄漏量要小。

2. 节流阀结构及工作原理

(1)节流阀

如图5.27(a)所示,其节流口为轴向三角槽式。压力油从进油口 P_1 流入,经阀心左端的轴向三角槽后由出油口 P_2 流出。阀心1在弹簧力的作用下始终紧贴在推杆2的端部。旋转手轮3,可使推杆沿轴向移动,从而改变了节流口的通流截面积,最终调节阀的流量。如图5.27(b)所示为其图形符号。

当小孔的通流截面积 A 不变时，液体流经小孔的流量取决于小孔两端的压力差 Δp 的变化，由于节流阀没有解决负载与温度变化对流量稳定性的影响较大的问题，因此，只适用于在速度稳定性要求不高的液压系统中应用。

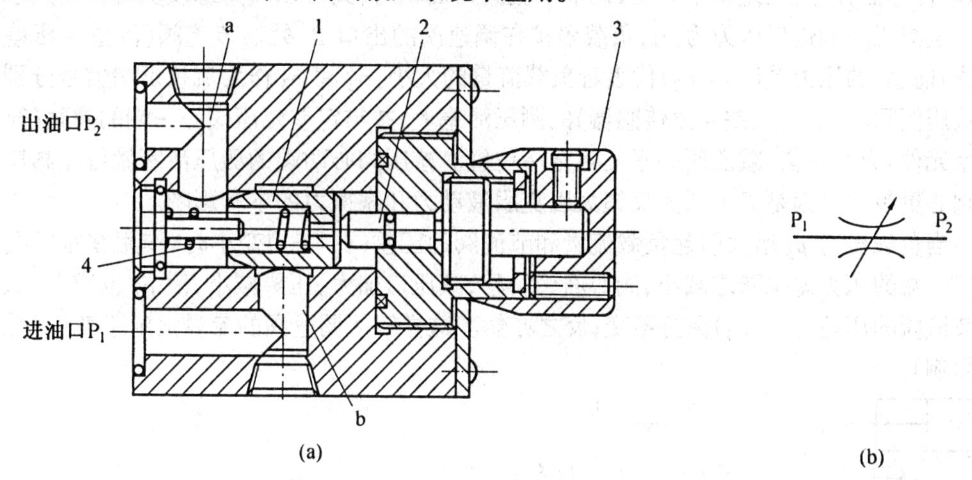

图 5.27 节流阀

1—阀心；2—推杆；3—手轮；4—弹簧

(2)单向节流阀

图5.28 为单向节流阀的结构图和职能符号，它把节流阀心分成了上阀心和下阀心两部分。当流体正向流动时，其节流过程与节流阀是一样的，节流缝隙的大小可通过手柄进行调节；当流体反向流动时，靠油液的压力把阀心 4 压下，下阀心起单向阀作用，单向阀打开，可实现流体反向自由流动。

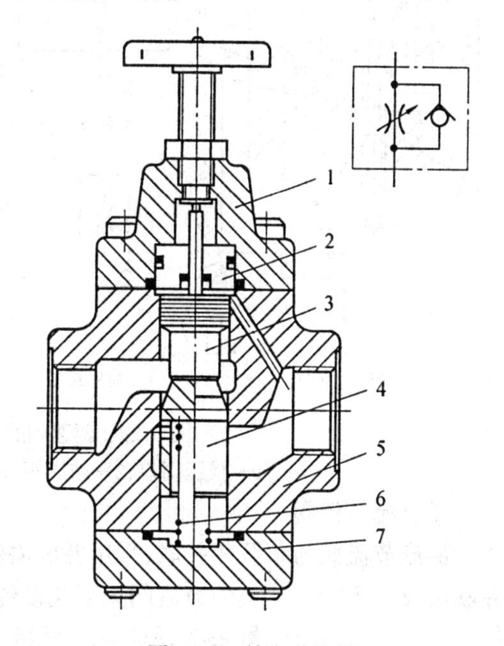

图 5.28 单向节流阀

1—顶盖；2—导套；3—上阀心；4—下阀心；5—阀体；6—复位弹簧；7—底座

(3)调速阀

根据“流量负反馈”原理设计而成的流量阀称为调速阀。分为串联减压式调速阀和并联溢流式节流阀两种主要类型。调速阀和节流阀在液压系统中的应用基本相同，主要与定量泵、溢流阀组成节流调速系统。调节节流阀的开口面积，便可调节执行元件的运动速度。节流阀适用于一般的节流调速系统，而调速阀适用于执行元件负载变化大而运动速度要求稳定的系统中，也可用于容积节流调速回路中。

①串联减压式调速阀

串联减压式调速阀是由定差减压阀 2 和节流阀 4 串联而成的组合阀，其工作原理及职能符号如图 5.29 所示。节流阀 4 充当流量传感器,节流阀口不变时,定差减压阀 2 作为流量补偿阀口,通过流量负反馈,自动稳定节流阀前后的压差,保持其流量不变。因节流阀(传感器)前后压差基本不变,调节节流阀口面积时,又可以人为地改变流量的大小。

设减压阀的进口压力为 p_1,负载串接在调速阀的出口 P_3 处。节流阀(流量 - 压差传感器)前、后的压力差($p_2 - p_3$)代表着负载流量的大小,p_2 和 p_3 作为流量反馈信号分别引到减压阀阀心两端(压差 - 力传感器)的测压活塞上,并与定差减压阀心一端的弹簧(充当指令元件)力相平衡,减压阀心平衡在某一位置。减压阀心两端的测压活塞做得比阀口处的阀心更粗的原因是为了增大反馈力以克服液动力和摩擦力的不利影响。

当负载压力 p_3 增大引起负载流量和节流阀的压差($p_2 - p_3$)变小时,作用在减压阀心右(下)端的压力差也随之减小,阀心右(下)移,减压口加大,压降减小,使 p_2 也增大,从而使节流阀的压差($p_2 - p_3$)保持不变;反之亦然。这样就使调速阀的流量恒定不变(不受负载影响)。

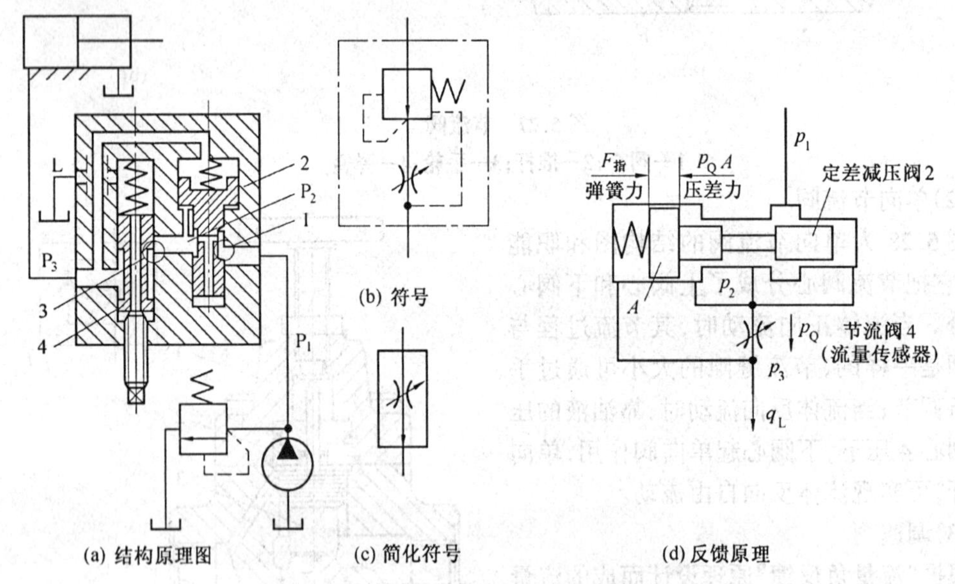

图 5.29 调速阀的工作原理和职能符号

1—减压阀口;2—减压阀心;3—节流阀口;4—节流阀心

②溢流节流阀

溢流节流阀与负载相并联,采用并联溢流式流量负反馈,它是由定差溢流阀和节流阀并联组成的组合阀。其中节流阀充当流量传感器,节流阀口不变时,通过自动调节起定差作用的溢流口的溢流量来实现流量负反馈,从而稳定节流阀前后的压差,保持其流量不变。与调速阀一样,节流阀(传感器)前后压差基本不变,调节节流阀口时,可以改变流量的大小。溢流节流阀能使系统压力随负载变化,没有调速阀中减压阀口的压差损失,功率损失小,是一种较好的节能元件,但流量稳定性略差一些,尤其在小流量工况下更为明显。因此溢流节流阀一般用于对速度稳定性要求相对较高,而且功率较大的进油路节流调速系统。

图 5.30 为溢流节流阀的工作原理图和图形符号。溢流节流阀有一个进口 P_1、一个出口 P_2 和一个溢流口 T,因而有时也称之为三通流量控制阀。来自液压泵的压力油 p_1,一

部分经节流阀进入执行元件,另一部分则经溢流阀回油箱。节流阀的出口压力为 p_2,p_1 和 p_2 分别作用于溢流阀阀心的两端,与上端的弹簧力相平衡。节流阀口前后压差即为溢流阀阀心两端的压差,溢流阀阀心在液压作用力和弹簧力的作用下处于某一平衡位置。当执行元件负载增大时,溢流节流阀的出口压力 p_2 增加,于是作用在溢流阀阀心上端的液压力增大,使阀心下移,溢流口减小,溢流阻力增大,导致液压泵出口压力 p_1 增大,即作用于溢流阀阀心下端的液压力随之增大,从而使溢流阀阀心两端受力恢复平衡,节流阀口前后压差($p_1 - p_2$)基本保持不变,通过节流阀进入执行元件的流量可保持稳定,而不受负载变化的影响。这种溢流节流阀上还附有安全阀,以免系统过载。

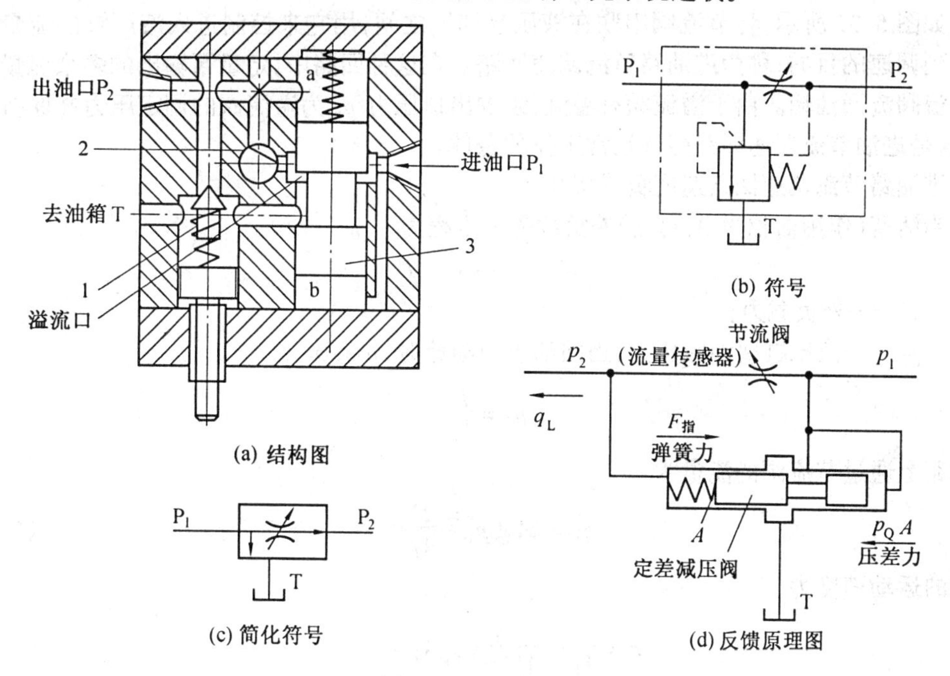

图 5.30 溢流节流阀

1—安全阀;2—节流阀;3—溢流阀

5.4.2 调速回路

在液压系统中往往需要调节液压执行元件的运动速度,以适应主机的工作循环需要。液压系统中的执行元件主要是液压缸和液压马达,其运动速度或转速与输入的流量及自身的几何参数有关。在不考虑油液压缩性和泄漏的情况下,液压缸速度 $v = q/A$;液压马达转速 $n = q/V_M$,可以通过调节进入执行元件时流量 q 或马达排量 V_M 来实现调速。

常用的速度控制回路有以下三种类型:

(1)节流调速回路。采用定量泵供油,由节流阀或调速阀等流量阀改变进入或流出液压缸(或液压马达)的流量来实现速度的调节。

(2)容积调速回路。通过改变变量泵的流量或改变变量液压马达的排量来实现速度调节。

(3)容积节流调速回路(即联合调速回路)。采用变量泵供油,并由流量阀改变进入或流出液压执行元件的流量,同时又使变量泵的流量与通过流量阀的流量相适应,从而实现速度的调节。

1.节流调速回路

在定量泵供油系统中,用流量控制阀对执行元件的运动速度进行调节的回路。节流调速回路根据流量控制元件在回路中安放的位置不同,分为进油路节流调速、回油节流调速和旁路节流调速三种基本形式,回路结构简单,成本低,使用维护方便,但有节流损失,且流量损失较大,发热多,效率低,仅适用于小功率液压系统。

(1)进油路节流调速回路

如图 5.31 所示,将节流阀串联在液压泵和缸之间,用它来控制进入液压缸的流量从而达到调速的目的,称为进油路节流调速回路。在这种回路中,定量泵输出的多余流量通过溢流阀流回油箱。由于溢流阀有溢流,泵的出口压力 p_P 为溢流阀的调定压力并保持定值,这是进油节流调速回路能够正常工作的条件。

进油路节流调速回路速度负载特性:

当活塞(作用面积为 A_1)克服外负载受力方程为

$$p_1A_1 = p_2A_2 + F$$

式中 F——外负载力;

p_2——液压缸回油腔压力,当回油腔通油箱时,$p_2 \approx 0$。

$$p_1 = \frac{F}{A_1}$$

进油路上通过节流阀的流量为

$$q_1 = kA_T\left(p_P - \frac{F}{A_1}\right)^m \tag{5.2}$$

活塞的运动速度为

$$v = \frac{q_1}{A_1} = \frac{kA_T}{A_1^{1+m}}(p_PA_1 - F)^m \tag{5.3}$$

式(5.3)即为进油路节流调速回路的速度负载特性方程,它描述了执行元件的速度 v 与负载 F 之间的关系。如以 v 为纵坐标,F 为横坐标,将式(5.3)按不同节流阀通流面积 A_T 作图,可得一组抛物线,称为进油路节流调速回路的速度负载特性曲线,如图 5.32 所示。

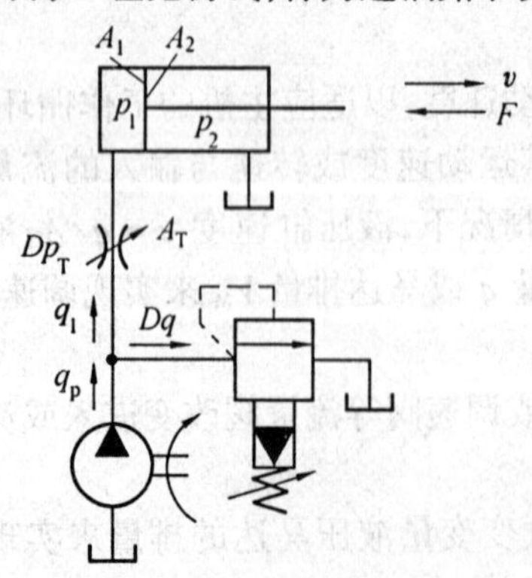

图 5.31 进油路节流调速回路

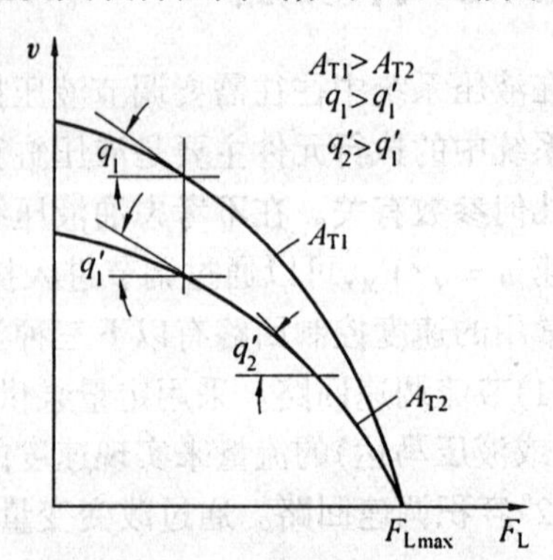

图 5.32 进油路节流调速回路速度负载特性曲线

由式(5.3)和图5.32可以看出,其他条件不变时,活塞的运动速度 v 与节流阀通流面积 A_T 成正比,调节 A_T 就能实现无级调速。这种回路的调速范围较大,当节流阀通流面积 A_T 一定时,活塞运动速度 v 随着负载 F 的增加按抛物线规律下降。但无论节流阀通流面积如何变化,当 $F = p_p A_1$ 时,节流阀两端压差为零,没有流体通过节流阀,活塞也就停止运动,此时液压泵的全部流量经溢流阀流回油箱。该回路的最大承载能力即为 $F_{max} = p_p A_1$。

(2)回油路节流调速回路

如图5.33所示,将节流阀串联在液压缸的回油路上,借助节流阀控制液压缸的排油量来调节其运动速度,称为回油路节流调速回路。

采用同样的分析方法可以得到与进油路节流调速回路相似的速度负载特性

$$v = \frac{kA_T}{A_2^{1+m}}(p_p A_1 - F)^m \qquad (5.4)$$

其功率特性与进油路节流调速回路相同。

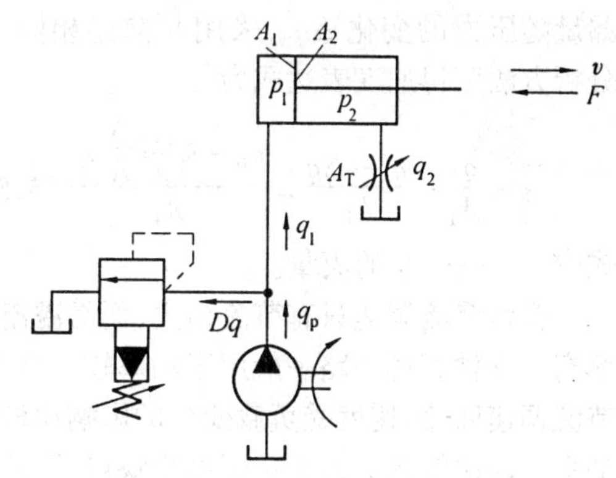

图5.33　回油路节流调速回路

虽然进油路和回油路节流调速的速度负载特性公式形式相似,但它们在以下几方面的性能有明显差别,在选用时应加以注意。

①承受负值负载的能力所谓负值负载就是作用力的方向与执行元件的运动方向相同的负载。回油节流调速的节流阀在液压缸的回油腔能形成一定的背压,能承受一定的负值负载;对于进油节流调速回路,要使其能承受负值负载就必须在执行元件的回油路上加上背压阀。这必然会导致增加功率消耗,增大油液发热量。

②运动平稳性回油节流调速回路由于回油路上存在背压,可以有效地防止空气从回油路吸入,因而低速运动时不易爬行;高速运动时不易颤振,即运动平稳性好。进油节流调速回路在不加背压阀时不具备这种特点。

③油液发热对回路的影响进油节流调速回路中,通过节流阀产生的节流功率损失转变为热量,一部分由元件散发出去,另一部分使油液温度升高,直接进入液压缸,会使缸的内外泄漏增加,速度稳定性不好,而回油节流调速回路油液经节流阀温升后,直接回油箱,经冷却后再入系统,对系统泄漏影响较小。

④启动性能回油节流调速回路中若停车时间较长,液压缸回油箱的油液会泄漏回油箱,重新启动时背压不能立即建立,会引起瞬间工作机构的前冲现象,对于进油节流调速,只要在开车时关小节流阀即可避免启动冲击。

综上所述,进油路、回油路节流调速回路结构简单,价格低廉,但效率较低,只宜用在负载变化不大,低速、小功率场合,如某些机床的进给系统中。

(3)旁油路节流调速回路

把节流阀装在与液压缸并联的支路上,利用节流阀把液压泵供油的一部分排回油箱实现速度调节的回路,称为旁油路节流调速回路。如图5.34所示,在这个回路中,由于溢流功能由节流阀来完成，故正常工作时，溢流阀处于关闭状态，溢流阀作安全阀用，其调定压力的最大负载压力的 1.1~1.2 倍，液压泵的供油压力 p_p 取决于负载。

其速度负载特性：考虑到泵的工作压力随负载变化，泵的输出流量 q_p 应计入泵的泄漏量随压力的变化 Δq_p，采用与前述相同的分析方法可得速度表达式为

$$v=\frac{q_1}{A_1}=\frac{q_p-\Delta q}{A_1}=\frac{q_p-kA_T\left(\frac{F}{A}\right)^m}{A_1} \quad (5.5)$$

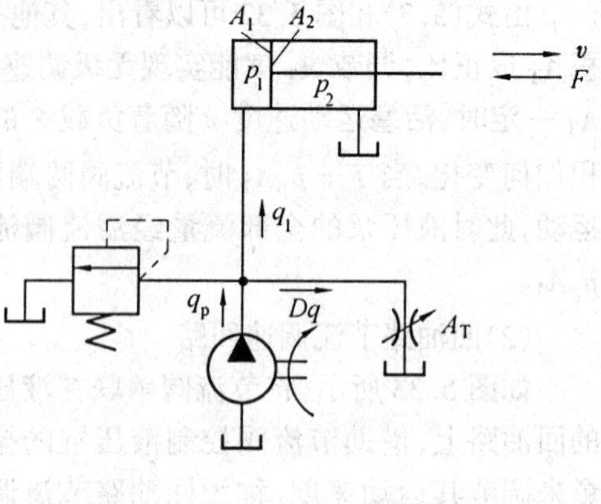

图 5.34 旁油路节流调速回路

式中 q_p——泵的流量。

旁路节流调速只有节流损失，而无溢流损失，因而功率损失比前两种调速回路小，效率高。这种调速回路一般用于功率较大且对速度稳定性要求不高的场合。使用节流阀的节流调速回路，速度受负载变化的影响比较大，亦即速度负载特性比较软，变载荷下的运动平稳性比较差。为了克服这个缺点，回路中的节流阀可用调速阀来代替。由于调速阀本身能在负载变化的条件下保证节流阀进出油口间的压强差基本不变，因而使用调速阀后，节流调速回路的速度负载特性将得到改善，系统的低速稳定性、回路刚度、调速范围等，要比采用节流阀的节流调速回路都好，所以它在机床液压系统中获得广泛的应用。但所有性能上的改进都是以加大流量控制阀的工作压差，亦即增加泵的供油压力为代价的。调速阀的工作压差一般最小需 0.5 MPa，高压调速阀需 1.0 MPa 左右。

2.容积调速回路

容积调速回路可用变量泵供油，根据需要调节泵的输出流量，或应用变量液压马达，调节其每转排量以进行调速，也可以采用变量泵和变量液压马达联合调速。容积调速回路的主要优点是没有节流调速时通过溢流阀和节流阀的溢流功率损失和节流功率损失。所以发热少，效率高，适用于功率较大，并需要有一定调速范围的液压系统中。

容积调速回路按所用执行元件的不同，分为泵－缸式回路和泵－马达式回路。

(1)变量泵－液压缸容积调速回路

如图 5.35 所示的开式回路为由变量泵及液压缸组成的容积调速回路。改变回路中变量泵 1 的排量，即可调节液压缸中活塞的运动速度。单向阀 2 的作用是当泵停止工作时，防止液压缸里的油液向泵倒流和进入空气，系统正常工作时安全阀 3 不打开，该阀主

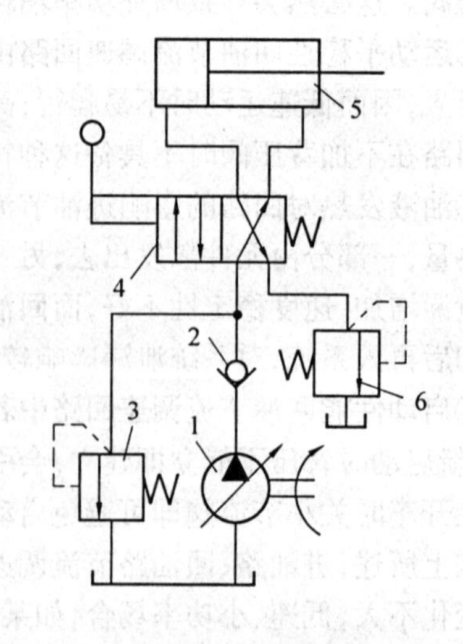

图 5.35 变量泵－液压缸容积调速回路

1—变量泵；2—单向阀；3—安全阀；

4—换向阀；5—液压缸；6—背压阀

要用于防止系统过载，背压阀6可使运动平稳。

由于变量泵径向力不平衡，当负载增加压力升高时，其泄漏量增加，使活塞速度明显降低，因此活塞低速运动时其承载能力受到限制。常用于拉床、插床、压力机及工程机械等大功率的液压系统中。

(2)变量泵-定量马达式容积调速回路

图5.36为变量泵-定量马达调速回路。回路中压力管路上的安全阀4，用以防止回路过载，低压管路上连接一个小流量的辅助油泵1，以补偿泵3和马达5的泄漏，其供油压力由溢流阀6调定。辅助泵与溢流阀使低压管路始终保持一定压力，不仅改善了主泵的吸油条件，而且可置换部分发热油液，降低系统温升。在这种回路中，液压泵转速 n_p 和液压马达排量 V_M 都为恒值，改变液压泵排量 V_p 可使马达转速 n_M 和输出功率 P_M 随之成比例地变化。马达的输出转矩 T_M 和回路的工作压力 p 都由负载转矩来决定，不因调速而发生改变，所以这种回路常被称为恒转矩调速回路，回路特性曲线如图5.37所示。值得注意的是，在这种回路中，因泵和马达的泄漏量随负载的增加而增加，致使马达输出转速下降。该回路的调速范围 $R_c \approx 40$。

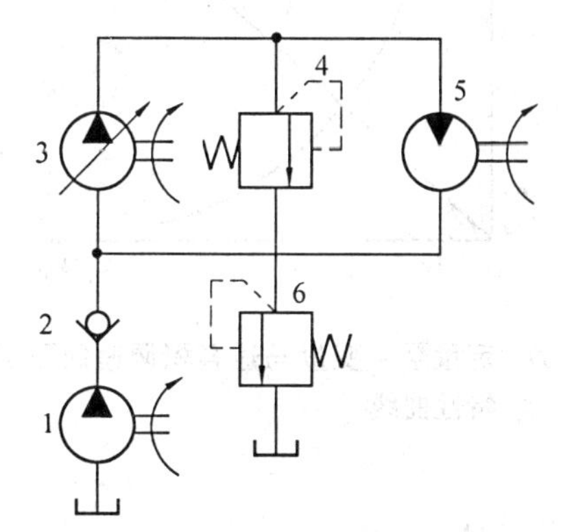

图5.36 变量泵-定量马达容积调速回路
1—辅助油泵；2—单向阀；3—补偿泵；
4—安全阀；5—马达；6—溢流阀

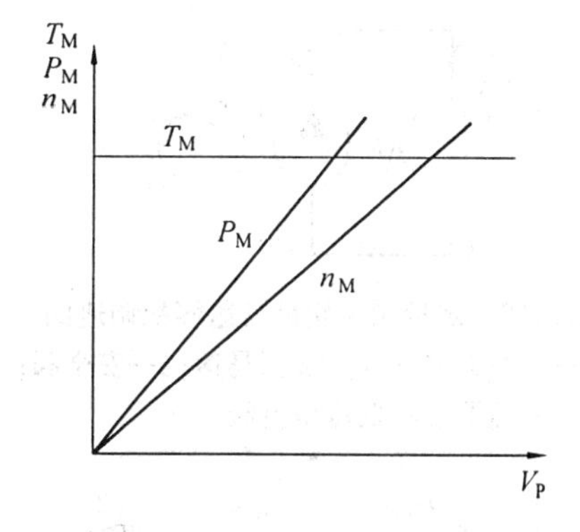

图5.37 变量泵-定量马达容积调速回路工作特性曲线

(3)定量泵-变量马达式容积调速回路

图5.38为定量泵-变量马达式容积调速回路，定量泵1的排量 V_p 不变，变量液压马达2的排量 V_M 的大小可以调节，3为安全阀，4为补油泵，5为补油泵的低压溢流阀。

在这种回路中，液压泵转速 n_p 和排量 V_p 都是常值，改变液压马达排量 V_M 时，马达输出转矩的变化与 V_M 成正比，输出转速 n_M 则与 V_M 成反比。马达的输出功率 P_M 和回路的工作压力 p 都由负载功率决定，不因调速而发生变化，所以这种回路常被称为恒功率调速回路。回路的工作特性曲线如图5.39所示，该回路的优点是能在各种转速下保持很大输出功率不变，其缺点是调速范围小($R_c \leqslant 3$)，因此这种调速方法往往不能单独使用。

(4)变量泵-变量马达式容积调速回路

图5.40为双向变量泵和双向变量马达组成的容积式调速回路。回路中各元件对称布置，改变泵的供油方向，就可实现马达的正反向旋转，单向阀4和5用于辅助泵3双向补油，单向阀6和7使溢流阀8在两个方向上都能对回路起过载保护作用。一般机械要

求低速时输出转矩大,高速时能输出较大的功率,这种回路恰好可以满足这一要求。第一阶段将变量马达的排量 V_M 调到最大值并使之恒定,然后调节变量泵的排量 V_p 从最小逐渐加大到最大值,则马达的转速 n_M 便从最小逐渐升高到相应的最大值(变量马达的输出转矩 T_M 不变,输出功率 P_M 逐渐加大)。这一阶段相当于变量泵定量马达的容积调速回路,为恒转矩调速。第二阶段将已调到最大值的变量泵的排量 V_p 固定不变,然后调节变量马达的排量 V_M,之从最大逐渐调到最小,此时马达的转速 n_M 便进一步逐渐升高到最高值(在此阶段中,马达的输出转矩 T_M 逐渐减小,而输出功率 P_M 不变)。这一阶段相当于定量泵变量马达的容积调速回路,为恒功率调速。上述分段调速的特性曲线如图 5.41 所示。这种容积调速回路的调速范围大(可达 100),并且有较高的效率,它适用于大功率的场合,如矿山机械、起重机械以及大型机床的主运动液压系统。

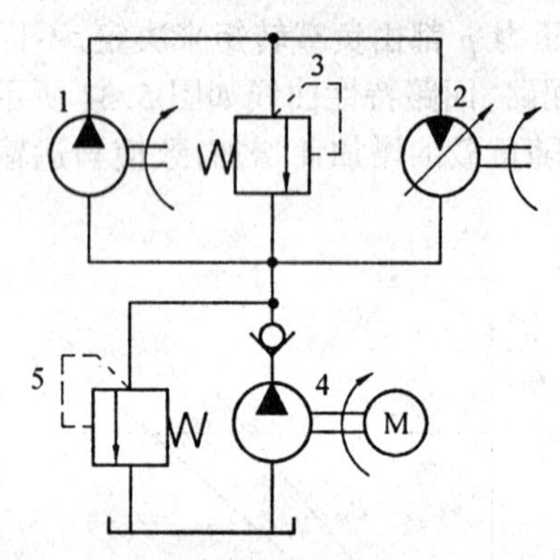

图 5.38 定量泵-变量马达容积调速回路
1—定量泵;2—变量液压马达;3—安全阀;4—补流泵;5—低压溢流阀

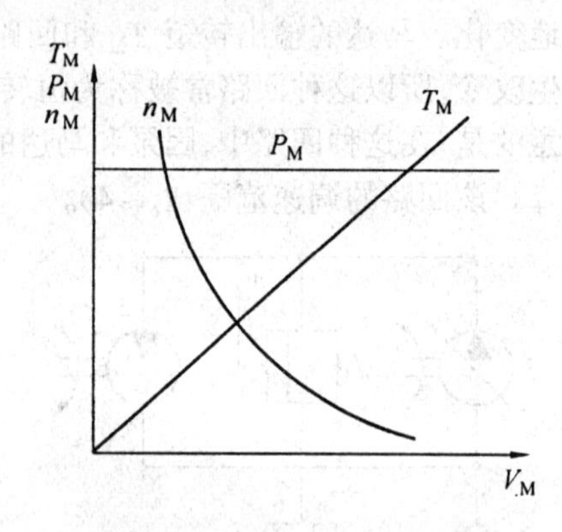

图 5.39 定量泵-变量马达容积调速回路工作特性曲线

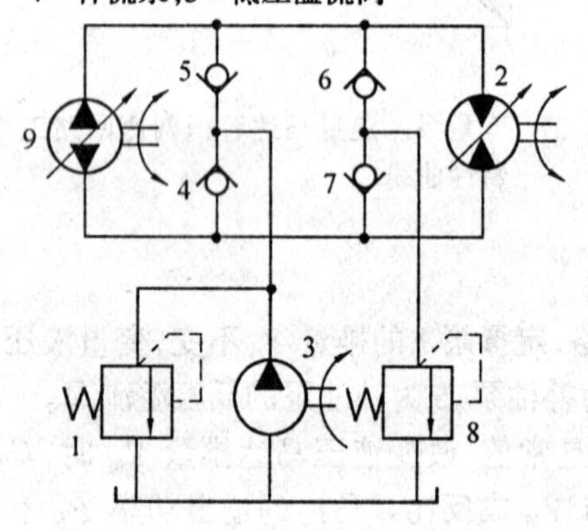

图 5.40 变量泵-变量马达容积调速回路
1,8—溢流阀;2—双向变量液压马达;3—辅助泵;4,5,6,7—单向阀;9—双向变量泵

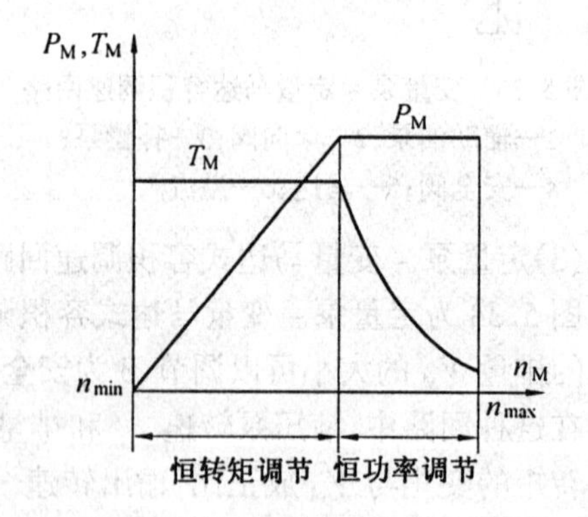

图 5.41 变量泵-变量马达容积调速回路工作特性曲线

(5)容积节流调速回路

容积节流调速回路的基本工作原理是采用压力补偿式变量泵供油、调速阀(或节流阀)调节进入液压缸的流量并使泵的输出流量自动地与液压缸所需流量相适应。

常用的容积节流调速回路有:限压式变量泵与调速阀等组成的容积节流调速回路;变

压式变量泵与节流阀等组成的容积调速回路。

图5.42所示为限压式变量泵与调速阀组成的调速回路工作原理和工作特性图。在图示位置，活塞4快速向右运动，泵1按快速运动要求调节其输出流量 q_{max}，同时调节限压式变量泵的压力调节螺钉，使泵的限定压力 p_c 大于快速运动所需压力(图5.42(b)中 AB 段)。当换向阀3通电，泵输出的压力油经调速阀2进入缸4，其回油经背压阀5回油箱。调节调速阀2的流量 q_1 就可调节活塞的运动速度 v，由于 $q_1 < q_p$，压力油迫使泵的出口与调速阀进口之间的油压憋高，即泵的供油压力升高，泵的流量便自动减小到 $q_p \approx q_1$ 为止。

这种调速回路的运动稳定性、速度负载特性、承载能力和调速范围均与采用调速阀的节流调速回路相同。图5.42(b)所示为其调速特性，由图可知，此回路只有节流损失而无溢流损失，具有效率较高、调速较稳定、结构较简单等优点。目前已广泛应用于负载变化不大的中、小功率组合机床的液压系统中。

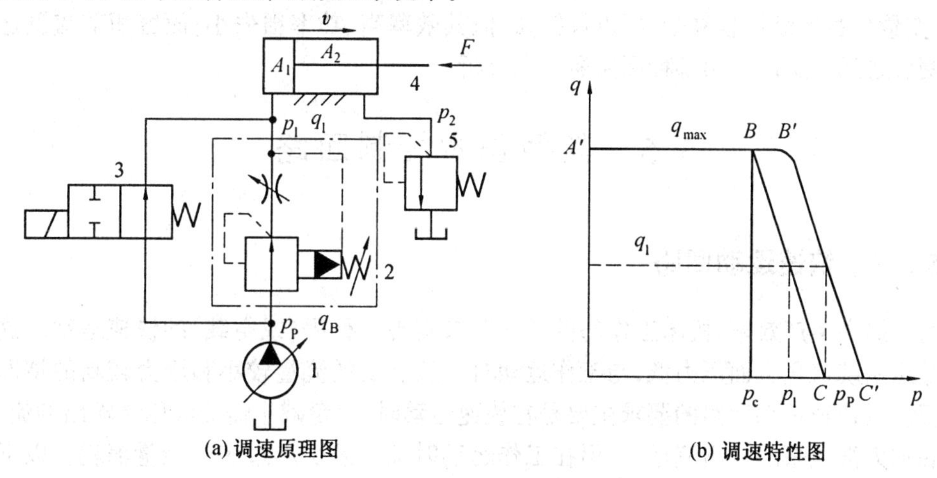

图5.42　限压式变量泵调速阀容积节流调速回路

1—变量泵;2—调速阀;3—换向阀;4—缸;5—背压阀

3.调速回路的比较和选用

(1)调速回路的比较。见表5.3。

表5.3　调速回路的比较

回路种类 / 主要性能		节流调速回路				容积调速回路	容积节流调速回路	
		用节流阀		用调速阀			限压式	稳流式
		进回油	旁路	进回油	旁路			
机械特性	速度稳定性	较差	差	好		较好	好	
	承载能力	较好	较差	好		较好	好	
调速范围		较大	小	较大		大	较大	
功率特性	效率	低	较高	低	较高	最高	较高	高
	发热	大	较小	大	较小	最小	较小	小
适用范围		小功率,轻载的中、低压系统				大功率,重载,高速的中、高压系统	中、小功率的中压系统	

(2)调速回路的选用。调速回路的选用主要考虑以下问题:

①执行机构的负载性质、运动速度、速度稳定性等要求。负载小,且工作中负载变化也小的系统可采用节流阀节流调速;在工作中负载变化较大且要求低速稳定性好的系统,宜采用调速阀的节流调速或容积节流调速;负载大、运动速度高、油的温升要求小的系统,宜采用容积调速回路。

一般来说,功率在 3 kW 以下的液压系统宜采用节流调速;3 ~ 5 kW 范围宜采用容积节流调速;功率在 5 kW 以上的宜采用容积调速回路。

②工作环境要求。处于温度较高的环境下工作,且要求整个液压装置体积小、质量轻的情况,宜采用闭式回路的容积调速。

③经济性要求。节流调速回路的成本低,功率损失大,效率也低;容积调速回路因变量泵、变量马达的结构较复杂,所以价钱高,但其效率高、功率损失小;而容积节流调速则介于两者之间。所以选用哪种回路需综合分析。

5.5 其他基本控制回路

5.5.1 快速运动回路

为了提高生产效率,机床工作部件常常要求实现空行程(或空载)的快速运动。这时要求液压系统流量大而压力低,与工作运动时一般需要的流量较小和压力较高的情况正好相反。对快速运动回路的要求主要是在快速运动时,尽量减小需要液压泵输出的流量,或者在加大液压泵的输出流量后,但在工作运动时又不致引起过多的能量消耗。以下介绍几种机床上常用的快速运动回路。

1.差动连接回路

差动连接回路是在不增加液压泵输出流量的情况下,来提高工作部件运动速度的一种快速回路,其实质是改变了液压缸的有效作用面积。

图 5.43 是用于快、慢速转换的回路,其中快速运动采用差动连接。当换向阀 3 左端的电磁铁通电时,阀 3 左位进入系统,液压泵输出的压力油同缸右腔的油经 3 左位、机动换向阀 5 下位(此时外控顺序阀 7 关闭)也进入缸 4 的左腔,实现了差动连接,使活塞快速向右运动。当快速运动结束,工作部件上的挡铁压下机动换向阀 5 时,泵的压力升高,阀 7 打开,液压缸 4 右腔的回油只能经调速阀 6 流回油箱,这时是工作进给。当换向阀 3 右端的电磁铁通电时,活塞向左快速退回(非差动连接)。采用差动连接的快速回路方法简单,较经济,但快、慢速度的换接不够平稳。必须注意,差动油路的换向阀和油管通道应按差动时的流量选择,不然流动液阻过大,会使液压泵的部分油从溢流阀 2 流回油箱,速度减慢,甚至不起差动作用。

2.双泵供油的快速运动回路

这种回路是利用低压大流量泵和高压小流量泵并联为系统供油,回路见图 5.44。

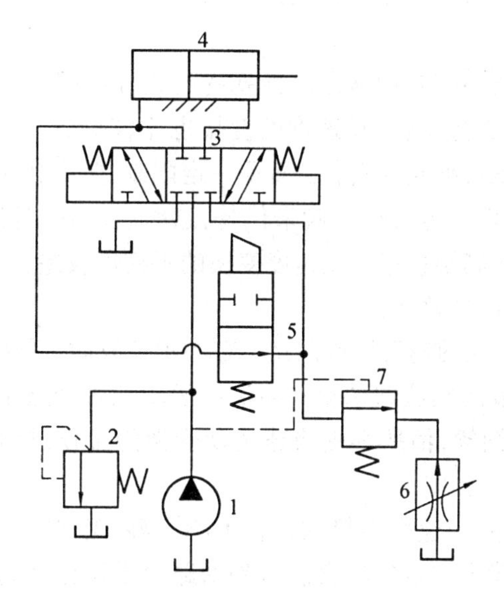

图 5.43　能实现差动连接工作进给回路

1—泵;2—溢流阀;3—换向阀;4—缸;
5—机动换向阀;6—调速阀;7—外控顺序阀

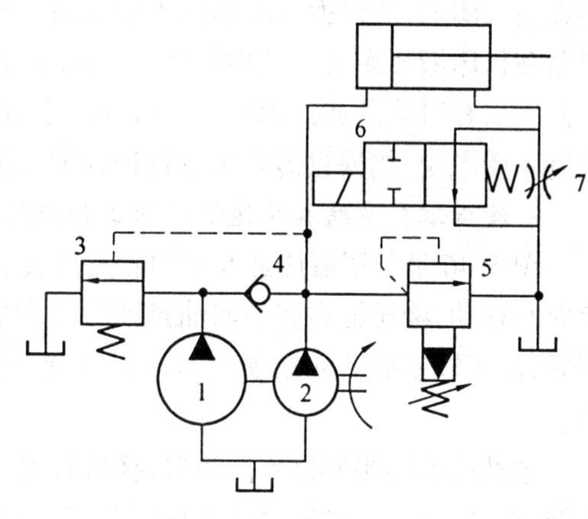

图 5.44　双泵供油回路

1—低压大流量泵;2—高压小流量泵;3—外控顺序阀;4—单向阀;5—溢流阀;6—换向阀;7—节流阀

由低压大流量泵 1 和高压小流量泵 2 组成的双联泵作为动力源。外控顺序阀 3 和溢流阀 5 分别设定双泵供油和小泵 2 单独供油时系统的最高工作压力。当换向阀 6 处于图示位置,并且由于外负载很小,使系统压力低于顺序阀 3 的调定压力时,两个泵同时向系统供油,活塞快速向右运动;当换向阀 6 的电磁铁通电,右位工作,液压缸有杆腔经节流阀 7 回油箱,当系统压力达到或超过顺序阀 3 的调定压力,大流量泵 1 通过阀 3 卸荷,单向阀 4 自动关闭,只有小流量泵 2 单独向系统供油,活塞慢速向右运动,小流量泵 2 的最高工作压力由溢流阀 5 调定。这里应注意,顺序阀 3 的调定压力至少应比溢流阀 5 的调定压力低 10% ~ 20%。大流量泵 1 的卸荷减少了动力消耗,回路效率较高。这种回路常用在执行元件快进和工进速度相差较大的场合,特别是在机床中得到了广泛的应用。

5.5.2　速度换接回路

速度换接回路用来实现运动速度的变换,即在原来设计或调节好的几种运动速度中,从一种速度换成另一种速度。对这种回路的要求是速度换接要平稳,即不允许在速度变换的过程中有前冲(速度突然增加)现象。下面介绍几种回路的换接方法及特点。

1.行程节流阀快速运动和工作进给运动的换接回路

图 5.45 是用单向行程节流阀换接快速运动(简称快进)和工作进给运动(简称工进)的速度换接回路。在图示位置液压缸 3 右腔的回油可经行程阀 4 和换向阀 2 流回油箱,使活塞快速向右运动。当快速运动到达所需位置时,活塞上挡块压下行程阀 4,将其通路关闭,这时液压缸 3 右腔的回油就必须经过节流阀 6 流回油箱,活塞的运动转换为工作进

给运动(简称工进)。当操纵换向阀2使活塞换向后,压力油可经换向阀2和单向阀5进入液压缸3右腔,使活塞快速向左退回。

在这种速度换接回路中,因为行程阀的通油路是由液压缸活塞的行程控制阀心移动而逐渐关闭的,所以换接时的位置精度高,冲出量小,运动速度的变换也比较平稳。这种回路在机床液压系统中应用较多,它的缺点是行程阀的安装位置受一定限制(要由挡铁压下),所以有时管路连接稍复杂。行程阀也可以用电磁换向阀来代替,这时电磁阀的安装位置不受限制(挡铁只需要压下行程开关),但其换接精度及速度变换的平稳性较差。

2.液压缸自身结构快速运动和工作进给运动的换接回路

图5.46是利用液压缸本身的管路连接实现的速度换接回路。在图示位置时,活塞快速向右移动,液压缸右腔的回油经油路1和换向阀流回油箱。当活塞运动到将油路1封闭后,液压缸右腔的回油须经节流阀3流回油箱,活塞则由快速运动变换为工作进给运动。

这种速度换接回路方法简单,换接较可靠,但速度换接的位置不能调整,工作行程也不能过长以免活塞过宽,所以仅适用于工作情况固定的场合。这种回路也常用作活塞运动到达端部时的缓冲制动回路。

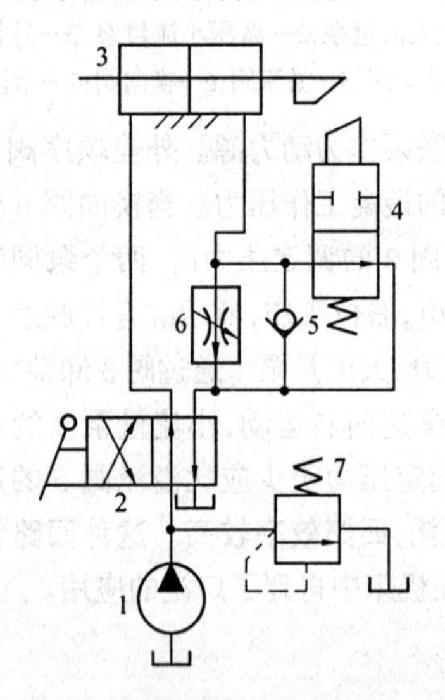

图5.45 用行程节流阀的速度换接回路
1—泵;2—换向阀;3—液压缸;4—行程阀;5—单向阀;6—节流阀

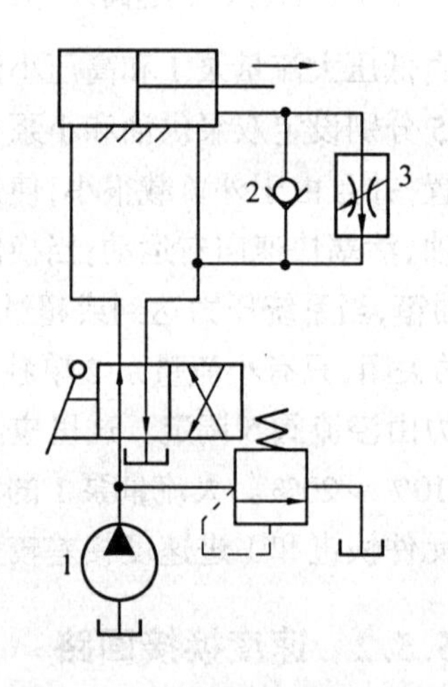

图5.46 利用液压缸自身结构的速度换接回路
1—泵;2—单向阀;3—节流阀

3.用电磁换向阀的快慢速转换回路

如图5.47所示,当电磁铁1YA、3YA同时通电时,压力油经阀4进入液压缸左腔,缸右腔回油,工作部件实现快进;当运动部件上的挡块碰到行程开关使3YA电磁铁断电时,阀4油路断开,调速阀5接入油路。压力油经调速阀5进入缸左腔,缸右腔回油,工作部件以阀5调节的速度实现工作进给。其特点其速度换接快,便于实现自动控制,缺点是速度换接的平稳性较差。

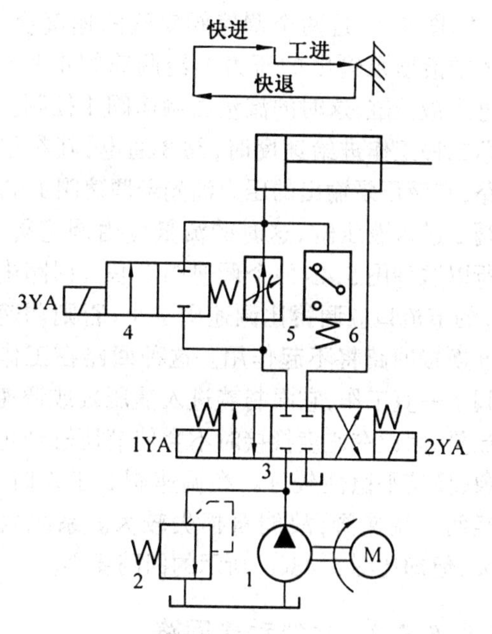

图5.47　用电磁换向阀的快慢速转换回路
1—泵；2—溢流阀；3、4—换向阀；
5—调速阀；6—压力继电器

4.两种工作进给速度的换接回路

对于某些自动机床、注塑机等，需要在自动工作循环中变换两种以上的工作进给速度，这时需要采用两种（或多种）工作进给速度的换接回路。图5.48是两个调速阀并联以实现两种工作进给速度换接的回路。

在图5.48(a)中，液压泵输出的压力油经调速阀3和电磁阀5进入液压缸。当需要第二种工作进给速度时，电磁阀5通电，其右位接入回路，液压泵输出的压力油经调速阀4和电磁阀5进入液压缸。这种回路中两个调速阀的节流口可以单独调节，互不影响，即第一种工作进给速度和第二种工作进给速度互相间没有什么限制。但一个调速阀工作时，另一个调速阀中没有油液通过，它的减压阀则处于完全打开的位置，在速度换接开始的瞬间不能起减压作用，容易出现部件突然前冲的现象。

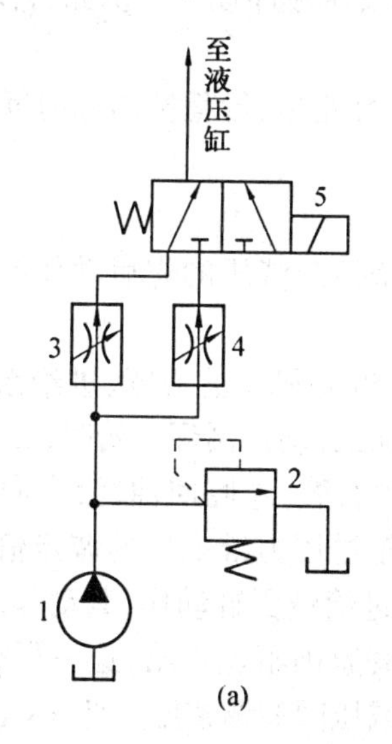

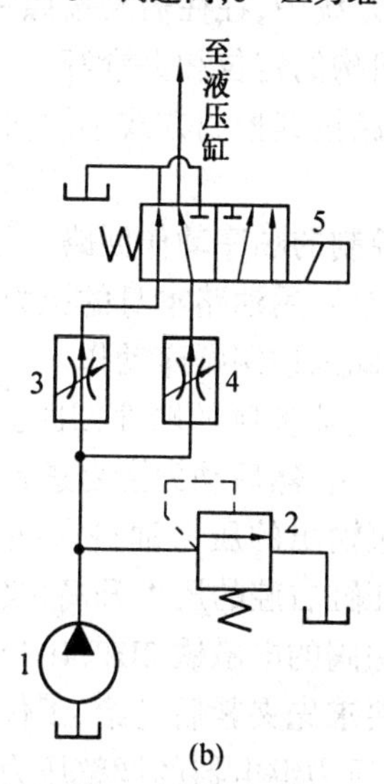

图5.48　两个调速阀并联式速度换接回路
1—泵；2—溢流阀；3、4—调速阀；5—电磁阀

图5.48(b)为另一种调速阀并联的速度换接回路。在这个回路中，两个调速阀始终处于工作状态，在由一种工作进给速度转换为另一种工作进给速度时，不会出现工作部件突然前冲现象，因而工作可靠。但是液压系统在工作中总有一定量的油液通过不起调速作用的那个调速阀流回油箱，造成能量损失，使系统发热。

图 5.49 是两个调速阀串联的速度换接回路。图中液压泵输出的压力油经调速阀 1 和电磁阀 3 进入液压缸,这时的流量由调速阀 1 控制。当需要第二种工作进给速度时,阀 3 通电,其右位接入回路,则液压泵输出的压力油先经调速阀 1,再经调速阀 2 进入液压缸,这时的流量应由调速阀 2 控制,所以这种图 5.49 两个调速阀串联式回路中调速阀 2 的节流口应调得比调速阀 1 小,否则调速阀 2 速度换接回路将不起作用。这种回路在工作时调速阀 1 一直工作,它限制着进入液压缸或调速阀 2 的流量,因此在速度换接时不会使液压缸产生前冲现象,换接平稳性较好。在调速阀 2 工作时,油液需经两个调速阀,故能量损失较大。系统发热也较大,但却比图 5.48(b)所示的回路要小。

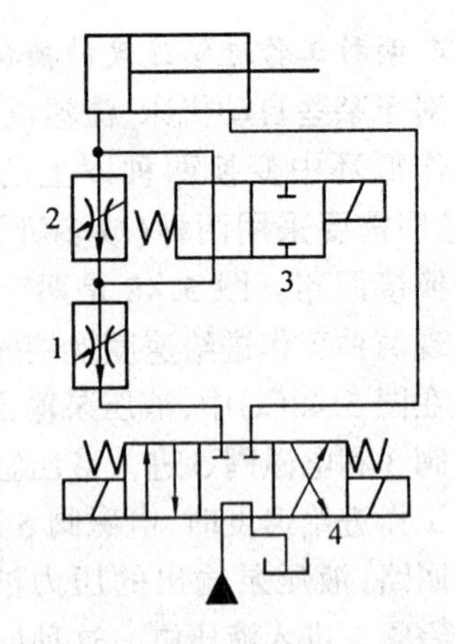

图 5.49 两个调速阀串联的速度换接回路
1、2—调速阀;3、4—电磁阀

5.5.3 多缸动作回路

1.顺序动作回路

在多缸液压系统中,往往需要按照一定的要求顺序动作。例如,自动车床中刀架的纵横向运动,夹紧机构的定位和夹紧等。

顺序动作回路按其控制方式不同,分为压力控制、行程控制和时间控制三类,其中前两类用得较多。

(1)用压力控制的顺序动作回路

压力控制就是利用油路本身的压力变化来控制液压的先后动作顺序,它主要利用压力继电器和顺序阀来控制顺序动作。

①用压力继电器控制的顺序回路。图 5.50 是机床的夹紧、进给系统,要求的动作顺序是:先将工件夹紧,然后动力滑台进行切削加工,动作循环开始时,二位四通电磁阀处于图示位置,液压泵输出的压力油进入夹紧缸的右腔,左腔回油,活塞向左移动,将工件夹紧。夹紧后,液压缸右腔的压力升高,当油压超过压力继电器的调定值时,压力继电器发出讯号,指令电磁阀的电磁铁 2DT、4DT 通电,进给液压缸动作(其动作原理详见速度换接回路)。油路中要求先夹紧后进给,工件没有夹紧则不能进给,这一严格的顺序是由压力继电器保证的。压力继电器的调整压力应比减压阀的调整压力低 $3\times10^5\sim5\times10^5$Pa。

②用顺序阀控制的顺序动作回路。图 5.51 是采用两个单向顺序阀的压力控制顺序动作回路。其中单向顺序阀 3 控制两液压缸前进时的先后顺序,单向顺序阀 2 控制两液压缸后退时的先后顺序。当电磁换向阀 1YA 通电时,压力油进入液压缸 A 的左腔,右腔经阀 2 中的单向阀回油,此时由于压力较低,顺序阀 3 关闭,缸 A 的活塞向右移动实现动作①。当液压缸 A 的活塞运动至终点时,油压升高,达到单向顺序阀 3 的调定压力时,顺序阀开启,压力油进入液压缸 B 的左腔,右腔直接回油,缸 B 的活塞向右移动实现动作②。当液压缸 B 的活塞右移达到终点后,电磁换向阀 2YA 通电,此时压力油进入液压缸 B

的右腔，左腔经阀3中的单向阀回油，使缸B的活塞向左返回实现动作③，到达终点时，压力油升高打开顺序阀2再使液压缸A的活塞返回实现动作④。

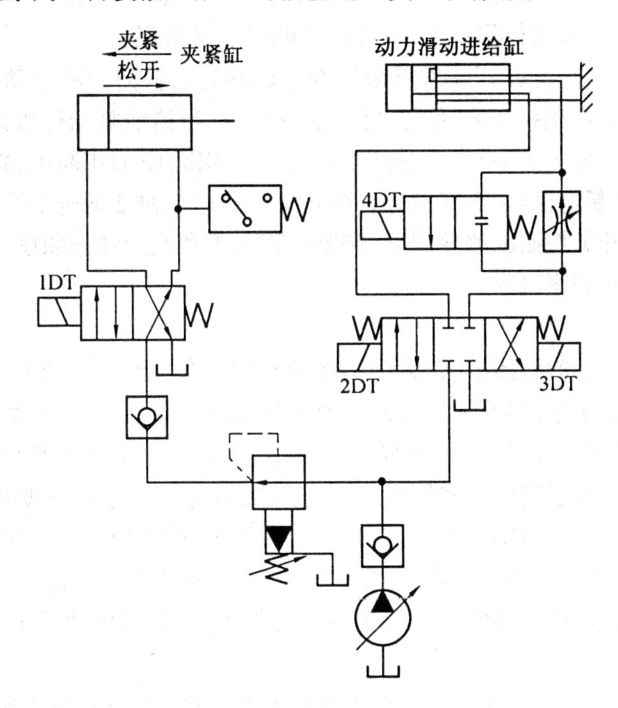

图5.50 压力继电器控制的顺序回路

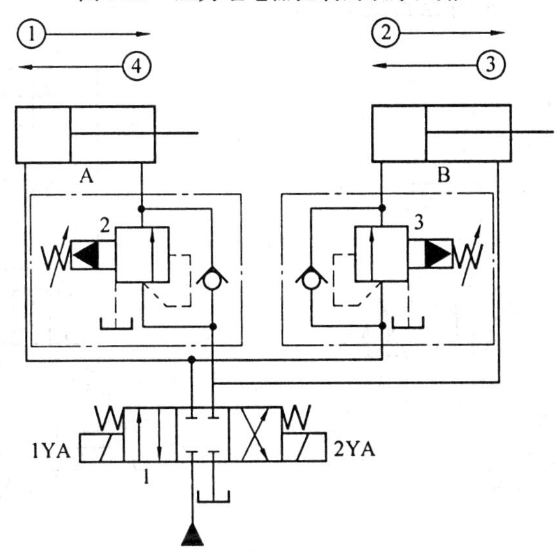

图5.51 顺序阀控制的顺序回路

1—电磁换向阀；2、3—单向顺序阀

这种顺序动作回路的可靠性，在很大程度上取决于顺序阀的性能及其压力调整值。顺序阀的调整压力应比先动作的液压缸的工作压力高 $8\times10^5\sim10\times10^5$Pa，以免在系统压力波动时，发生误动作。

(2)用行程控制的顺序动作回路

行程控制顺序动作回路是利用工作部件到达一定位置时,发出讯号来控制液压缸的先后动作顺序,它可以利用行程开关、行程阀或顺序缸来实现。

图 5.52 是利用电气行程开关发讯来控制电磁阀先后换向的顺序动作回路。其动作顺序是:按起动按钮,电磁铁 1DT 通电,缸 1 活塞右行;当挡铁触动行程开关 2XK,使 2DT 通电,缸 2 活塞右行;缸 2 活塞右行至行程终点,触动 3XK,使 1DT 断电,缸 1 活塞左行;而后触动 1XK,使 2DT 断电,缸 2 活塞左行。至此完成了缸 1、缸 2 的全部顺序动作的自动循环。采用电气行程开关控制的顺序回路,调整行程大小和改变动作顺序均十分方便,且可利用电气互锁使动作顺序可靠。

2.同步回路

使两个或两个以上的液压缸,在运动中保持相同位移或相同速度的回路称为同步回路。在一泵多缸的系统中,尽管液压缸的有效工作面积相等,但是由于运动中所受负载不均衡,摩擦阻力也不相等,泄漏量的不同以及制造上的误差等,不能使液压缸同步动作。同步回路的作用就是为了克服这些影响,补偿它们在流量上所造成的变化。

①串联液压缸的同步回路。图 5.53 是串联液压缸的同步回路。图中第一个液压缸回油腔排出的油液,被送入第二个液压缸的进油腔。如果串联油腔活塞的有效面积相等,便可实现同步运动。这种回路两缸能承受不同的负载,但泵的供油压力要大于两缸工作压力之和。

由于泄漏和制造误差,影响了串联液压缸的同步精度,当活塞往复多次后,会产生严重的失调现象,为此要采取补偿措施。

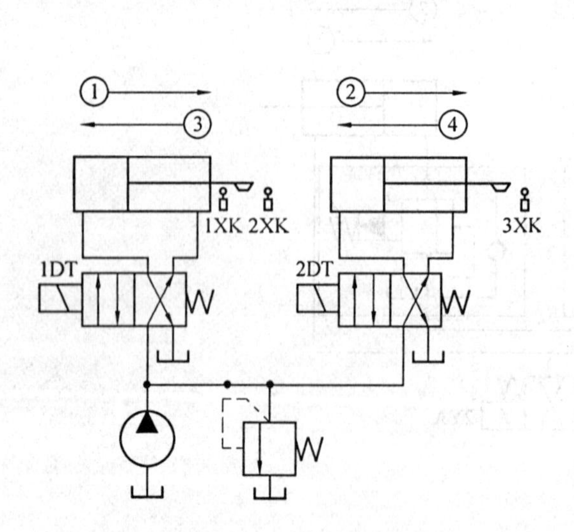

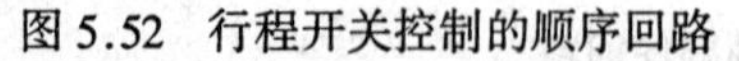
图 5.52 行程开关控制的顺序回路

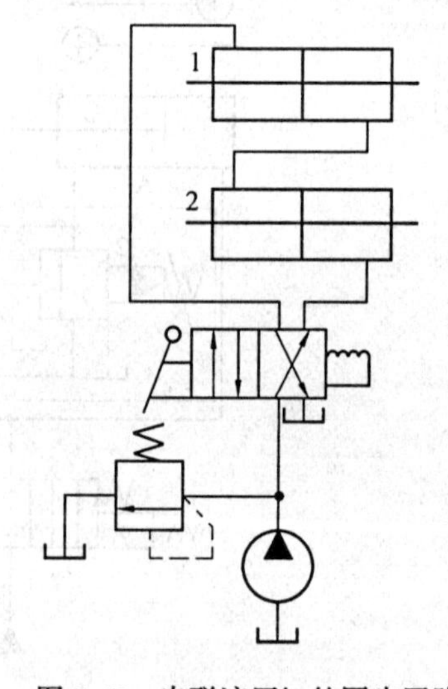

图 5.53 串联液压缸的同步回路

②带有补偿装置的同步回路。图 5.54 是两个单作用缸串联,为了达到同步运动,缸 1 有杆腔 A 的有效面积应与缸 2 无杆腔 B 的有效面积相等。在活塞下行的过程中,如液压缸 1 的活塞先运动到底,触动行程开关 1XK 发讯,使电磁铁 1DT 通电,此时压力油便经过二位三通电磁阀 3、液控单向阀 5,向液压缸 2 的 B 腔补油,使缸 2 的活塞继续运动到底。

如果液压缸 2 的活塞先运动到底，触动行程开关 2XK，使电磁铁 2DT 通电，此时压力油便经二位三通电磁阀 4 进入液控单向阀的控制油口，液控单向阀 5 反向导通，使缸 1 能通过液控单向阀 5 和二位三通电磁阀 3 回油，使缸 1 的活塞继续运动到底，对失调现象进行补偿。

(3)流量控制式同步回路

①用调速阀控制的同步回路。图 5.55 是两个并联的液压缸，分别用调速阀控制的同步回路。两个调速阀分别调节两缸活塞的运动速度，当两缸有效面积相等时，则流量也调整得相同；若两缸面积不等时，则改变调速阀的流量也能达到同步的运动。

用调速阀控制的同步回路，结构简单，并且可以调速，但是由于受到油温变化以及调速阀性能差异等影响，同步精度较低，一般在 5% ~ 7%左右。

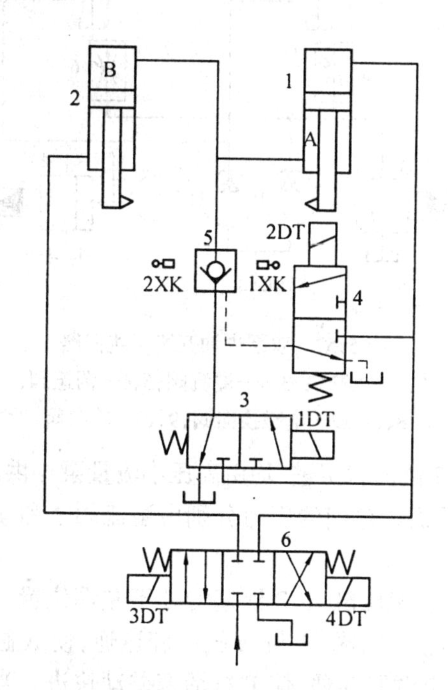

图 5.54 采用补偿措施的串联液压缸同步回路

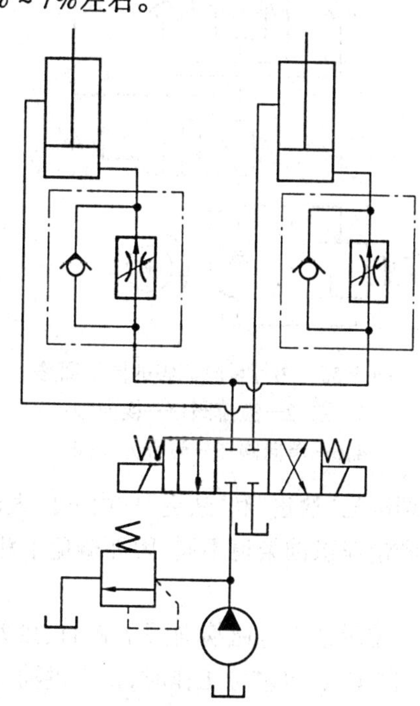

图 5.55 调速阀控制的同步回路

②同步阀的同步回路。如图 5.56 所示，电磁换向阀 3 右位工作时，压力油经等量分流阀 5 后以相等的流量进入两液压缸的左腔，两缸右腔回油，两活塞同步向右伸出。当换向阀 3 左位工作时，压力油经等量分流阀 5 后以相等的流量进入两液压缸的右腔，两缸左腔分别经单向阀 6 和 4 回油，两活塞快速退回。同步阀控制的同步回路，简单方便，能承受变动负载与偏载。

3. 多缸快慢速互不干涉回路

在一泵多缸的液压系统中，往往由于其中一个液压缸快速运动时，会造成系统的压力下降，影响其他液压缸工作进给的稳定性。因此，在工作进给要求比较稳定的多缸液压系统中，必须采用快慢速互不干涉回路。

在图 5.57 所示的回路中，各液压缸分别要完成快进、工作进给和快速退回的自动循环。且要求工进速度平稳，回路采用双泵的供油系统，泵 1 为高压小流量泵，泵 2 为低压大流量泵。

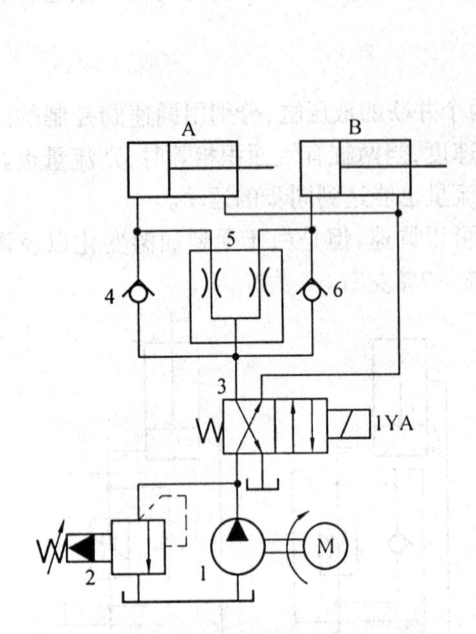

图 5.56 用等量分流阀的同步回路

1—泵；2—溢流阀；3—换向阀；

4、6—单向阀；5—等量分流阀

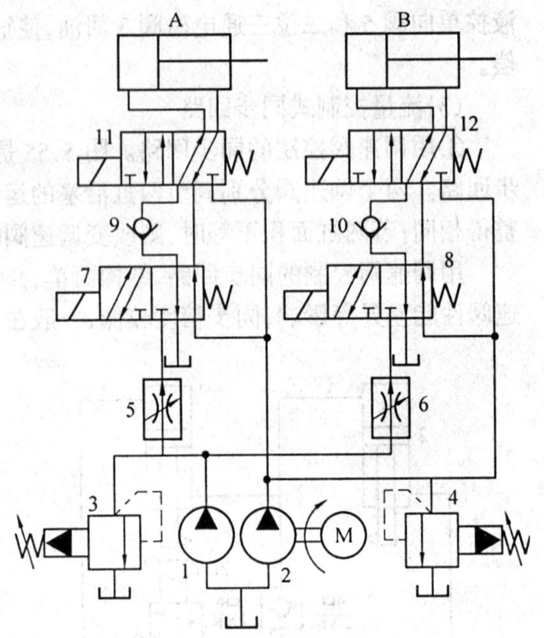

图 5.57 双泵供油互不干扰回路

1、2—双联泵；3、4—溢流阀；5、6—调速阀；

7、8、11、12—电磁换向阀；9、10—单向阀

两缸的“快进”和“快退”均由低压大流量泵 2 供油，“工进”均由高压小流量泵 1 供油。快速和慢速供油渠道不同，因而避免了相互的干扰。它们的压力分别由溢流阀 3 和 4 调定。

当图示位置电磁换向阀 7、8、11、12 均不通电，液压缸 A、B 活塞均处于左端位置。当阀 11、阀 12 通电左位工作时，泵 2 供油，压力油经阀 7、阀 11 与 A 缸两腔连通，使 A 缸活塞差动快进；同时泵 2 压力油经阀 8、阀 12 与 B 缸两腔连通，使 B 缸活塞差动快进。当阀 7、阀 8 通电左位工作，阀 11、阀 12 断电换为右位时，液压泵 2 的油路被封闭不能进入液压缸 A、B。泵 1 供油，压为油经调速阀 5、换向阀 7 左位、单向阀 9、换向阀 11 右位进入 A 缸左腔，A 缸右腔经阀 11 右位、阀 7 左位回油，A 缸活塞实现工进，同时泵 1 压力油经调速阀 6、换向阀 8 左位、单向阀 10、换向阀 12 右位进入 B 缸左腔，B 缸右腔经阀 12 右位、阀 8 左位回油，B 缸活塞实现工进。这时若 A 缸工进完毕，使阀 7、阀 11 均通电换为左位，则 A 缸换为泵 2 供油快退。其油路为：泵 2 油经阀 11 左位进入 A 缸右腔，A 缸左腔经阀 11 左位、阀 7 左位回油。这时由于 A 缸不由泵 1 供油，因而不会影响 B 缸工进速度的平稳性。当 B 缸工进结束，阀 8、阀 12 均通电换为左位，也由泵 2 供油实现快退。由于快退时为空载，对速度的平稳性要求不高，故 B 缸转为快退时对 A 缸快退无太大影响。

两缸工进时的工作压力由泵 1 出口处的溢流阀 3 调定，压力较高；两缸快速时的工作压力由泵 2 出口处的溢流阀 4 限定，压力较低。

5.5.4 增压回路

如果系统或系统的某一支油路需要压力较高但流量又不大的压力油，而采用高压泵又不经济，或者根本就没有必要增设高压力的液压泵时，就常采用增压回路，这样不仅易于选择液压泵，而且系统工作较可靠，噪声小。增压回路中提高压力的主要元件是增压缸或增压器。

(1)单作用增压缸的增压回路。如图5.58所示为利用增压缸的单作用增压回路，当系统在图示位置工作时，系统的供油压力 p_1 进入增压缸的大活塞腔，此时在小活塞腔即可得到所需的较高压力 p_2；当二位四通电磁换向阀右位接入系统时，增压缸返回，辅助油箱中的油液经单向阀补入小活塞。因而该回路只能间歇增压，所以称之为单作用增压回路。

(2)双作用增压缸的增压回路。如图5.59所示的采用双作用增压缸的增压回路，能连续输出高压油，在图示位置，液压泵输出的压力油经换向阀1和单向阀3进入增压缸左端大、小活塞腔，右端大活塞腔的回油通油箱，右端小活塞腔增压后的高压油经单向阀6输出，此时单向阀4、5被关闭。当增压缸活塞移到右端时，换向阀得电换向，增压缸活塞向左移动。同理，左端小活塞腔输出的高压油经单向阀5输出，这样，增压缸的活塞不断往复运动，两端便交替输出高压油，从而实现了连续增压。

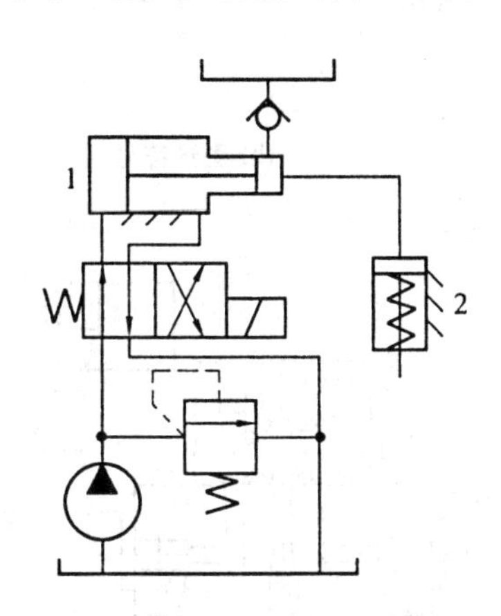

图5.58 单作用增压缸的增压回路

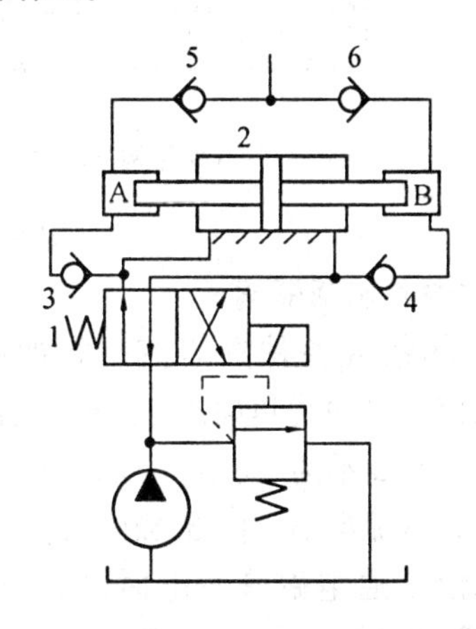

图5.59 双作用增压缸增压回路

5.6 其他液压阀及应用

前面所介绍的方向阀、压力阀、流量阀是普通液压阀，除此之外还有一些特殊的液压阀，如插装阀、比例阀和伺服阀等。

5.6.1 插装阀

插装阀(逻辑阀)是一种较新型的液压元件，它的特点是通流能力大，密封性能好，动作灵敏，结构简单，因而主要用于流量较大系统或对密封性能要求较高的系统。

1.插装阀的工作原理

插装阀的结构及图形符号如图5.60所示。插装阀由控制盖板、插装单元(由阀套、弹簧、阀心及密封件组成)、插装块体和先导控制阀(先导阀为二位三通电磁换向阀,见图5.61)组成。由于这种阀的插装单元在回路中主要起通、断作用,故又称二通插装阀。二通插装阀的工作原理相当于一个液控单向阀。图中A和B为主油路仅有的两个工作油口,K为控制油口(与先导阀相接)。当K口无液压力作用时,阀心受到的向上的液压力大于弹簧力,阀心开启,A与B相通,至于液流的方向,视A、B口的压力大小而定。反之,当K口有液压力作用时,且K口的油液压力大于A和B口的油液压力,才能保证A与B之间关闭。插装阀与各种先导阀组合,便可组成方向控制阀、压力控制阀和流量控制阀。

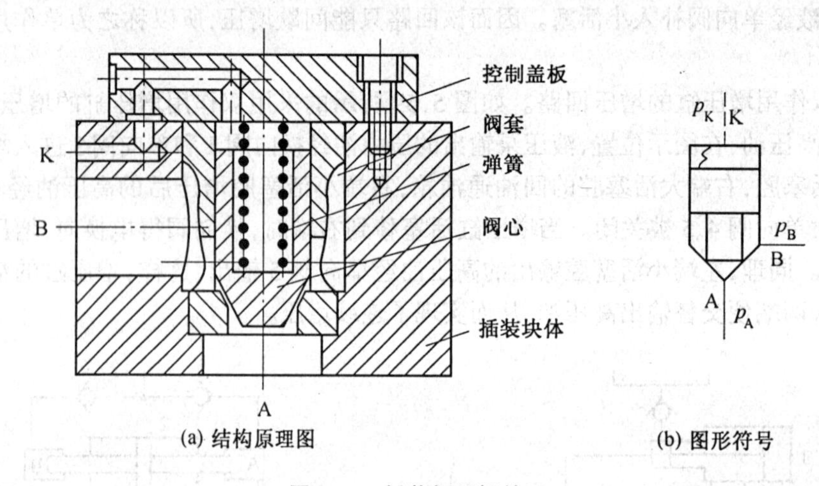

(a) 结构原理图　　(b) 图形符号

图5.60　插装阀逻辑单元

2.方向控制插装阀

插装阀组成各种方向控制阀如图5.62所示。图5.62(a)为单向阀,当$p_A > p_B$时,阀心关闭,A与B不通;而当$p_B > p_A$时,阀心开启,油液从B流向A。图5.62(b)为二位二通阀,当二位三通电磁阀断电时,阀心开启,A与B接通;电磁阀通电时,阀心关闭,A与B不通。图5.62(c)为二位三通阀,当二位四通电磁阀通电时,A与T接通;电磁阀断电时,A与P接通。图5.62(d)为二位四通阀,电磁阀断电时,P与B接通,A与T接通;电磁阀通电时,P与A接通,B与T接通。

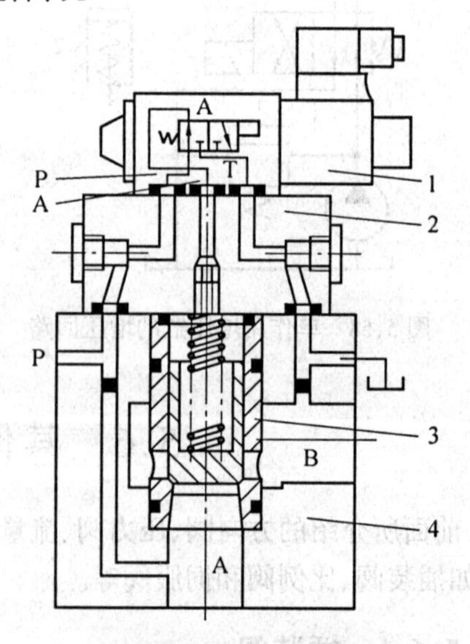

图5.61　插装阀的组成

1—先导控制阀;2—控制盖板;
3—逻辑单元(主阀);4—阀块体

3.压力控制插装阀

插装阀组成压力控制阀如图5.63所示。在图5.63(a)中,如B接油箱,则插装阀用做溢流阀,其原理与先导式溢流阀相同。如B

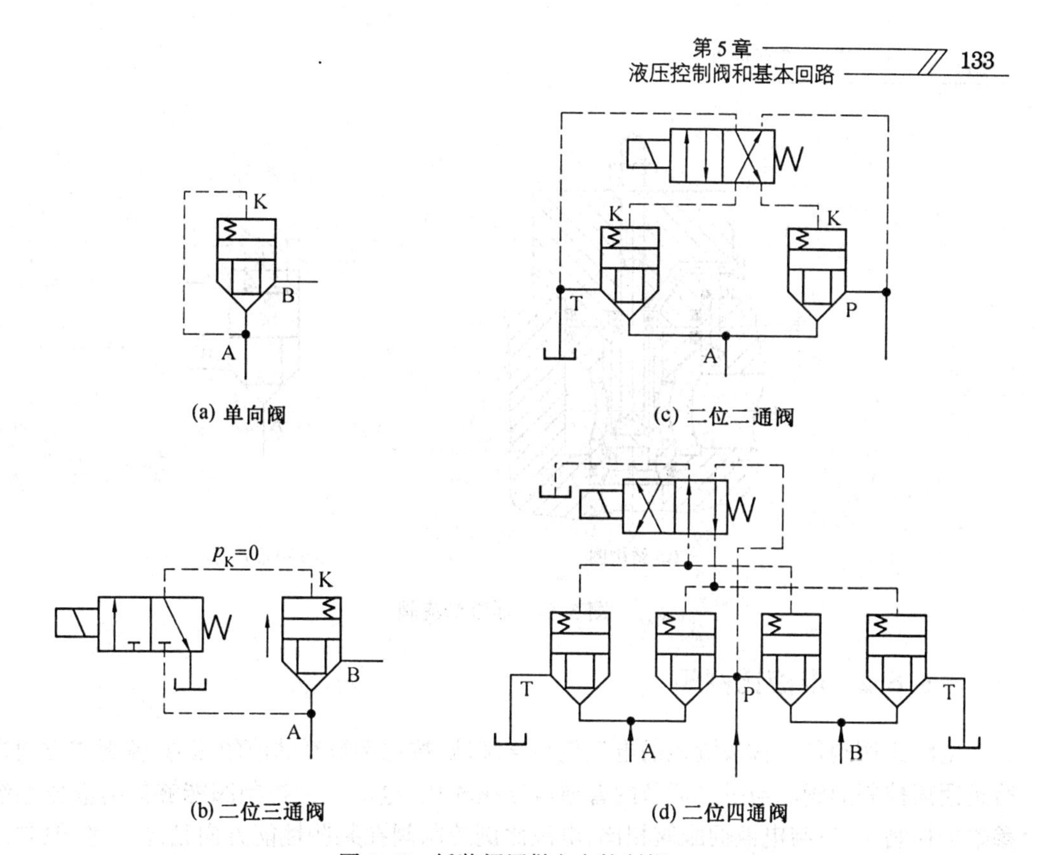

图 5.62　插装阀用做方向控制阀

接负载时,则插装阀起顺序阀作用。图 5.63(b)所示为电磁溢流阀,当二位二通电磁阀通电时起卸荷作用。

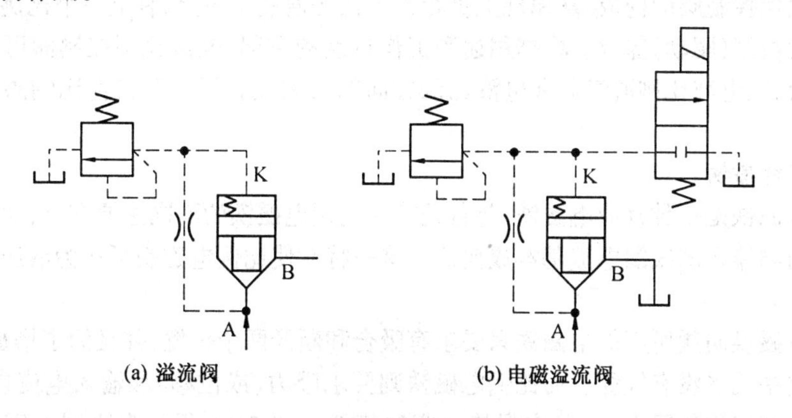

图 5.63　插装阀用做压力控制阀

4.流量控制插装阀

二通插装节流阀的结构及图形符号如图 5.64 所示。在插装阀的控制盖板上有阀心限位器,用来调节阀心开度,从而起到流量控制阀的作用。若在二通插装阀前串联一个定差减压阀,则可组成二通插装调速阀。

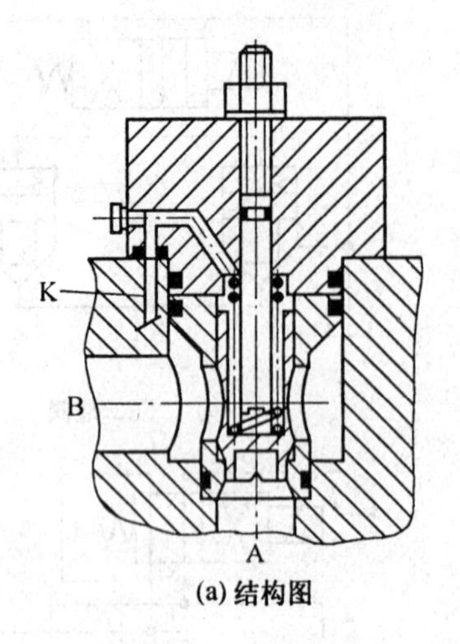

(a) 结构图

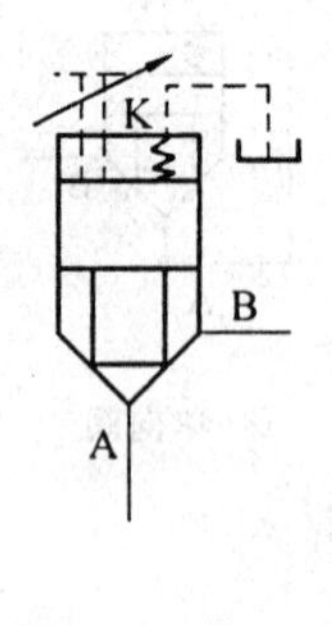

(b) 图形符号

图 5.64 插装节流阀

*5.6.2 电液比例阀

电液比例阀是一种按输入的电气信号连续地、按比例地对油液的压力、流量或方向进行远距离控制的阀。与手动调节的普通液压阀相比,电液比例控制阀能够提高液压系统参数的控制水平;与电液伺服阀相比,电液比例控制阀在某些性能方向稍差一些,但它结构简单、成本低,所以它广泛应用于要求对液压参数进行连续控制或程序控制,但对控制精度和动态特性要求不太高的液压系统中。

电液比例控制阀的构成,从原理上讲相当于在普通液压阀上,装上一个比例电磁铁以代替原有的控制(驱动)部分。根据用途和工作特点的不同,电液比例控制阀可以分为电液比例压力阀、电液比例流量阀和电液比例方向阀三大类。下面对三类比例阀作简要介绍。

1.比例电磁铁

比例电磁铁是一种直流电磁铁,与普通换向阀用电磁铁的不同主要在于,比例电磁铁的输出推力与输入的线圈电流基本成比例。这一特性使比例电磁铁可作为液压阀中的信号给定元件。

普通电磁换向阀所用的电磁铁只要求有吸合和断开两个位置,并且为了增加吸力,在吸合时磁路中几乎没有气隙。而比例电磁铁则要求吸力(或位移)和输入电流成比例,并在衔铁的全部工作位置上,磁路中保持一定的气隙。图 5.65 所示为比例电磁铁的结构图。

2.电液比例溢流阀

(1)结构及其工作原理

用比例电磁铁取代先导型溢流阀导阀的手调装置(调压手柄),便成为先导型比例溢流阀,如图 5.66 所示。该阀下部与普通溢流阀的主阀相同,上部则为比例先导压力阀。该阀还附有一个手动调整的安全阀(先导阀)9,用以限制比例溢流阀的最高压力,以避免因电子仪器发生故障使得控制电流过大,压力超过系统允许最大压力的可能性。比例电

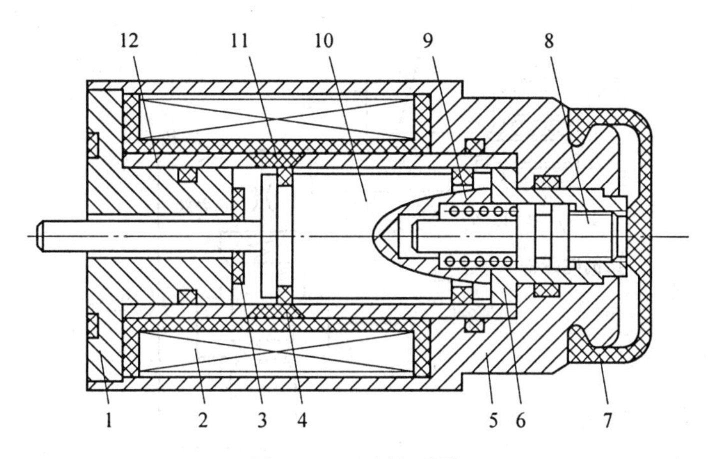

图 5.65　比例电磁铁

1—轭铁;2—线圈;3—限位环;4—隔磁环;5—壳体;6—内盖;7—盖;

8—调节螺钉;9—弹簧;10—衔铁;11—(隔磁)支承环;12—导向套

磁铁的推杆向先导阀心施加推力,该推力作为先导级压力负反馈的指令信号。随着输入电信号强度的变化,比例电磁铁的电磁力将随之变化,从而改变指令力 $F_{指}$ 的大小,使锥阀的开启压力随输入信号的变化而变化。若输入信号连续地、按比例地或按一定程序变化,则比例溢流阀所调节的系统压力也连续地、按比例地或按一定的程序进行变化。因此比例溢流阀多用于系统的多级调压或实现连续的压力控制。直动型比例溢流阀作先导阀与其他普通的压力阀的主阀相配,便可组成先导型比例溢流阀、比例顺序阀和比例减压阀。图 5.67 为先导型比例溢流阀的工作原理简图。

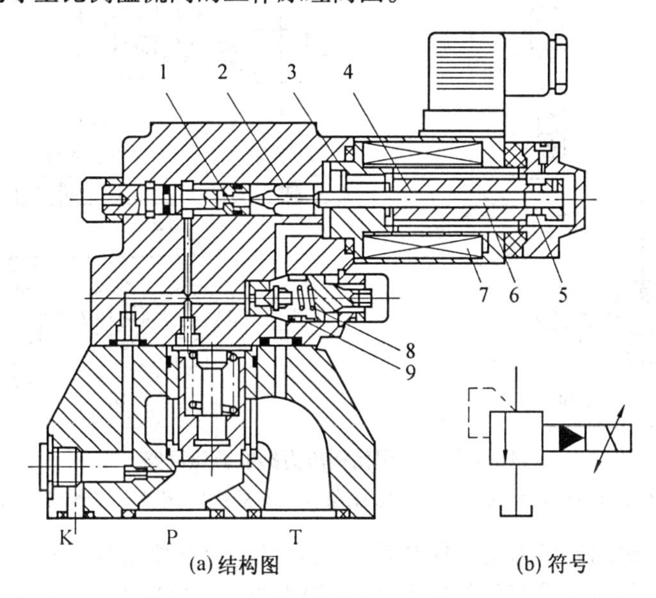

图 5.66　比例溢流阀的结构及图形符号

1—阀座;2—先导锥阀;3—轭铁;4—衔铁;5—弹簧;6—推杆;

7—线圈;8—弹簧;9—先导阀

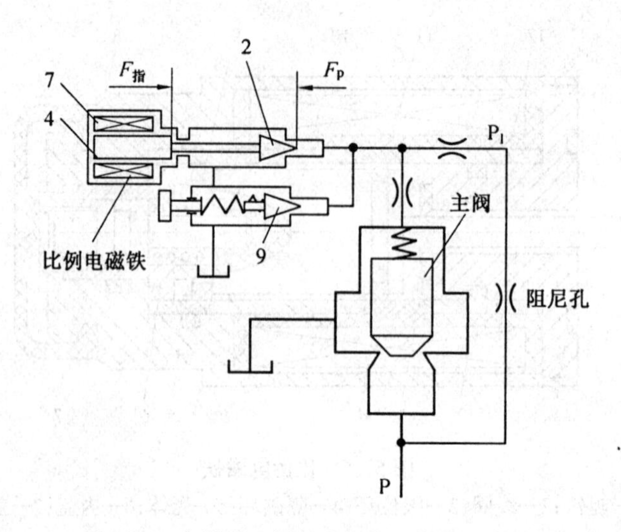

图 5.67 先导型比例溢流阀的工作原理简图

(2)电液比例压力阀的应用

①图 5.68 为利用比例溢流阀和比例减压阀的多级调压回路。图中 2 和 6 为电子放大器。改变输入电流 I,即可控制系统的工作压力。用它可以代替普通多级调压回路中的若干个压力阀,且能对系统进行连续控制。

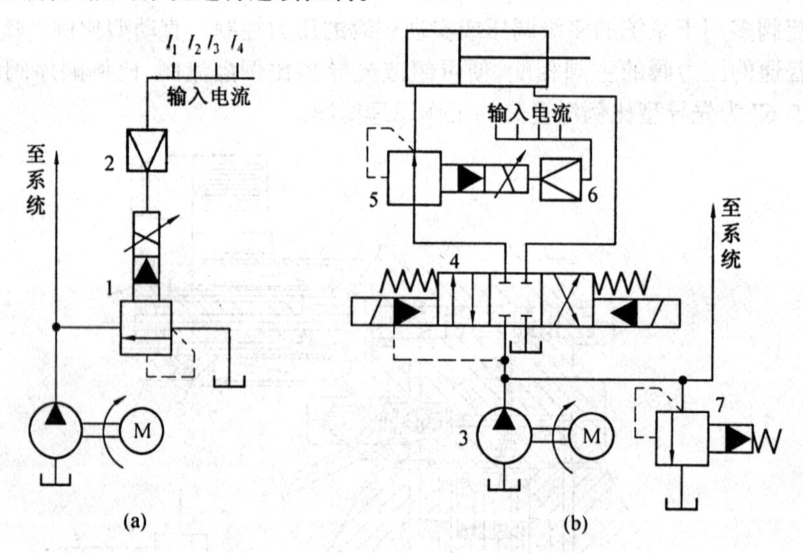

图 5.68 应用比例压力阀的调压回路

1—比例溢流阀;2、6—电子放大器;3—液压泵;4—电液换向阀;5—比例减压阀;7—溢流阀

②图 5.69 为比例溢流阀用于保持带材张力恒定的自控系统。卷取带材的卷筒 3 用液压马达 4 拖动,随着卷筒直径的增大,需要增大转矩,才能保持带材张力不变。现用杠杆端部的滚轮 2 与卷筒接触,并将滚筒直径的变化量通过电位计转换成电信号,放大后控制比例溢流阀,从而控制供油压力相应增大,使液压马达的输出转矩随之增加。

3.比例方向节流阀

用比例电磁铁取代电磁换向阀中的普通电磁铁,便构成直动型比例方向节流阀,如图5.70所示。由于使用了比例电磁铁,阀心不仅可以换位,而且换位的行程可以连续地或按比例地变化,因而连通油口间的通流面积也可以连续地或按比例地变化,所以比例方向节流阀不仅能控制执行元件的运动方向,而且能控制其速度。

部分比例电磁铁前端还附有位移传感器(或称差动变压器),这种比例电磁铁称为行程控制比例电磁铁。位移传感器能准确地测定电磁铁的行程,并向放大器发出电反馈信号。电放大器将输入信号和反馈信号加以比较后,再向电磁铁发出纠正信号以补偿误差,因此阀心位置的控制更加精确。

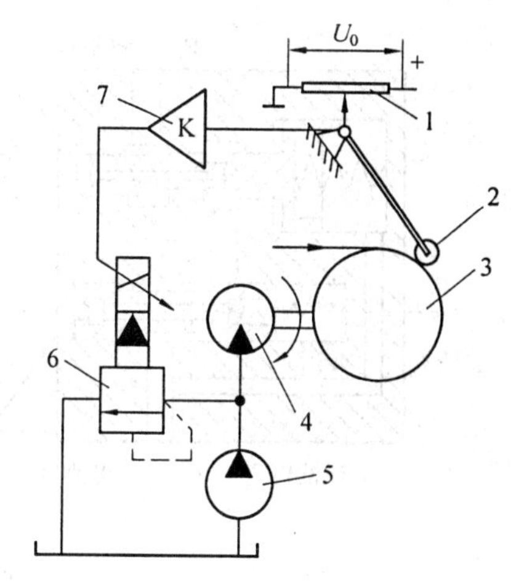

图5.69　应用比例溢流阀的恒张力控制系统

1—电位计;2—滚轮;3—卷筒;4—液压马达;5—液压泵;6—比例溢流阀;7—放大器

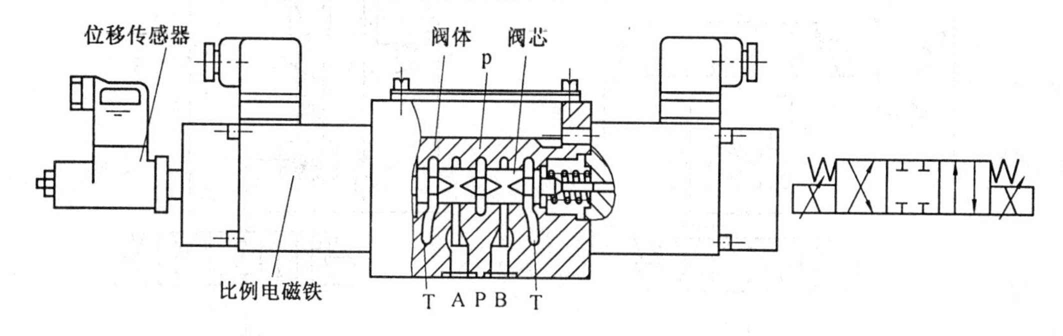

图5.70　带位移传感器的直动型比例方向节流阀

4.电液比例调速阀

(1)结构及其工作原理

用比例电磁铁取代节流阀或调速阀的手调装置,以输入电信号控制节流口开度,便可连续地或按比例地远程控制其输出流量,实现执行部件的速度调节。图5.71是电液比例调速阀的结构原理及图形符号。图中的节流阀心由比例电磁铁的推杆操纵,输入的电信号不同,则电磁力不同,推杆受力不同,与阀心左端弹簧力平衡后,便有不同的节流口开度。由于定差减压阀已保证了节流口前后压差为定值,所以一定的输入电流就对应一定的输出流量,不同的输入信号变化,就对应着不同的输出流量变化。

(2)电液比例调速阀的应用

比例调速阀主要用于各类液压系统的连续变速与多速控制。图5.72(b)为采用的比例调速阀的调速回路,与使用手动调速阀的调速回路图5.72(a)相比,不但减少了控制元件的数量,而且使液压缸工作速度更符合加工工艺或设备要求。

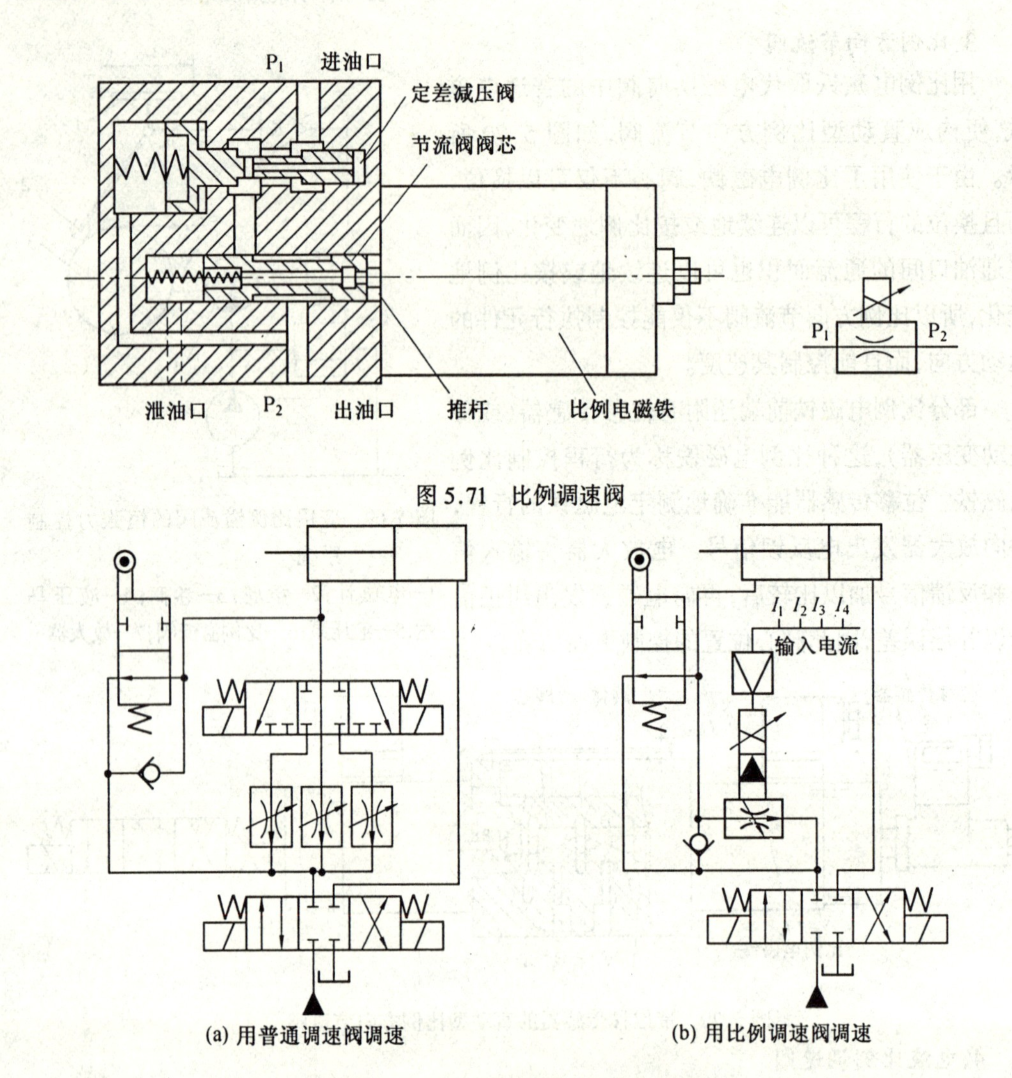

图 5.71 比例调速阀

图 5.72 应用比例调速阀的调速回路

*5.7 伺服阀及伺服系统

液压伺服系统是一种采用液压伺服机构、根据液压传动原理建立起来的自动控制系统。在这种系统中,执行元件的运动随着控制机构的信号改变而改变,因而伺服系统又称为随动系统或跟踪系统。由于液压伺服控制因响应快、精度高、功率 - 质量比大等特点,在国防工业武器自动化和一般工业自动化领域都得到了广泛的应用

电液伺服阀是一种比电液比例阀的精度更高、响应更快的液压控制阀。其输出流量或压力受输入的电气信号控制,主要用于高速闭环液压控制系统,而比例阀多用于响应速度相对较低的开环控制系统中。

5.7.1 液压伺服系统的工作原理

1.工作原理

图5.73为某机液位置伺服系统的原理图。这是一套具有机械反馈的节流型阀控缸伺服系统。它的输入量(输入位移)为伺服滑阀阀心3的位移 x_i,输出量(输出位移)为液压缸的位移 x_o,阀口a、b的开口量为 x_v。图中液压泵2和溢流阀1构成恒压油源。滑阀的阀体4与液压缸固连成一体,组成液压伺服拖动装置。

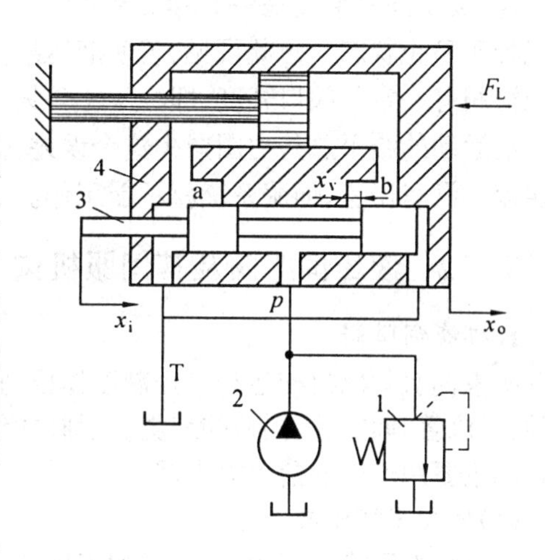

图5.73 机液位置伺服系统原理图

1—溢流阀;2—泵;3—阀心;4—阀体(缸体)

当伺服滑阀处于中间位置($x_v=0$)时,各阀口均关闭,阀没有流量输出,液压缸不动,系统处于静止状态。给伺服滑阀阀心一个输入位移 x_i,阀口a、b便有一个相应的开口量 x_v,使压力油经阀口b进入液压缸的右腔,其左腔油液经阀口a回油箱,液压缸在液压力的作用下右移 x_o,由于滑阀阀体与液压缸体固连在一起,因而阀体也右移,则阀口a、b的开口量减少($x_v=x_i-x_o$),直到 $x_o=x_i$ 时,$x_v=0$,阀口关闭,液压缸停止运动,从而完成液压输出位移对伺服滑阀输入位移的跟随运动。若伺服滑阀反向运动,液压缸也作反向跟随运动。由此可见,只要给伺服以某一规律的输入信号,则执行元件就自动地、准确地跟随滑阀按照这个规律运动。这就是液压伺服系统的工作原理,该原理可以用图5.74表示。

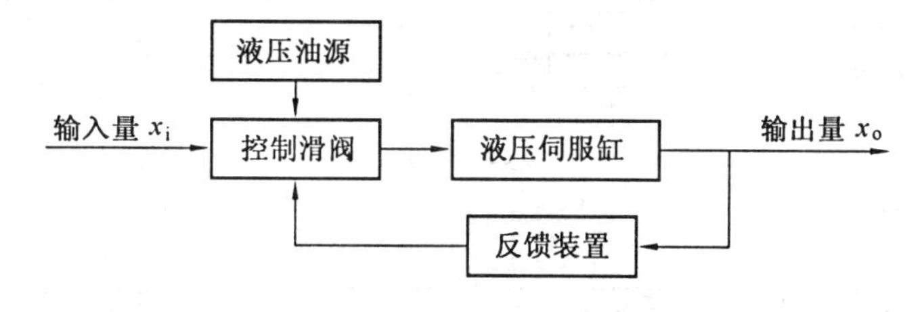

图5.74 液压伺服系统工作原理方块图

2.液压伺服系统的特点

(1)液压伺服系统是一个位置跟踪系统。输出位移自动地跟随输入位移的变化规律而变化,体现为位置跟随运动。

(2)液压伺服系统是一个功率放大系统。推动滑阀阀心所需的功率很小,而系统的输出功率却可以很大,可带动较大的负载运动。

(3)液压伺服系统是一个负反馈系统。输出位移之所以能够精确地复现输入位移的变化,是因为控制滑阀的阀体和液压缸体固连在一起,构成了一个负反馈控制通路。液压缸输出位移,通过这个反馈通路回输给滑阀阀体,并与输入位移相比较,从而逐渐减小和消除输出位移和输入位移之间的偏差,直到两者相同为止。因此负反馈环节是液压伺服系统中必不可少的重要环节。

(4)液压伺服系统是一个有误差系统。液压缸位移和阀心位移之间不存在偏差时,系统就处于静止状态。由此可见,若使液压缸克服工作阻力并以一定的速度运动,首先必须保证滑阀有一定的阀口开度,即 $x_v = x_i - x_o \neq 0$。这就是液压伺服系统工作的必要条件。液压缸运动的结果总是力图减少这个误差,但在其工作的任何时刻也不可能完全消除这个误差。没有误差,伺服系统就不能工作。

5.7.2 液压伺服阀及其伺服机构

1.机液伺服阀

机液伺服阀以机械运动来控制液体压力和流量的伺服元件。从结构形式上,可分为滑阀、射流管阀和喷嘴挡板阀三类。滑阀的结构形式多,应用也较普遍,喷嘴挡板阀和射流管阀主要用作液压前置放大器。

(1)滑阀式液压放大器

构造与液压换向阀相似,只是加工精度比换向阀要高得多。其结构形式主要有如下几种:图 5.75(a)所示为单边控制滑阀,滑阀控制边的开口量 x_v,控制着液压缸右腔的压力和流量,从而控制液压缸运动的速度和方向。来自液压泵的压力油进入单杆液压缸的有杆腔,通过活塞上的阻尼小孔 e 进入无杆腔,压力也由 p_s 降为 p_1,再通过滑阀唯一的节流边流回油箱。在液压缸不受外载作用的条件下,$p_1A_1 = p_sA_2$。当滑阀阀心根据输入信号向左移动时,阀开口量 x_v 增大,无杆腔压力 p_1 下降,于是,$p_1A_1 < p_2A_2$,缸体向左移,因为缸体和阀体刚性连接成一个整体,故阀体左移,又使 x_v 减小,直至平衡。图 5.75(b)为双边控制滑阀。它的阀心有两个控制边 a 和 b。

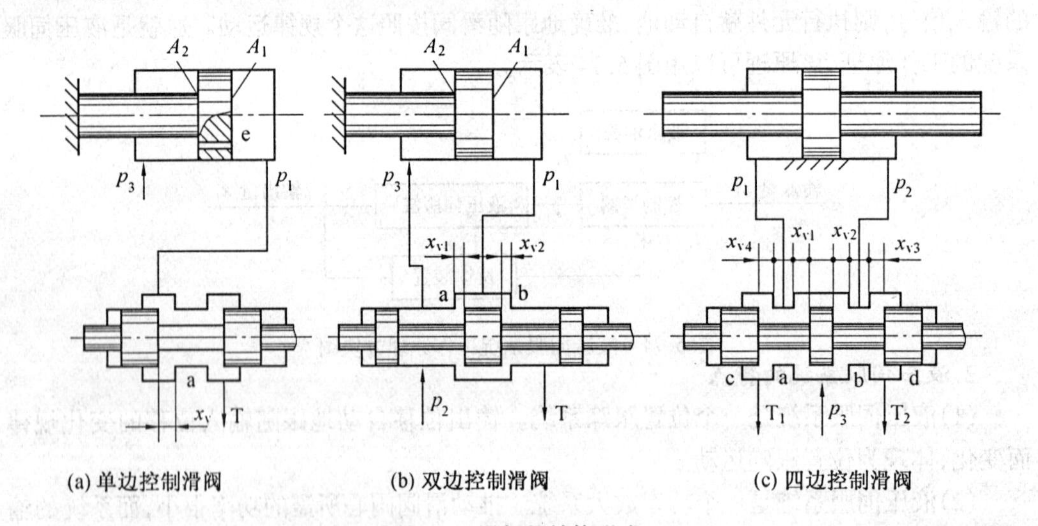

(a) 单边控制滑阀　　(b) 双边控制滑阀　　(c) 四边控制滑阀

图 5.75 滑阀的结构形式

压力油一路直接进入液压缸有杆腔,另一路经阀口 a 进入液压缸的无杆腔或再经阀口 b 流回油箱。当滑阀阀心向左移动时,x_{v1}减小,x_{v2}增大,液压缸无杆腔中的压力 p_1 下降,于是 $p_1A_1 < p_sA_2$,缸体也向左移动。双边控制滑阀比单边控制滑阀的调节灵敏度高,工作精度高,但必须保证一个轴向配合尺寸。图 5.75(c)为四边控制滑阀。它的阀心有四个控制边 a、b、c、d。其中 a 和 b 分别控制进入液压缸两腔的压力油;而 c 和 d 分别控制

液压缸两腔的回油。当滑阀向左移动时，阀口 x_{v1}减小、x_{v3}增大，使 p_1 迅速减小；同时，阀口 x_{v4}减小，x_{v2}增大，使 p_2 迅速增大，使活塞迅速左移。与双边控制滑阀相比，四边控制滑阀因同时控制液压缸两腔的油液压力和流量，故调节灵敏度更高，工作精度更高，但必须保证三个轴向配合尺寸。

综上所述，各种伺服滑阀的控制作用是相同的，只是控制边数越多，控制精度也越高，但其结构工艺性也越差。故在性能要求较高的伺服系统中，多采用四边控制滑阀。单边、双边控制滑阀则用于一般精度系统。此外，伺服滑阀的开口形式（正开口、零开口和负开口）对阀的性能也有一定影响。

(2)射流管阀

①结构及工作原理。如图5.76所示，射流管阀由射流管3、接收器2等组成。射流管由轴c支承，可以绕轴摆动。接收器上的两个接收孔a、b分别和液压缸1的两腔相通。压力油由射流管射出，被两个接收孔接收，并加在液压缸左右两腔。在没有输入信号时射流管处于中间位置，喷嘴对准两接收孔中间，两接收孔内油液的压力相等，液压缸不动。有输入信号时射流管偏转，两接收孔接受的油液不相等，加在液压缸两腔压力不相等，液压缸运动。

②特点及应用。优点是结构简单、加工精度低，抗污染能力强，缺点是惯性大、响应速度低、功耗大。只适用于低压、小功率场合。

(3)喷嘴挡板阀

①种类。有单喷嘴式和双喷嘴式两种形式，两者的工作原理基本相同。

②结构及工作原理。如图5.77所示，双喷嘴挡板阀由挡板1、喷嘴3和6、固定节流小孔2和7等组成。挡板和两个喷嘴之间形成两个可变截面的节流缝隙4和5。当挡板处于中间位置时，两缝隙所形成的节流阻力相等，两喷嘴腔内的油液压力相等，即 $p_1=p_2$，液压缸不动。当输入信号使挡板向左摆动时，则节流缝隙5关小，4开大，p_1 上升，p_2 下降，液压缸体向左移动。因负反馈作用，当喷嘴跟随缸体移动到挡板两边对称位置时，液压缸停止运动。

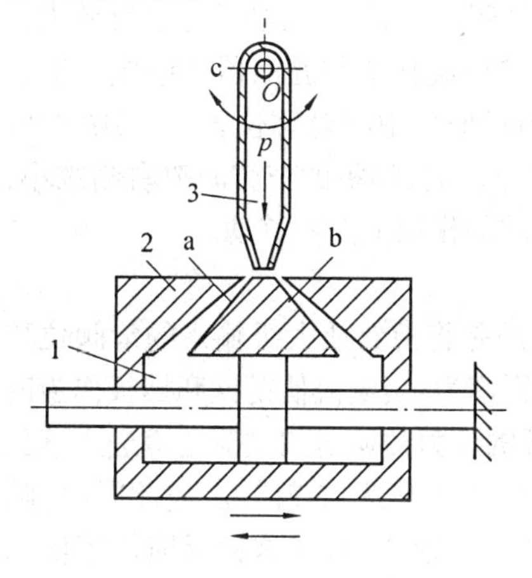

图5.76 射流管阀

1—液压缸；2—接受器；3—射流管

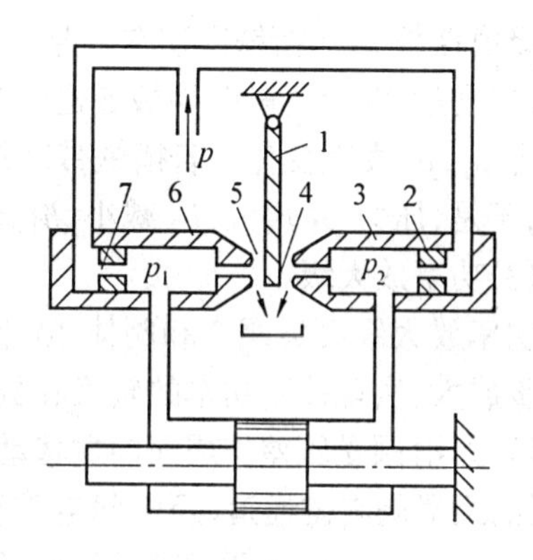

图5.77 喷嘴挡板阀

1—挡板；2、7—节流小孔；3、6—喷嘴；
4、5—节流缝隙

③特点及应用。优点是结构简单,加工方便,运动部件惯性小、反应快,精度和灵敏度较高。缺点是无功损耗大,抗污染能力较差,多用于多级放大伺服元件中的前置级。

2. 电液伺服阀

电液伺服阀是把微弱的电气模拟信号转变为大功率液压能(流量、压力)。它集中了电气和液压的优点,具有快速的动态响应和良好的静态特性,已广泛应用于电液位置、速度、加速度、力伺服系统中。由力矩马达、喷嘴挡板式液压前置放大级和四边滑阀功率放大级等三部分组成。

如图 5.78 所示,为力反馈电液伺服工作原理图,各部分工作原理分析如下。

(1)力矩马达

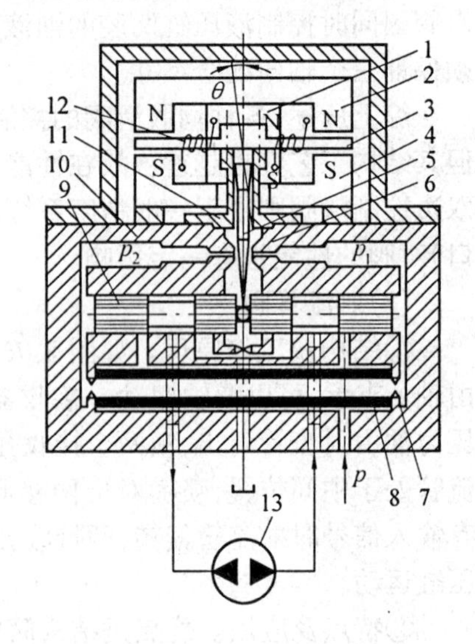

图 5.78 力反馈电液伺服工作原理图
1—永久磁铁;2、4—导磁体;3—衔铁;5—挡板;6—喷嘴;7—固定节流口;8—滤油器;9—滑阀;10—阀体;11—弹簧管;12—线圈;13—液压马达

力矩马达由一对永久磁铁 1、导磁体 2、4、衔铁 3、线圈 12 和弹簧管 11 等组成。其工作原理为:永久磁铁将两块导磁体磁化为 N、S 极。当控制电流通过线圈 12 时,衔铁 3 被磁化。若通入的电流使衔铁左端为 N 极,右端为 S 极,根据磁极间同性相斥、异性相吸的原理,衔铁向逆时针方向偏转 θ 角。衔铁由固定在阀座位 10 上的弹簧管 11 支承,这时弹簧管弯曲变形,产生一反力矩作用在衔铁上。由于电磁力与输入电流值成正比,弹簧管的弹性力矩又与其转角成正比,因此衔铁的转角与输入电流的大小成正比。电流越大,衔铁偏转的角度也越大。电流反向输入时,衔铁也反向偏转。

(2)前置放大级

力矩马达产生的力矩很小,不能直接用来驱动四边控制滑阀,必须先进行放大。前置放大级由挡板 5(与衔铁固连在一起)、喷嘴 6、固定节流孔 7 和滤油器 8 组成。工作原理为:力矩马达使衔铁偏转,挡板 5 也一起偏转。挡板偏离中间对称位置后,喷嘴腔内的油液压力 p_1、p_2 发生变化。若衔铁带动挡板逆时针偏转时,挡板的节流间隙右侧减小,左侧增大,于是,压力 p_1 增大,p_2 减小,滑阀 9 在压力差的作用下向左移动。

(3)功率放大级

功率放大级由滑阀 9 和阀体 10 组成。其作用是将前置放大级输入的滑阀位移信号进一步放大,实现控制功率的转换和放大。工作原理为:当电流使衔铁和挡板作逆时针方向偏转时,滑阀受压差作用而向左移动,这时油源的压力油从滑阀左侧通道进入液压马达 13,回油经滑阀右侧通道,经中间空腔流回油箱,使液压马达 13 旋转。与此同时,随着滑阀向左移动,使挡板在两喷嘴的偏移量减小,实现了反馈作用,当这种反馈作用使挡板又恢复到中位时,滑阀受力平衡而停止在一个新的位置不动,并有相应的流量输出。

由上述分析可知,滑阀位置是通过反馈杆变形力反馈到衔铁上,使诸力平衡而决定的,所以也称此阀为力反馈式电液伺服阀,其工作原理可用图 5.79 所示的方框图表示。

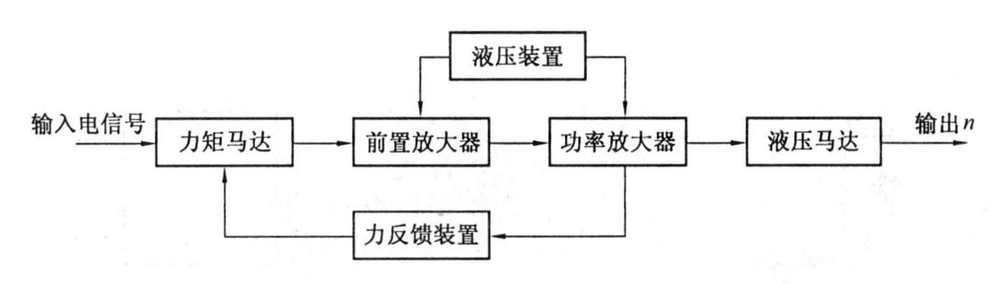

图5.79 力反馈式电液伺服阀方框图

3.电液数字阀与数字控制伺服机构

用数字信息直接控制的阀称为电液数字控制阀。它可直接与计算机接口,不需要D/A转换器,因此在微机实现控制的电液伺服系统中,已部分取代了电液伺服阀。

(1)系统方框图

如图5.80由计算机发出需要的脉冲序列,经驱动电源放大后使步进电动机按信号动作。每当步进电动机得到一个脉冲时,它便沿着控制脉冲信号给定的方向转一步(每个脉冲可使步进电动机转过一个固定的步距角)。步进电动机转动时,经机械转换器使旋转角度$\Delta\theta$转换成位移量$\Delta\chi$,从而带动液压阀的阀心(或挡板等)移动一定的位移。因此给步进电动机一定的步数,相应于阀心有一个确定的开度,从而控制液压马达或液压缸的运动。

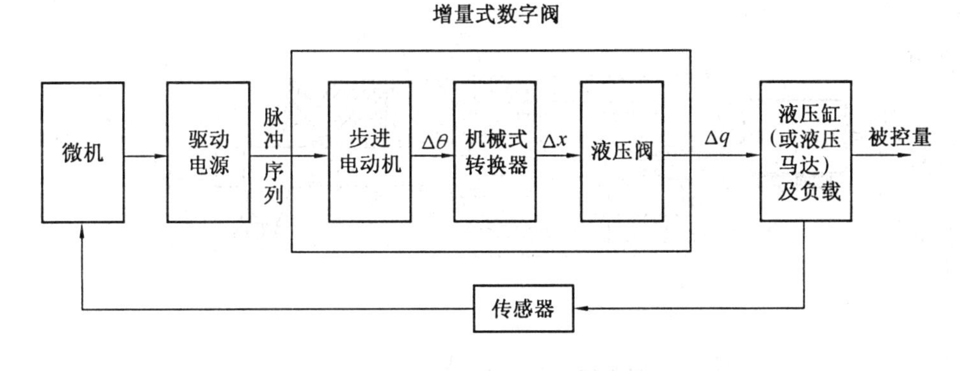

图5.80 数字阀控制系统方框图

(2)增量式数字流量阀

工作原理如图5.81所示。计算机发出信号后,步进电动机1转动,通过滚珠丝杠2转化为轴向位移,带动节流阀阀心3移动。该阀有两个节流口,阀心移动时首先打开右边的非全周节流口,流量较小;继续移动则打开左边的第二个全周节流口,流量较大,可达3 600 L/min。该阀的流量由阀心3、阀套4及连杆5的相对热膨胀取得温度补偿,维持流量恒定。该阀无反馈功能,但装有零位移传感器6,在每个控制周期终了时,阀心都可在它控制下回到零位。这样就保证每个工作周期都在相同的位置开始,使阀有较高的重复精度。

(3)由增量式数字控制组成的电液伺服机构——电液步进马达和电液步进缸的原理分析

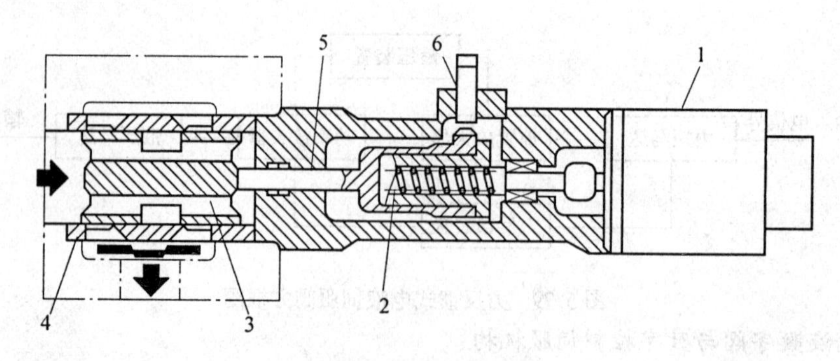

图 5.81 数字流量阀

1—步进电动机;2—滚珠丝杠;3 节流阀阀心;4—阀套;5—连杆;6—位移传感器

图 5.82 为电液步进马达原理图,它由步进电动机和液压扭矩放大器两部分组成。步进电动机 1 可将数控电路输入的电脉冲信号转换成角位移量输出。由于步进电动机输出的功率很小,因此,必须通过扭矩放大器进行功率放大后来驱动负载。液压扭矩放大器由四边滑阀、反馈机构和液压马达组成,它是一个直接位置反馈式液压伺服机构。以滑阀阀心的端头作为螺杆 4,反馈螺母与液压马达相连并套在螺杆上,从而构成直接位置反馈关系。

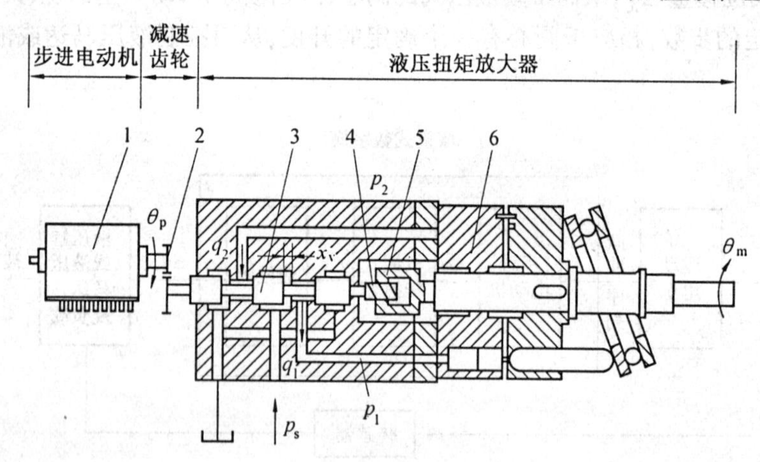

图 5.82 电液步进马达原理图

1—步进电动机;2—减速齿轮;3—滑阀阀心;4—螺杆;5—反馈螺母;6—液压马达

当步进电动机在输入脉冲作用下转过一定角度时,经过减速齿轮 2 带动滑阀阀心 3 旋转。由于液压马达尚未旋转,即反馈螺母 5 未动,阀心便产生一定的轴向位移,使阀口开启,压力油经滑阀的一个阀口进入液压马达 6,液压马达的回油则经另一个阀口流回油箱,从而使液压马达旋转。液压马达旋转后通过反馈螺母又使阀心返回零位,将阀口关闭,使液压马达停止转动。这样步进电动机旋转一个角度,液压马达也转过一个相应的角度。由于螺杆 - 反馈螺母的直接反馈作用,液压马达的转角必等于阀心的转角。连续工作时,液压马达的转角滞后于阀心的转角,即存在跟随误差。正是存在这个偏差信号,才使阀口存在一定的开口量 x_v,以便通过一定的流量输往液压马达,维持其在一定转速下转动。也就是说,电液步进马达不存在位置误差,但存在跟随误差。

图 5.83 为电液步进缸原理图,它由步进电动机和液压力放大器两部分组成。它也是

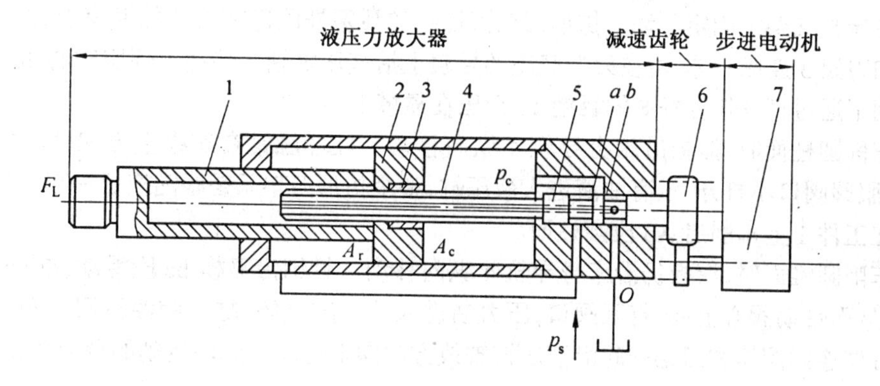

图 5.83 电液步进缸原理图

1—活塞杆;2—活塞;3—反馈螺母;4—螺杆;5—阀心;6—减速齿轮;7—步进电动机

一个直接位置反馈式液压伺服机构。电液步进缸与电液步进马达的区别主要是执行元件不同。由于电液步进缸中多采用差动缸,因此可采用双边控制滑阀。当使用双边控制滑阀时,压力油直接进入差动缸的有杆腔;而无杆腔的油液要受到双边控制滑阀的控制。对于面积比 $A_r:A_c=1:2$ 的典型差动缸来说,当 $p_sA_r=p_cA_c$ 时,活塞处于平衡状态。在指令输入脉冲作用下,步进电动机带动滑阀的阀心旋转,活塞 2 和反馈螺母 3 未动时,螺杆 4 与螺母作相对运动,假若使阀心后移,阀口开大,则 $p_c>p_s$,于是活塞杆 1 外伸。与此同时,活塞向左移,同活塞连成一体的反馈螺母带动阀心 5 左移,实现了直接位置负反馈,使阀口关小,直至关闭,活塞在新的位置平衡。若输入连续的脉冲,则步进电动机连续旋转,活塞便随着外伸。反之,输入反向脉冲时,步进电动机反转,活塞杆便反向内缩。通过螺杆螺母之间间隙泄漏到空心活塞杆腔的油液,可经空心螺杆引至回油腔。

5.7.3 液压伺服系统实例

1. 车床液压仿形刀架

车床液压仿形刀架是由位置控制机—液伺服系统驱动,按照样件(靠模)的轮廓形状,对工件进行仿形车削加工的装置。加工时,只要先用普通方法加工一个样件,然后用这个样件就可以复制出一批零件来。它不但可以保证加工的质量,生产率高,而且调整简单,操作方便,因此在批量车削加工中(尤其是对特形面的加工)被广泛地采用。

图 5.84 为某车床上液压仿形刀架的示意图。

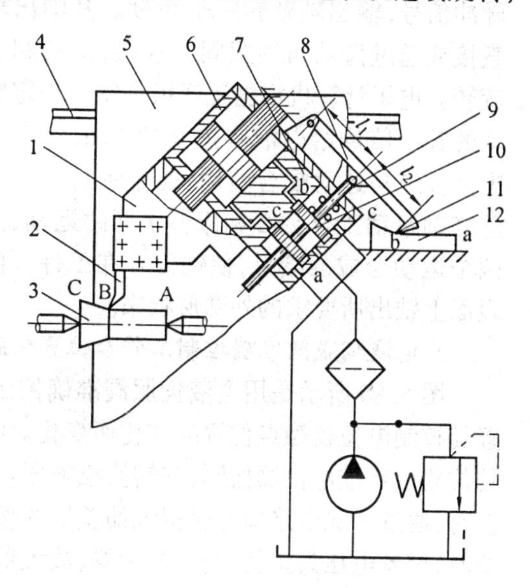

图 5.84 车床上液压仿形刀架

1—工件;2—车刀;3—刀架;4—床身导轨;5—溜板;6—缸体;7—阀体;8—杠杆;9—杆;10—伺服阀心;11—触销;12—靠模

液压仿形刀架倾斜安装在车床溜板5的上面，工作时，随溜板作纵向运动。靠模12安装在床身支架上固定不动。仿形刀架液压缸的活塞杆固定在刀架的底座上，缸体6、阀体7和刀架3连成一体，可在刀架底座的导轨上沿液压缸轴向移动。伺服阀心10在弹簧的作用下通过杆9使杠杆8的触销11紧压在靠模上。

车削圆柱面时，溜板沿床身导轨4纵向移动。杠杆触销在靠模上方ab段内水平滑动，伺服阀阀口不打开，没有油液进入液压缸，整个仿形刀架只是跟随拖板一起纵向移动，车刀在工件1上车削出AB段圆柱面。

车削圆锥面时，溜板仍沿床身导轨4纵向移动。触销沿靠模bc段滑动，杠杆向上方偏摆，从而带动阀心上移，打开阀口，压力油进入液压缸上腔，缸下腔油流回油箱，液压力推动缸体连同阀体和刀架一起沿液压缸轴线方向向上运动。此两运动的合成就使刀具在工件上车出BC段圆锥面。

仿形加工结束时，通过电磁阀(图中未画出)使杠杆抬至最上方位置，这时伺服阀阀心上移，压力油进入液压缸上腔，其下腔的油液通过伺服阀流回油箱，仿形刀架快速退回原位。

2.数控机床液压伺服系统

图5.85是常见的开环数控机床液压伺服系统原理图。图中元件3和6是电液步进马达，它是由步进电动机和液压扭矩放大器组合而成。步进电动机能把数控装置发出的脉冲信号转变成机械角位移。它每接收一个脉冲信号，输出轴就转一个角度。其辅出轴直接或通过齿轮与伺服阀心连接，带动阀心旋转。电子计算机根据程序指令发出一定频率的脉冲信号给电液步进马达3、6，这两个电液步进马达就配合转动，通过各自的滚珠丝杠副带动工作台2和床鞍1同时运动，这两个运动合成的结果，使铣刀4在工件5的表面上铣出所要求的外廓形状来。

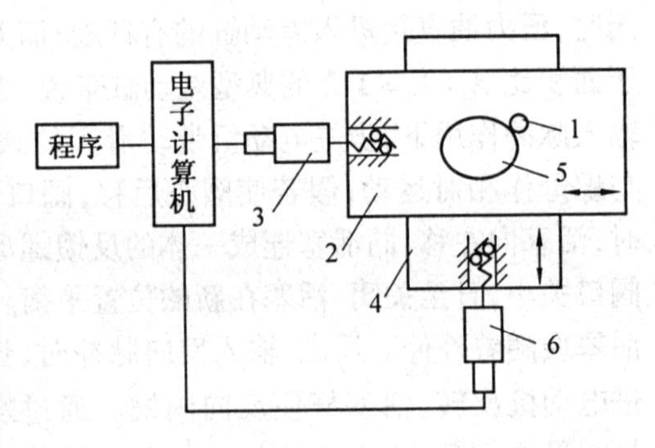

图5.85　数控机床液压伺服系统原理图

1—床鞍；2—工作台；3、6—电液步进马达；4—铣刀；5—工件

3.电液伺服阀准确控制工作台位置伺服系统

图5.86所示是用电液伺服阀准确控制工作台位置的控制原理图。要求工作台的位置随控制电位器触点位置的变化而变化。触点的位置由控制电位器转换成电压。工作台的位置由反馈电位器检测，并转换成电压。当工作台的位置与控制触点的相应位置有偏差时，通过桥式电路即可获得该偏差值的偏差电压。若工作台位置落后于控制触点的位置时，偏差电压为正值，送入放大器，放大器便输出一正向电流给电液伺服阀。伺服阀给液压缸一正向流量，推动工作台正向移动，减小偏差，直至工作台与控制触点相应位置吻合时，伺服阀输入电流为零，工作台停止移动。当偏差电压为负值时，工作台反向移动，直至消除偏差时为止。如果控制触点连续变化，则工作台的位置也随之连续变化。

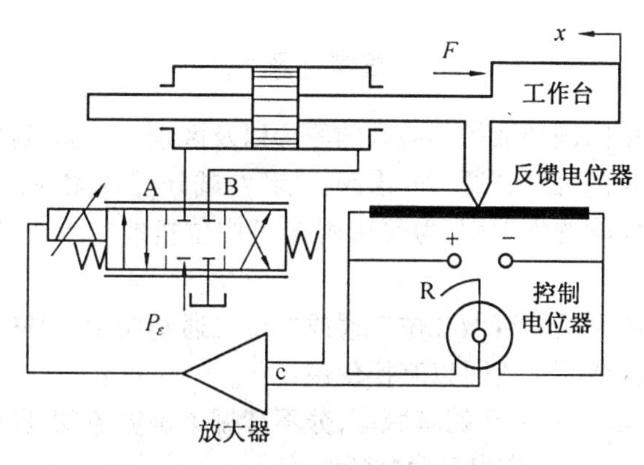

图 5.86 电液伺服位置控制原理图

4.汽车转向液压助力器

大型载重卡车广泛采用液压助力器,以减轻司机的体力劳动。这种液压助力器也是一种位置控制的液压伺服机构。图 5.87 是转向液压助力器的原理图,它主要由液压缸和控制滑阀两部分组成。液压缸活塞 1 的右端通过铰销固定在汽车底盘上,液压缸缸体 2 和控制滑阀阀体连在一起形成负反馈,由方向盘 5 通过摆杆 4 控制滑阀阀心 3 的移动。当缸体 2 前后移动时,通过转向连杆机构 6 等控制车轮偏转,从而操纵汽车转向。当阀心 3 处于图示位置时,各阀口均关闭,缸体 2 固定不动,汽车保持直线运动。由于控制滑阀采用负开口的形式,可以防止引起不必要的扰动。当旋转方向盘,假设使阀心 3 向右移动时,液压缸中压力 p_1 减小,p_2 增大,缸体也向右移动,带动转向杆 6 向逆时针方向摆,使车轮向左偏转,实现左转弯;反之,缸体若向左移就可实现右转弯。

实际操作上,驾驶员的方向盘的旋转和汽车转弯的方向上是相应的。为使驾驶员在操纵方向盘时能感觉转向的阻力,可以在控制滑阀端部增加两个油腔,分别与液压缸前后腔相通(图 5.87),这时移动控制阀阀心时所需的力就和液压缸两腔压力差 $\Delta p = p_1 - p_2$ 成正比,因而具有真实感。

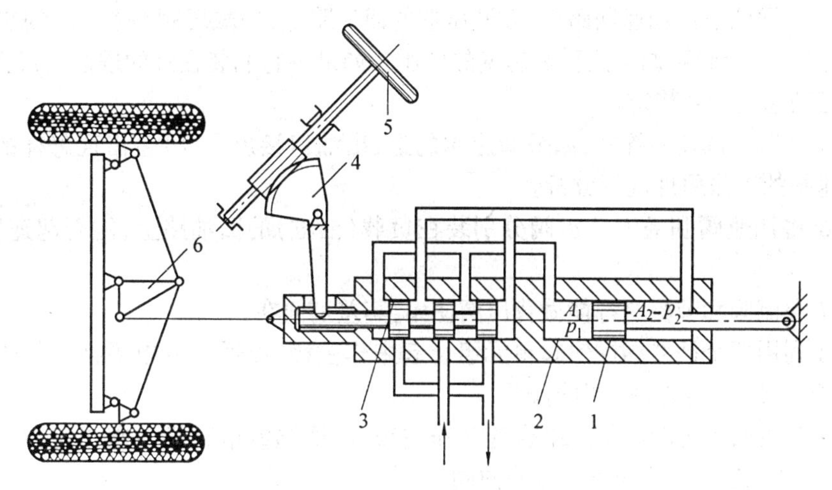

图 5.87 转向液压助力器

1—活塞;2—缸体;3—滑阀阀心;4—摆杆;5—方向盘;6—转向连杆机构

思考题及习题

5.1 说明普通单向阀和液控单向阀的原理以及区别,它们有哪些用途?

5.2 何谓换向阀的“位”、“通”和“滑阀机能”? 试分析 O、M、P、H、Y 型机能的特点。

5.3 电液动换向阀的先导阀,为何选用 Y 型中位机能? 改用其他型中位机能是否可以? 为什么?

5.4 二位四通电磁阀能否做二位三通或二位二通阀使用? 具体接法如何?

5.5 顺序阀和溢流阀是否可以互换使用?

5.6 现有两个压力阀,由于铭牌脱落,分不清哪个是溢流阀,哪个是减压阀,又不希望把阀拆开,如何根据其特点作出正确判断?

5.7 若减压阀调压弹簧预调为 5 MPa,而减压阀前的一次压力为 4 MPa。试问经减压后的二次压力是多少? 为什么?

5.8 顺序阀是稳压阀还是液控开关? 顺序阀工作时阀口是全开还是微开? 溢流阀和减压阀呢?

5.9 若先导式溢流阀主阀心上阻尼孔被污物堵塞,溢流阀会出现什么样的故障? 如果溢流阀先导阀锥阀座上的进油小孔堵塞,又会出现什么故障?

5.10 若把先导式溢流阀的远程控制口当成泄漏口接油箱,这时液压系统会产生什么问题?

5.11 两个不同调整压力的减压阀串联后的出口压力决定于哪一个减压阀的调整压力? 为什么? 如两个不同调整压力的减压阀并联时,出口压力又决定于哪一个减压阀? 为什么?

5.12 试比较溢流阀、减压阀、顺序阀(内控外泄式)三者之间的异同点。

5.13 试比较节流调速、容积调速、容积节流调回路的特点,并说明其各应用在什么场合?

5.14 在回油节流调速回路中,在液压缸的回油路上,用减压阀在前、节流阀在后相互串联的方法,能否起到调速阀稳定速度的作用? 如果将它们装在缸的进油路或旁油路上,液压缸运动速度能否稳定?

5.15 在节流调速系统中,如果调速阀的进、出油口接反了,将会出现怎样的情况,试根据调速阀的工作原理进行分析。

5.16 将调速阀和溢流节流阀分别装在负载(油缸)的回油路上,能否起速度稳定作用?

5.17 溢流阀和节流阀都能做背压阀使用,其差别何在?

5.18 利用两个插装阀逻辑阀单元组合起来作主级,以适当的电磁换向阀作先导级,构成相当于二位三通电液换向阀。

5.19 利用四个逻辑阀单元组合起来作主级,以适当的电磁换向阀作先导级,分别构成相当于二位四通、三位四通电液换向阀。

5.20 如图所示溢流阀的调定压力为 4 MPa,若阀心阻尼小孔造成的损失不计,试判断下列情况下压力表读数各为多少?

(1)Y 断电,负载为无限大时;

(2)Y 断电,负载压力为 2 MPa 时;

(3)Y 通电,负载压力为 2 MPa 时。

5.21 如图所示回路中,溢流阀的调整压力为 5.0 MPa,减压阀的调整压力为 2.5 MPa,试分析列情况,并说明减压阀阀口处于什么状态?

(1)当泵压力等于溢流阀调定压力时,夹紧缸使工件夹紧后,A、C 点的压力各为多少?

(2)当泵压力由于工作缸快进压力降到 1.5 MPa 时(工件原先处于夹紧状态)A、C 点的压力多少?

(3)夹紧缸在夹紧工件前作空载运动时,A、B、C 三点的压力各为多少?

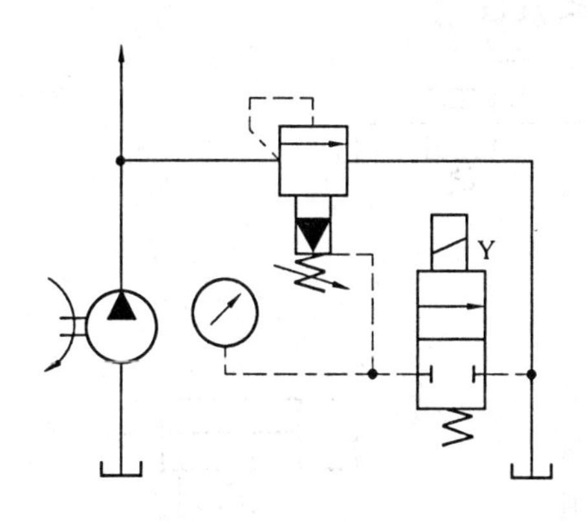

题 5.20 图

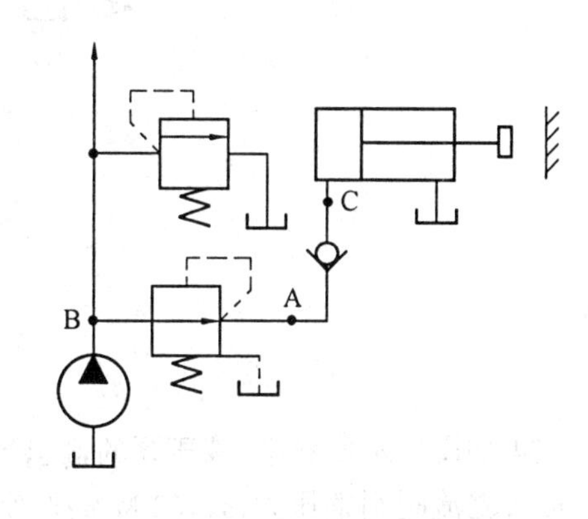

题 5.21 图

5.22 题图 5.22 所示回路中,已知活塞的运动负载为 $F = 1.2$ kN,活塞的面积 $A = 15 \times 10^{-4}\ \mathrm{m}^2$,溢流阀调整压力为 $p_p = 4.5$ MPa,两个减压阀的调整压力分别为 $p_{j1} = 3.5$ MPa,$p_{j2} = 2$ MPa。如不计管道及阀上的流动损失,试确定:

(1)油缸活塞运动时,A、B、C 点的压力?

(2)油缸运动到端位时,A、B、C 点的压力?

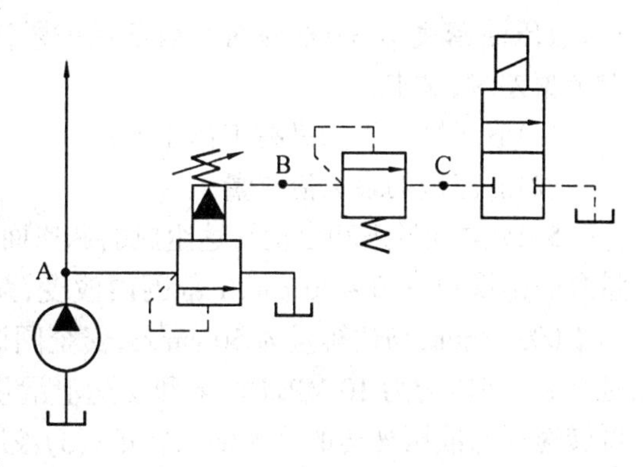

题 5.22 图

5.23 如图所示的液压系统,两液压缸的有效面积 $A_1 = A_2 = 100\ \mathrm{cm}^2$,缸Ⅰ负载 $F = 35\ 000$ N,缸Ⅱ运动时负载为零。不计摩擦阻力、惯性力和管路损失,溢流阀、顺序阀和减压阀的调定压力分别为 4 MPa、3 MPa 和 2 MPa。求在下列三种情况下,A、B 和 C 处的压力。

(1)液压泵起动后,两换向阀处于中位;

(2)1Y 通电,液压缸Ⅰ活塞移动时及活塞运动到终点时;

(2)1Y 断电,2Y 通电,液压缸Ⅱ活塞运动时及活塞碰到固定挡块时。

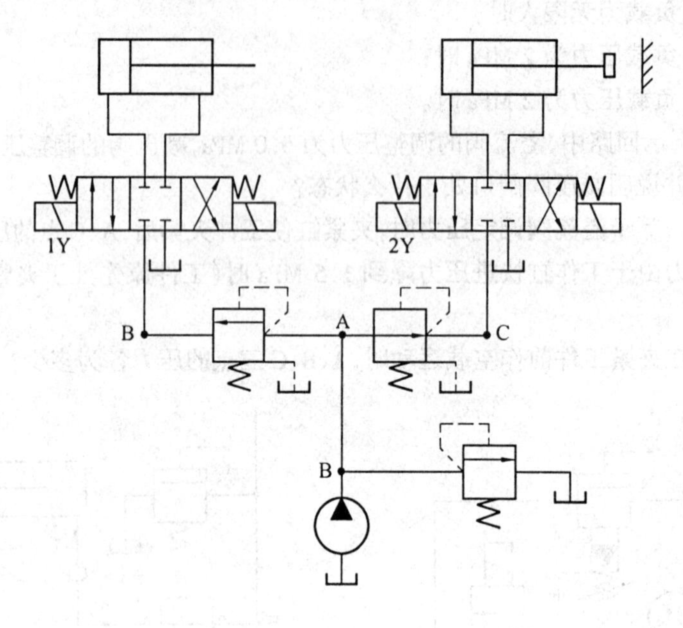

题 5.23 图

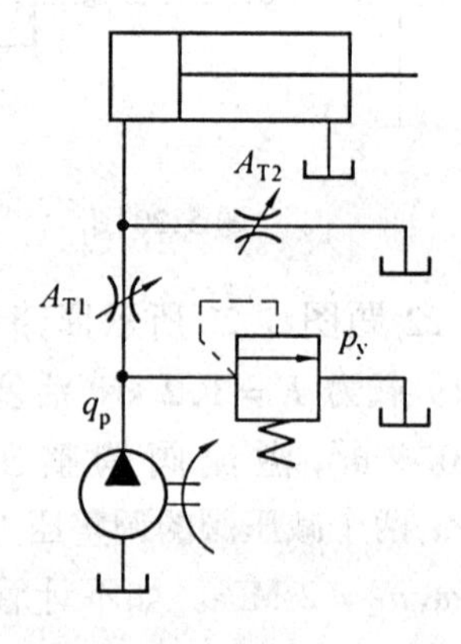

题 5.24 图

5.24 如图所示回路中,液压泵的输出流量q_p = 10 L/min,溢流阀调整压力 $p_y = 2$ MPa,两个薄壁孔口型节流阀的流量系数均为$C_d = 0.67$,两个节流阀的开口面积分别为$A_{T1} = 2 \times 10^{-6}\text{m}^2$, $A_{T2} = 1 \times 10^{-6}\text{m}^2$,液压油密度 $\rho = 900\ \text{kg/m}^3$,当不考虑溢流阀的调节偏差时,试求:

(1)液压缸大腔的最高工作压力;

(2)溢流阀的最大溢流量。

5.25 由变量泵和定量马达组成的调速回路,变量泵的排量可在 0 ~ 50 cm^3/r 范围内改变,泵转速为 1 000 r/min,马达排量为 50 cm^3/r,安全阀调定压力为 10 MPa,泵和马达的机械效率都是 0.85,在压力为 10 MPa 时,泵和马达泄漏量均是1 L/min,求:(1)液压马达的最高和最低转速;(2)液压马达的最大输出转矩;(3)液压马达最高输出功率;(4)计算系统在最高转速下的总效率。

5.26 电液伺服阀与电磁比例阀和数字阀的异同点?

5.27 试说明图 5.73 所示的机液伺服系统的工作原理。

5.28 液压伺服系统有何基本特点?

5.29 试说明图 5.86 属何种类型的伺服系统?液压伺服系统有哪些基本类型?

第6章 气压传动基础

6.1 气压传动概述

6.1.1 气压传动的组成及工作原理

气压传动,是以压缩空气为工作介质进行能量传递和信号传递的一门技术。气压传动的工作原理是利用空压机把电动机或其他原动机输出的机械能转换为空气的压力能,然后在控制元件的作用下,通过执行元件把压力能转换为直线运动或回转运动形式的机械能,从而完成各种动作,并对外做功。由此可知,气压传动系统和液压传动系统类似。气压传动的组成如图6.1所示。

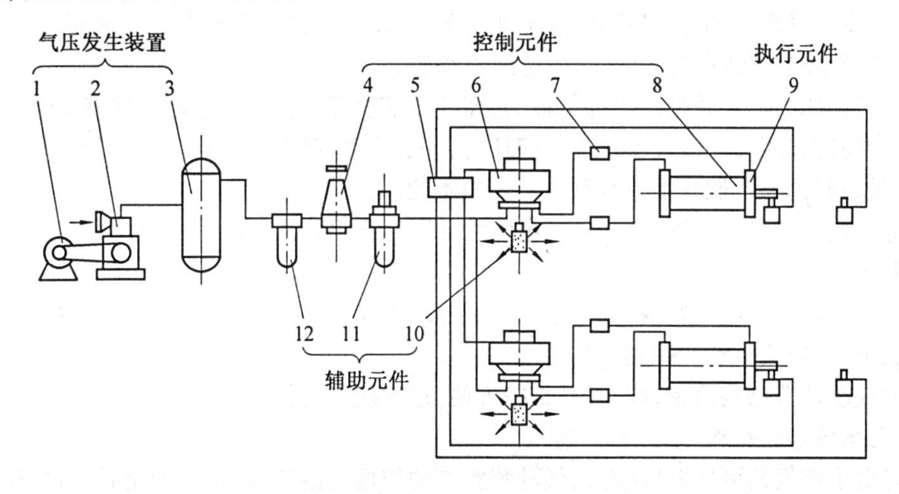

图6.1 气压传动及控制系统的组成

1—电动机;2—空气压缩机;3—气罐;4—压力控制阀;5—逻辑元件;6—方向控制阀;7—流量控制阀;8—行程阀;9—气缸;10—消声器;11—油雾器;12—分水滤气器

(1)气源装置。气源装置是获得压缩空气的装置。其主体部分是空气压缩机,它将原动机供给的机械能转变为气体的压力能。

(2)控制元件。控制元件是用来控制压缩空气的压力、流量和流动方向的,以便使执行机构完成预定的工作循环,它包括各种压力控制阀、流量控制阀和方向控制阀等。

(3)执行元件。执行元件是将气体的压力能转换成机械能的一种能量转换装置。它包括实现直线往复运动的气缸和实现连续回转运动或摆动的气马达或摆动马达等。

(4)辅助元件。辅助元件是保证压缩空气的净化、元件的润滑、元件间的连接及消声等所必需的,它包括过滤器、油雾器、管接头及消声器等。

6.1.2 气压传动的特点

气动技术在国外发展很快,在国内也被广泛应用于机械、电子、轻工、纺织、食品、医药、包装、冶金、石化、航空、交通运输等各个工业部门。气动机械手、组合机床、加工中心、生产自动线、自动检测和实验装置等已大量涌现,它们在提高生产效率、自动化程度、产品质量、工作可靠性和实现特殊工艺等方面显示出极大的优越性。这主要是因为气压传动与机械、电气、液压传动相比有以下特点。

1.气压传动的优点

(1)工作介质是空气,与液压油相比可节约能源,而且取之不尽、用之不竭。气体不易堵塞流动通道,使用之后可将其随时排入大气中,不污染环境。

(2)空气的特性受温度影响小。在高温下能可靠地工作,不会发生燃烧或爆炸。且温度变化时,对空气的黏度影响极小,故不会影响传动性能。

(3)空气的黏度很小(约为液压油的万分之一),所以流动阻力小,在管道中流动的压力损失较小,所以便于集中供应和远距离输送。

(4)相对液压传动而言,气动动作迅速、反应快,一般只需 0.02 ~ 0.3 s 就可达到工作压力和速度。液压油在管路中流动速度一般为 1 ~ 5 m/s,而气体的流速最小也大于 10 m/s,有时甚至达到音速,排气时还达到超音速。

(5)气体压力具有较强的自保持能力,即使压缩机停机,关闭气阀,但装置中仍然可以维持一个稳定的压力。液压系统要保持压力,一般需要能源泵继续工作或另加蓄能器,而气体通过自身的膨胀性来维持承载缸的压力不变。

(6)气动元件可靠性高、寿命长。电气元件可运行百万次,而气动元件可运行 2 000 ~ 4 000 万次。

(7)工作环境适应性好,特别是在易燃、易爆、多尘埃、强磁、辐射、振动等恶劣环境中,比液压、电子、电气传动和控制优越。

(8)气动装置结构简单,成本低,维护方便,过载能自动保护。

2.气压传动的缺点

(1)由于空气的可压缩性较大,气动装置的动作稳定性较差,外载变化时,对工作速度的影响较大。

(2)由于工作压力低,气动装置的输出力或力矩受到限制。在结构尺寸相同的情况下,气压传动装置比液压传动装置输出的力要小得多。气压传动装置的输出力不宜大于 10 ~ 40 kN。

(3)气动装置中的信号传动速度比光、电控制速度慢,所以不宜用于信号传递速度要求十分高的复杂线路中。同时实现生产过程的遥控也比较困难,但对一般的机械设备,气动信号的传递速度是能满足工作要求的。

(4)噪声较大,尤其是在超音速排气时要加消声器。

我们把所学的液压传动与气动作个比较能够看出它们各自的特点,见表 6.1。

表 6.1 气压传动与其他传动的性能比较

类 型		操作力	动作快慢	环境要求	构 造	负载变化影响	操作距离	无级调速	工作寿命	维护	价格
气压传动		中等	较快	适应性好	简单	较大	中距离	较好	长	一般	便宜
液压传动		最大	较慢	不怕振动	复杂	有一些	短距离	良好	一般	要求高	稍贵
电传动	电气	中等	快	要求高	稍复杂	几乎没有	远距离	良好	较短	要求较高	稍贵
	电子	最小	最快	要求特高	最复杂	没有	远距离	良好	短	要求更高	最贵
机械传动		较大	一般	一般	一般	没有	短距离	较困难	一般	简单	一般

6.2 空气的物理性质

要了解和正确设计气压传动系统,首先必须了解空气的性质,掌握气压传动的基本概念及计算。

6.2.1 空气的性质

1.空气的组成

自然界的空气其主要成分是氮(N_2)和氧(O_2),其他气体占的比例极小。此外,空气中常含有一定量的水蒸气,对于含有水蒸气的空气称之为湿空气,不含有水蒸气的空气称之为干空气。

2.空气的密度和黏度

(1)密度:空气的密度是表示单位体积 V 内的空气的质量,用 ρ 表示

$$\rho = \frac{m}{V} \quad (\mathrm{kg/m^3}, \mathrm{N \cdot s^2/m^4}) \tag{6.1}$$

式中 m——气体质量($\mathrm{kg}, \mathrm{N \cdot s^2/m}$);

V——气体体积($\mathrm{m^3}$)。

对干空气

$$\rho = \rho_0 \frac{273}{273 + t} \cdot \frac{p}{0.101\ 3} \quad (\mathrm{kg/m^3}) \tag{6.2}$$

式中 p——绝对压力(MPa);

ρ_0——温度在 0℃、压力在 0.101 3 MPa 时干空气的密度,$\rho_0 = 1.293$ ($\mathrm{kg/m^3}$, $\mathrm{N \cdot s^2/m^4}$);

$273 + t = T$——绝对温度(K)。

对湿空气

$$\rho' = \rho_0 \frac{273}{273 + t} \cdot \frac{p - 3.78\phi \times p_b}{0.101\ 3} \quad (\mathrm{kg/m^3}) \tag{6.3}$$

式中 p——湿空气的全压力(MPa);

p_b——温度在 t ℃时饱和空气中水蒸气的分压力(MPa);

ϕ——空气的相对湿度(%)。

(2)黏度:空气黏性受压力变化的影响极小,通常可忽略。空气黏性随温度变化而变化,温度升高,黏性增加;反之亦然。黏度随温度的变化如表6.2所示。

表6.2 空气的运动黏度与温度的关系

(一个标准大气压时)

t/℃	0	5	10	20	30	40	60	80	100
$\nu/(m^2 \cdot s^{-1})$	0.133×10^{-4}	0.142×10^{-4}	0.147×10^{-4}	0.157×10^{-4}	0.166×10^{-4}	0.176×10^{-4}	0.196×10^{-4}	0.210×10^{-4}	0.238×10^{-4}

3.气体的易变特性

气体的体积受压力和温度变化的影响极大,与液体和固体相比较,气体的体积是易变的,称为气体的易变特性。例如,液压油在一定温度下,工作压力为0.2 MPa,若压力增加0.1 MPa时,体积将减少1/20 000;而空气压力增加0.1 MPa时,体积减少1/2,空气和液压油体积变化相差10 000倍。又如,水温度每升高1℃时,体积只改变1/20 000;而气体温度每升高1℃时,体积改变1/273,两者的体积变化相差20 000/273倍。气体与液体体积变化相差悬殊,主要原因在于气体分子间的距离大而内聚力小,分子运动的平均自由路径大。

气体体积随温度和压力的变化规律遵循气体状态方程。

6.2.2 湿度和含湿量

用湿度和含湿量两个物理量来表示湿空气中所含水蒸气的量,以确定空气的干湿程度。

1.湿度

湿度的表示方法有两种:绝对湿度和相对湿度。

(1)绝对湿度

单位体积的湿空气中所含水蒸气的质量,称为湿空气的绝对湿度,用 χ 表示,即

$$\chi = \frac{m_s}{V} \quad (kg/m^3) \tag{6.4}$$

或由气体状态方程导出

$$\chi = p_s \frac{R_s}{T} = \rho_s \quad (kg/m^3) \tag{6.5}$$

式中 m_s——湿空气中水蒸气的质量(kg);

V——湿空气的体积(m^3);

p_s——水蒸气的分压力(Pa);

T——绝对温度(K);

ρ_s——水蒸气的密度(kg/m^3);

R_s——水蒸气的气体常数,$R_s = 462.05(J/(kg \cdot K))$。

(2)饱和绝对湿度

湿空气中水蒸气的分压力达到该温度下水蒸气的饱和压力,则此时的绝对湿度称为饱和绝对湿度,用 χ_b 表示,即

$$\chi_b = p_b(R_s T) = \rho_b \quad (kg/m^3) \tag{6.6}$$

式中 p_b——饱和湿空气中水蒸气的分压力(Pa);

ρ_b——饱和湿空气中水蒸气的密度(kg/m^3)。

(3)相对湿度

在一定温度和压力下,绝对湿度和饱和绝对湿度之比称为该温度下的相对湿度,用 ϕ 表示,即

$$\phi = \frac{\chi}{\chi_b} \times 100\% = \frac{p_s}{p_b} \times 100\% \tag{6.7}$$

式中 χ——绝对湿度(kg/m^3);

χ_b——饱和绝对湿度(kg/m^3);

p_s——水蒸气的分压力(Pa);

p_b——饱和水蒸气的分压力(Pa)。

空气绝对干燥时,$p_s = 0, \phi = 0$;

空气达到饱和时,$p_s = p_b, \phi = 100\%$。

湿空气的声值在0~100%之间变化,通常空气的 ϕ 值在60%~70%范围内人体感到舒适。气动技术规定各种阀的相对湿度不得超过90%~95%。

2.含湿量

含湿量分为质量含湿量和容积含湿量两种。

(1)质量含湿量

单位质量的干空气中所混合的水蒸气的质量,称为质量含湿量,用 d 表示,即

$$d = \frac{m_s}{m_g} \tag{6.8}$$

式中 m_s——水蒸气质量(kg);

m_g——干空气质量(kg)。

(2)容积含湿量

单位体积的干空气中所混合的水蒸气的质量,称为容积含湿量,用 d' 表示,即

$$d' = \frac{m_s}{m_g} = \frac{dm_g}{V_g} = d\rho \tag{6.9}$$

式中 ρ——干空气的密度(kg/m^3)。

空气中水蒸气的含量是随温度而变的。当气温下降时,水蒸气的含量下降;当气温升高时,其含量增加。若要减少进入气动设备中空气的水分,必须降低空气的温度。

*6.3 气体状态方程及流动规律

6.3.1 理想气体状态方程

一定质量的理想气体,在状态变化的某一稳定瞬时,其状态应满足下述关系

$$p = \rho RT \tag{6.10}$$

或

$$p\bar{v} = RT \tag{6.11}$$

式中 p——绝对压力(Pa);

ρ——气体密度(kg/m^3);

T——绝对温度(K);

$\bar{v}$——气体比容(m^3/kg),$\bar{v} = 1/\rho$;

R——气体常数,干空气的 $R = 287.1$ J/(kg·K),水蒸气的 $R = 462.05$ J/(kg·K)。

式(6.10)和式(6.11)为理想气体状态方程。只要压力不超过 20 MPa,绝对温度不低于 273 K,对空气、氧、氮、二氧化碳等气体,该两方程均适用。

6.3.2 理想气体状态变化过程

气体的绝对压力、比容及绝对温度的变化,决定着气体的不同状态和不同的状态变化过程。通常有如下几种情况。

1.等压过程

一定质量的气体,在压力保持不变时,从某一状态变化到另一状态的过程,称等压过程。此时气体状态方程为

$$\frac{\bar{v}_1}{T_1} = \frac{\bar{v}_2}{T_2} = \frac{R}{p} = 常数 \tag{6.12}$$

式(6.12)说明:压力不变时,比容与绝对温度成正比关系,气体吸收或释放热量而发生状态变化。

2.等容过程

一定质量的气体,在容积保持不变时,从某一状态变化到另一状态的过程,称为等容过程。此时气体状态方程为

$$\frac{p_1}{T_1} = \frac{p_2}{T_2} = \frac{R}{\bar{v}} = 常数 \tag{6.13}$$

即容积不变时,压力与绝对温度成正比关系。例如,在加热或冷却密闭气罐中的气体时,气体的状态变化过程,就可以看成是等容过程。

3.等温过程

一定质量的气体在温度保持不变时,从某一状态变化到另一状态的过程,称为等温过程。此时气体状态方程为

$$p_1\bar{v}_1 = p_2\bar{v}_2 = RT = 常数 \tag{6.14}$$

即温度不变时，气体压力与比容成反比关系。例如，打气筒中气体的状态变化过程可以认为是等温过程。

4.绝热过程

气体在状态变化过程中，系统与外界无热量交换的状态变化过程，称为绝热过程。此时气体状态方程为

$$p_1\bar{v}_1^k = p_2\bar{v}_2^k = \text{常量} \tag{6.15}$$

式中 k——绝热指数，对空气来说 $k = 1.4$，对饱和蒸汽 $k = 1.3$。气动系统中快速充、排气过程可视为绝热过程。

5.多变过程

不加任何限制条件的气体状态变化过程，称为多变过程。实际上大多数变化过程为多变过程。此时气体状态方程为

$$p_1\bar{v}_1^n = p_2\bar{v}_2^n \tag{6.16}$$

式中 n——多变指数。在一定的多变变化过程中，多变指数 n 保持不变；对于不同的多变过程，n 有不同的值，前述四种典型的状态变化过程均为多变过程的特例：当 $n = 0$时为等压变化过程；$n = 1$ 为等温变化过程；$n = \infty$时为等容变化过程；$n = k = 1.4$ 时为绝热变化过程。

6.3.3 气体流动规律

反映气体流动规律的基本方程有、连续性方程和能量方程等。在以下讨论过程中不计气体的质量力，并认为是理想气体的绝热流动。

1.连续性方程

连续性方程，实质上是质量守恒定律在流体力学中的一种表现形式。气体在管道中作定常流动时，流过管道每一过流断面的质量流量为一定值。即

$$A\,v\,\rho = \text{常数} \tag{6.17}$$

式中 v——气体运动的平均速度(m/s)；

ρ——气体的密度(kg/m^3)；

A——过流断面面积(m^2)。

2.能量方程

$$\frac{\rho}{\rho^k} = c(c\ \text{为常数}) \tag{6.18a}$$

$$\frac{v_1^2}{2} + \frac{p_1}{\rho_1}\cdot\frac{k}{k-1} = \frac{v_2^2}{2} + \frac{p_2}{\rho_2}\cdot\frac{k}{k-1} \tag{6.18b}$$

式(6.18b)为能量方程，即可压缩流体的伯努利方程。

3.有机械功的可压缩气体能量方程

在所研究的管道两过流断面之间有流体机械(如压气机、鼓风机等)对气体供以能量 E 时，绝热过程能量方程变为

$$\frac{v_1^2}{2}+\frac{p_1}{\rho_1}\cdot\frac{k}{k-1}+E=\frac{v_2^2}{2}+\frac{p_2}{\rho_2}\cdot\frac{k}{k-1} \tag{6.19}$$

对绝热过程,有

$$E_k=\frac{k}{k-1}\cdot\frac{p_1}{\rho_1}\left[\left(\frac{p_2}{p_1}\right)^{(k-1)/k}-1\right]+\frac{v_2^2-v_1^2}{2} \tag{6.20}$$

式中 p_1、p_2——两过流断面1、2上的压力(Pa);

v_1、v_2——两过流断面1、2上的平均速度(m/s);

ρ_1——过流断面1的气体密度(kg/m³);

k——绝热指数。

6.4 气源装置及气动辅助元件

气压传动系统中的气源装置是为气动系统提供满足一定质量要求的压缩空气,它是气压传动系统的重要组成部分,气源装置的主体是空气压缩机。由空气压缩机产生的压缩空气,必须经过降温、净化、减压、稳压等一系列处理后,才能供给控制元件和执行元件使用。而用过的压缩空气排向大气时,会产生噪声,应采取措施,降低噪声,改善劳动条件和环境质量。

6.4.1 气源装置

1.对压缩空气的要求

(1)要求压缩空气具有一定的压力和足够的流量。因为压缩空气是气动装置的动力源,没有一定的压力不但不能保证执行机构产生足够的推力,甚至连控制机构都难以正确地动作;没有足够的流量,就不能满足对执行机构运动速度和程序的要求等。总之,压缩空气没有一定的压力和流量,气动装置的一切功能均无法实现。

(2)要求压缩空气有一定的清洁度和干燥度。清洁度是指气源中含油量、含灰尘杂质的质量及颗粒大小都要控制在很低范围内。干燥度是指压缩空气中含水量的多少,气动装置要求压缩空气的含水量越低越好。由空气压缩机排出的压缩空气,虽然能满足一定的压力和流量的要求,但不能为气动装置所使用。因为一般气动设备所使用的空气压缩机都是属于工作压力较低(小于1 MPa),用油润滑的活塞式空气压缩机。它从大气中吸入含有水分和灰尘的空气,经压缩后,空气温度均提高到140℃~80℃,这时空气压缩机气缸中的润滑油也部分成为气态,这样油分、水分以及灰尘便形成混合的胶体微尘与杂质混在压缩空气中一同排出。如果将此压缩空气直接输送给气动装置使用,将会产生下列影响:

①混在压缩空气中的油蒸气可能聚集在储气罐、管道、气动系统的容器中形成易燃物,有引起爆炸的危险;另一方面,润滑油被汽化后,会形成一种有机酸,对金属设备、气动装置有腐蚀作用,影响设备的寿命。

②混在压缩空气中的杂质能沉积在管道和气动元件的通道内,减少了通道面积,增加了管道阻力。特别是对内径只有0.2~0.5 mm的某些气动元件会造成阻塞,使压力信号

不能正确传递，整个气动系统不能稳定工作甚至失灵。

③压缩空气中含有的饱和水分，在一定的条件下会凝结成水，并聚集在个别管道中。在寒冷的冬季，凝结的水会使管道及附件结冰而损坏，影响气动装置的正常工作。

④压缩空气中的灰尘等杂质，对气动系统中作往复运动或转动的气动元件(如气缸、气马达、气动换向阀等)的运动副会产生研磨作用，使这些元件因漏气而降低效率，影响它的使用寿命。

因此气源装置必须设置一些除油、除水、除尘，并使压缩空气干燥，提高压缩空气质量，进行气源净化处理的辅助设备。

2.压缩空气站的设备组成及布置

压缩空气站的设备一般包括产生压缩空气的空气压缩机和使气源净化的辅助设备。图6.2是压缩空气站设备组成及布置示意图。

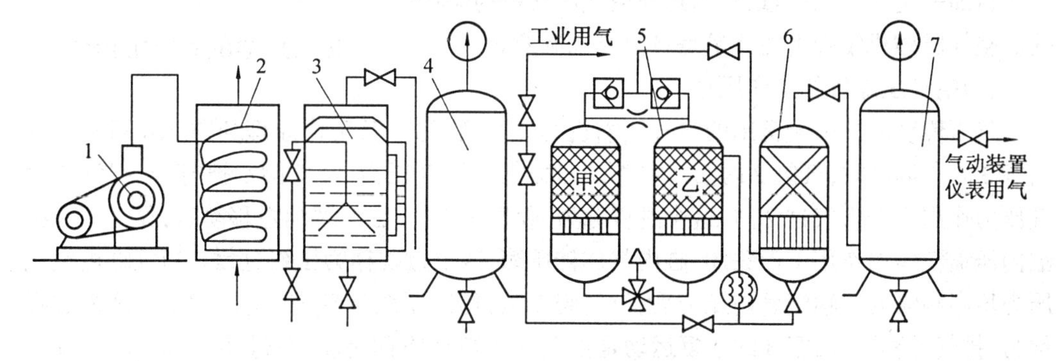

图6.2　压缩空气站设备组成及布置示意图

1—空气压缩机；2—后冷却器；3—油水分离器；4、7—储气罐；5—干燥器；6—过滤器

在图6.2中，1为空气压缩机，用以产生压缩空气，一般由电动机带动。其吸气口装有空气过滤器以减少进入空气压缩机的杂质量。2为后冷却器，用以降温冷却压缩空气，使净化的水凝结出来。3为油水分离器，用以分离并排出降温冷却的水滴、油滴、杂质等。4、7为储气罐，用以储存压缩空气，稳定压缩空气的压力并除去部分油分和水分。储气罐4输出的压缩空气可用于一般要求的气压传动系统，储气罐7输出的压缩空气可用于要求较高的气动系统(如气动仪表及射流元件组成的控制回路等)。5为干燥器，用以进一步吸收或排除压缩空气中的水分和油分，使之成为干燥空气。6为过滤器，用以进一步过滤压缩空气中的灰尘、杂质颗粒。气动三大件的组成及布置由用气设备确定，图中未画出。

(1)空气压缩机的分类及选用原则

①分类

空气压缩机是一种气压发生装置，它是将机械能转化成气体压力能的能量转换装置，其种类很多，分类形式也有数种。如按其工作原理可分为容积型压缩机(图6.3)和速度型(叶片式)压缩机，容积型压缩机的工作原理是压缩气体的体积，使单位体积内气体分子的密度增大以提高压缩空气的压力。速度型压缩机的工作原理是提高气体分子的运动速度，然后使气体的动能转化为压力能以提高压缩空气的压力。容积式压缩机按结构不同又可分为活塞式、膜片式和螺杆式等；速度式按结构不同可分为离心式和轴流式等。目前，使用最广泛的是活塞式压缩机。

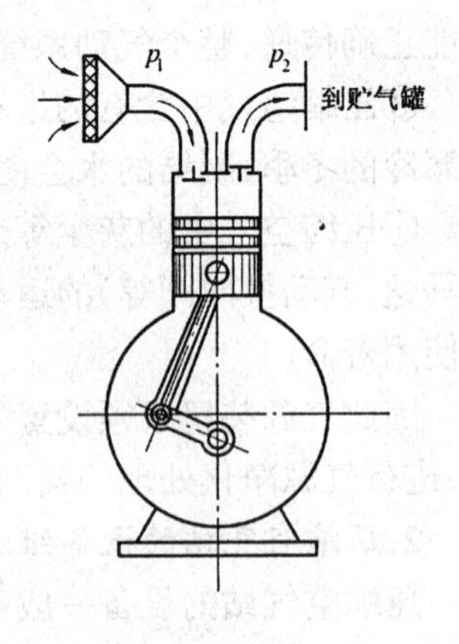

图 6.3 容积式空气压缩机

②空气压缩机的选用原则

选用空气压缩机的根据是气压传动系统所需要的工作压力和流量两个参数。一般空气压缩机为中压空气压缩机，额定排气压力为 1 MPa。另外还有低压空气压缩机，排气压力 0.2 MPa；高压空气压缩机，排气压力为 10 MPa；超高压空气压缩机，排气压力为 100 MPa。

输出流量的选择，要根据整个气动系统对压缩空气的需要再加一定的备用余量，作为选择空气压缩机的流量依据。空气压缩机铭牌上的流量是自由空气流量。

(2)空气压缩机的工作原理

气压传动系统中最常用的空气压缩机是往复活塞式，其工作原理如图 6.4 所示。当活塞 3 向右运动时，气缸 2 内活塞左腔的压力低于大气压力，吸气阀 9 被打开，空气在大气压力作用下进入气缸 2 内，这个过程称为“吸气过程”。当活塞向左移动时，吸气阀 9 在缸内压缩气体的作用下而关闭，缸内气体被压缩，这个过程称为压缩过程。当气缸内空气压力增高到略高于输气管内压力后，排气阀 1 被打开，压缩空气进入输气管道，这个过程称为“排气过程”。活塞 3 的往复运动是由电动机带动曲柄转动，通过连杆、滑块、活塞杆转化为直线往复运动而产生的。图中只表示了一个活塞一个缸的空气压缩机，大多数空气压缩机是多缸多活塞的组合。

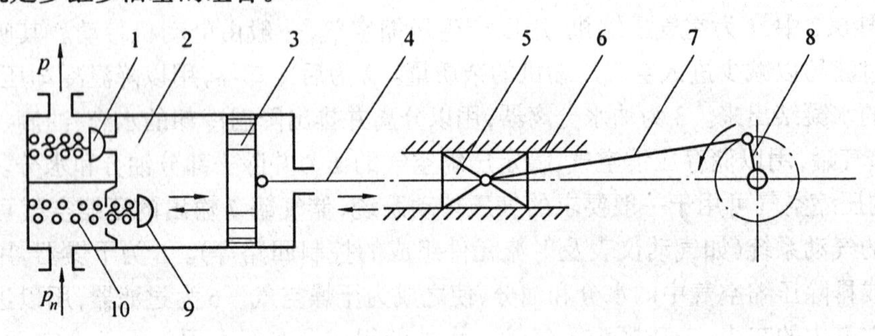

图 6.4 往复活塞式空气压缩机工作原理图

1—排气阀；2—气缸；3—活塞；4—活塞杆；5、6—十字头与滑道；
7—连杆；8—曲柄；9—吸气阀；10—弹簧

6.4.2 气动辅助元件

气动辅助元件分为气源净化装置和其他辅助元件两大类。

1.气源净化装置

压缩空气净化装置一般包括：后冷却器、油水分离器、储气罐、干燥器、过滤器等。

(1)后冷却器

后冷却器安装在空气压缩机出口处的管道上。它的作用是将空气压缩机排出的压缩空气温度由140～170℃降至40～50℃,这样就可使压缩空气中的油雾和水汽迅速达到饱和,使其大部分析出并凝结成油滴和水滴,以便经油水分离器排出。后冷却器的结构形式有:蛇形管式、列管式、散热片式、管套式。冷却方式有水冷和气冷两种方式。蛇管式冷却器的结构主要由一只蛇状空心盘管和一只盛装此盘管的圆筒组成。蛇状盘管可用铜管或钢管弯制而成,蛇管的表面积也就是该冷却器的散热面积。由空气压缩机排出的热空气由蛇管上部进入,如图6.5(a)所示,通过管外壁与管外的冷却水进行热交换,冷却后,由蛇管下部输出。这种冷却器结构简单,使用和维修方便,因而被广泛用于流量较小的场合;列管式冷却器,如图6.5(b)所示,它主要由外壳、封头、隔板、活动板、冷却水管、固定板所组成。冷却水管与隔板、封头焊在一起。冷却水在管内流动,空气在管间流动,活动板为月牙形。这种冷却器可用于较大流量的场合。蛇形管和列管式后冷却器的结构见图6.5。

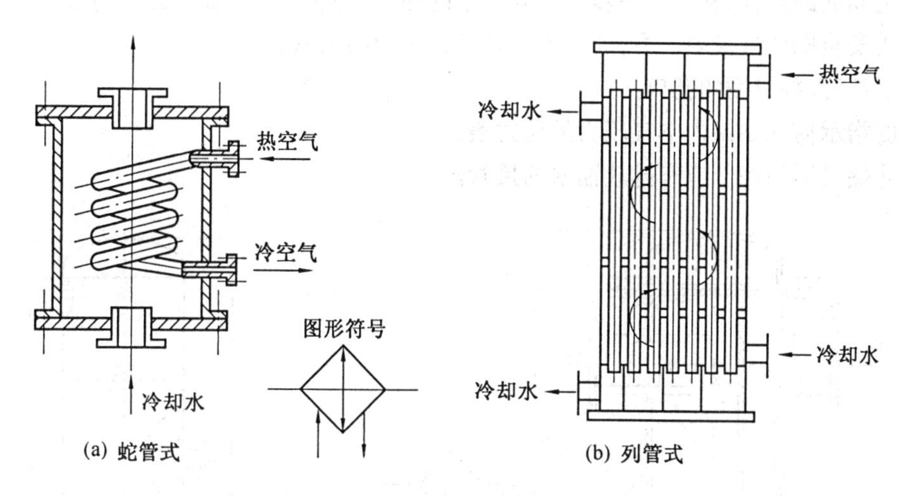

图6.5 后冷却器

另外一种常用的后冷却器是套管式冷却器的结构如图6.6所示,压缩空气在外管与内管之间流动,内、外管之间由支承架来支承。这种冷却器流通截面小,易达到高速流动,有利于散热冷却,管间清理也较方便。但其结构笨重,消耗金属量大,主要用在流量不太大,散热面积较小的场合。具体参数可查阅有关资料,这里不再一一列出。

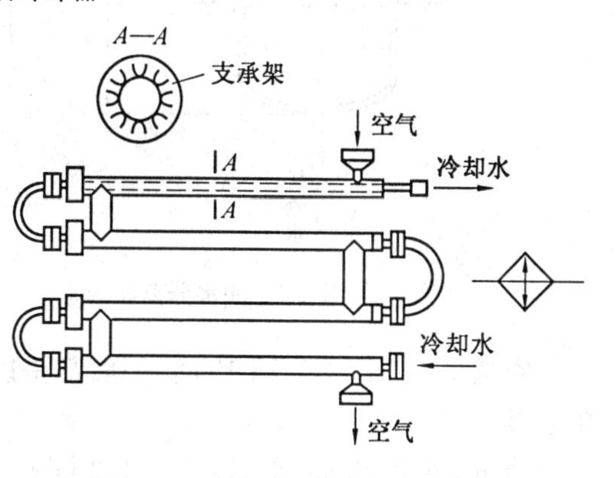

图6.6 套管式冷却器

(2)油水分离器

油水分离器安装在后冷却器出口管道上,它的作用是分离并排出压缩空气中凝聚的油分、水分和灰尘杂质等,使压缩空气得到初步净化。油水分离器的结构形式有环形回转式、撞击折回式、离心旋转式、水浴式以及以上形式的组合使用等。图 6.7 所示是撞击折回并回转式油水分离器的结构形式,它的工作原理是:当压缩空气由入口进入分离器壳体后,气流先受到隔板阻挡而被撞击折回向下(见图中箭头所示流向);之后又上升产生环形回转,这样凝聚在压缩空气中的油滴、水滴等杂质受惯性力作用而分离析出,沉降于壳体底部,由放水阀定期排出。为提高油水分离效果,应控制气流在回转后上升的速度不超过 0.3 ~ 0.5 m/s。

(3)储气罐

储气罐的作用是消除压力波动,保证输出气流的连续性;储存一定数量的压缩空气,调节用气量或以备发生故障和临时需要应急使用,进一步分离压缩空气中的水分和油分。储气罐一般采用圆筒状焊接结构,有立式和卧式两种,一般以立式居多。立式储气罐(图 6.8)的高度日为其直径 D 的 2 ~ 3 倍,同时应使进气管在下,出气管在上,并尽可能加大两管之间的距离,以利于进一步分离空气中的油水。同时,每个储气罐应有以下附件:

①安全阀调整极限压力,通常比正常工作压力高 10%。

②清理、检查用的孔口。

③指示储气罐罐内空气压力的压力表。

④储气罐的底部应有排放油水的接管。

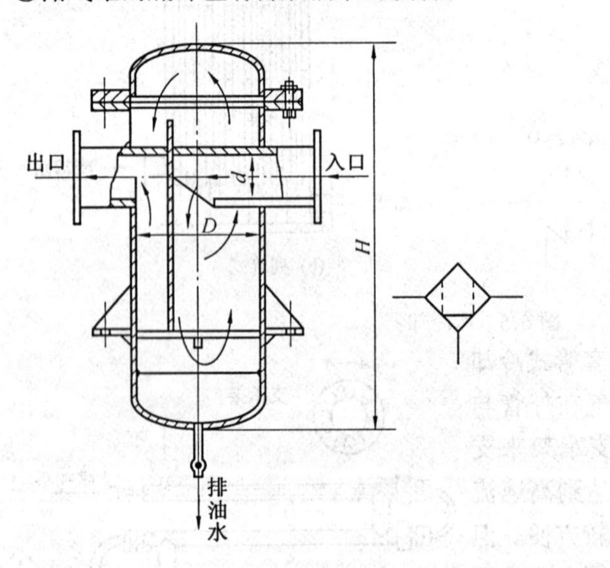

图 6.7 油水分离器

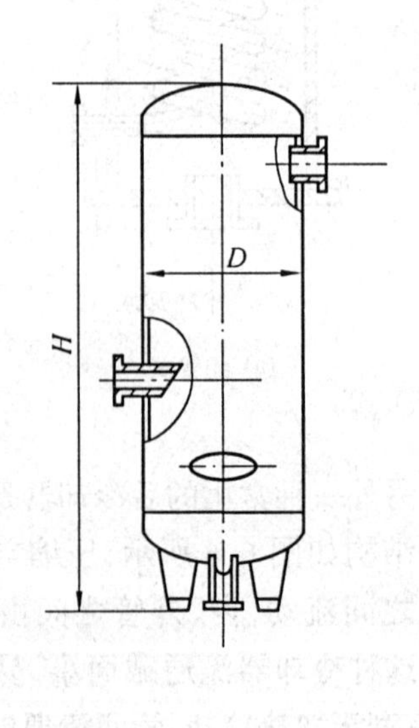

图 6.8 储气罐结构图

在选择储气罐的容积 V_c 时,一般都是以空气压缩机每分钟的排气量 q 为依据选择的。即

当 $q < 6.0\ \mathrm{m^3/min}$ 时,取 $V_c = 1.2\ \mathrm{m^3}$;

当 $q = 6.0 \sim 30\ \mathrm{m^3/min}$ 时,取 $V_c = 1.2 \sim 4.5\ \mathrm{m^3}$;

当 $q > 30\ \mathrm{m^3/min}$ 时,取 $V_c = 4.5\ \mathrm{m^3}$。

(4)干燥器

经过后冷却器、油水分离器和储气罐后得到初步净化的压缩空气,已满足一般气压传动的需要。但压缩空气中仍含一定量的油、水以及少量的粉尘。如果用于精密的气动装置、气动仪表等,上述压缩空气还必须进行干燥处理。

压缩空气干燥方法主要采用吸附法和冷却法。

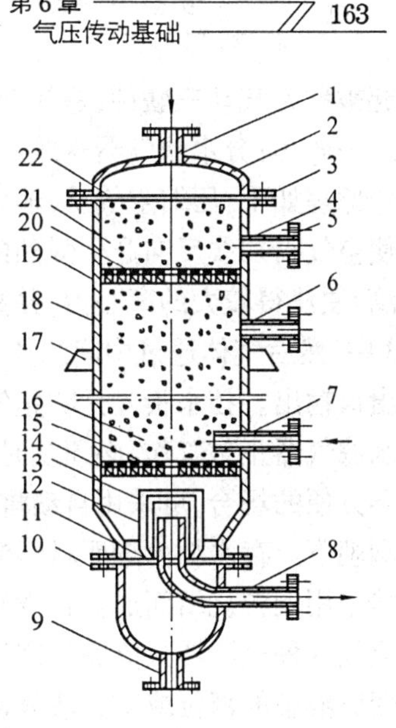

图6.9 吸附式干燥器结构图

1—湿空气进气管;2—顶盖;3、5、10—法兰;4、6—再生空气排气管;7—再生空气进气管;8—干燥空气输出管;9—排水管;11、22—密封垫;12、15、20—钢丝过滤网;13—毛毡;14—下栅板;16、21—吸附剂层;17—支撑板;18—筒体;19—上栅板

吸附法是利用具有吸附性能的吸附剂(如硅胶、铝胶或分子筛等)来吸附压缩空气中含有的水分,而使其干燥;冷却法是利用制冷设备使空气冷却到一定的露点温度,析出空气中超过饱和水蒸气部分的多余水分,从而达到所需的干燥度。吸附法是干燥处理方法中应用最为普遍的一种方法。吸附式干燥器的结构如图6.9所示。它的外壳呈筒形,其中分层设置栅板、吸附剂、滤网等。湿空气从管1进入干燥器,通过吸附剂21、过滤网20、上栅板19和下部吸附层16后,因其中的水分被吸附剂吸收而变得很干燥。然后,再经过钢丝网15、下栅板14和过滤网12,干燥、洁净的压缩空气便从输出管8排出。图6.10所示为一种不加热再生式干燥器,它有两个填满干燥剂的相同容器,空气从一个容器的下部流到上部,水分被干燥剂吸收而得到干燥,一部分干燥后的空气又从另一个容器的上部流到下部,从饱和的干燥剂中把水分带走并放入大气。即实现了不需外加热源而使吸附剂再生。Ⅰ、Ⅱ两容器定期的交换工作(约5~10 min)使吸附剂产生吸附和再生。这样可得到连续输出的干燥压缩空气。

(5)过滤器

空气的过滤是气压传动系统中的重要环节。不同的场合,对压缩空气的要求也不同。过滤器的作用是进一步滤除压缩空气中的杂质。常用的过滤器有一次性过滤器(也称简易过滤器,滤灰效率为50%~70%);二次过滤器(滤灰效率为70%~99%)。在要求高的特殊场合,还可使用高效率的过滤器(滤灰效率大于99%)。

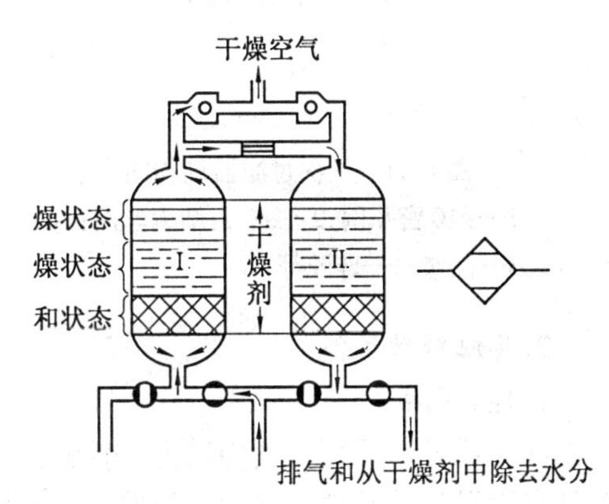

图6.10 不加热再生式干燥器

① 一次过滤器。图6.11所示为一种一次过滤器,气流由切线方向进入筒内,在离心力的作用下分离出液滴,然后气体由下而上通过多片钢板、毛毡、硅胶、焦炭、滤网等过滤吸附材料,干燥清洁的空气从筒顶输出。

②分水滤气器。分水滤气器滤灰能力较强,属于二次过滤器。它和减压阀、油雾器一

起被称为气动三联件,是气动系统不可缺少的辅助元件。气动三联件组合使用的安装次序一般为:分水滤气器→减压阀→油雾器。普通分水滤气器的结构如图 6.12 所示。其工作原理如下:压缩空气从,输入口进入后,被引入旋风叶子 1,旋风叶子上有很多小缺口,使空气沿切线反向产生强烈的旋转,这样夹杂在气体中的较大水滴、油滴、灰尘(主要是水滴)便获得较大的离心力,并高速与水杯 3 内壁碰撞,而从气体中分离出来,沉淀于存水杯 3 中,然后气体通过中间的滤芯 2,部分灰尘、雾状水被 2 拦截而滤去,洁净的空气便从输出口输出。挡水板 4 是防止气体漩涡将杯中积存的污水卷起而破坏过滤作用。为保证分水滤气器正常工作,必须及时将存于水杯中的污水通过排水阀 5 放掉。在某些人工排水不方便的场合,可采用自动排水式分水滤气器。因此分水滤气器必须垂直安装,并将放水阀朝下。存水杯由透明材料制成,便于观察工作情况、污水情况和滤芯污染情况。滤芯目前采用铜粒烧结而成。若发现油泥过多,可采用酒精清洗,干燥后再装上,可继续使用。但是这种过滤器只能滤除固体和液体杂质,因此,使用时应尽可能装在能使空气中的水分变成液态的部位或防止液体进入的部位,如气动设备的气源入口处。

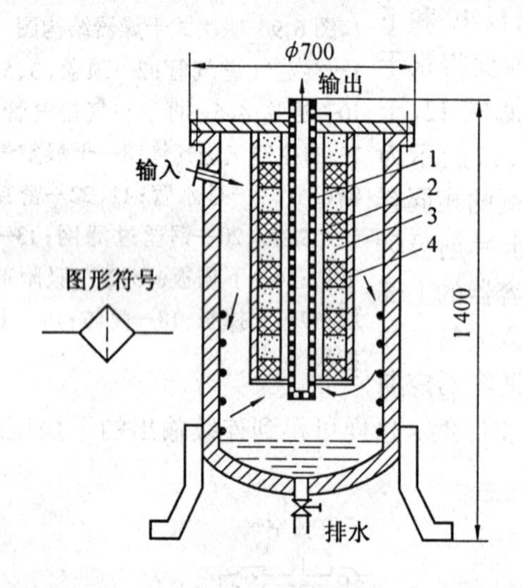

图 6.11 一次过滤器结构图

1—ϕ10 密孔网;2—280 目细钢丝网;3—焦炭;4—硅胶等

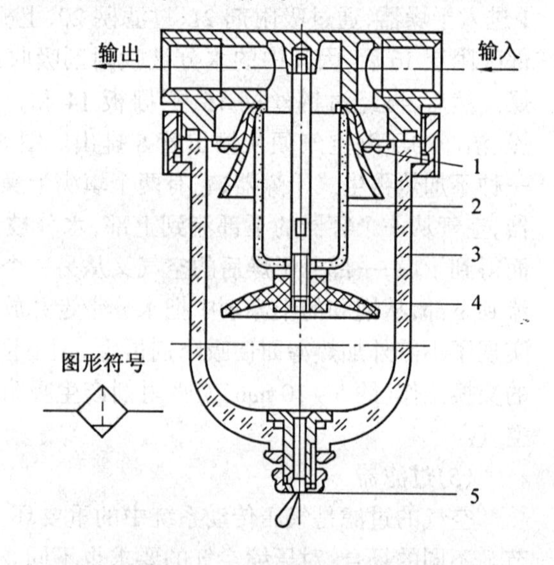

图 6.12 普通分水滤气器结构图

1—旋风叶子;2—滤芯;3—存水杯;4—挡水板;5—手动排水阀

2.其他辅助元件

(1)油雾器

油雾器是以压缩空气为动力,将润滑油喷射成雾状并混合于压缩空气中,使该压缩空气具有润滑气动元件的能力。目前,气动控制阀,气缸和气马达主要是靠这种带有油雾的压缩空气来实现润滑的,其优点是方便、干净润滑质量高。

①油雾器的工作原理

油雾器的工作原理如图 6.13 所示。若已知输入压力为 p_1,通过文氏管后压力降为 p_2,当输入压力 p_1 和 p_2 的压差 Δp 大于把油吸引到排出口所需压力 ρgh 时,油被吸上,在排出口形成油雾并随压缩空气输送出去。但因油的黏性阻力是阻止油液向上运动的力,因此实际需要的压力差要大于 ρgh,黏度较高的油吸上时所需的压力差就较大。相反黏度较低的油吸上时所需的压力差就小一些,但是黏度较低的油即使雾化也容易沉积在管道上,很难到达所期望的润滑地点。因此在气动装置中要正确选择润滑油的牌号(一般选用 HU20 ~ HU30 气轮机(透平)油)。

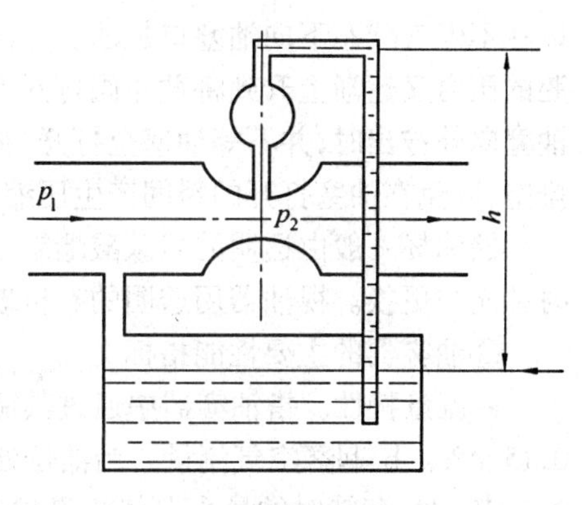

图 6.13 油雾器工作原理

②普通型油雾器结构简介

图 6.14 所示为普通型油雾器的结构图。压缩空气从输入口进入后,通过立杆 1 上的小孔 进入截止阀座 4 的腔内,在截止阀的阀心 2 上下表面形成压力差,此压力差被弹簧 3 的部分弹簧力所平衡,而使阀心处于中间位置,因而压缩空气就进入储油杯 5 的上腔 c,油面受压,压力油经吸油管 6 将单向阀 7 的阀心托起,阀心上部管道有一个边长小于阀心(钢球)直径的四方孔,使阀心不能将上部管道封死,压力油能不断地流入视油器 9 内,再滴入立杆 1 中,被通道中的气流从小孔中引射出来,雾化后放输出口输出。视油器上部的节流阀 8 用以调节滴油量,可在 0 至 200 滴/min范围内调节。

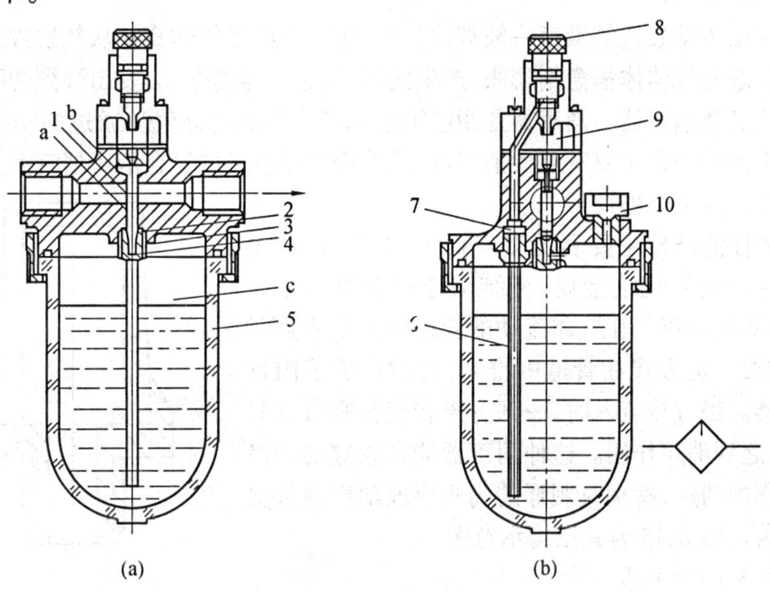

图 6.14 普通型油雾器

1—立杆;2—阀心;3—弹簧;4—截止阀座;5—储油杯;6—吸油管;
7—单向阀;8—节流阀;9—视油器;10—油塞

普通型油雾器能在进气状态下加油,这时只要拧松油塞 10 后,储油杯上腔便通大气,同时输入进来的压缩空气将阀心 2 压在截止阀座 4 上,切断压缩空气进入 c 腔的通道。又由于吸油管 6 中单向阀 7 的作用,压缩空气也不会从吸油管倒灌到储油杯中,所以就可以在不停气状态下向油塞口加油。加油完毕，拧上油塞。由于截止阀稍有泄漏，储油杯上腔的压力又逐渐上升到将截止阀打开，油雾器又重新开始工作，油塞上开有半截小孔，当油塞向外拧出时，并不等油塞全打开，小孔已经与外界相通，油杯中的压缩空气逐渐向外排空，以免在油塞打开的瞬间产生压缩空气突然排放现象。

储油杯一般由透明的聚碳酸酯制成，能清楚地看到杯中的储油量和清洁程度，以便及时补充与更换。视油器用透明的有机玻璃制成，能清楚地看到油雾器的滴油情况。

③油雾器的主要性能指标

a.流量特性。指油雾器中通过其额定流量时，输入压力与输出压力之差，一般不超过0.15 MPa。b.起雾空气流量。当油位处于最高位置，节流阀8全开(图6.14)，气流压力为0.5 MPa时，起雾时的最小空气流量规定为额定空气流量的40%。c.油雾粒径。在规定的试验压力0.5 MPa下，输油量为30滴/min，其粒径不大于50 μm。d.加油后恢复滴油时间。加油完毕后，油雾器不能马上滴油，要经过一定的时间，在额定工作状态下，一般为20~30 s。

油雾器在使用中一定要垂直安装，它可以单独使用，也可以以空气过滤器、减压阀和油雾器三件联合使用，组成气源调节装置(通常称之为气动三联件)，使之具有过滤、减压和油雾的功能。联合使用时，其顺序应为空气过滤器→减压阀→油雾器，不能颠倒，安装中气源调节装置应尽量靠近气动设备附近，距离不应大于5 m。

(2)消声器

气压传动装置的噪声一般都比较大，尤其当压缩气体直接从气缸或阀中排向大气，较高的压差使气体体积急剧膨胀，产生涡流，引起气体的振动，发出强烈的噪声，为消除这种噪声应安装消声器。消声器是指能阻止声音传播而允许气流通过的一种气动元件，气动装置中的消声器主要有阻性消声器、抗性消声器及阻抗复合消声器三大类。

①阻性消声器

阻性消声器主要利用吸声材料(玻璃纤维、毛毡、泡沫塑料、烧结金属、烧结陶瓷以及烧结塑料等)来降低噪声。在气体流动的管道内固定吸声材料，或按一定方式在管道中排列，这就构成了阻性消声器。当气流流入时，一部分声音能被吸收材料吸收，起到消声作用。这种消声器能在较宽的中高频范围内消声，特别对刺耳的高频声波消声效果更为显著。图6.15为其结构示意图。

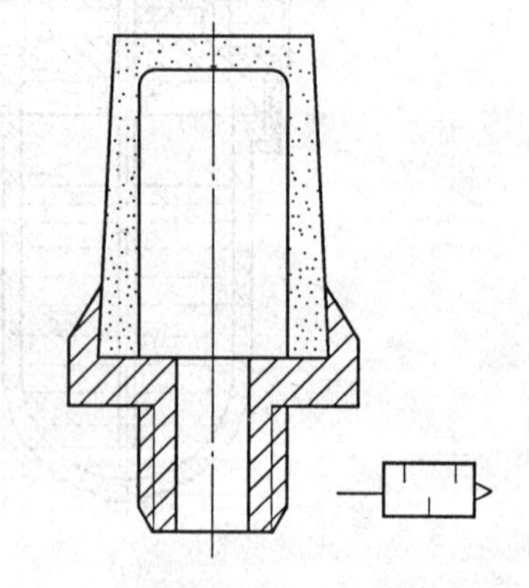
图6.15 阻性消声器示意图

②抗性消声器

抗性消声器又称声学滤波器，是根据声学滤波原理制造的，它具有良好的低频消声性能，但消声频带窄，对高频消声效果差。抗性消声器最简单的结构是一段管件，如将一段粗而长的塑料管接在元件的排气口，气流在管道里膨胀、扩散、反射、相互干涉而消声。

③阻抗复合消声器

阻抗复合消声器是综合上述两种消声器的特点而构成的，这种消声器既有阻性吸声材料，又有抗性消声器的干涉等作用，能在很宽的频率范围内起消声作用。

(3)转换器

在气动控制系统中，也与其他自动控制装置一样，有发信、控制和执行部分，其控制部分工作介质为气体，而信号传感部分和执行部分不一定全用气体，可能用电或液体传输，这就要通过转换器来转换。常用的转换器有：气－电、电－气、气－液等。

①气电转换器及电气转换器

气电转换器是将压缩空气的气信号转变成电信号的装置，即用气信号(气体压力)接通或断开电路的装置，也称之为压力继电器。

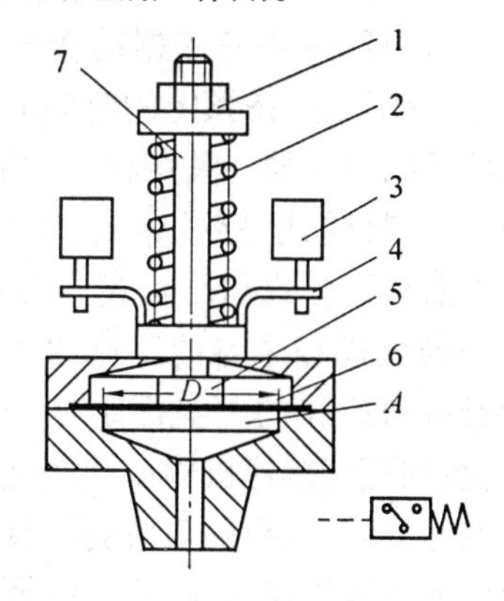

图6.16　高中压型压力继电器

1—螺母；2—弹簧；3—微动开关；4—爪枢；5—圆盘；6—膜片；7—顶杆

压力继电器按信号压力的大小可分为低压型(0～0.1 MPa)、中压型(0～0.6 MPa)和高压型(大于1.0 MPa)三种。图6.16为高中压型压力继电器的原理图，气压 p 进入 A 室后，膜片6受压产生推力，该力推动圆盘5和顶杆7克服弹簧2的弹簧力向上移动，同时带动爪枢4，使两个微动开关3发出电信号。旋转定压螺母1，可以调节控制压力范围。调压范围分别是0.025～0.5 MPa、0.065～1.2 MPa和0.6～3.0 MPa三种。这种压力继电器结构简单，调压方便。在安装气电转换器时应避免安装在振动较大的地方，且不应倾斜和倒置，以免使控制失灵，产生误动作，造成事故。

电气转换器的作用正好与气电转换器的作用相反，它是将电信号转换成气信号的装置。实际上各种电磁换向阀都可作为电气转换器。

②气液转换器

气动系统中常常用到气－液阻尼缸、或使用液压缸作执行元件，以求获得较平稳的速度，因而就需要一种把气信号转换成液压信号的装置，这就是气液转换器。其种类主要有两种：一种是直接作用式，即在一筒式容器内，压缩空气直接作用在液面上，或通过活塞、隔膜等作用在液面上。推压液体以同样的压力向外输出。如图6.17所示的为气液直接接触式转换器，当压缩空气由上部输入管输入后，经过管道末端的缓冲装置使压缩空气作用在液压油面上，因而液压油即以压缩空气相同的压力，由转换器主体下部的排油孔输出到液压缸，使其动作，气液转换器的储油量应不小于液压缸最大有效容积的1.5倍，另一种气液转换器是换向阀式，它是一个气控液压换向阀。采用气控液压换向阀，需要另外备有液压源。

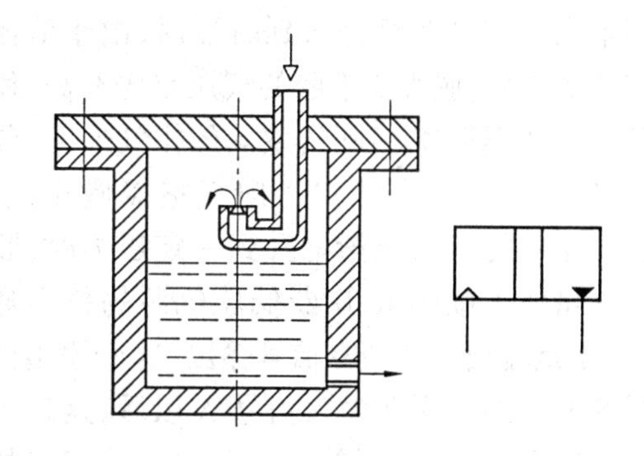

图6.17　气液转换器

(4)程序器

程序器是一种控制装置，其作用是储存各种预定的工作程序，按预先制定的特定顺序发出信号，使其他控制装置或执行机构以需要的次序自动动作。程序器一般有时间程序器和行程程序器两种。

时间程序器是依据动作时间的先后安排工作程序,按预定的时间间隔顺序发出信号的程序器。其结构形式有码盘式、凸轮式、棘轮式、穿孔带式、穿孔卡式等。常见的是码盘式和凸轮式。图6.18所示为一码盘式程序器的工作原理图。把一个开有槽或孔的圆盘固定在一根旋转轴上,盘轴随同减速机构或同步电动机按一定的速度转动,在圆盘两侧面装有发信管和接收管。由发信管发出的气信号在网盘无孔、槽的地方被挡住,接收管无信号输出;在圆盘上有孔或槽的地方,发信管的信号由接收管接收信号输出,并送入相应的控制线路,完成相应的程序控制,此带孔或槽的圆盘一般称为码盘。

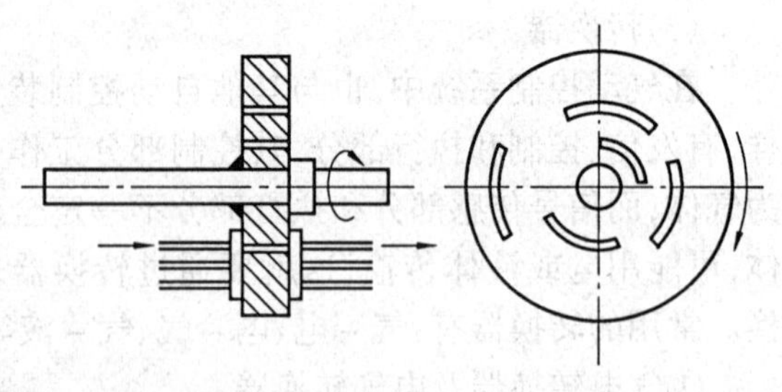

图6.18 码盘式时间程序器

行程程序器是依据执行元件的动作先后顺序安排工作程序,并利用每个动作完成以后发回的反馈信号控制程序器向下一步程序的转换,发出下一步程序相应的控制信号。无反馈信号发回时,程序器就不能转换,也不会发出下一步的控制信号。这样就使程序信号指令的输出和执行机构的每一步动作有机的联系起来,只有执行机构的每一步都达到预定位置,发回反馈信号,整个系统才能一步一步地按预先选定的程序工作。行程程序器也有多种结构形式,此处不作详细介绍。

(5)延时器

气动延时器的工作原理如图6.19所示,当输入气体分两路进入延时器时,由于节流口1的作用,膜片2下腔的气压首先升高,使膜片堵住喷嘴3,切断气室4的排气通路;同时,输入气体经节流口1向气室缓慢充气。当气室4的压力逐渐上升到一定压力时,膜片5堵住上喷嘴6,切断低压气源的排空通路,于是输出口S便有信号输出,这个输出信号S发出的时间在输入信号A以后,延迟了一段时间,延迟时间的大小取决于节流口的大小、气室的大小及膜片5的刚度。当输入信号消失后,膜片2复位,气室内的气体经下喷嘴排空;膜片5复位,气源经上喷嘴排空,输出端无输出。节流口1可调时,该延时器称之为可调式,反之称之为固定式。

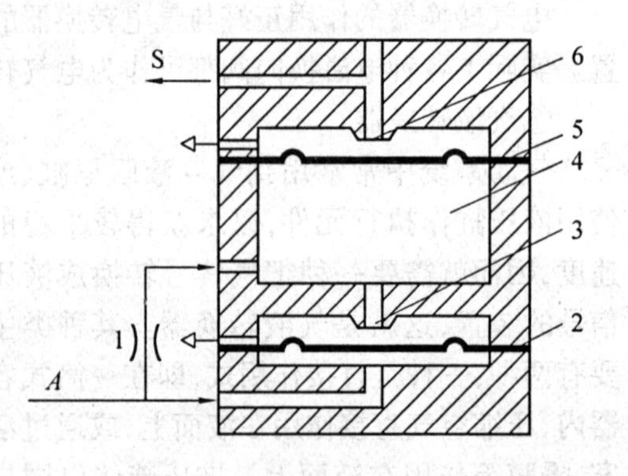

图6.19 气动延时器

1—节流口;2、5—膜片;3、6—喷嘴;4—气室

(6)管道连接件

管道连接件包括管子和各种管接头。有了管子和各种管接头,才能把气动控制元件、气动执行元件以及辅助元件等连接成一个完整的气动控制系统,因此,实际应用中,管道连接件是不可缺少的。

管子可分为硬管和软管两种。如总气管和支气管等一些固定不动的、不需要经常装拆的地方,使用硬管。连接运动部件和临时使用、希望装拆方便的管路应使用软管。硬管有铁管、铜管、黄铜管、紫铜管和硬塑料管等;软管有塑料管、尼龙管、橡胶管、金属编织塑料管以及挠性金属导管等。常用的是紫铜管和尼龙管。

气动系统中使用的管接头的结构及工作原理与液压管接头基本相似,分为卡套式、扩口螺纹式、卡箍式、插入快换式等。

6.5 气动执行元件

气动执行元件是将压缩空气的压力能转换为机械能的装置。它包括气缸和气马达。气缸用于直线往复运动或摆动,气马达用于实现连续回转运动。

6.5.1 气缸

气缸是气动系统的执行元件之一。按气缸活塞承受气体压力是单向还是双向可分为单作用气缸和双作用气缸;按气缸的安装形式可分为固定式气缸、轴销式气缸和回转式气缸;按气缸的功能及用途可分为普通气缸、缓冲气缸、气-液阻尼缸、摆动气缸和冲击气缸等。除几种特殊气缸外,普通气缸其种类及结构形式与液压缸基本相同。

目前最常选用的是标准气缸,其结构和参数都已系列化、标准化、通用化。QGA 系列为无缓冲普通气缸,其结构如图 6.20 所示;QGB 系列为有缓冲普通气缸,其结构如图 6.21 所示。

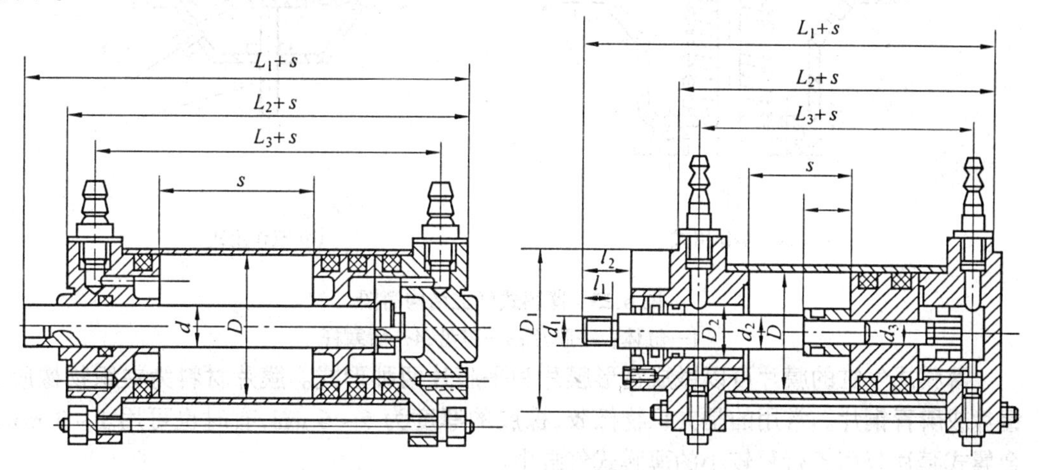

图 6.20 QGA 系列无缓冲普通气缸结构图　　图 6.21 QGB 系列有缓冲普通气缸结构图

其他几种较为典型的特殊气缸有气液阻尼缸、薄膜式气缸和冲击式气缸等。

1.气液阻尼缸

普通气缸工作时,由于气体的压缩性,当外部载荷变化较大时,会产生“爬行”或“自走”现象,使气缸的工作不稳定。为了使气缸运动平稳,普遍采用气液阻尼缸。

气液阻尼缸是由气缸和油缸组合而成,它的工作原理见图 6.22。它是以压缩空气为能源,并利用油液的不可压缩性和控制油液排量来获得活塞的平稳运动和调节活塞的运动速度。它将油缸和气缸串联成一个整体,两个活塞固定在一根活塞杆上。当气缸右端供气时,气缸克服外负载并带动油缸同时向左运动,此时油缸左腔排油、单向阀关闭。油液只能经节流阀缓慢流入油缸右腔,对整个活塞的运动起阻尼作用。调节节流阀的阀口大小就能达到调节活塞运动速度的目的。当压缩空气经换向阀从气缸左腔进入时,油缸右腔排油,此时因单向阀开启,活塞能快速返回原来位置。

这种气液阻尼缸的结构一般是将双活塞杆缸作为油缸。因为这样可使油缸两腔的排油量相等,此时油箱内的油液只用来补充因油缸泄漏而减少的油量,一般用油杯就行了。

图 6.22 气液阻尼缸的工作原理图

1—油箱;2—单向阀;3—节流阀;4—液体;5—气体

2.薄膜式气缸

薄膜式气缸是一种利用压缩空气通过膜片推动活塞杆作往复直线运动的气缸。它由缸体、膜片、膜盘和活塞杆等主要零件组成。其功能类似于活塞式气缸,它分单作用式和双作用式两种,如图 6.23 所示。

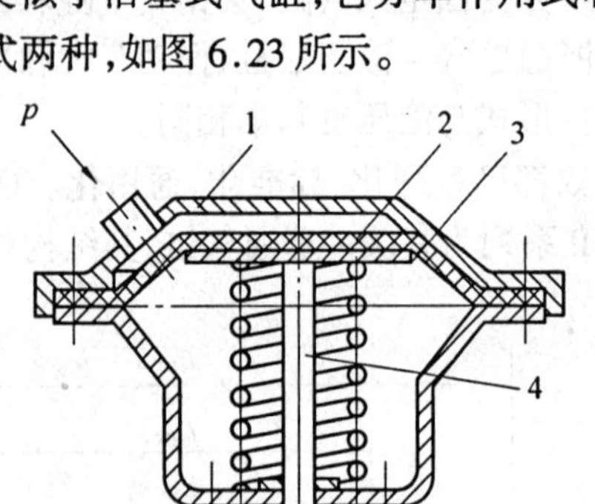

(a) 单作用式

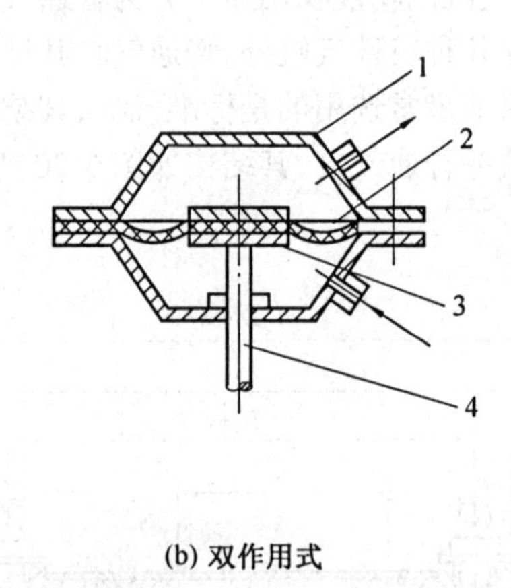

(b) 双作用式

图 6.23 薄膜式气缸结构简图

1—缸体;2—膜片;3—膜盘;4—活塞杆

薄膜式气缸的膜片可以做成盘形膜片和平膜片两种形式。膜片材料为夹织物橡胶、钢片或磷青铜片。常用的是夹织物橡胶,橡胶的厚度为 5 ~ 6 mm,有时也可用 1 ~ 3 mm。金属式膜片只用于行程较小的薄膜式气缸中。

薄膜式气缸和活塞式气缸相比较,具有结构简单、紧凑、制造容易、成本低、维修方便、寿命长、泄漏小、效率高等优点。但是膜片的变形量有限,故其行程短(一般不超过 40 ~ 50 mm),且气缸活塞杆上的输出力随着行程的加大而减小。

3.冲击气缸

冲击气缸是一种体积小、结构简单、易于制造、耗气功率小但能产生相当大的冲击力的一种特殊气缸。与普通气缸相比,冲击气缸的结构特点是增加了一个具有一定容积的蓄能腔和喷嘴。它的工作原理如图 6.24 所示。

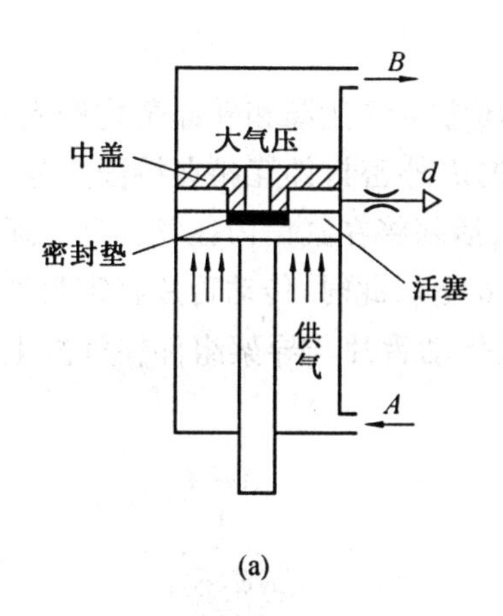

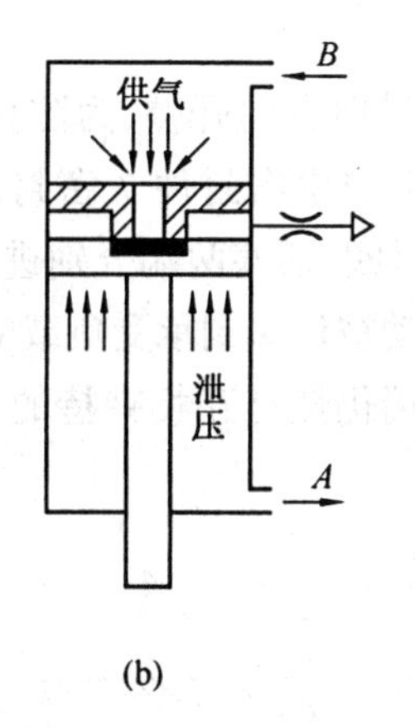

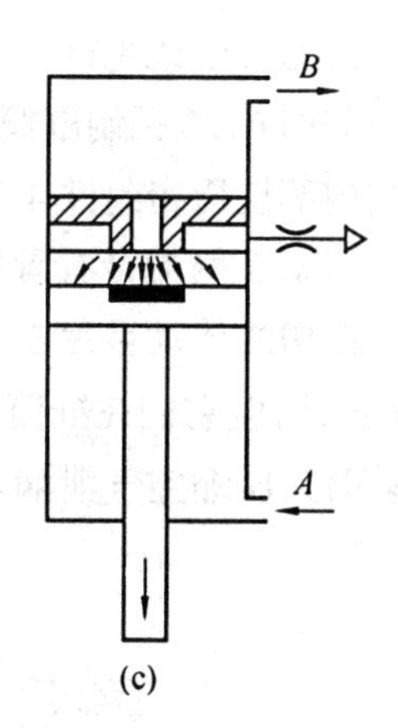

图 6.24 冲击气缸工作原理图

冲击气缸的整个工作过程可简单地分为三个阶段。第一个阶段(图 6.24(a)),压缩空气由孔 A 输入冲击缸的下腔,蓄气缸经孔 B 排气,活塞上升并用密封垫封住喷嘴,中盖和活塞间的环形空间经排气孔与大气相通。第二阶段(图 6.24(b)),压缩空气改由孔 B 进气,输入蓄气缸中,冲击缸下腔经孔 A 排气。由于活塞上端气压作用在面积较小的喷嘴上,而活塞下端受力面积较大,一般设计成喷嘴面积的 9 倍,缸下腔的压力虽因排气而下降,但此时活塞下端向上的作用力仍然大于活塞上端向下的作用力。第三阶段(图 6.24(c)),蓄气缸的压力继续增大,冲击缸下腔的压力继续降低,当蓄气缸内压力高于活塞下腔压力 9 倍时,活塞开始向下移动,活塞一旦离开喷嘴,蓄气缸内的高压气体迅速充人到活塞与中间盖间的空间,使活塞上端受力面积突然增加 9 倍,于是活塞将以极大的加速度向下运动,气体的压力能转换成活塞的动能。在冲程达到一定时,获得最大冲击速度和能量,利用这个能量对工件进行冲击做功,产生很大的冲击力。

4.摆动式气缸(摆动马达)

摆动式气缸是将压缩空气的压力能转变成气缸输出轴的有限回转的机械能,多用于安装位置受到限制,或转动角度小于 360°的回转工作部件,例如夹具的回转、阀门的开启、转塔车床转塔的转位以及自动线上物料的转位等场合。

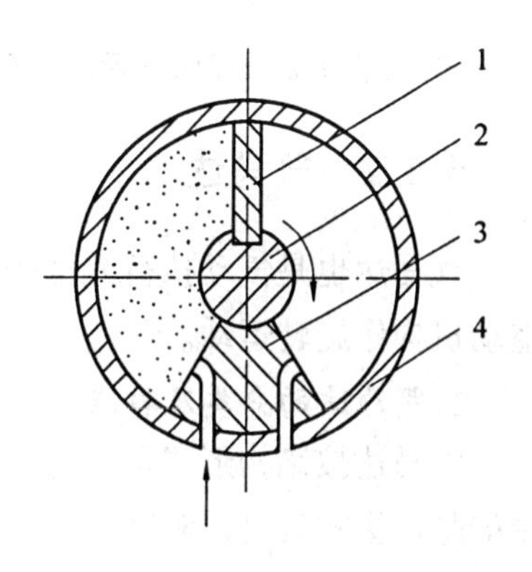

图 6.25 摆动气缸
1—叶片;2—转子;
3—定子;4—缸体

图 6.25 为单叶片式摆动气缸的工作原理图,定子 3 与缸体 4 固定在一起,叶片 1 和转子 2(输出轴)联结在一起,当左腔进气时,转子顺时针转动;反之,转子则逆时针转动。转子可做成图示的单叶片式,也可做成双叶片式。这种气缸的耗气量一般都较大,输出转矩和角速度与摆动式液压缸相同,故不再重复。

5.无杆活塞气缸

如图6.26铝制缸筒2沿轴向方向开槽,为防止内部压缩空气泄漏和外部杂物侵入,槽被内部抗压密封件4和外部防尘密封件7密封,塑料的内外密封件互相夹持固定着。无杆活塞3两端带有唇形密封圈,活塞两端分别进、排气,活塞将在缸筒内往复移动。通过缸筒槽的传动舌片5,该运动被传递到承受负载的导架6上。此时,传动舌片将密封件4、7挤开,但它们在缸筒的两端仍然是互相夹持的。因此传动舌片与导架组件在气缸上移动时无压缩空气泄漏。

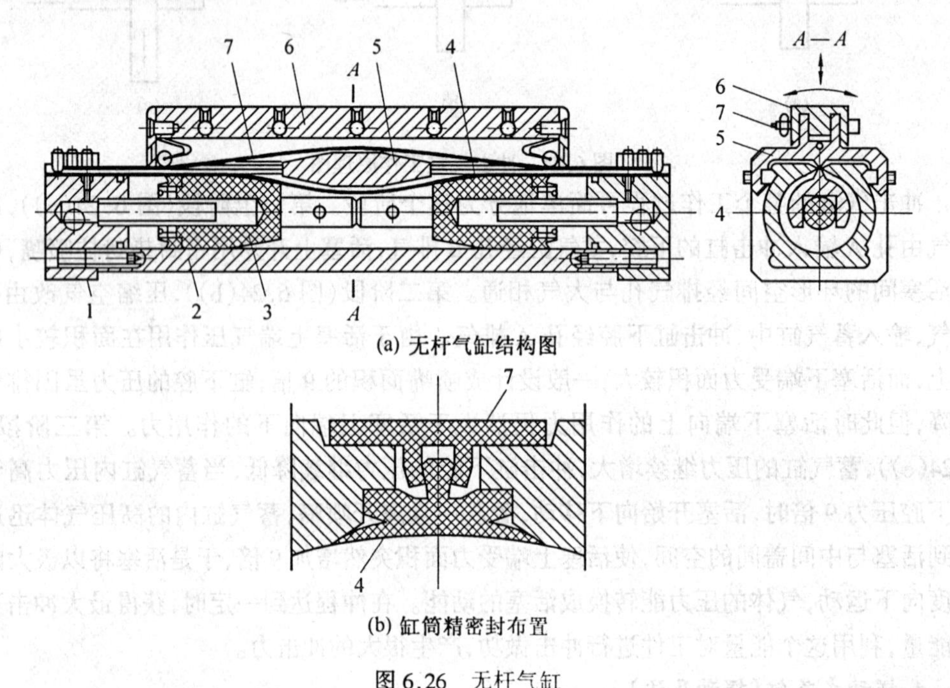

(a) 无杆气缸结构图

(b) 缸筒精密封布置

图6.26 无杆气缸

1—左右端盖;2—缸筒;3—无杆活塞;4—内部抗压密封件;5—传动舌片;6—导架;7—外部防尘密封件

6.5.2 气马达

气马达也是气动执行元件的一种。它的作用相当于电动机或液压马达,即输出力矩,拖动机构作旋转运动。

1.气马达的分类及特点

气马达按结构形式可分为:叶片式气马达、活塞式气马达和齿轮式气马达等。最为常见的是活塞式气马达和叶片式气马达。叶片式气马达制造简单,结构紧凑,但低速运动转矩小,低速性能不好,适用于中、低功率的机械,目前在矿山及风动工具中应用普遍。活塞式气马达在低速情况下有较大的输出功率,它的低速性能好,适宜于载荷较大和要求低速转矩的机械,如起重机、绞车、绞盘、拉管机等。

与液压马达相比,气马达具有以下特点:

(1)工作安全。可以在易燃易爆场所工作,同时不受高温和振动的影响。

(2)可以长时间满载工作而温升较小。

(3)可以无级调速。控制进气流量,就能调节马达的转速和功率。额定转速以每分钟几十转到几十万转。

(4)具有较高的启动力矩,可以直接带负载运动。

(5)结构简单,操纵方便,维护容易,成本低。

(6)输出功率相对较小,最大只有 20 kW 左右。

(7)耗气量大,效率低,噪声大。

2.气马达的工作原理

图 6.27(a)是叶片式气马达的工作原理图。它的主要结构和工作原理与液压叶片马达相似,主要包括一个径向装有 3 ~ 10 个叶片的转子,偏心安装在定子内,转子两侧有前后盖板(图中未画出),叶片在转子的槽内可径向滑动,叶片底部通有压缩空气,转子转动是靠离心力和叶片底部气压将叶片紧压在定子内表面上。定子内有半圆形的切沟,提供压缩空气及排出废气。

当压缩空气从 A 口进入定子内,会使叶片带动转子作逆时针旋转,产生转矩。废气从排气口 C 排出;而定子腔内残留气体则从 B 口排出。如需改变气马达旋转方向,只需改变进、排气口即可。

图 6.27(b)是径向活塞式马达的原理图。压缩空气经进气口进入分配阀(又称配气阀)后再进入气缸,推动活塞及连杆组件运动,再使曲柄旋转。曲柄旋转的同时,带动固定在曲轴上的分配阀同步转动,使压缩空气随着分配阀角度位置的改变而进入不同的缸内,依次推动各个活塞运动,由各活塞及连杆带动曲轴连续运转。与此同时,与进气缸相对应的气缸则处于排气状态。

图 6.27(c)是薄膜式气马达的工作原理图。它实际上是一个薄膜式气缸,当它作往复运动时,通过推杆端部的棘爪使棘轮转动。

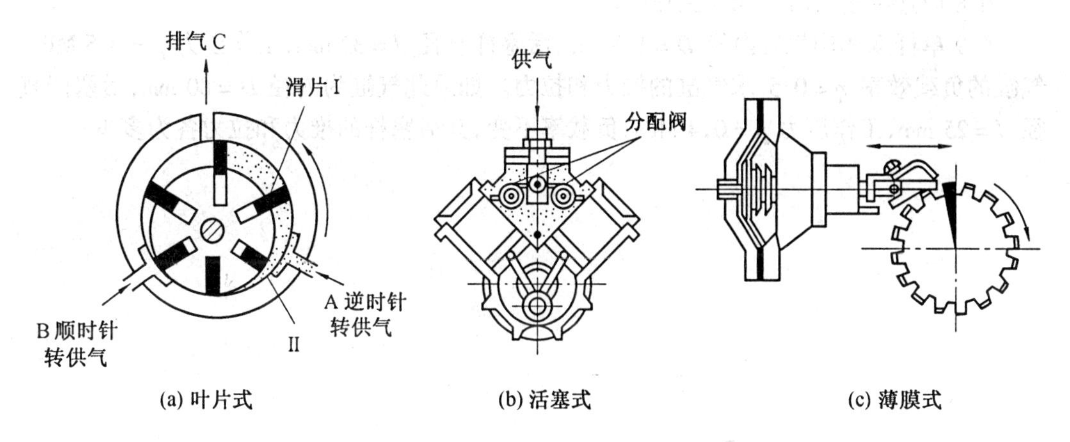

(a) 叶片式　　(b) 活塞式　　(c) 薄膜式

图 6.27　气缸工作原理图

表 6.3 列出了各种气马达的特点及应用范围,可供选择和作用时参考。

表 6.3　各种气马达的特点及应用范围

形式	转矩	速度	功率	每千瓦耗气量 Q /($m^3 \cdot min^{-1}$)	特点及应用范围
叶片式	低转矩	高速度	由零点几千瓦到 1.3 kW	小型:1.8~2.3 大型:1.0~1.4	制造简单,结构紧凑,但低速启动转矩小,低速性能不好适用于要求低或中功率的机械,如手提工具、复合工具传送带、升降机、泵、拖拉机等
活塞式	中高转矩	低速或中速	由零点几千瓦到 1.7 kW	小型:1.9~2.3 大型:1.0~1.4	在低速时有较大的功率输出和较好的转矩特性。启动准确,且启动和停止特性均较叶片式好,适用于载荷较大和要求低速转矩较高的机械,如手提工具、起重机、绞车、绞盘、拉管机等
薄膜式	高转矩	低速度	小于 1 kW	1.2~1.4	适用于控制要求很精确、启动转矩极高且速度低的机械

思考题及习题

6.1 什么是气压传动？其工作原理是什么？

6.2 与机械传动、电气传动及液压传动相比,气压传动有哪些优缺点？

6.3 气压传动系统由哪几部分组成？各在系统中起什么作用？

6.4 气体在气压传动系统中,遵循哪些规律？

6.5 油水分离器的作用是什么？为什么它能将油和水分开？

6.6 油雾器的作用是什么？试简述其工作原理。

6.7 简述常见气缸的类型、功能和用途。

6.8 简述冲击气缸是如何工作的。

6.9 单杆双作用气缸内径 $D = 125$ mm,活塞杆直径 $d = 32$ mm,工作压力 $p = 0.5$ MPa,气缸的负载效率 $\eta = 0.5$,求气缸的推力和拉力。如果此气缸为内径 $D = 80$ mm,活塞杆直径 $d = 25$ mm,工作压力 $p = 0.4$ MPa,负载率不变,其活塞杆的推力和拉力各为多少？

第 7 章 气动控制元件及其基本回路

在气压传动系统中的控制元件是控制和调节压缩空气的压力、流量、流动方向和发送信号的重要元件，利用它们可以组成各种气动控制回路，使气动执行元件按设计的程序正常地进行工作。控制元件按功能和用途可分为方向控制阀、压力控制阀和流量控制阀三大类。此外，尚有通过改变气流方向和通断实现各种逻辑功能的气动逻辑元件等。

7.1 气动控制元件

7.1.1 气动压力控制阀

气动系统不同于液压系统，一般每一个液压系统都自带液压源（液压泵）；而在气动系统中，一般来说由空气压缩机先将空气压缩，储存在储气罐内，然后经管路输送给各个气动装置使用。而储气罐的空气压力往往比各台设备实际所需要的压力高些，同时其压力波动值也较大。因此需要用减压阀（调压阀）将其压力减到每台装置所需的压力，并使减压后的压力稳定在所需压力值上。

有些气动回路需要依靠回路中压力的变化来实现控制两个执行元件的顺序动作，所用的这种阀就是顺序阀。顺序阀与单向阀的组合称为单向顺序阀。

所有的气动回路或储气罐为了安全起见，当压力超过允许压力值时，需要实现自动向外排气，这种压力控制阀称为安全阀（溢流阀）。

1.减压阀（调压阀）

图 7.1 是 QTY 型直动式减压阀结构图。其工作原理是：当阀处于工作状态时，调节手柄 1、压缩弹簧 2、3 及膜片 5，通过阀杆 6 使阀心 8 下移，进气阀口被打开，有压气流从左端输入，经阀口节流减压后从右端输出。输出气流的一部分由阻尼管 7 进入膜片气室，在膜片 5 的下方产生一个向上的推力，这个推力总是企图把阀口开度关小，使其输出压力下降。当作用于膜片上的推力与弹簧力相平衡后，减压阀的输出压力便保持一定。

当输入压力发生波动时，如输入压力瞬时升高，输出压力也随之升高，作用于膜片 5 上的气体推力也随之增大，破坏了原来的力的平衡，使膜片 5 向上移动，有少量气体经溢流口 4、排气孔 11 排出。在膜片上移的同时，因复位弹簧 10 的作用，使输出压力下降，直到新的平衡为止。重新平衡后的输出压力又基本上恢复至原值。反之，输出压力瞬时下降，膜片下移，进气口开度增大，节流作用减小，输出压力又基本上回升至原值。

调节手柄 1 使弹簧 2、3 恢复自由状态，输出压力降至零，阀心 8 在复位弹簧 10 的作用下，关闭进气阀口，这样，减压阀便处于截止状态，无气流输出。

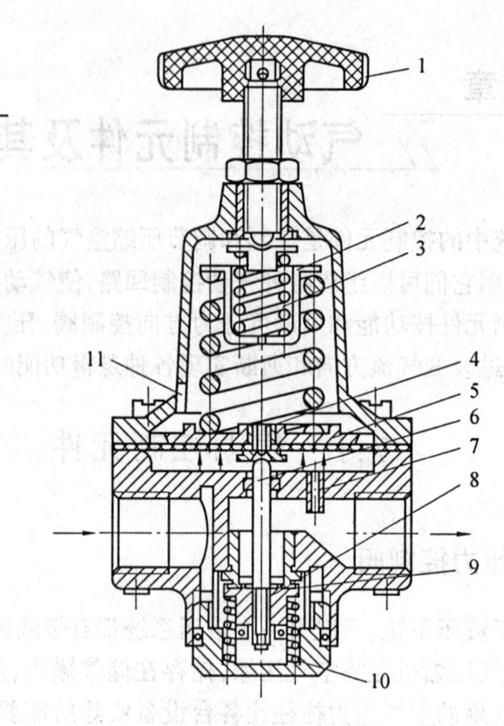

图 7.1 QTY 型直动式减压阀

1—调节手柄;2、3—压缩弹簧;4—溢流口;5—膜片;6—阀杆;

7—阻尼管;8—阀心;9—阀座;10—复位弹簧;11—排气孔

QTY 型直动式减压阀的调压范围为 0.05 ~ 0.63 MPa。为限制气体流过减压阀所造成的压力损失,规定气体通过阀内通道的流速在 15 ~ 25 m/s 范围内。

安装减压阀时,要按气流的方向和减压阀上所示的箭头方向,依照分水滤气器→减压阀→油雾器的安装次序进行安装。调压时应由低向高调,直至规定的调压值为止。阀不用时应把手柄放松,以免膜片经常受压变形。

2.顺序阀

顺序阀是依靠气路中压力的作用而控制执行元件按顺序动作的压力控制阀,如图7.2所示,它根据弹簧的预压缩量来控制其开启压力。当输入压力达到或超过开启压力时,顶开弹簧,于是 P 到 A 才有输出;反之 A 无输出。

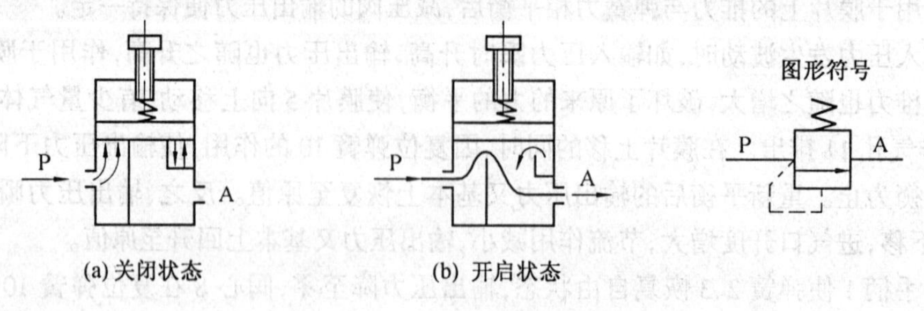

(a) 关闭状态　(b) 开启状态

图 7.2 顺序阀工作原理图

顺序阀一般很少单独使用,往往与单向阀配合在一起,构成单向顺序阀。图7.3所示为单向顺序阀的工作原理图。当压缩空气由左端进入阀腔后,作用于活塞3上的气压力超过压缩弹簧3上的力时,将活塞顶起,压缩空气从P经A输出,见图7.3(a),此时单向阀4在压差力及弹簧力的作用下处于关闭状态。反向流动时,输入侧变成排气口,输出侧压力将顶开单向阀4由O口排气,见图7.3(b)。

调节旋钮就可改变单向顺序阀的开启压力,以便在不同的开启压力下,控制执行元件的顺序动作。

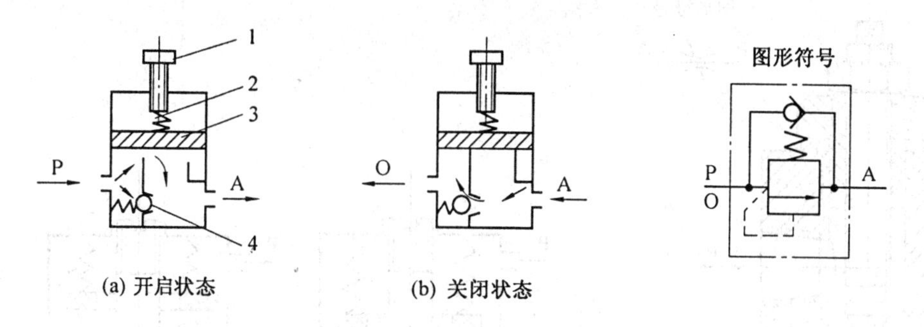

图7.3 单向顺序阀工作原理图
1—调节手柄;2—弹簧;3—活塞;4—单向阀

3.安全阀

当储气罐或回路中压力超过某调定值,要用安全阀向外放气,安全阀在系统中起过载保护作用。

图7.4是安全阀工作原理图。当系统中气体压力在调定范围内时,作用在活塞3上的压力小于弹簧2的力,活塞处于关闭状态如图7.4(a)所示。当系统压力升高,作用在活塞3上的压力大于弹簧的预定压力时,活塞3向上移动,阀门开启排气如图7.4(b)所示。直到系统压力降到调定范围以下,活塞又重新关闭。开启压力的大小与弹簧的预压量有关。

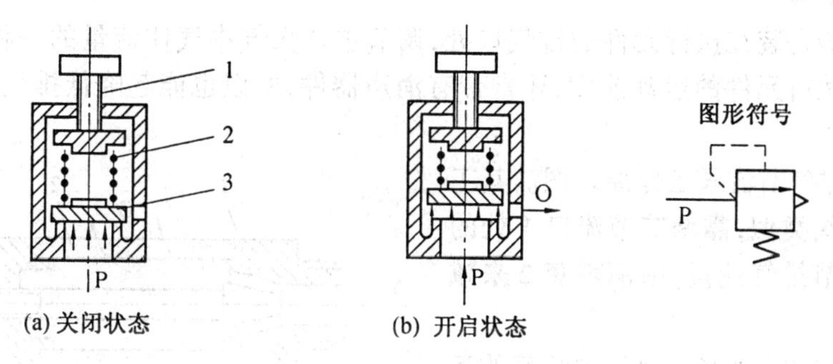

图7.4 安全阀工作原理图

7.1.2 气动流量控制阀

在气压传动系统中,有时需要控制气缸的运动速度,有时需要控制换向阀的切换时间和气动信号的传递速度,这些都需要调节压缩空气的流量来实现。流量控制阀就是通过改变阀的通流截面积来实现流量控制的元件。流量控制阀包括节流阀、单向节流阀、排气节流阀和快速排气阀等。

1.节流阀

图7.5为圆柱斜切型节流阀的结构图。压缩空气由P口进入，经过节流后，由A口流出。旋转阀心螺杆，就可改变节流口的开度，这样就调节了压缩空气的流量。由于这种节流阀的结构简单、体积小，故应用范围较广。

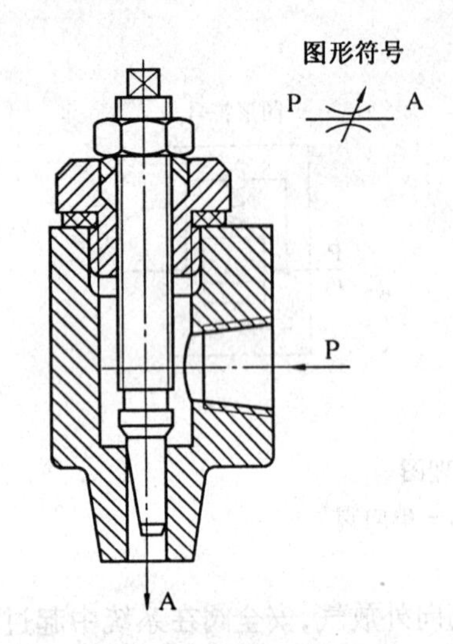

图7.5 节流阀工作原理

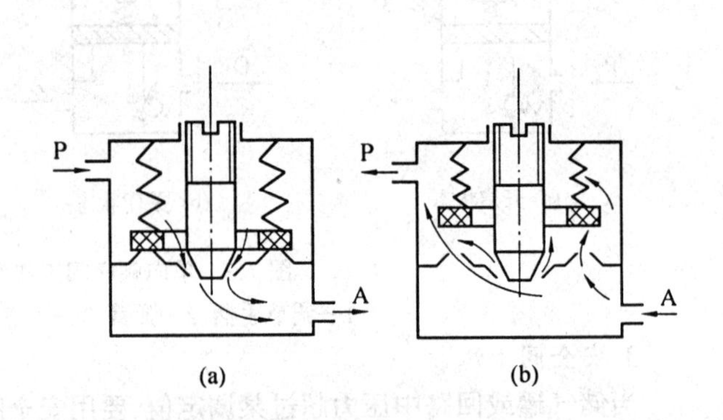

图7.6 单向节流阀工作原理图

2.单向节流阀

单向节流阀是由单向阀和节流阀并联而成的组合式流量控制阀，如图7.6所示。当气流沿着一个方向，例如P→A(图7.6(a))流动时，经过节流阀节流；反方向(图7.6(b))流动，由A→P时单向阀打开，不节流，单向节流阀常用于气缸的调速和延时回路。

3.排气节流阀

排气节流阀是装在执行元件的排气口处，调节进入大气中气体流量的一种控制阀。它不仅能调节执行元件的运动速度，还常带有消声器件，所以也能起降低排气噪声的作用。

图7.7为排气节流阀工作原理图。其工作原理和节流阀类似，靠调节节流口1处的通流面积来调节排气流量，由消声套2来减小排气噪声。

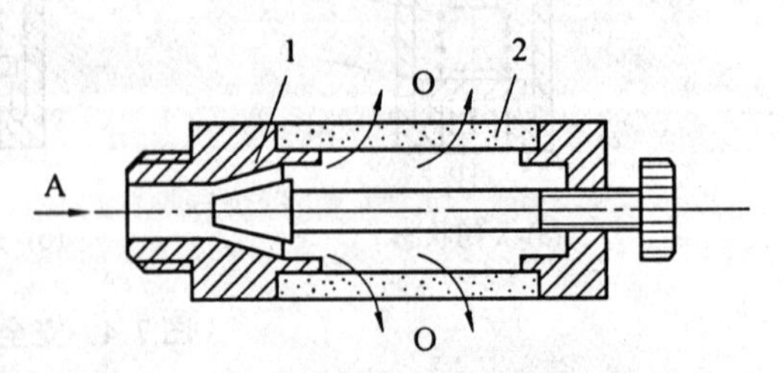

图7.7 排气节流阀工作原理图

1—节流口；2—消声套

用流量控制的方法控制气缸内活塞的运动速度，采用气动比采用液压困难。特别是在极低速控制中，要按照预定行程变化来控制速度，只用气动很难实现。在外部负载变化很大时，仅用气动流量阀也不会得到满意的调速效果。为提高其运动平稳性，建议采用气液联动。

4.快速排气阀

图7.8为快速排气阀工作原理图。进气口P进入压缩空气,并将密封活塞迅速上推,开启阀口2,同时关闭排气口O,使进气口P和工作口A相通(图7.8(a))。图7.8(b)是P口没有压缩空气进入时,在A口和P口压差作用下,密封活塞迅速下降,关闭P口,使A口通过O口快速排气。

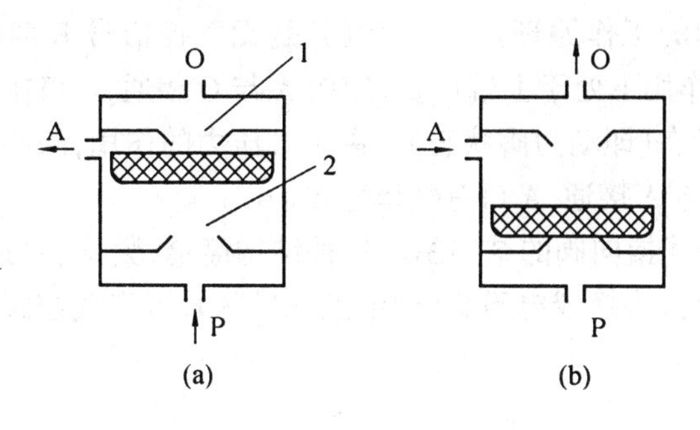

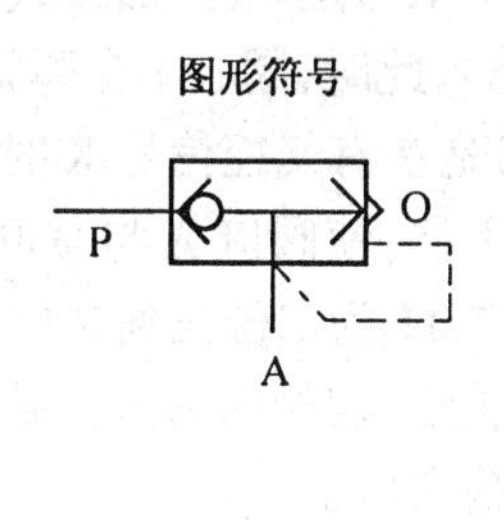

图7.8 快速排气阀工作原理图

快速排气阀常安装在换向阀和气缸之间。图7.9为快速排气阀在回路中的应用。它使气缸的排气不用通过换向阀而快速排出,从而加速了气缸往复的运动速度,缩短了工作周期。

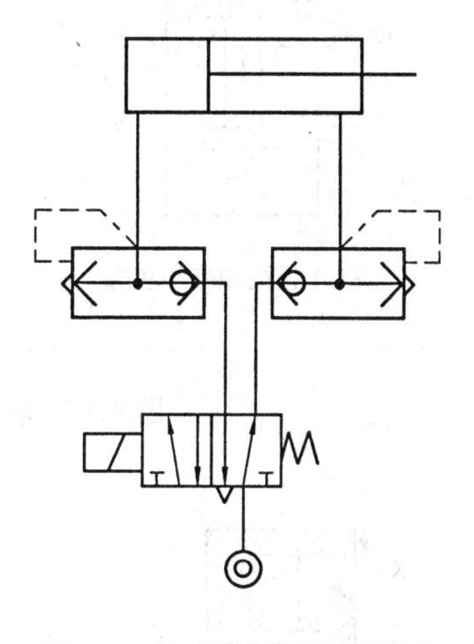

图7.9 快速排气阀应用回路

7.1.3 气动方向控制阀

气动方向阀和液压相似、分类方法也大致相同。气动方向阀是气压传动系统中通过改变压缩空气的流动方向和气流的通断,来控制执行元件启动、停止及运动方向的气动元件。

根据方向控制阀的功能、控制方式、结构方式、阀内气流的方向及密封形式等,可将方向控制阀分为如下几类,见表7.1。

表7.1 方向控制阀的分类

分类方式	形式
按阀内气体的流动方向	单向阀、换向阀
按阀心的结构形式	截止阀、滑阀
按阀的密封形式	硬质密封、软质密封
按阀的工作位数及通路数	二位三通、二位五通、三位五通等
按阀的控制操纵方式	气压控制、电磁控制、机械控制、手动控制

下面仅介绍几种典型的方向控制阀。

1.气压控制换向阀

气压控制换向阀是以压缩空气为动力切换气阀,使气路换向或通断的阀类。气压控制换向阀的用途很广,多用于组成全气阀控制的气压传动系统或易燃、易爆以及高净化等场合。

(1)单气控加压式换向阀

图7.10为单气控加压式换向阀的工作原理。图7.10(a)是无气控信号K时的状态(即常态),此时,阀心1在弹簧2的作用下处于上端位置,使阀A与O相通,A口排气。图7.10(b)是在有气控信号K时阀的状态(即动力阀状态)。由于气压力的作用,阀心1压缩弹簧2下移,使阀口A与O断开,P与A接通,A口有气体输出。

图7.11为二位三通单气控截止式换向阀的结构图。这种结构简单、紧凑、密封可靠、换向行程短,但换向力大。若将气控接头换成电磁头(即电磁先导阀),可变气控阀为先导式电磁换向阀。

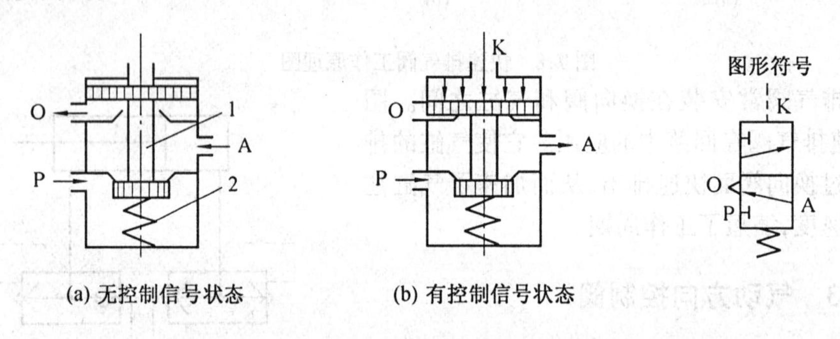

图7.10 单气控加压截止式换向阀的工作原理图

1—阀心;2—弹簧

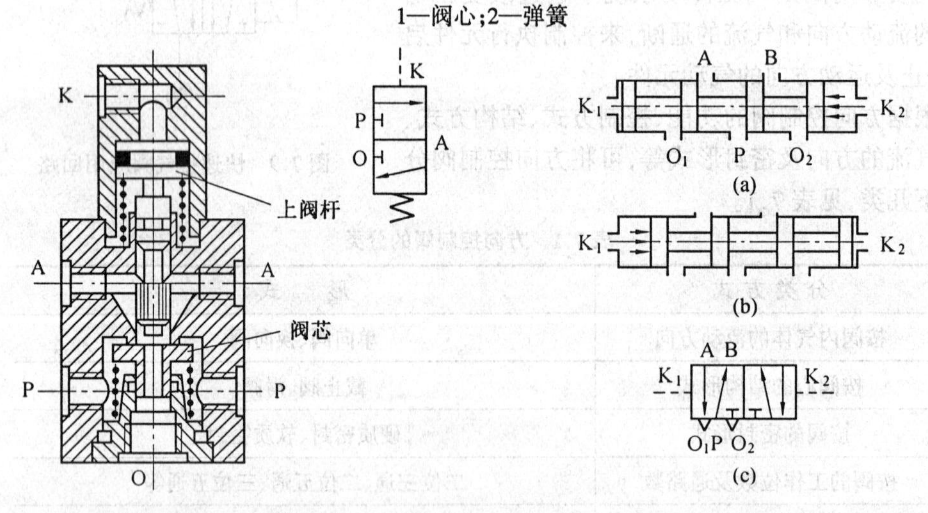

图7.11 二位三通单气控截止式换向阀的结构图

图7.12 双气控滑阀式换向阀的工作原理图

(2)双气控加压式换向阀

图7.12为双气控滑阀式换向阀的工作原理图。图7.12(a)为有气控信号K_2时阀的

状态，此时阀停在左边，其通路状态是P与A、B与O相通。图7.12(b)为有气控信号K_1时阀的状态(此时信号K_2已不存在)，阀心换位，其通路状态变为P与B、A与O相通。双气控滑阀具有记忆功能，即气控信号消失后，阀仍能保持在有信号时的工作状态。

2.电磁控制换向阀

电磁换向阀是利用电磁力的作用来实现阀的切换以控制气流的流动方向。常用的电磁换向阀有直动式和先导式两种。

(1)直动式电磁换向阀

图7.13为直动式单电控电磁阀的工作原理图。它只有一个电磁铁。图7.14(a)为常态情况，即激励线圈不通电，此时阀在复位弹簧的作用下处于上端位置。其通路状态为A与T相通，A口排气。当通电时，电磁铁1推动阀心向下移动，气路换向，其通路为P与A相通，A口进气，见图7.13(b)。

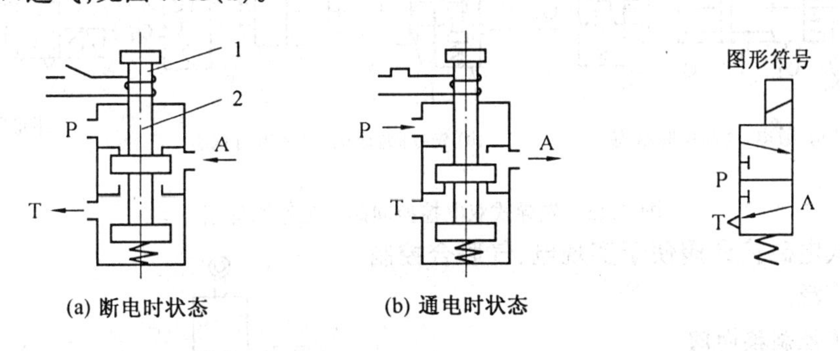

图7.13 直动式单电控电磁阀的工作原理图

1—电磁铁；2—阀心

图7.14为直动式双电控电磁阀的工作原理图。它有两个电磁铁，当电磁铁1通电、2断电(图7.14(a))，阀心被推向右端，其通路状态是P口与A口、B口与O_2口相通，A口进气、B口排气。当电磁铁1断电时，阀心仍处于原有状态，即具有记忆性。当电磁铁2通电、1断电(图7.14(b))，阀心被推向左端，其通路状态是P口与B口、A口与O_1口相通，B口进气、A口排气。若电磁铁断电，气流通路仍保持原状态。

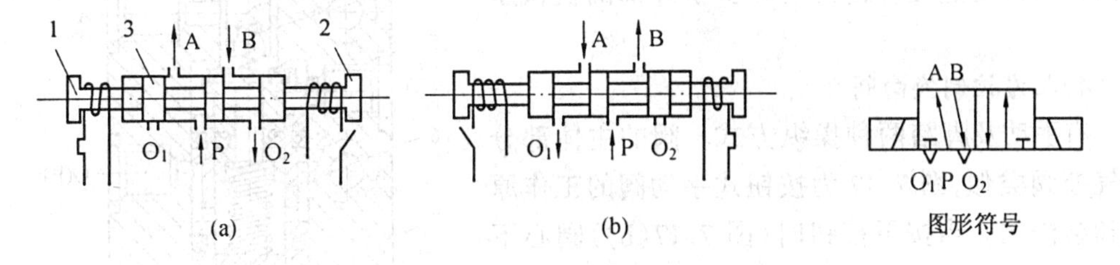

图7.14 直动式双电控电磁阀的工作原理图

1、2—电磁铁；3—阀心

(2)先导式电磁换向阀

直动式电磁阀是由电磁铁直接推动阀心移动的，当阀通径较大时，用直动式结构所需的电磁铁体积和电力消耗都必然加大，为克服此弱点可采用先导式结构。

先导式电磁阀是由电磁铁首先控制气路，产生先导压力，再由先导压力推动主阀阀心，使其换向。

图7.15为先导式双电控换向阀的工作原理图。当电磁先导阀1的线圈通电，而先导阀2断电时(图7.15(a))，由于主阀3的K_1腔进气，K_2腔排气，使主阀阀心向右移动。此时P与A、B与O_2相通，A口进气、B口排气。当电磁先导阀2通电，而先导阀1断电时见图7.15(b)，主阀的K_2腔进气，K_1腔排气，使主阀阀心向左移动。此时P与B、A与O_1相通，B口进气、A口排气。先导式双电控电磁阀具有记忆功能，即通电换向，断电保持原状态。为保证主阀正常工作，两个电磁阀不能同时通电，电路中要考虑互锁。

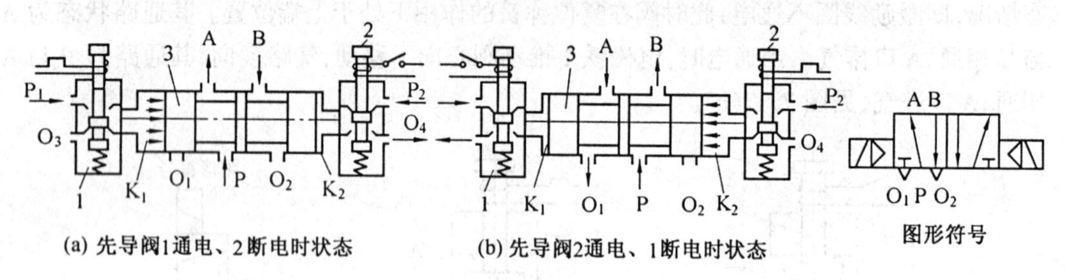

图7.15 先导式双电控换向阀的工作原理图

先导式电磁换向阀便于实现电、气联合控制，所以应用广泛。

3.机械控制换向阀

机械控制换向阀又称行程阀，多用于行程程序控制，作为信号阀使用。常依靠凸轮、挡块或其他机械外力推动阀心，使阀换向。

图7.16为机械控制换向阀的一种结构形式。当机械凸轮或挡块直接与滚轮1接触后，通过杠杆2使阀心5换向。其优点是减少了顶杆3所受的侧向力；同时，通过杠杆传力也减少了外部的机械压力。

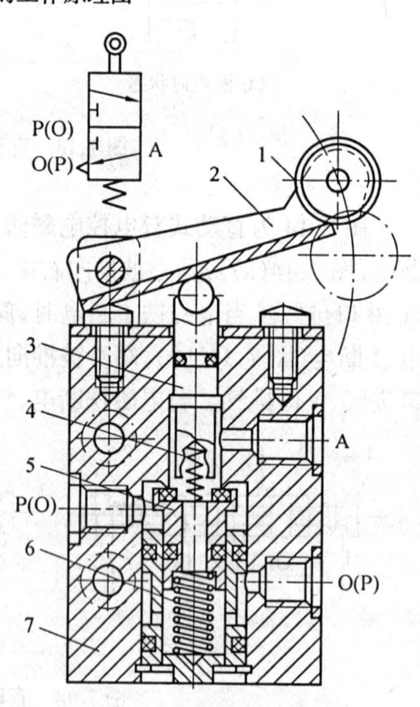

图7.16 机械控制换向阀

1—滚轮；2—杠杆；3—顶杆；4—缓冲弹簧；5—阀心；6—密封弹簧；7—阀体

4.人力控制换向阀

有手动及脚踏两种操纵方式。阀的主体部分与气控阀类似，图7.17为按钮式手动阀的工作原理和结构图。当按下按钮时(图7.17(b))阀心下移，则P与A相通、A与T断开。当松开按钮时，弹簧力使阀心上移，关闭阀口，则P与A断开、A与T相通。

5.梭阀

梭阀相当于两个单向阀组合的阀。图7.18为梭阀的工作原理图。

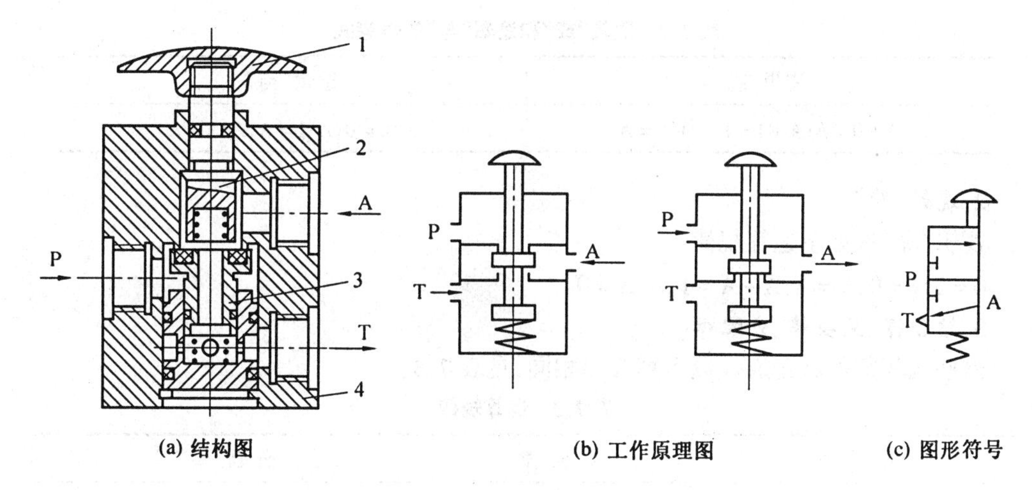

(a) 结构图 (b) 工作原理图 (c) 图形符号

图 7.17 二位三通按钮式手动换向阀

1—按钮;2—上阀心;3—下阀心;4—阀体

梭阀有两个进气口 P_1 和 P_2,一个工作口 A,阀心 1 在两个方向上起单向阀的作用。其中 P_1 和 P_2 都可与 A 口相通,但这 P_1 与 P_2 不相通。当 P_1 进气时,阀心 1 右移,封住 P_2 口,使 P_1 与 A 相通,A 口进气,见图 7.18(a)。反之,P_2 进气时,阀心 1 左移,封住 P_1 口,使 P_2 与 A 相通,A 口也进气。若 P_1 与 P_2 都进气时,阀心就可能停在任意一边,这主要看压力加入的先后顺序和压力的大小而定。若 P_1 与 P_2 不等,则高压口的通道打开,低压口则被封闭,高压气流从 A 口输出。

梭阀的应用很广,多用于手动与自动控制的并联回路中。

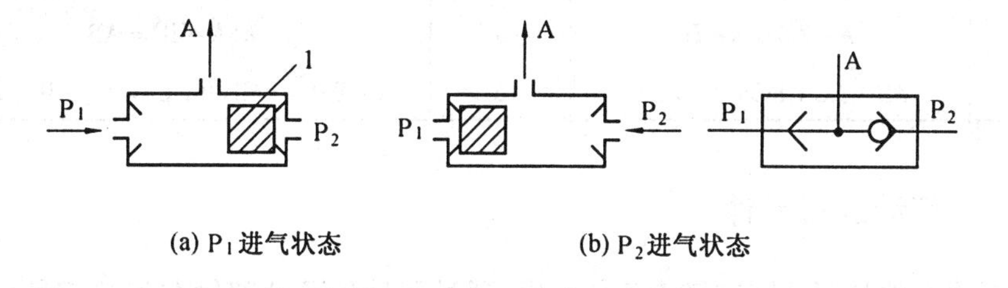

(a) P_1 进气状态 (b) P_2 进气状态

图 7.18 梭阀的工作原理图

*7.2 气动逻辑元件

7.2.1 逻辑运算简介

逻辑运算是由逻辑元件组成逻辑回路和逻辑控制系统的依据,而且对回路的简化和择优都非常重要。

1.逻辑“或”和逻辑“与”的恒等式

逻辑“或”是指两个或两个以上的逻辑信号相加,逻辑“与”是指两个或两个以上的逻辑信号相乘。它们的运算规律见表 7.2。

表 7.2 逻辑“或”和逻辑“与”的恒等式

逻辑“或”	逻辑“与”
$A+0=A; A+1=1; A+A=A$	$A\cdot 0=0; A\cdot 1=A; A\cdot A=A$

2.逻辑“非”

逻辑“非”有如下运算规律。

$\bar{0}=1; \bar{1}=0; \bar{\bar{A}}=A; A+\bar{A}=1; A\cdot\bar{A}=0$。

3.结合律、交换律、分配律

这些运算规律和普通代数运算规律相同，见表 7.3。

表 7.3 运算规律

结 合 律	交 换 律	分 配 律
$A+(B+C)=(A+B)+C$	$A+B=B+A$	$A(B+C)=AB+AC$
$A(BC)=(AB)C$	$AB=BA$	$(A+B)(C+D)=AC+AD+BC+BD$

4.形式定理

形式定理也是逻辑运算中常用的恒等式。采用这些定理可以化简逻辑函数值、各个定理的证明可利用上面基本运算规律来证明。形式定理见表 7.4。

表 7.4 逻辑运算的形式定理

序 号	公 式	序 号	公 式
1	$A+AB=A$	4	$A(A+B)=A$
2	$A+\bar{A}B=A+B$	5	$A(\bar{A}+B)=AB$
3	$AB+\bar{A}C+BC=AB+\bar{A}C$	6	$(A+B)(\bar{A}+C)(B+C)=(A+B)(\bar{A}+C)$

7.2.2 气动逻辑元件

气动逻辑元件是用压缩空气为工作介质，通过元件的可动部件在气控信号作用下动作，改变气体流动方向以实现一定逻辑功能的流体控制元件。实际上，气动方向阀也具有逻辑元件的各种功能，所不同的是它的输出功率较大，尺寸大；而气动逻辑元件的尺寸较小。因此，在气动控制系统中广泛采用各种形式的气动逻辑元件。

(1)气动逻辑元件的分类

①按工作压力来分有高压元件(0.2～0.8 MPa)、低压元件(0.02～0.2 MPa)和微压元件(小于 0.02 MPa)等三种。

②按逻辑功能来分有是门($S=a$)元件、或门($A=a+b$)元件、与门($S=a\cdot b$)元件、非门($S=\bar{a}$)元件和双稳元件等。

③按结构形式来分有截止式、膜片式和滑阀式等。

(2)高压截止式逻辑元件

高压截止式逻辑元件，是依靠控制气压信号推动阀心或通过膜片的变形推动阀心动作，改变气流的流动方向以实现一定逻辑功能的元件。

其特点是行程小、流量大、工作压力高，对气源净化要求低，便于实现集成安装和实现集中控制，其拆卸也很方便。

1.或门元件

如图7.19所示为三种实现“或门”功能的逻辑元件和回路。图7.19(a)是常用的“或门”元件，即所谓梭阀。图中a、b为信号输入孔，S为输出孔。当a或b任一个输入孔有信号时，S有输出，即S = a + b。图7.19(b)为双气控二位三通阀组成的“或门”回路；图7.19(c)为利用两个弹簧复位式二位三通阀组成的“或门”回路。

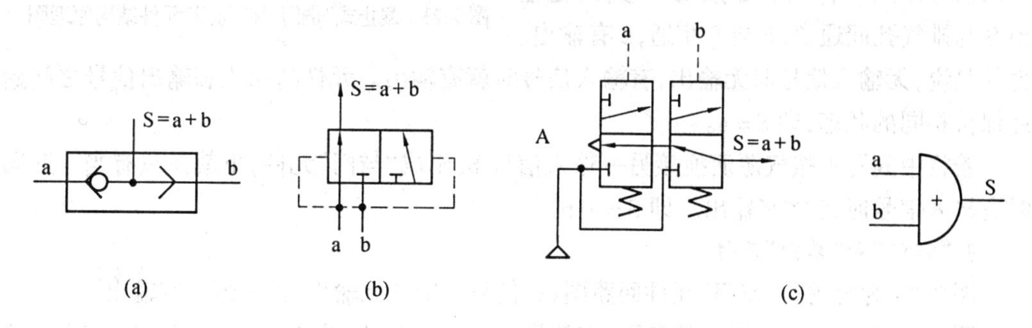

图7.19 “或门”元件和气路

图7.20所示为或门元件结构图。a、b为信号输入口，S为信号输出口。仅当a口有输入信号时，阀心c下移封住信号孔b，气流经S输出；仅当b口有输入信号时，阀心c上移封住信号孔a，S也有信号输出；若a、b均有信号输入，阀心c在两个信号作用下或上移、或下移、或暂时保持中位，均会有信号输出。即a和b中只要有一个口有信号输入，S口均有信号输出。

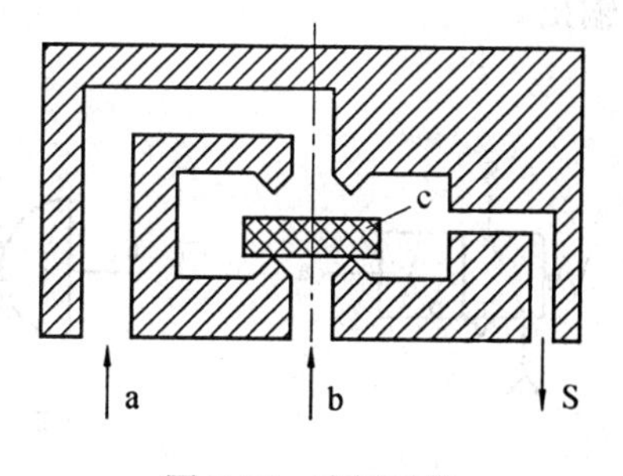

图7.20 或门元件

2.是门和与门元件

图7.21为滑阀式“是门”元件的回路图和逻辑符号，有信号a则S有输出，无a则S无输出。

图7.22是由两个二位三通阀组成的“与门”回路。只有当信号a和b同时存在时，S才有输出。

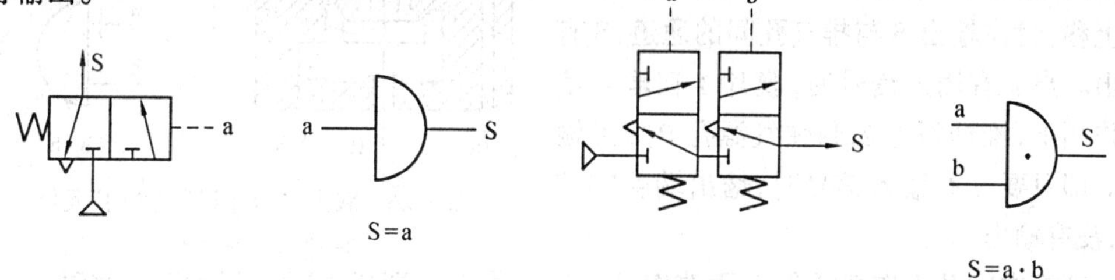

图7.21 滑阀式“是门”元件

图7.22 滑阀式“与门”回路

图 7.23 为截止式“是门”和“与门”元件结构原理图,图中 a 为信号输入孔,S 为信号输出孔,中间孔接气源 P 时为“是门”元件。也就是说,在 a 输入孔无信号时,阀心 2 在弹簧及气源压力 P 作用下处于图示位置,封住 P、S 间的通道,使输出孔 S 与排气孔相通,S 无输出;反之,当 a 有输入信号时,膜片 1 在输入信号作用下将阀心 2 推动下移,封住输出 S 与排气孔间通道,P 与 S 相通,S 有输出。也就是说,无输入信号时无输出,有输入信号时就有输出。元件的输入和输出信号之间始终保持相同的状态,即 S = a。

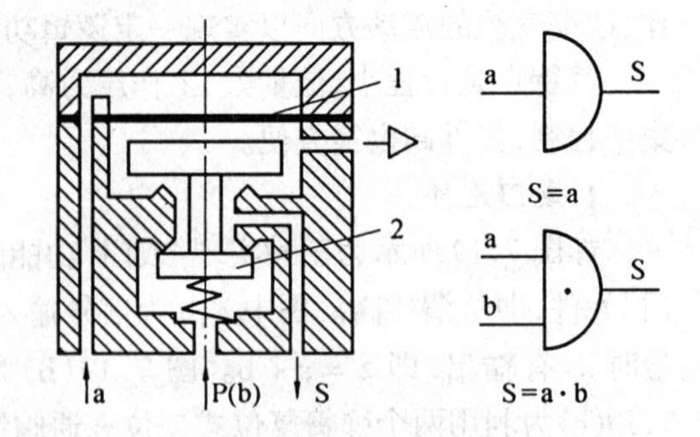

图 7.23 截止式“是门”和“与门”元件结构原理图

若将中间孔不按气源而换接另一输入信号 b,则成“与门”元件,也就是只有当 a、b 同时有输入信号时,S 才有输出。即 S = a·b。

3.“非门”和“禁门”元件

图 7.24 为滑阀式“非门”元件回路图,有信号 a 则 S 无输出,无 a 则 S 有输出。

图 7.25 为滑阀式“禁门”回路图,有信号 a 时,S 无输出,当无信号 a,有信号 b 时,S 才有输出。

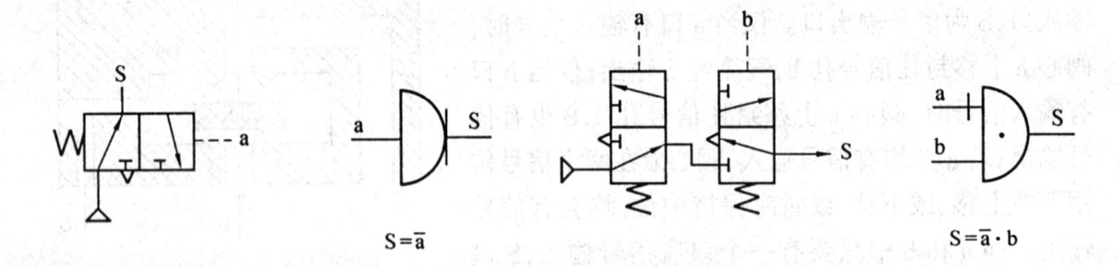

图 7.24 滑阀式“非门”回路

图 7.25 滑阀式“禁门”回路

图 7.26 截止式“非门”和“禁门”元件结构图,图中 a 为信号输入孔,S 为信号输出孔,中间孔接气源作 P 孔用时为“非门”元件。在 a 无输入信号时,阀心 2 在气源压力作用下上移,封住输出 S 与排气孔间的通道,S 有输出。当 a 有输入信号时,膜片 1 在输入信号作用下,推动阀心 2,封住气源孔 P,S 无输出。即只要 a 有输入信号时,输出端就“非”了,没有输出。

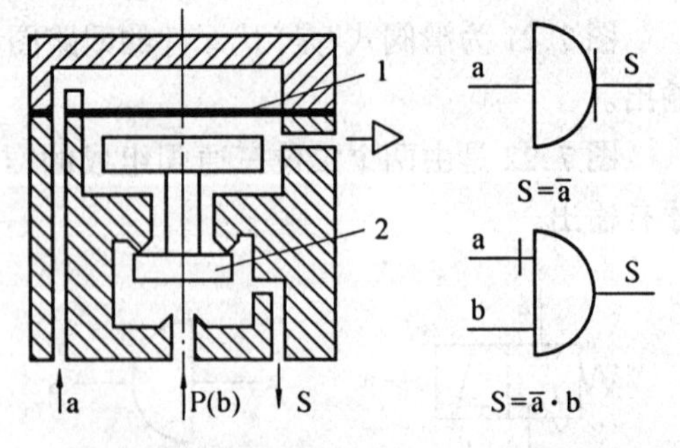

图 7.26 截止式“非门”和“禁门”元件

1—膜片;2—阀心

若把中间孔不作气源孔 P,而改作另一输入号孔 b,即成为“禁门”元件。此时,a、b 均有信号输入时,阀杆及阀心 2 在 a 输入信号作用下封住 b 孔,S 无输出;在 a 无输入信号而

b有输入信号时,S就有输出。也就是说,a的输入信号对b的输入信号起禁止作用。

4."双稳"元件

图7.27是由双气控二位四通滑阀组成的"双稳"回路,当有信号a输入时,S_1有输出;若信号a解除,此二位四通阀组成的"双稳"元件仍保持原来的位置,即S_1仍有输出,直到信号b输入时,"双稳"元件才换向,并有S_2输出。

由上述可见,这种元件具有两种稳定状态,平时总是处于两种稳定状态中的某一状态上。有外界输入信号时,"双稳"元件才从一种稳态切换成另一种稳态;切换信号解除后,仍保持原输出稳态不变。这样就把切换信号的作用记忆下来了,直至另一端切换信号输入,再稳定到另一种状态上。所以"双稳"元件具有记忆性能,也称记忆元件。a、b信号不能同时加入。

图7.28是一种"双稳"元件的结构原理图,当a有输入信号时,阀心2被推向右端(即图示位置),气源的压缩空气便由P至S_1输出;而S_2与排气口相通;此时"双稳"处于"1"状态。在控制b端的输入信号到来之前,a的信号即使消失,阀心2仍能保持在右端位置,S_1总有输出。

当b有输入信号时,阀心2被推向左端,此时压缩空气由P至S_2输出,而S_1与排气孔相通,于是"双稳"处于"0"状态。在a信号未到来之前,即使b信号消失,阀心2仍处于左端位置,S_2总有输出。

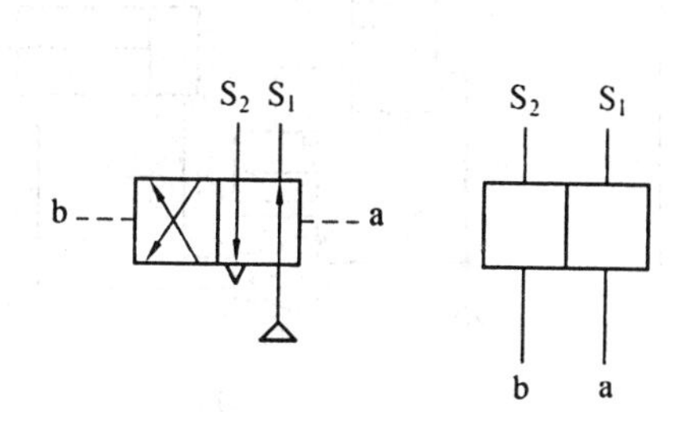

图7.27 滑阀式"双稳"气路

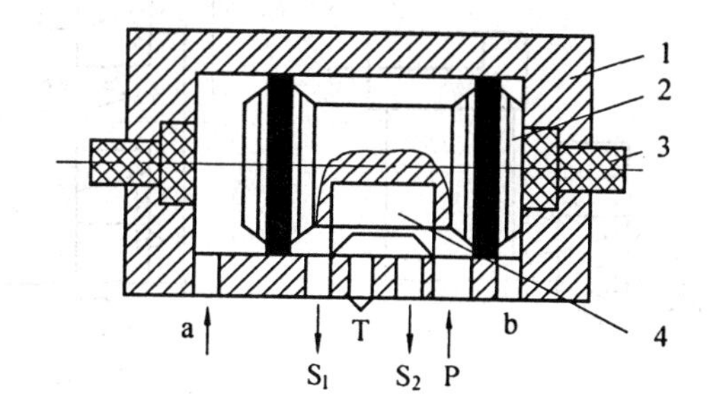

图7.28 "双稳"元件原理图

7.3 气动基本回路

7.3.1 方向控制回路

1.单作用气缸换向回路

如图7.29所示的为单作用气缸换向回路,图7.29(a)是用二位三通电磁阀控制的单作用气缸上、下回路,该回路中,当电磁铁得电时,气缸向上伸出,失电时气缸在弹簧作用下返回。图7.29(b)所示为三位四通电磁阀控制的单作用气缸上、下和停止的回路,该阀在两电磁铁均失电时能自动对中,使气缸停于任何位置,但定位精度不高,且定位时间不长。

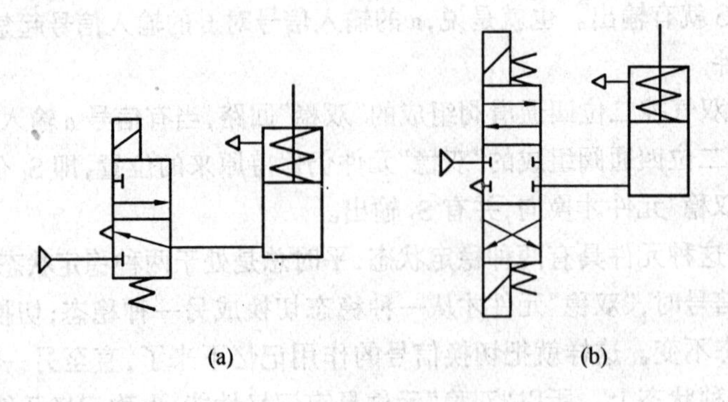

图 7.29 单作用气缸换向回路

2.双作用气缸换向回路

图 7.30 为各种双作用气缸的换向回路。图 7.30(a)是比较简单的换向回路;图 7.30(b)的回路中,当 A 有压缩空气时气缸推出,反之,气缸退回;图 7.30(d)、(e)、(f)的两端控制电磁铁线圈或按钮不能同时操作,否则将出现误动作,其回路相当于双稳的逻辑功能,图 7.30(f)还有中停位置,但中停定位精度不高。

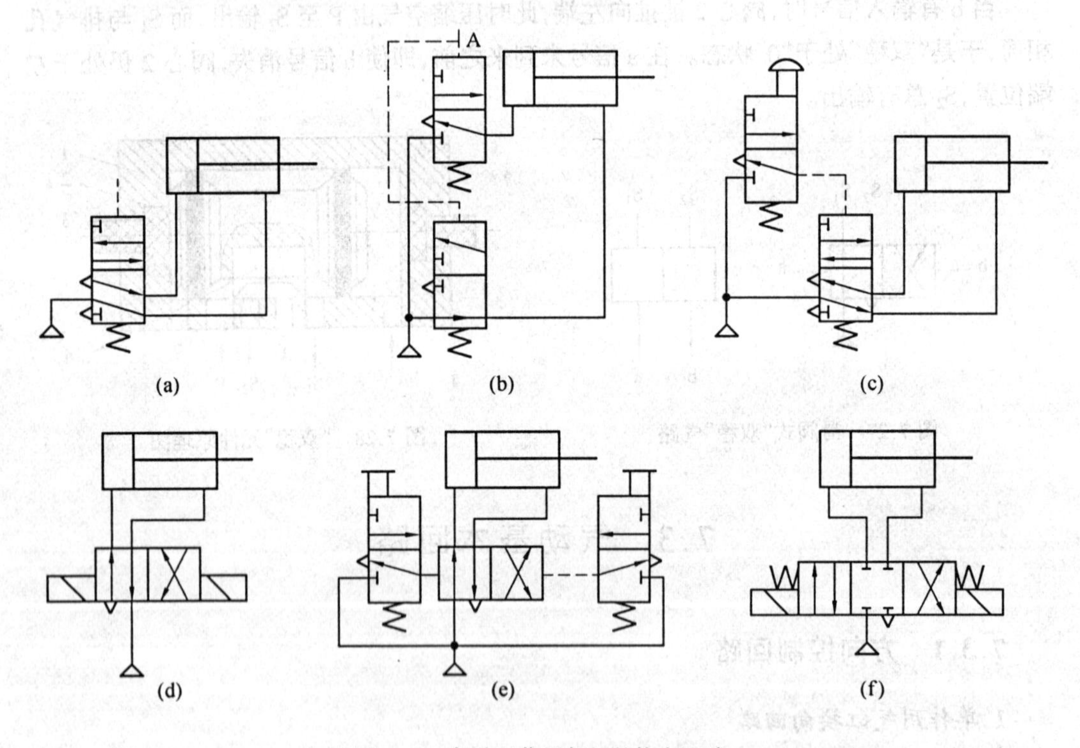

图 7.30 各种双作用气缸的换向回路

7.3.2 速度控制回路

1.单作用气缸速度控制回路

图 7.31 所示为单作用气缸速度控制回路,在图 7.31(a)中,升、降均通过节流阀调速,

两个相反安装的单向节流阀,可分别控制活塞杆的伸出及缩回速度。在图 7.31(b)所示的回路中,气缸上升时可调速,下降时则通过快排气阀排气,使气缸快速返回。

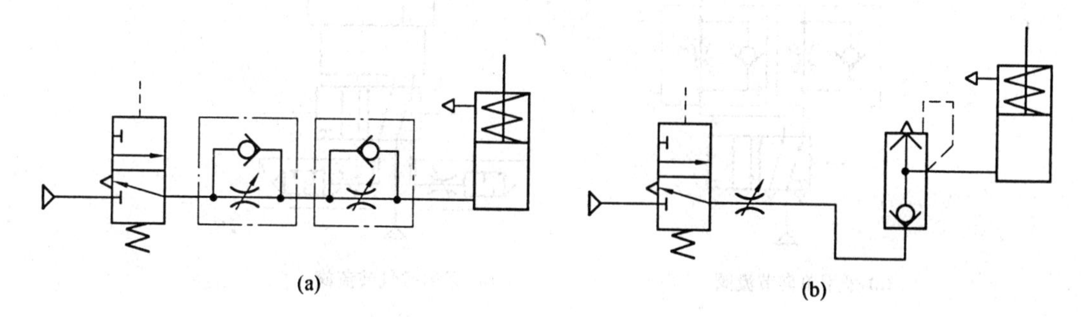

图 7.31 单作用气缸速度控制回路

2.双作用气缸速度控制回路

(1)单向调速回路

节流供气和节流排气两种调速方式。

图 7.32(a)所示为节流供气调速回路,在图示位置,当气控换向阀不换向时,进入气缸 A 腔的气流流经节流阀,B 腔排出的气体直接经换向阀快排。图 7.32(b)所示的为节流排气的回路,在图示位置,当气控换向阀不换向时,压缩空气经气控换向阀直接进入气缸的 A 腔,而 B 腔排出的气体经节流阀到气控换向阀而排入大气,因而 B 腔中的气体就具有一定的压力。调节节流阀的开度,就可控制不同的进气、排气速度,从而也就控制了活塞的运动速度。

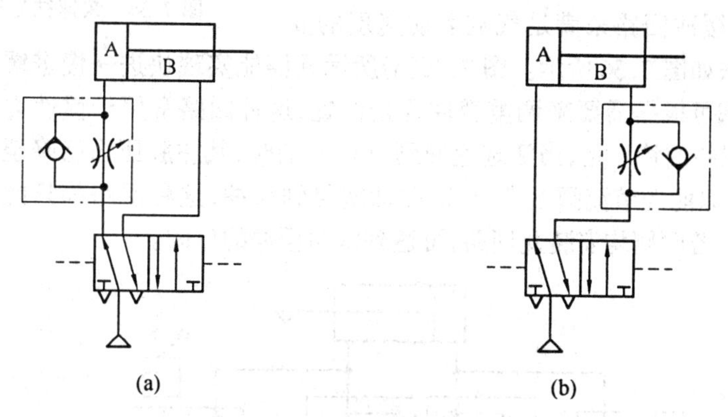

图 7.32 双作用缸单向调速回路

(2)双向调速回路

在气缸的进、排气口装设节流阀,就组成了双向调速回路,在图 7.33 所示的双向节流调速回路中,图 7.33(a)所示为采用单向节流阀式的双向节流调速回路,图 7.33(b)所示为采用排气节流阀的双向节流调速回路。

3.快速往复运动回路

若将图 7.34 中两只单向节流阀换成快速排气阀就构成了快速往复回路,若欲实现气缸单向快速运动,可只采用一只快速排气阀。

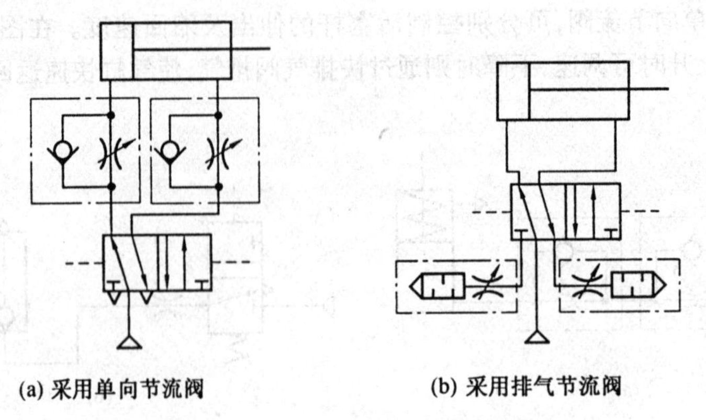

(a) 采用单向节流阀　　(b) 采用排气节流阀

图 7.33　双向节流调速回路

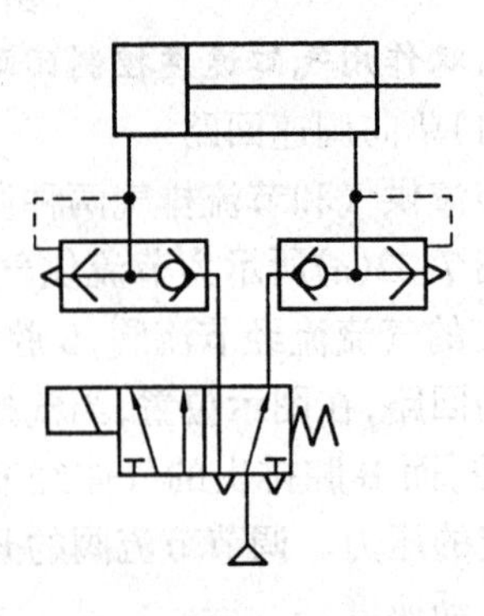

图 7.34　快速往复运动回路

4.速度换接回路

如图 7.35 所示的速度换接回路是利用两个二位二通阀与单向节流阀并联,当撞块压下行程开关时,发出电信号,使二位二通阀换向,改变排气通路,从而使气缸速度改变。行程开关的位置,可根据需要选定。图中二位二通阀也可改用行程阀。

5.缓冲回路

要获得气缸行程末端的缓冲,除采用带缓冲的气缸外,特别在行程长、速度快、惯性大的情况下,往往需要采用缓冲回路来满足气缸运动速度的要求,常用的方法如图 7.36 所示。图 7.36(a)所示回路能实现快进→慢进缓冲→停止快退的循环,行程阀可根据需要来调整缓冲开始位置,这种回路常用于惯性力大的场合。图 7.36(b)所示回路的特点是,当活塞返回到行程末端时,其左腔压力已降至打不开顺序阀 2 的程度,余气只能经节流阀 1 排出,因此活塞得到缓冲,这种回路都只能实现一个运动方向上的缓冲,若两侧均安装此回路,可达到双向缓冲的目的。

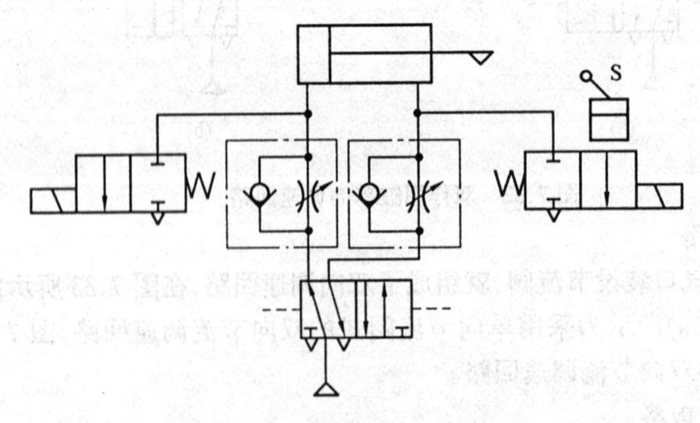

图 7.35　速度换接回路

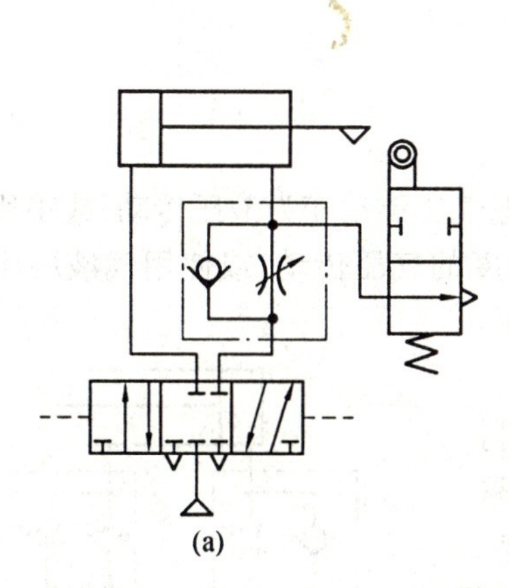

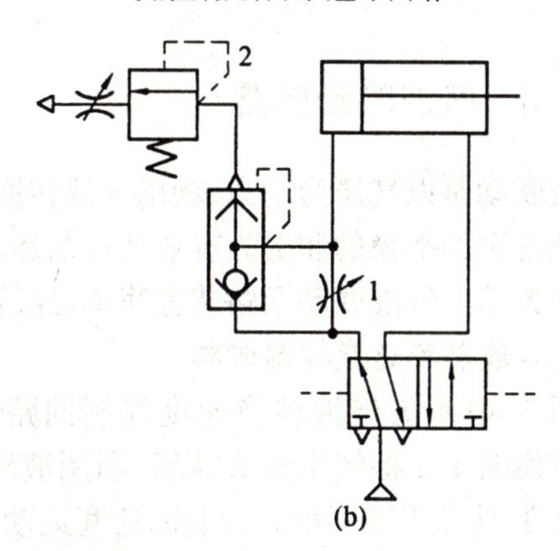

图 7.36 缓冲回路
1—节流阀;2—顺序阀

7.3.3 压力控制回路

压力控制回路的功用是使系统保持在某一规定的压力范围内。常用的有一次压力控制回路,二次压力控制回路和高低压转换回路。

1.一次压力控制回路

图 7.37 所示,这种回路用于控制储气罐的气体压力,常用外控溢流阀 1 保持供气压力基本恒定或用电接点压力表 2 控制空气压缩机启停,使储气罐内压力保持在规定的范围内。

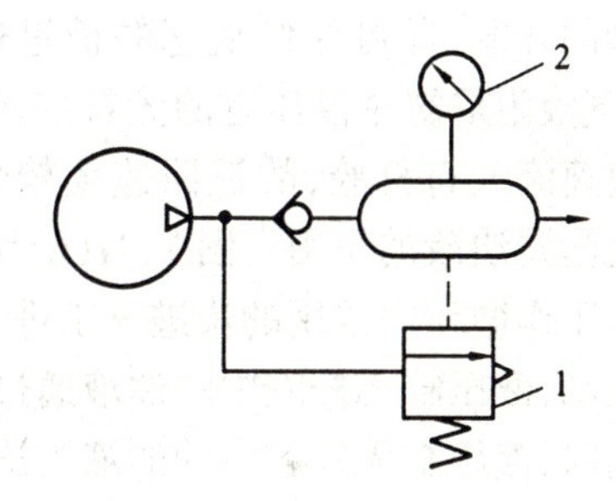

图 7.37 一次压力控制回路
1—溢流阀;2—电接点压力表

2.二次压力控制回路

为保证气动系统使用的气体压力为一稳定值,多用如图 7.38 所示的由空气过滤器 - 减压阀 - 油雾器(气动三大件)组成的二次压力控制回路,但要注意,供给逻辑元件的压缩空气不要加入润滑油。

3.高低压转换回路

高低压转换回路利用两只减压阀和一只换向阀间或输出低压或高压气源,如图 7.39 所示,若去掉换向阀,就可同时输出高低压两种压缩空气。

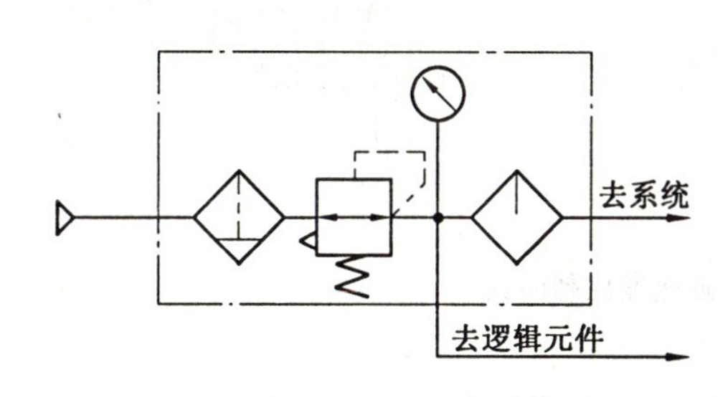

图 7.38 二次压力控制回路

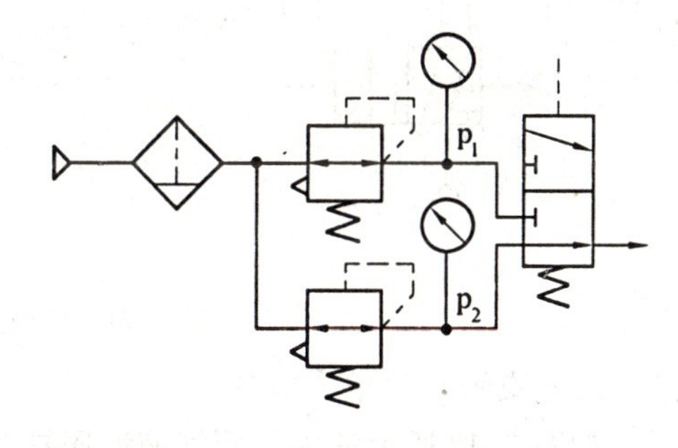

图 7.39 高低压转换回路

7.3.4 气液联动回路

气液联动是以气压为动力,利用气液转换器把气压传动变为液压传动,或采用气液阻尼缸来获得更为平稳的和更为有效地控制运动速度的气压传动,或使用气液增压器来使传动力增大等。气液联动回路装置简单,经济可靠。

1.气-液转换速度控制回路

如图7.40示为气液转换速度控制回路,它利用气液转换器1、2将气压变成液压,利用液压油驱动液压缸3,从而得到平稳易控制的活塞运动速度,调节节流阀的开度,就可改变活塞的运动速度。这种回路,充分发挥了气动供气方便和液压速度容易控制的特点。

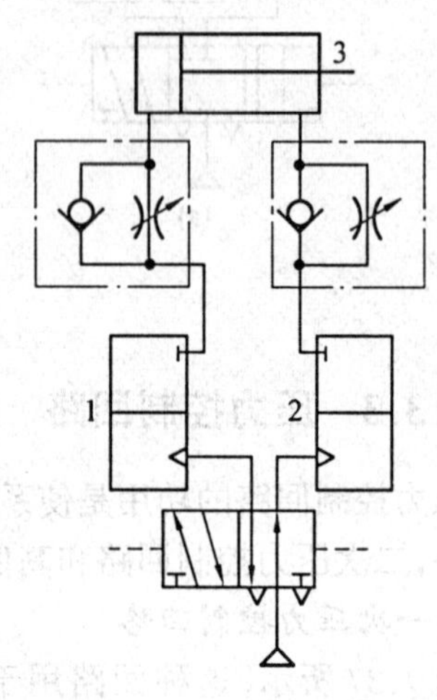

图7.40 气液转换速度控制回路

1、2—气液转换器;3—液压缸

2.气液阻尼缸的速度控制回路

如图7.41所示的气液阻尼缸速度控制回路,如图7.41(a)所示的为慢进快退回路,改变单向节流阀的开度,即可控制活塞的前进速度;活塞返回时,气液阻尼缸中液压缸的无杆腔的油液通过单向阀快速流入有杆腔,故返回速度较快,高位油箱起补充泄漏油液的作用。图7.41(b)所示的为能实现机床工作循环中常用的快进→工进→快退的动作。当有 K_2 信号时,五通阀换向,活塞向左运动,液压缸无杆腔中的油液通过a口进入有杆腔,气缸快速向左前进;当活塞将a口关闭时,液压缸无杆腔中的油液被迫从b口经节流阀进入有杆腔,活塞工作进给;当 K_2 消失,有 K_1 输入信号时,五通阀换向,活塞向右快速返回。

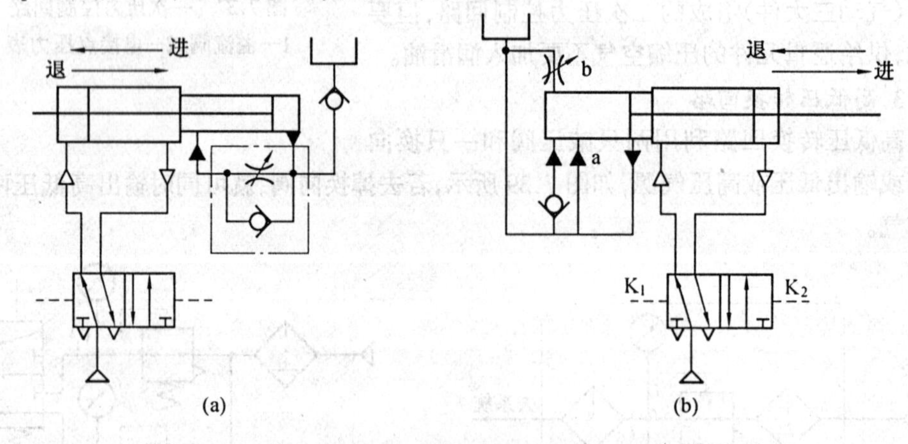

图7.41 气液阻尼缸速度控制回路

3.气液增压缸增力回路

如图7.42所示的为利用气液增压缸1把较低的气压变为较高的液压力,以提高气液缸2的输出力的回路。

4.气液缸同步动作回路

如图7.43所示,该回路的特点是将油液密封在回路之中,油路和气路串接,同时驱动1、2两个缸,使二者运动速度相同,但这种回路要求缸1无杆腔的有效面积必须和缸2的有杆腔面积相等。在设计和制造中,要保证活塞与缸体之间的密封,回路中的截止阀3与放气口相接,用以放掉混入油液中的空气。

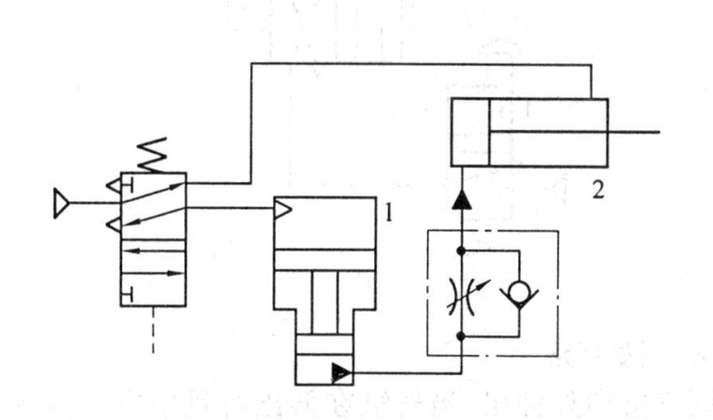

图7.42 气液增压缸增力回路
1—气液增压缸;2—气液缸

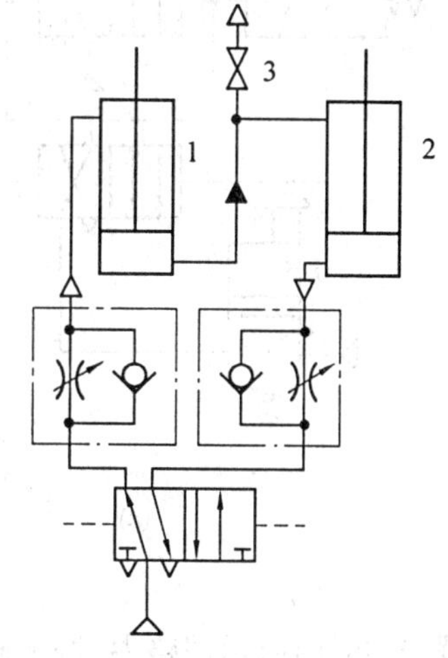

图7.43 气液缸同步动作回路
1、2—缸;3—截止阀

7.3.5 其他基本气动回路

1.计数回路

计数回路可以组成二进制计数器。在图7.44(a)所示回路中,按下阀1按钮,则气信号经阀2至阀4的左或右控制端使气缸推出或退回。阀4换向位置,取决于阀2的位置,而阀2的换位又取决于阀3和阀5。如图所示,设按下阀1时,气信号经阀2至阀4的左端使阀4换至左位,同时使阀5切断气路,此时气缸向外伸出;当阀1复位后,原通入阀4左控制端的气信号经阀1排空,阀5复位,于是气缸无杆腔的气经阀5至阀2左端,使阀2换至左位等待阀1的下一次信号输入。当阀1第二次按下后,气信号经阀2的左位至阀4右控制端使阀4换至右位,气缸退回,同时阀3将气路切断。待阀1复位后,阀4右控制端信号经阀2,阀1排空,阀3复位并将气导致阀2左端使其换至右位,又等待阀1下一次信号输入。这样,第1,3,5…次(奇数)按压阀1,则气缸伸出;第2,4,6…次(偶数)按压阀1,则使气缸退回。

图7.44(b)所示的计数原理同图7.44(a)。不同的是按压阀1的时间不能过长,只要使阀4切换后就放开,否则气信号将经阀5或阀3通至阀2左或右控制端,使阀2换位,气缸反行,从而使气缸来回振荡。

2.延时回路

图7.45所示为延时回路。图7.44(a)是延时输出回路,当控制信号4切换阀4后,压缩空气经单向调速阀3向气容2充气。当充气压力经延时升高致使阀1换位时,阀1就有输出。

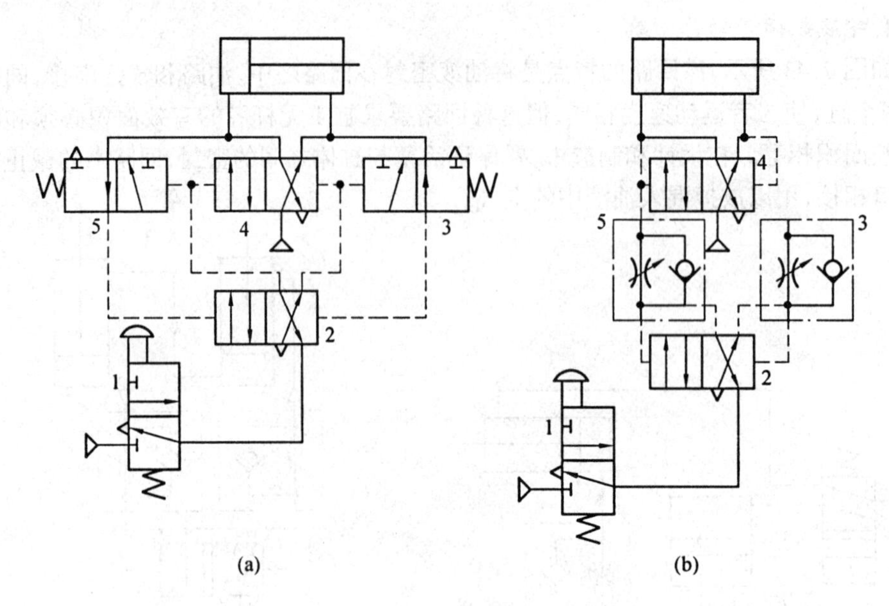

图 7.44 计数回路

在图 7.45(b)所示回路中,按下阀 8,则气缸向外伸出,当气缸在伸出行程中压下阀 5 后,压缩空气经节流阀到气容 6 延时后才将阀 7 切换,气缸退回。

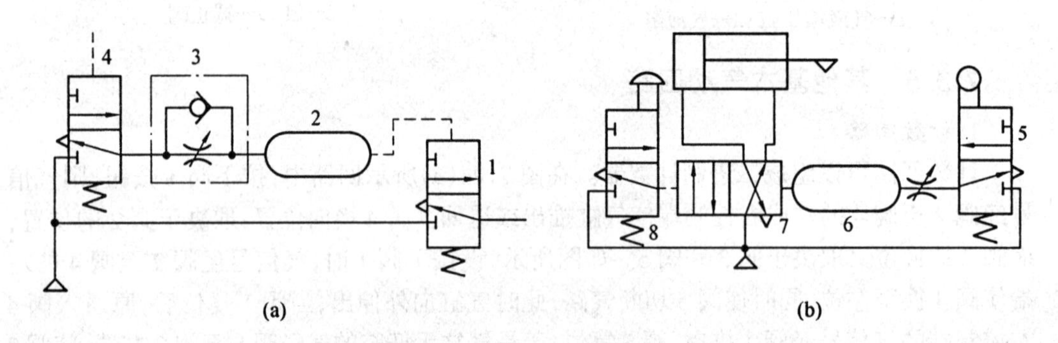

图 7.45 延时回路

3.安全保护和操作回路

由于气动机构负荷的过载、气压的突然降低以及气动执行机构的快速动作等原因都可能危及操作人员或设备的安全,因此在气动回路中,常常要加入安全回路。需要指出的是,在设计任何气动回路中,特别是安全回路中,都不可缺少过滤装置和油雾器。因为,污脏空气中的杂物,可能堵塞阀中的小孔与通路,使气路发生故障。缺乏润滑油,很可能使阀发生卡死或磨损,以致整个系统的安全都发生问题。下面介绍几种常用的安全保护回路。

(1)过载保护回路

图 7.46 所示的过载保护回路,是当活塞杆在伸出途中,若遇到偶然障碍或其他原因使气缸过载时,活塞就立即缩回,实现过载保护。在活塞伸出的过程中,若遇到障碍 6,无杆腔压力升高,打开顺序阀 3,使阀 2 换向,阀 4 随即复位,活塞立即退回。同样若无障碍 6,气缸向前运动时压下阀 5,活塞即刻返回。

(2)互锁回路

如图7.47所示的为互锁回路,在该回路中,四通阀的换向受三个串联的机动三通阀控制,只有三个都接通,主控阀才能换向。

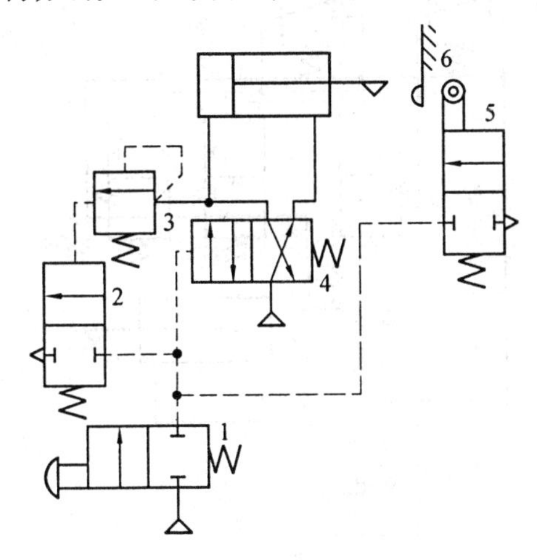

图7.46 过载保护回路

1—手动换向阀;2—气控换向阀;3—顺序阀;4—二位四通换向阀;5—机控换向阀;6—障碍物

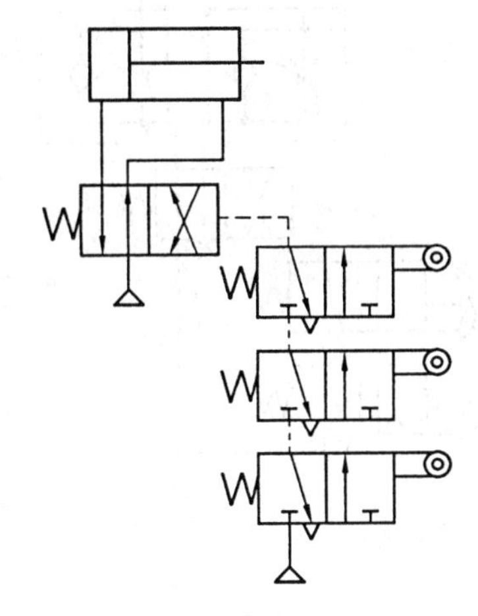

图7.47 互锁回路

(3)双手同时操作回路

所谓双手操作回路就是使用两个启动用的手动阀,只有同时按动两个阀才动作的回路。这种回路主要是为了安全。这在锻造、冲压机械上常用来避免误动作,以保护操作者的安全。

图7.48(a)所示为使用逻辑“与”回路的双手操作回路,为使主控阀换向,必须使压缩空气信号进入上方,为此必须使两只三通手动阀同时换向,另外这两个阀必须安装在单手不能同时操作的距离上,在操作时,如任何一只手离开时则控制信号消失,主控阀复位,则活塞杆后退。图7.48(b)所示的是使用三位主控阀的双手操作回路,把此主控阀1的信号4作为手动阀2和3的逻辑“与”回路,亦即只有手动阀2和3同时动作时,主控制阀1换向到上位,活塞杆前进;把信号B作为手动阀2和3的逻辑“或非”回路,即当手动阀2和3同时松开时(图示位置),主控制阀1换向到下位,活塞杆返回;若手动阀2或3任何一个动作,将使主控制阀复位到中位,活塞杆处于停止状态。

4.顺序动作回路

顺序动作是指在气动回路中,各个气缸,按一定程序完成各自的动作。例如单缸有单往复动作、二次往复动作、连续往复动作等;双缸及多缸有单往复及多往复顺序动作等。

(1)单缸往复动作回路

单缸往复动作回路可分为单缸单往复和单缸连续往复动作回路。前者指给入一个信号后,气缸只完成A_1和A_0一次往复动作(A表示气缸,下标“1”表示A缸活塞伸出,下标“0”表示活塞缩回动作)。而单缸连续往复动作回路指输入一个信号后,气缸可连续进行$A_1A_0A_1A_0\cdots$动作。

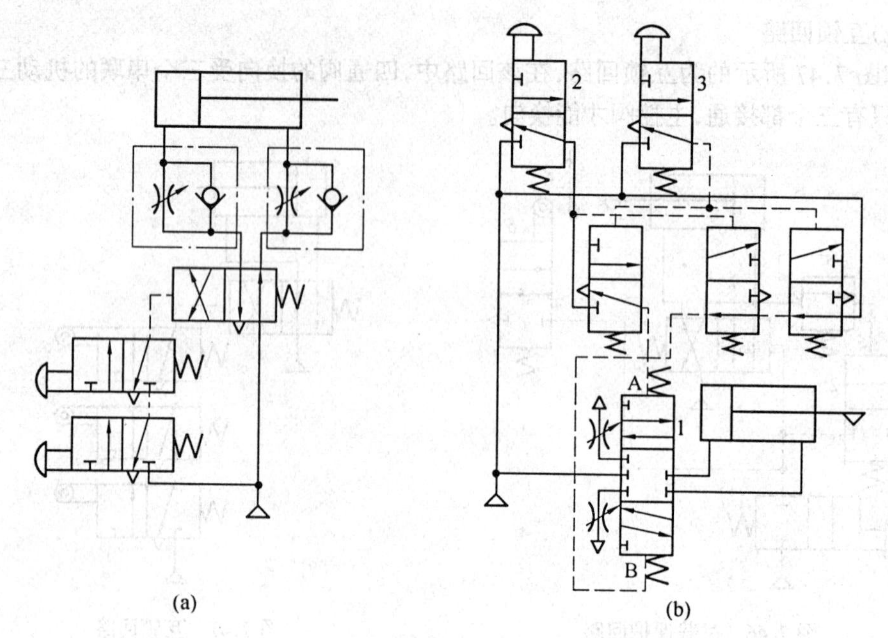

图 7.48　双手同时操作回路

1—主控制阀；2、3—手动阀

图 7.49 所示为三种单往复回路，其中图 7.49(a)为行程阀控制的单往复回路。当按下阀 1 的手动按钮后，压缩空气使阀 3 换向，活塞杆前进，当凸块压下行程阀 2 时，阀 3 复位，活塞杆返回，完成 A_1A_0 循环；图 7.49(b)所示为压力控制的单往复回路，按下阀 1 的手动按钮后，阀 3 阀心右移，气缸无杆腔进气，活塞杆前进，当活塞行程到达终点时，气压升高，打开顺序阀 4，使阀 3 换向，气缸返回，完成以 A_1A_0 循环；图 7.49(c)是利用阻容回路形成的时间控制单往复回路，当按下阀 1 的按钮后，阀 3 换向，气缸活塞杆伸出，当压下行程阀 2 后，需经过一定的时间后，阀 3 方才能换向，再使气缸返回完成动作 A_1A_0 的循环。由以上可知，在单往复回路中，每按动一次按钮，气缸可完成一个 A_1A_0 的循环。

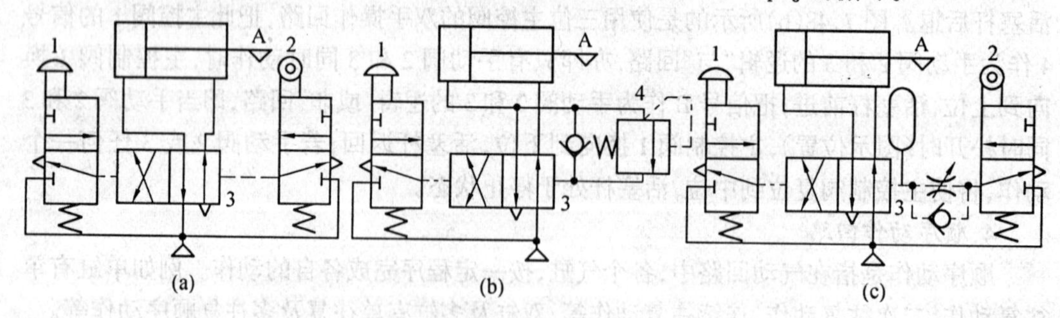

图 7.49　单缸往复动作回路

1—手动换向阀；2—行程阀；3—换向阀；4—顺序阀

(2)连续往复动作回路

如图 7.50 所示的回路是一连续往复动作回路，能完成连续的动作循环。当按下阀 1 的按钮后，阀 4 换向，活塞向前运动，这时由于阀 3 复位将气路封闭，使阀 4 不能复位，活塞继续前进。到行程终点压下行程阀2,使阀4控制气路排气,在弹簧作用下阀4复位,气缸返回,在终点压下阀3,阀4换向,活塞再次向前,形成了 $A_1A_0A_1A_0\cdots$ 的连续往复动作,待提起阀1的按钮后,阀4复位,活塞返回而停止运动。

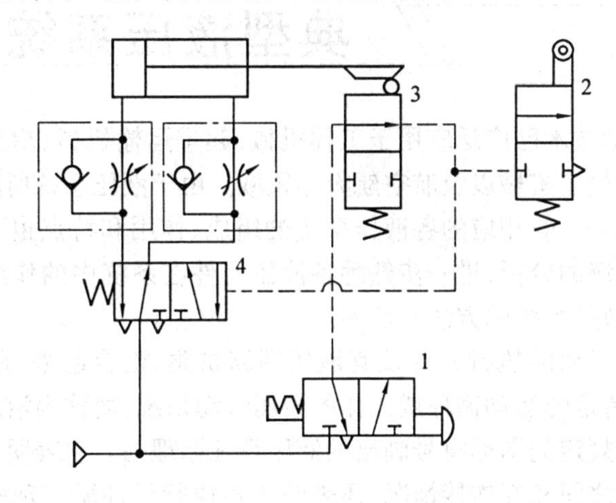

图7.50 连续往复动作回路

(3)多缸顺序动作回路

两只、三只或多只气缸按一定顺序动作的回路,称为多缸顺序动作回路。其应用较广泛,在一个循环顺序里,若气缸只作一次往复,称之为单往复顺序,若某些气缸作多次往复,就称为多往复顺序。若用A、B、C…表示气缸,仍用下标"1"、"0"表示活塞的伸出和缩回,则两只气缸的基本顺序动作有 $A_1B_0A_0B_1$、$A_1B_1B_0A_0$ 和 $A_1A_0B_1B_0$ 三种。而若三只气缸的基本动作,就有15种之多,如 $A_1B_1C_1A_0B_0C_0$、$A_1A_0B_1C_1C_0B_0$、$A_1A_0B_1C_1B_0C_0$、$A_1B_1C_1A_0C_0B_0$…等。这些顺序动作回路,都属于单往复顺序,即在每一个程序里,气缸只作一次往复,多往复顺序动作回路,其顺序的形成方式,将比单往复顺序多得多。

在程序控制系统中,把这些顺序动作回路,都叫做程序控制回路。

思考题与习题

7.1 气动方向控制阀有哪些类型?各自具有什么功能?

7.2 减压阀是如何实现减压调压的?

7.3 简述常见气动压力控制回路及其用途。

7.4 试说明排气节流阀的工作原理、主要特点及用途。

7.5 画出采用气液阻尼缸的速度控制回路原理图,并说明该回路的特点。

第8章 典型液压系统

近年来,液压传动技术已广泛应用于工程机械、起重运输机械、冶金机械、矿山机械、建筑机械、农业机械、轻工机械以及航空航天等领域。由于液压系统所服务的主机的工作循环、动作特点等各不相同,相应的各液压系统的组成、作用和特点也不尽相同。本章通过对几个典型液压系统的分析,进一步熟悉各液压元件在系统中的作用和各种基本回路的组成,并掌握分析液压系统的方法和步骤。

将实现各种不同运动的执行元件及其液压回路拼集、汇合起来,用液压泵组集中供油,使液压设备实现特定的运动循环或工作的液压传动系统,简称为液压系统。

液压系统图是用规定的图形符号画出的液压系统原理图。它表明了组成液压系统的所有液压元件及它们之间相互连接情况,还表明了各执行元件所实现的运动循环及循环的控制方式等,从而表明了整个液压系统的工作原理。

分析和阅读较复杂的液压系统图的步骤如下:

(1)了解设备的功用及对液压系统动作和性能的要求。

(2)初步分析液压系统图,并按执行元件数将其分解为若干个子系统。

(3)对每个子系统进行分析,分析组成子系统的基本回路及各液压元件的作用,按执行元件的工作循环分析实现每步动作的进油和回油路线。

(4)根据设备对液压系统中各子系统之间的顺序、同步、互锁、防干扰或联动等要求,分析它们之间的联系,弄懂整个液压系统的工作原理。

(5)归纳出设备液压系统的特点和使设备正常工作的要领,加深对整个液压系统的理解。

8.1 组合机床动力滑台液压系统

组合机床是由通用部件和某些专用部件所组成的高效率和自动化程度较高的专用机床。它能完成钻、镗、铣、刮端面、倒角、攻螺纹等加工和工件的转位、定位、夹紧、输送等动作。

动力滑台是组合机床的一种通用部件,在滑台上可以配置各种工艺用途的切削头,例如安装动力箱和主轴箱、钻削头、铣削头、镗削头、镗孔、车端面等。组合机床液压动力滑台可以实现多种不同的工作循环,其中一种比较典型的工作循环是:快进→一工进→二工进→死挡铁停留→快退→停止。完成这一动作循环的动力滑台液压系统工作原理图如图8.1所示。系统中采用限压式变量叶片泵供油,并使液压缸差动连接以实现快速运动。由电液换向阀换向,用行程阀、液控顺序阀实现快进与工进的转换,用二位二通电磁换向阀实现一工进和二工进之间的速度换接。为保证进给的尺寸精度,采用了死挡铁停留来限位。实现工作循环的工作原理图如图 8.1 所示。

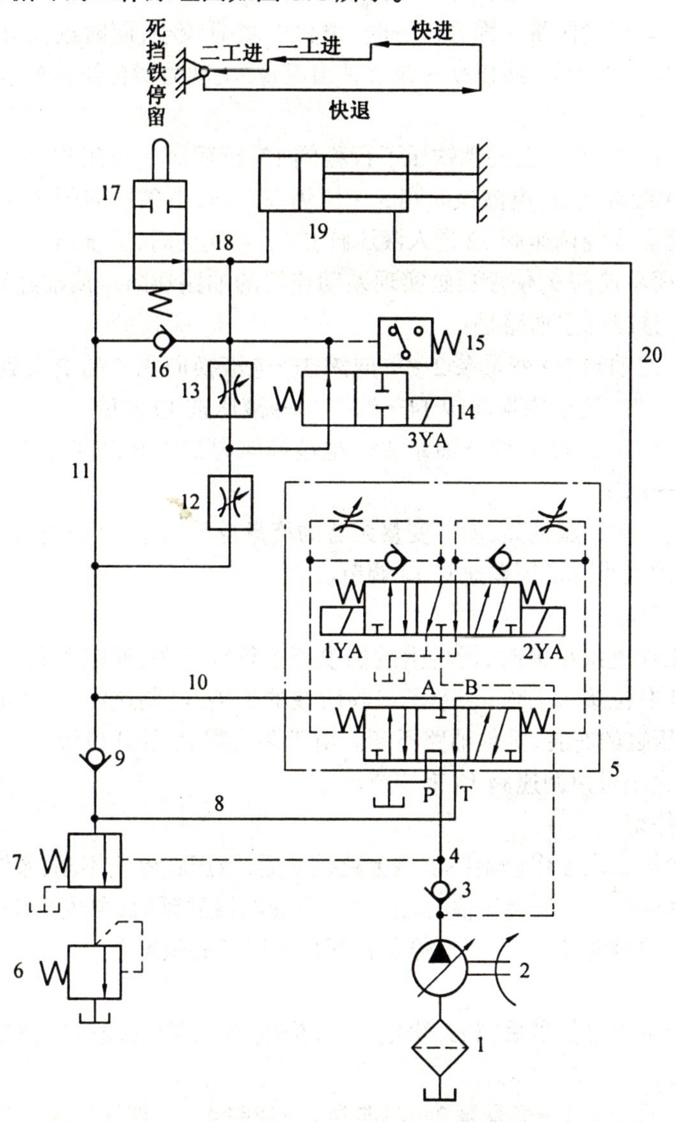

图 8.1　组合机床动力滑台液压系统原理图

1—滤油器;2—变量泵;3、9、16—单向阀;4、8、10、11、18、20—管路;

5—电液换向阀;6—背压阀;7—顺序阀;12、13—调速阀;14—电磁阀;

15—压力继电器;17—行程阀;19—液压缸

(1)快进

按下启动按钮,三位五通电液换向阀 5 的先导电磁换向阀 1YA 得电,使阀心右移,左位进入工作状态,这时的主油路是:

①进油路。滤油器 1→变量泵 2→单向阀 3→管路 4→电液换向阀 5 的 P 口到 A 口→管路 10,11→行程阀 17→管路 18→液压缸 19 左腔。

②回油路。液压缸 19 右腔→管路 20→电液换向阀 5 的 B 口到 T 口→油路 8→单向

阀 9→油路 11→行程阀 17→管路 18→液压缸 19 左腔。

这时形成差动连接回路。因为快进时,滑台的载荷较小,同时进油可以经阀 17 直通油缸左腔,系统中压力较低,所以变量泵 2 输出流量大,动力滑台快速前进,实现快进。

(2)第一次工进

在快进行程结束,滑台上的挡铁压下行程阀 17,行程阀上位工作,使油路 11 和 18 断开。电磁铁 1YA 继续通电,电液换向阀 5 左位仍在工作,电磁换向阀 14 的电磁铁处于断电状态。进油路必须经调速阀 12 进入液压缸左腔,与此同时,系统压力升高,将液控顺序阀 7 打开,并关闭单向阀 9,使液压缸实现差动连接的油路切断。回油经顺序阀 7 和背压阀 6 回到油箱。这时的主油路是:

①进油路。滤油器 1→变量泵 2→单向阀 3→电液换向阀 5 的 P 口到 A 口→油路 10→调速阀 12→二位二通电磁换向阀 14→油路 18→液压缸 19 左腔。

②回油路。液压缸 19 右腔→油路 20→电液换向阀 5 的 B 口到 T_2 口→管路 8→顺序阀 7→背压阀 6→油箱。

因为工作进给时油压升高,所以变量泵 2 的流量自动减小,动力滑台向前作第一次工作进给,进给量的大小可以用调速阀 12 调节。

(3)第二次工作进给

在第一次工作进给结束时,滑台上的挡铁压下行程开关,使电磁阀 14 的电磁铁 3YA 得电,电磁阀 14 右位接入工作,切断了该阀所在的油路,经调速阀 12 的油液必须经过调速阀 13 进入液压缸的右腔,其他油路不变。由于调速阀 13 的开口量小于阀 12,进给速度降低,进给量的大小可由调速阀 13 来调节。

(4)死挡铁停留

当动力滑台第二次工作进给终了碰上死挡铁后,液压缸停止不动,系统的压力进一步升高,达到压力继电器 15 的调定值时,经过时间继电器的延时,再发出电信号,使滑台退回。在时间继电器延时动作前,滑台停留在死挡块限定的位置上。

(5)快退

时间继电器发出电信号后,2YA 得电,1YA 失电,3YA 断电,电液换向阀 5 右位工作,这时的主油路是:

①进油路。滤油器 1→变量泵 2→单向阀 3→油路 4→电液换向阀 5 的 P 口到 B 口→油路 20→液压缸 19 的右腔。

②回油路。液压缸 19 的左腔→油路 18→单向阀 16→油路 11→电液换向阀 5 的 A 口到 T 口→油箱。

这时系统的压力较低,变量泵 2 输出流量大,动力滑台快速退回。由于活塞杆的面积大约为活塞的一半,所以动力滑台快进、快退的速度大致相等。

(6)原位停止

当动力滑台退回到原始位置时,挡铁压下行程开关,这时电磁铁 1Y、2Y、3Y 都失电,电液换向阀 5 处于中位,动力滑台停止运动,变量泵 2 输出油液的压力升高,使泵的流量自动减至最小。表 8.1 是该液压系统的电磁铁和行程阀的动作表。

表8.1 组合机床动力滑台液压系统电磁铁和行程阀的动作表

	1YA	2YA	3YA	行程阀
快 进	+	–	–	–
一工进	+	–	–	+
二工进	+	–	+	+
死挡铁停留	–	–	–	–
快 退	–	+	–	–
原位停止	–	–	–	–

通过以上分析可以看出,为了实现自动工作循环,该液压系统应用了下列一些基本回路:

①调速回路。采用了由限压式变量泵和调速阀的调速回路,调速阀放在进油路上,回油经过背压阀。

②快速运动回路。应用限压式变量泵在低压时输出的流量大的特点,并采用差动连接来实现快速前进。

③换向回路。应用电液换向阀实现换向,工作平稳、可靠,并由压力继电器与时间继电器发出的电信号控制换向信号。

④快速运动与工作进给的换接回路。采用行程换向阀实现速度的换接,换接的性能较好。同时利用换向后,系统中的压力升高使液控顺序阀接通,系统由快速运动的差动连接转换为使回油排回油箱。

⑤两种工作进给的换接回路。采用了两个调速阀串联的回路结构。

8.2 液压机液压系统

液压机是用于调直、压装、冷冲压、冷挤压和弯曲等工艺的压力加工机械,它是最早应用液压传动的机械之一。液压机液压系统是用于机器的主传动,以压力控制为主,系统压力高、流量大、功率大,应该特别注意如何提高系统效率和防止液压冲击。

液压机的典型工作循环如图8.2所示。一般主缸的工作循环要求有“快进→减速接近工件及加压→保压延时→泄压→快速回程及保持活塞停留在行程的任意位置”等基本动作,当有辅助缸时,如需顶料,顶料缸的动作循环一般是“活塞上升→停止→向下退回”;薄板拉伸则要求有“液压垫上升→停止→压力回程”等动作;有时还需要压边缸将料压紧。

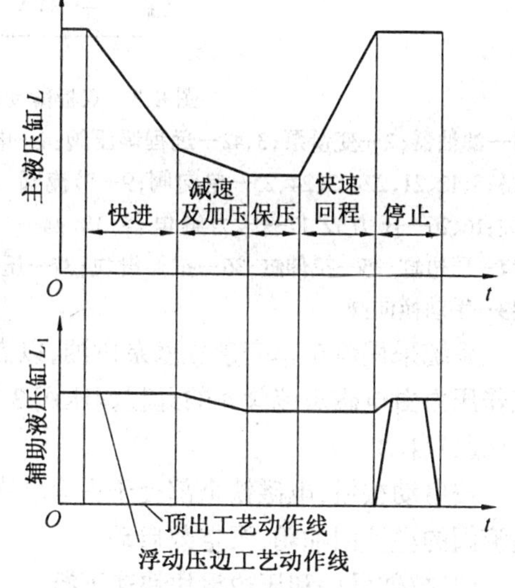

图8.2 液压机的典型工艺循环图

图 8.3 是双动薄板冲压机液压机液压系统原理图，该液压机最大工作压力为 450 kN，用于薄板的拉伸成形等冲压工艺。

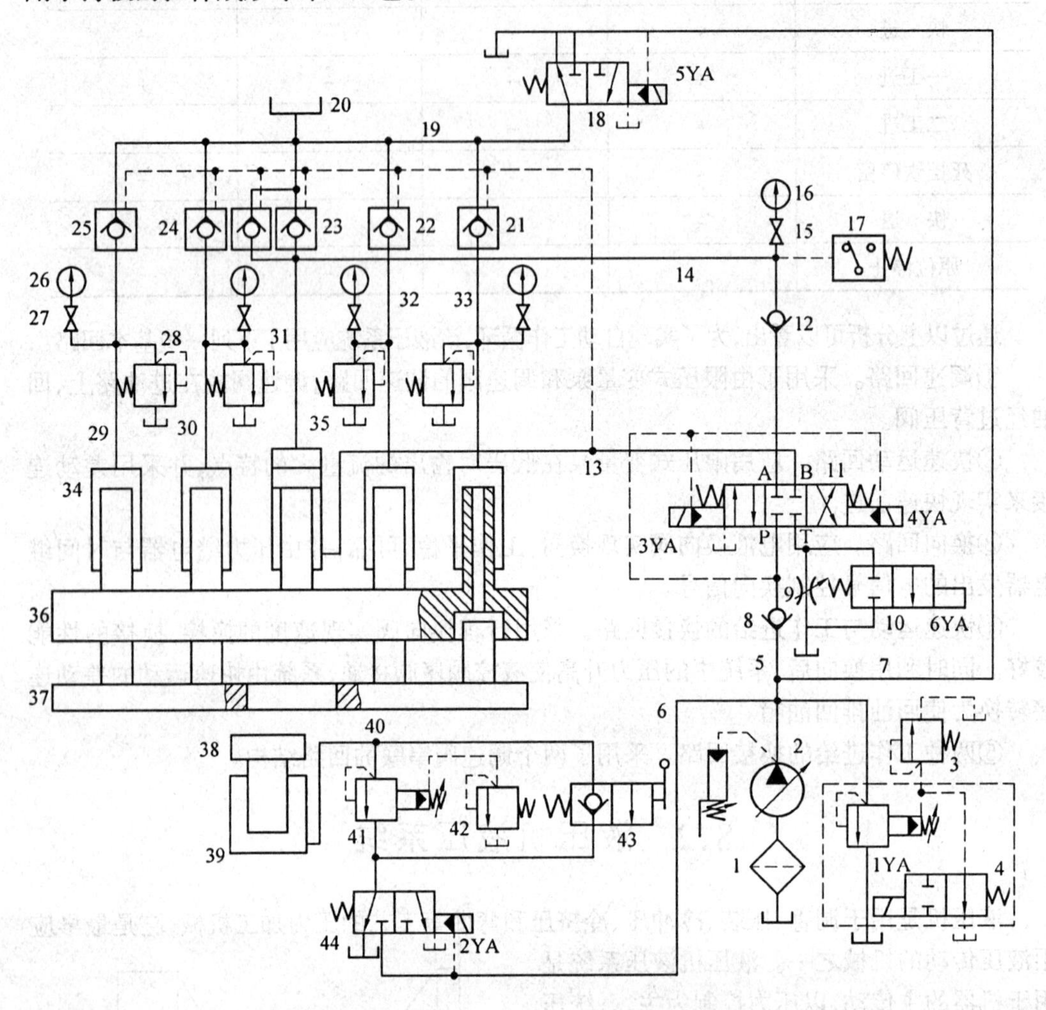

图 8.3　双板薄动冲压机液压系统原理图

1—滤油器；2—变量泵；3、42—远程调压阀；4—电磁溢流阀；5、6、7、13、14、19、29、30、31、32、33、40—管路；8、12、21、22、23、24、25—单向阀；9—节流阀；10—电磁换向阀；11—电液换向阀；15、27—压力表开关；16、26—压力表 17—压力继电器；18、44—二位三通电液换向阀；20—高位油箱；28—安全阀；34—压边缸；35—拉伸缸；36—拉伸滑块；37—压边滑块；38—顶出块；39—顶出缸；41—先导溢流阀；43—手动换向阀

系统采用恒功率变量柱塞泵供油，以满足低压快速行程和高压慢速行程的要求，最高工作压力由电磁溢流阀 4 的远程调压阀 3 调定，其工作原理如下。

(1)启动

按启动按钮，电磁铁全部处于失电状态，恒功率变量泵输出的油以很低的压力经电磁溢流阀的溢流回油箱，泵空载启动。

(2)拉伸滑块和压边滑块快速下行

使电磁铁1YA和3YA、6YA得电，电磁溢流阀4的二位二通电磁铁右位工作，切断泵的卸荷通路。同时三位四通电液动换向阀11的左位接入工作，泵向拉伸滑块液压缸35上腔供油。因电磁换向阀10的电磁铁6YA得电，其右位接入工作，所以回油经阀11和阀10回油箱，使其快速下行。同时带动压边缸34快速下行，压边缸从高位油箱20补油。这时的主油路是：

①进油路。滤油器1→变量泵2→管路5→单向阀8→三位四通电液换向阀11的P口到A口→单向阀12→管路14→管路31→缸35上腔。

②回油路。缸35下腔→管路13→电液换向阀11的B口到T口→换向阀10→油箱。

拉伸滑块液压缸快速下行时泵始终处于最大流量状态，但仍不能满足其需要，因而其上腔形成负压，高位油箱20中的油液经单向阀23向主缸上腔充液。

(3)减速、加压

在拉伸滑块和压边滑块与板料接触之前，首先碰到一个行程开关(图中未画出)，发出一个电信号，使阀10的电磁铁6YA失电，左位工作，主缸回油须经节流阀9回油箱，实现慢进。当压边滑块接触工件后，又一个行程开关(图中未画出)发信号，使5YA得电，阀18右位接入工作，泵2打出的油经阀18向压边缸34加压。

(4)拉伸、压紧

当拉伸滑块接触工件后，主缸35中的压力由于负载阻力的增加而增加，单向阀23关闭，泵输出的流量也自动减小。主缸继续下行，完成拉延工艺。在拉延过程中，泵2输出的最高压力由远程调压阀3调定，主缸进油路同上。回油路为:缸35下腔→管路13→电液换向阀11的B口到T口→节流阀9→油箱。

(5)保压

当主缸35上腔压力达到预定值时，压力继电器17发出信号，使电磁铁1YA、3YA、5YA均失电，阀11回到中位，主缸上、下腔以及压力缸上腔均封闭，主缸上腔短时保压，此时泵2经电磁溢流阀4卸荷。保压时间由压力继电器17控制的时间继电器调整。

(6)快速回程

使电磁铁1YA、4YA得电，阀11右位工作，泵打出的油进入主缸下腔，同时控制油路打开液控单向阀21、22、23、24，主缸上腔的油经阀23回到高位油箱20，主缸35回程的同时，带动压边缸快速回程。这时主缸的油路是：

①进油路。滤油器1→泵2→管路5→单向阀8→阀11右位的P口到B口→管路13→主缸35下腔。

②回油路。主缸35上腔→阀23→高位油箱20。

(7)原位停止

当主缸滑块上升到触动行程开关1S时(图中未画出)，电磁铁4YA失电，阀11中位工作，使主缸35下腔封闭，主缸停止不动。

(8)顶出缸上升

在行程开关1S发出信号使4YA失电的同时也使2YA得电，使阀44右位接入工作，泵2打出的油经管路6→阀44→手动换向阀43左位→管路40，进入顶出缸39，顶出缸上行完成顶出工作、顶出压力由远程调压阀42设定。

(9)顶出缸下降

在顶出缸顶出工件后,行程开关4S(图中未画出)发出信号,使1YA、2YA均失电,泵2卸荷,阀44右位工作。阀43左位工作,顶出缸在自重作用下下降,回油经阀43、44回油箱。

该系统采用高压大流量恒功率变量泵供油和利用拉伸滑块自动充油的快速运动回路,既符合工艺要求,又节省了能量。

表8.2为双动薄板冲压机液压系统电磁铁动作顺序表。

表8.2 双动薄板冲压机液压系统电磁铁动作顺序表

拉伸滑块	压边滑块	顶出缸	电磁铁						手动换向阀
			1YA	2YA	3YA	4YA	5YA	6YA	
快速下降	快速下降		+	-	+	-	-	+	
减速	减速		+	-	+	-	+	-	
拉伸	压紧工件		+	-	+	-	+	+	
快退返回	快退返回		+	-	-	+	-	-	
		上升	+	+	-	-	-	-	左位
		下降	+	-	-	-	-	-	右位
液压泵卸荷			-	-	-	-	-	-	

8.3 汽车起重机液压系统

汽车起重机是将起重机安装在汽车底盘上的一种起重运输设备。它主要由起升、回转、变幅、伸缩和支腿等工作机构组成,这些动作的完成由液压系统来实现。对于汽车起重机的液压系统,一般要求输出力大、动作要平稳、耐冲击、操作要灵活、方便、可靠、安全。

图8.4是Q2-8型汽车起重机外形简图,图8.5为其液压系统原理图,下面对其完成各个动作的回路进行叙述。

(1)支腿回路

汽车轮胎的承载能力是有限的,在起吊重物时,必须由支腿液压缸来承受负载,而使轮胎架空,这样也可以防止起吊时整机的前倾或颠覆。

支腿动作的顺序是:缸9锁紧后桥板簧,同时缸8放下后支腿到所需位置,再由缸10放下前支腿。作业结束后,先收前支腿,再收后支腿。当手动换向阀6右位接入工作时,后支腿放下。

①进油路。泵1→滤油器2→阀3左位→阀5中位→阀6右位→锁紧缸下腔锁紧板簧→液压锁7→缸8下腔。

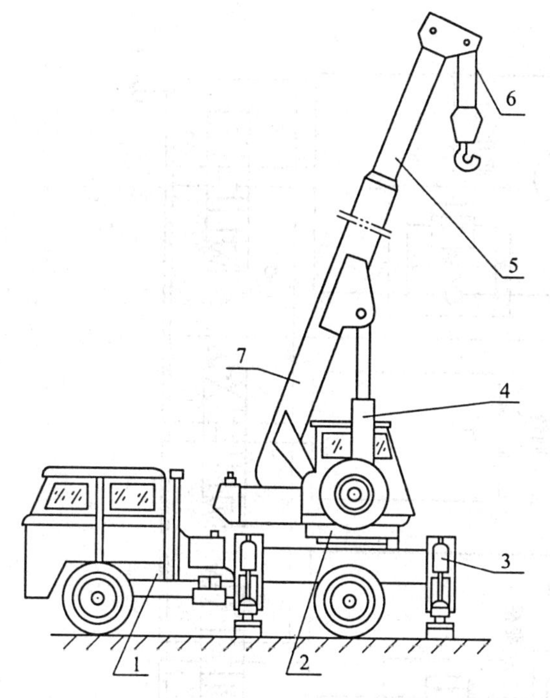

图 8.4 Q2—8 汽车起重机外型简图

1—载重汽车;2—回转机构;3—支腿;4—吊臂变幅缸;

5—吊臂伸缩缸;6—起升机构;7—基本臂

②回油路。缸 8 上腔→双向液压锁 7→阀 6 右位→油箱。缸 9 上腔→阀 6 右位→油箱。

回路中的双向液压锁 7 和 11 的作用是防止液压支腿在支撑过程中因泄漏出现“软腿现象”,或行走过程中支腿自行下落,或因管道破裂而发生倾斜事故。

(2)起升回路

起升机构要求所吊重物可升降或在空中停留,速度要平稳,变速要方便,冲击要小,启动转矩和制动力要大。本回路中采用 ZMD40 型柱塞液压马达带动重物升降,变速和换向是通过改变手动换向阀 18 的开口大小来实现的,用液控单向顺序阀 19 来限制重物超速下降。单作用液压缸 20 是制动缸,单向节流阀 21 是保证液压油先进入马达,使马达产生一定的转矩,再解除制动,以防止重物带动马达旋转而向下滑。二是保证吊物升降停止时,制动缸中的油马上与油箱相通,使马达迅速制动。

起升重物时,手动阀 18 切换至左位工作,泵 1 打出的油经滤油器 2、阀 3 右位、阀 13、16、17 中位,阀 18 左位、阀 19 中的单向阀进入马达左腔;同时压力油经单向节流阀到制动缸 20,从而解除制动,使马达旋转。

重物下降时,手动换向阀 18 切换至右位工作,液压马达反转,回油经阀 19 的液控顺序阀,阀 18 右位回油箱。

当停止作业时,阀 18 处于中位,泵卸荷。制动缸 20 上的制动瓦在弹簧作用下使液压马达制动。

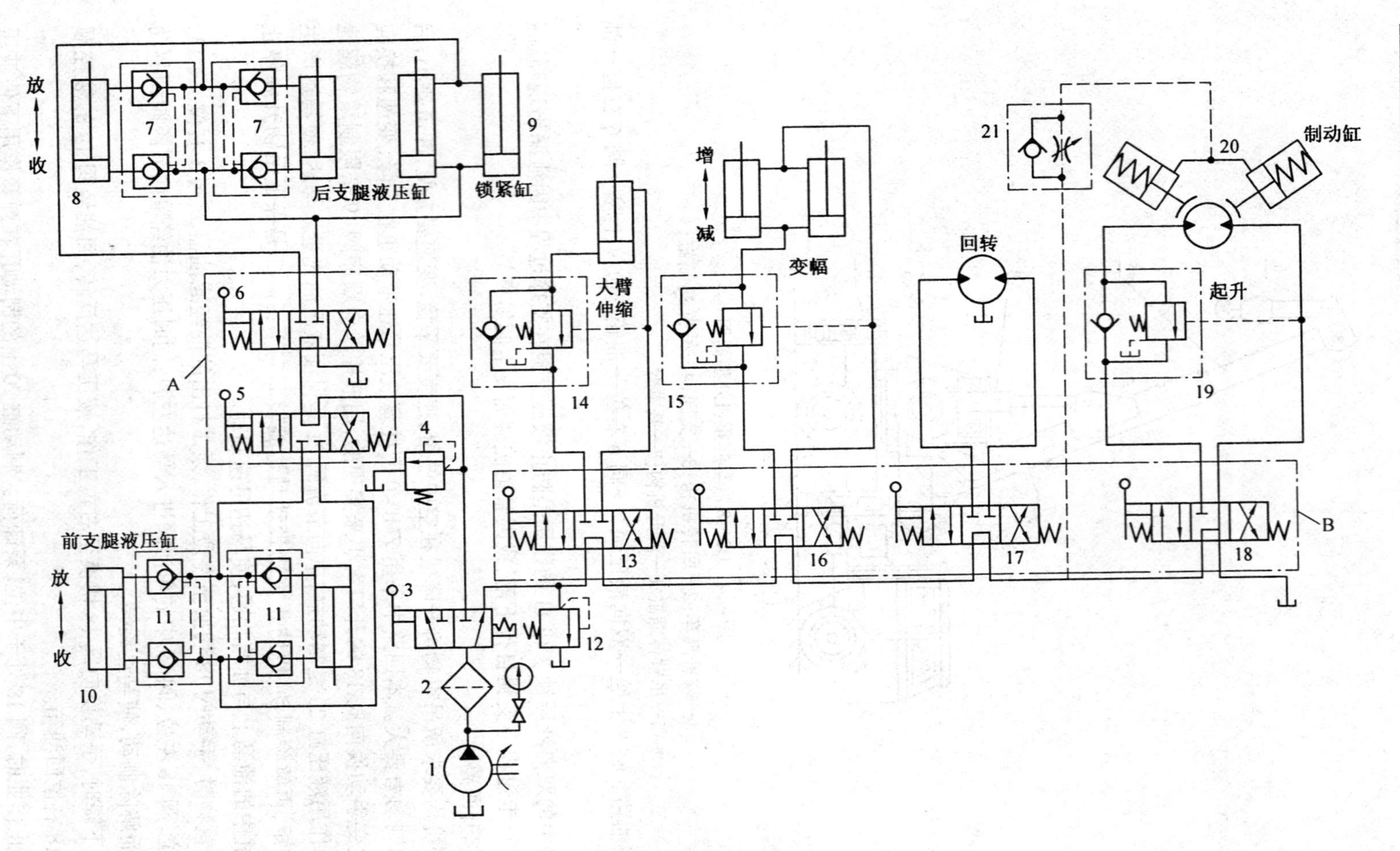

图 8.5 Q2－8 型汽车起重机液压传动系统图

1—液压泵；2—滤油器；3—二位三通手动换阀；4,12—溢流阀；5,6,13,16,17,18—三位三通手动换阀；7,11—液压锁；8—后支腿液压缸；9—锁紧缸；10—前支腿液压缸；14,15,19—手衡阀；20—制动缸；21—单向节流阀

(3)大臂伸缩回路

本机大臂伸缩采用单级长液压缸驱动。工作中,改变阀13的开口大小和方向,即可调节大臂运动速度和使大臂伸缩。行走时,应将大臂收缩回。大臂缩回时,因液压力与负载力方向一致,为防止吊臂在重力作用下自行收缩,在收缩缸的下腔回油腔安置了平衡阀14,提高了收缩运动的可靠性。

(4)变幅回路

大臂变幅机构是用于改变作业高度,要求能带载变幅,动作要平稳。本机采用两个液压缸并联,提高了变幅机构承载能力。其要求以及油路与大臂伸缩油路相同。

(5)回转油路

回转机构要求大臂能在任意方位起吊。本机采用ZMD40柱塞液压马达,回转速度1~3 r/min。由于惯性小,一般不设缓冲装置,操作换向阀17,可使马达正、反转或停止。

汽车起重机液压系统的特点是:

①因重物在下降时以及大臂收缩和变幅时,负载与液压力方向相同,执行元件会失控,为此,在其回油路上必须设置平衡阀。

②因工况作业的随机性较大且动作频繁,所以大多采用手动弹簧复位的多路换向阀来控制各动作。换向阀常用M型中位机能。当换向阀处于中位时,各执行元件的进油路均被切断,液压泵出口通油箱使泵卸荷,减少了功率损失。

8.4 数控机床液压系统

8.4.1 概　述

随着机电技术的不断发展,特别是数控技术的飞速发展,机床设备的自动化程度和精度越来越高。使特别适合于电控和自控的液压与气动技术,得到了更加充分的应用。无论是一般数控机床还是加工中心,液压与气动都是极其有效的传动与控制方式。

下面以数控车床为例说明液压技术在数控机床上的基本应用。

MJ-50型数控车床是两坐标连续控制的卧式车床,主要用来加工轴类零件的内外圆柱面、圆锥面、螺纹表面、成形回转体表面,对于盘类零件可进行钻孔、扩孔、铰孔和镗孔等加工,还可以完成车端面、切槽、倒角等加工。其卡盘夹紧与松开、卡盘夹紧力的高低压转换、回转刀架的松开与夹紧、刀架刀盘的正转反转、尾座套筒的伸出与退回都是由液压系统驱动的。液压系统中各电磁阀电磁铁的动作是由数控系统的PLC控制实现的。图8.6是它的液压系统原理图。系统采用变量叶片泵供油,系统压力调至4 MPa。

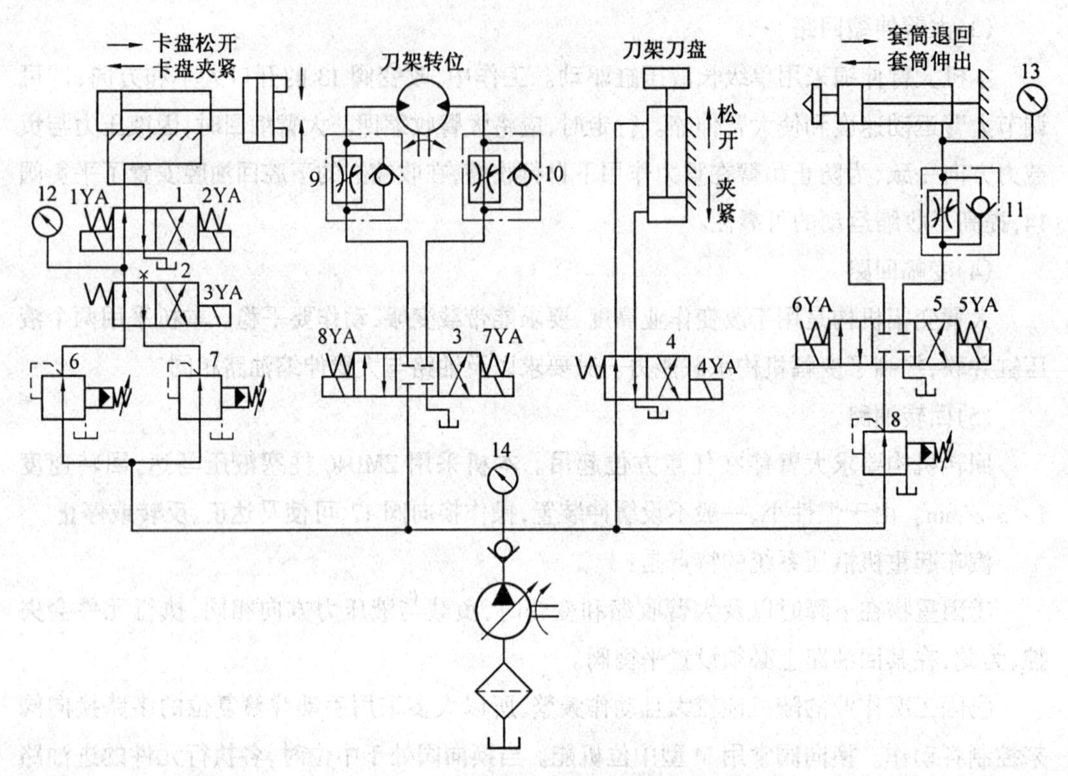

图 8.6 数控车床液压系统原理图

1、2、3、4、5—电磁换向阀；6、7、8—减压阀；9、10、11—单向节流阀；12、13、14—压力表

表 8.3 数控车床电磁铁动作顺序表

动作顺序			电磁铁							
			1YA	2YA	3YA	4YA	5YA	6YA	7YA	8YA
卡盘正卡	高压	夹紧	+	−	−					
		松开	−	+	−					
	低压	夹紧	+	−	+					
		松开	−	+	+					
卡盘反卡	高压	夹紧	−	+	−					
		松开	+	−	−					
	低压	夹紧	−	+	+					
		松开	+	−	+					
回转刀架	刀架正转								−	+
	刀架反转								+	−
	刀盘松开					+				
	刀盘夹紧					−				
尾座	套筒伸出						−	+		
	套筒退回						+	−		

注：“+”表示电磁铁通电；“−”或空格表示电磁铁断电。

8.4.2 MJ－50型数控车床液压系统的工作原理

1.卡盘的夹紧与松开

主轴卡盘的夹紧与松开，由二位四通电磁阀1控制。卡盘的高压夹紧与低压夹紧的转换，由二位四通电磁阀2控制。

当卡盘处于正卡(也称外卡)且在高压夹紧状态下(3YA断电)，夹紧力的大小由减压阀6来调整，由压力表12显示卡盘压力。当1YA通电、2YA断电时，活塞杆左移，卡盘夹紧；反之，当1YA断电、2YA通电时，卡盘松开。

当卡盘处于正卡且在低压夹紧状态下(3YA通电)，夹紧力的大小由减压阀7来调整。

卡盘反卡(也称内卡)的过程与正卡类似，所不同的是卡爪外张为夹紧，内缩为松开。

2.回转刀架的松夹及正反转

回转刀架换刀时，首先是刀盘松开，然后刀盘转到指定的刀位，最后刀盘夹紧。

刀盘的夹紧与松开，由一个二位四通电磁阀4控制，当4YA通电时刀盘松开，断电时刀盘夹紧，消除了加工过程中突然停电所引起的事故隐患。刀盘的旋转有正转和反转两个方向，它由一个三位四通电磁阀3控制，其旋转速度分别由单向调速阀9和10控制。

当4YA通电时，阀4右位工作，刀盘松开；当7YA断电、8YA通电时，刀架正转；当7YA通电、8YA断电时，刀架反转；当4YA断电时，阀4左位工作，刀盘夹紧。

3.尾座套筒伸缩动作

尾座套筒的伸出与退回由一个三位四通电磁阀5控制。

当5YA断电、6YA通电时，系统压力油经减压阀8→阀5(左位)→液压无杆腔，套筒伸出。套筒伸出时的工作预紧力大小通过减压阀8来调整，并由压力表13显示，伸出速度由调速阀11控制。反之，当5YA通电、6YA断电时，套筒退回。

8.4.3 液压系统的特点

(1)采用变量叶片泵向系统供油，能量损失小。

(2)用减压阀调节卡盘高压夹紧或低压夹紧压力的大小以及尾座套筒伸出工作时的预紧力大小，以适应不同工件的需要，操作方便简单。

(3)用液压马达实现刀架的转位，可实现无级调速，并能控制刀架正、反转。

8.5 M1432A型万能外圆磨床液压系统

8.5.1 机床液压系统的功能

M1432A型万能外圆磨床主要用于磨削IT5～IT7精度的圆柱形或圆锥形外圆和内孔，表面粗糙度在 *Ra* 1.25～0.08之间。该机床的液压系统具有以下功能：

(1)能实现工作台的自动往复运动，并能在0.05～4 m/min之间无级调速，工作台换向平稳，启动制动迅速，换向精度高。

(2)在装卸工件和测量工件时，为缩短辅助时间，砂轮架具有快速进退动作，为避免惯性冲击，控制砂轮架快速进退的液压缸设置有缓冲装置。

(3)为方便装卸工件,尾架顶尖的伸缩采用液压传动。

(4)工作台可作微量抖动:切入磨削或加工工件略大于砂轮宽度时,为了提高生产率和改善表面粗糙度,工作台可作短距离(1~3 mm)、频繁往复运动(100~150 次/min)。

(5)传动系统具有必要的联锁动作:

①工作台的液动与手动连锁,以免液动时带动手轮旋转引起工伤事故。

②砂轮架快速前进时,可保证尾架顶尖不后退,以免加工时工件脱落。

③磨内孔时,为使砂轮不后退,传动系统中设置有与砂轮架快速后退连锁的机构,以免撞坏工件或砂轮。

④砂轮架快进时,头架带动工件转动,冷却泵启动;砂轮架快速后退时,头架与冷却泵电机停转。

8.5.2 液压系统的工作原理

图 8.7 为 M1432A 型外圆磨床液压系统原理图,其工作原理如下。

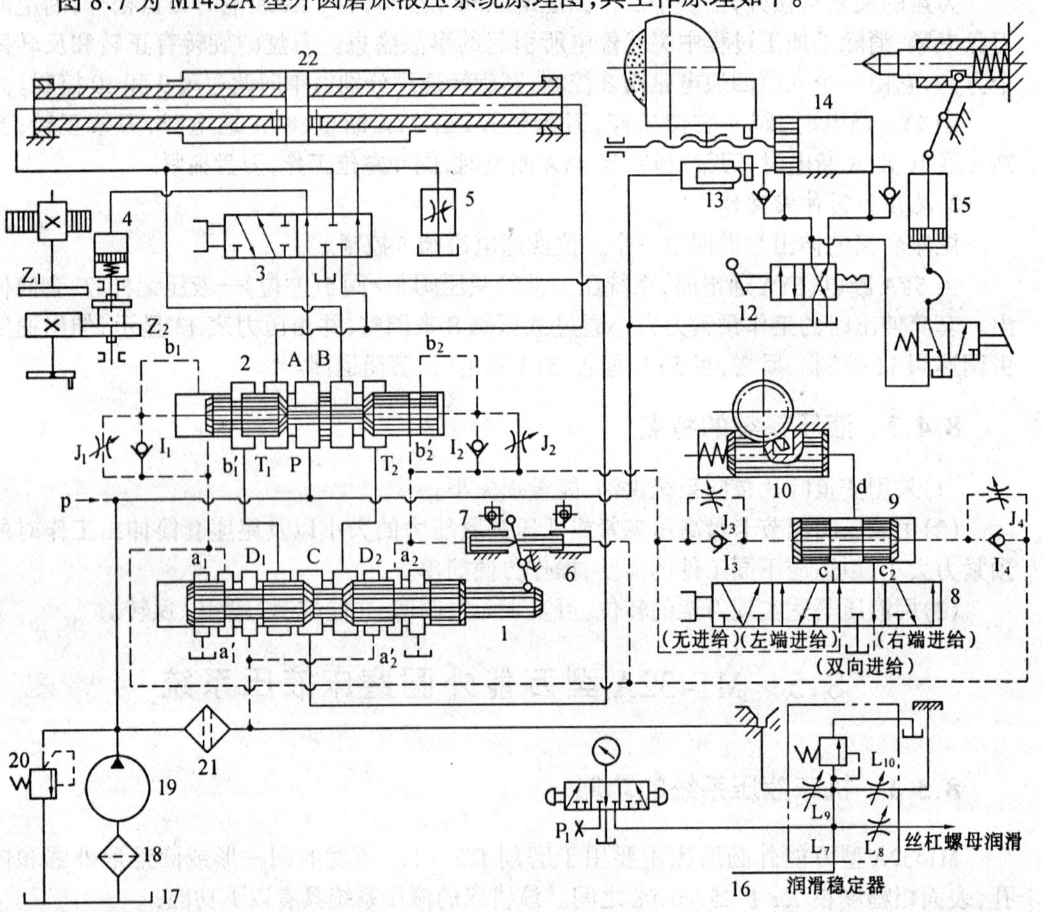

图 8.7 M1432A 型万能外圆磨床

1—先导阀;2—换向阀;3—开停阀;4—互锁缸;5—节流阀;6—抖动缸;7—挡块;8—选择阀;9—进给阀;10—进给缸;11—尾架换向阀;12—快动换向阀;13—闸缸;14—快动缸;15—尾架缸;16—润滑稳定器;17—油箱;18—粗过滤器;19—油泵;20—溢流阀;21—精过滤器;22—工作台进给缸

1.工作台的往复运动

(1)工作台右行

如图8.7所示状态,先导阀、换向阀阀心均处于右端,开停阀处于右位。其主油路为:

①进油路。液压泵19→换向阀2右位(P→A)→液压缸2右腔。

②回油路。液压缸9左腔→换向阀2右位(B→T_2)→先导阀1右位→开停阀3右位→节流阀5→油箱。

液压油推液压缸带动工作台向右运动,其运动速度由节流阀来调节。

(2)工作台左行

当工作台右行到预定位置,工作台上左边的挡块与先导阀1的阀心相连接的杠杆,使先导阀心左移,开始工作台的换向过程。先导阀阀心左移过程中,其阀心中段制动锥C的右边逐渐将回油路上通向节流阀5的通道(D_2→T)关小,使工作台逐渐减速制动,实现预制动;当先导阀阀心继续向左移动到先导阀心右部环形槽,使a_2点与高压油路a_2'相通,先导阀心左部环槽使a_1→a_1'接通油箱时,控制油路被切换。这时借助于抖动缸推动先导阀向左快速移动(快跳)。其油路是:

①进油路。泵19→精滤油器21→先导阀1左位(a_2'→a_2)→抖动缸6左端。

②回油路。抖动缸6右端→先导阀1左位(a_1→a_1')→油箱。

因为抖动缸的直径很小,上述流量很小的压力油足以使之快速右移,并通过杠杆使先导阀心快跳到左端,从而使通过先导阀到达换向阀右端的控制压力油路迅速打通,同时又使换向阀左端的回油路也迅速打通(畅通)。

这时的控制油路是:

①进油路。泵19→精滤油器21→先导阀1左位(a_2'→a_2)→单向阀I_2→换向阀2右端。

②回油路。换向阀2左端回油路在换向阀心左移过程中有三种变换。

首先:换向阀2左端b_1'→先导阀1左位(a_1→a_1')→油箱。换向阀心因回油畅通而迅速左移,实现第一次快跳。当换向阀心1快跳到制动锥C的右侧关小主回油路(B→T_2)通道,工作台便迅速制动(终制动)。换向阀心继续迅速左移到中部台阶处于阀体中间沉割槽的中心处时,液压缸两腔都通压力油,工作台便停止运动。

换向阀心在控制压力油作用下继续左移,换向阀心左端回油路改为:换向阀2左端→节流阀J_1→先导阀1左位→油箱。这时换向阀心按节流阀(停留阀)J_1调节的速度左移由于换向阀体中心沉割槽的宽度大于中部台阶的宽度,所以阀心慢速左移的一定时间内,液压缸两腔继续保持互通,使工作台在端点保持短暂的停留。其停留时间在0~5 s内由节流阀J_1、J_2调节。

最后当换向阀心慢速左移到左部环形槽与油路(b_1→b_1')相通时,换向阀左端控制油的回油路又变为换向阀2左端→油路b_1→换向阀2左部环形槽→油路b_1'→先导阀1左位→油箱。这时由于换向阀左端回油路畅通,换向阀心实现第二次快跳,使主油路迅速切换,工作台则迅速反向启动(左行)。这时的主油路是:

①进油路。泵19→换向阀2左位(P→B)→液压缸22左腔。

②回油路。液压缸22右腔→换向阀2左位(A→T_1)→先导阀1左位(D_1→T)→

开停阀 3 右位→节流阀 5→油箱。

当工作台左行到位时,工作台上的挡铁又碰杠杆推动先导阀右移,重复上述换向过程,实现工作台的自动换向。

2.工作台液动与手动的互锁

工作台液动与手动的互锁是由互锁缸 4 来完成的。当开停阀 3 处于图 8.7 所示位置时,互锁缸 4 的活塞在压力油的作用下压缩弹簧并推动齿轮 Z_1 和 Z_2 脱开,这样,当工作台液动(往复运动)时,手轮不会转动。

当开停阀 3 处于左位时,互锁缸 4 通油箱,活塞在弹簧力的作用下带着齿轮 Z_2 移动,Z_2 与 Z_1 啮合,工作台就可用手摇机构摇动。

3.砂轮架的快速进、退运动

砂轮架的快速进退运动是由手动二位四通换向阀 12(快动阀)来操纵,由快动缸来实现的。在图 8.7 所示位置时,快动阀右位接入系统,压力油经快动阀 12 右位进入快动缸 14 右腔,砂轮架快进到前端位置,快进终点是靠活塞与缸体端盖相接触来保证其重复定位精度;当快动缸左位接入系统时,砂轮架快速后退到最后端位置。为防止砂轮架在快速运动到达前后终点处产生冲击,在快动缸两端设缓冲装置,并设有抵住砂轮架的闸缸 13,用以消除丝杠和螺母间的间隙。

手动换向阀 12 的下面装有一个自动启、闭头架电动机和冷却电动机的行程开关和一个与内圆磨具连锁的电磁铁(图上均未画出)。当手动换向阀 12 处于右位使砂轮架处于快进时,手动阀的手柄压下行程开关,使头架电动机和冷却电动机启动。当翻下内圆磨具进行内孔磨削时,内圆磨具压另一行程开关,使连锁电磁铁通电吸合,将快动阀锁住在左位(砂轮架在退的位置),以防止误动作,保证安全。

4.砂轮架的周期进给运

砂轮架的周期进给运动是由选择阀 8、进给阀 9、进给缸 10,通过棘爪、棘轮、齿轮、丝杠来完成的。选择阀 8 根据加工需要可以使砂轮架在工件左端或右端时进给,也可在工件两端都进给(双向进给),也可以不进给,共四个位置可供选择。

图 8.7 所示为双向进给,周期进给油路:压力油从 a_1 点→J_4→进给阀 9 右端;进给阀 9 左端→I_3→a_2→先导阀 1→油箱。进给缸 10→d→进给阀 9→c_1→选择阀 8→a_2→先导阀 1→油箱,进给缸柱塞在弹簧力的作用下复位。当工作台开始换向时,先导阀换位(左移)使 a_2 点变高压、a_1 点变为低压(回油箱);此时周期进给油路为:压力油从 a_2 点→J_3→进给阀 9 左端;进给阀 9 右端→I_4→a_1 点→先导阀 1→油箱,使进给阀右移;与此同时,压力油经 a_2 点→选择阀 8→c_1→进给阀 9→d→进给缸 10,推进给缸柱塞左移,柱塞上的棘爪拨棘轮转动一个角度,通过齿轮等推砂轮架进给一次。在进给阀活塞继续右移时堵住 c_1 而打通 c_2,这时进给缸右端→d→进给阀→c_2→选择阀→a_1→先导阀 a_1'→油箱,进给缸在弹簧力的作用下再次复位。当工作台再次换向,再周期进给一次。若将选择阀转到其他位置,如右端进给,则工作台只有在换向到右端才进给一次,其进给过程不再赘述。从上述周期进给过程可知,每进给一次是由一股压力油(压力脉冲)推进给缸柱塞上的棘爪拨棘轮转一角度。调节进给阀两端的节流阀 J_3、J_4 就可调节压力脉冲的时期长短,从而调节进给量的大小。

5.尾架顶尖的松开与夹紧

尾架顶尖只有在砂轮架处于后退位置时才允许松开。为操作方便,采用脚踏式二位三通阀 11(尾架阀)来操纵,由尾架缸 15 来实现。由图可知,只有当快动阀 12 处于左位、砂轮架处于后退位置,脚踏尾架阀处于右位时,才能有压力油通过尾架阀进入尾架缸推杠杆拨尾顶尖松开工件。当快动阀 12 处于右位(砂轮架处于前端位置)时,油路 L 为低压(回油箱),这时误踏尾架阀 11 也无压力油进入尾架缸 14,顶尖也就不会推出。尾顶尖的夹紧是靠弹簧力。

6.抖动缸的功用

抖动缸 6 的功用有两个。第一是帮助先导阀 1 实现换向过程中的快跳;第二是当工作台需要作频繁短距离换向时实现工作台的抖动。

当砂轮作切入磨削或磨削短圆槽时,为提高磨削表面质量和磨削效率,需工作台频繁短距离换向—抖动。这时将换向挡铁调得很近或夹住换向杠杆,当工作台向左或向右移动时,挡铁带杠杆使先导阀阀心向右或向左移动一个很小的距离,使先导阀 1 的控制进油路和回油路仅有一个很小的开口。通过此很小开口的压力油不可能使换向阀阀心快速移动,这时,因为抖动缸柱塞直径很小,所通过的压力油足以使抖动缸快速移动。抖动缸的快速移动推动杠带先导阀快速移动(换向),迅速打开控制油路的进、回油口,使换向阀也迅速换向,从而使工作台作短距离频繁往复换向—抖动。

8.5.3 本液压系统的特点

由于机床加工工艺的要求,M1432A 型万能外圆磨床液压系统是机床液压系统中要求较高、较复杂的一种。其主要特点是:

(1)系统采用节流阀回油节流调速回路,功率损失较小。

(2)工作台采用了活塞杆固定式双杆液压缸,保证左、右往复运动的速度一致,并使机床占地面积不大。

(3)系统在结构上采用了将开停阀、先导阀、换向阀、节流阀、抖动缸等组合一体的操纵箱,使结构紧凑,管路减短,操纵方便,又便于制造和装配修理。此操纵箱属行程制动换向回路,具有较高的换向位置精度和换向平稳性。

思考题及习题

8.1 在图 8.1 所示的机床动力滑台液压系统中:

(1)该液压系统由哪些基本回路组成?

(2)如何实现差动连接?

(3)采用行程阀实现快慢切换有何特点?

(4)单向阀 2 有何作用?

(5)压力继电器 13 有何作用?

8.2 在图 8.6 所示的数控车床液压系统中:

(1)刀盘在停电时处于何种工作状况,为什么?

(2)三个减压阀的作用是什么?

(3)阀 9 和阀 11 的作用是什么?

(4)该系统的液压泵有何特点?

第9章 气压系统典型实例

9.1 工件夹紧气压传动系统

工件夹紧气压传动系统是机械加工自动线和组合机床中常用的夹紧装置的驱动系统。图9.1为机床夹具的气动夹紧系统,其动作循环是:当工件运动到指定位置后,气缸A活塞杆伸出,将工件定位后两侧的气缸B和C的活塞杆同时伸出,从两侧面对工件夹紧,然后再进行切削加工,加工完后各夹紧缸退回,将工件松开。

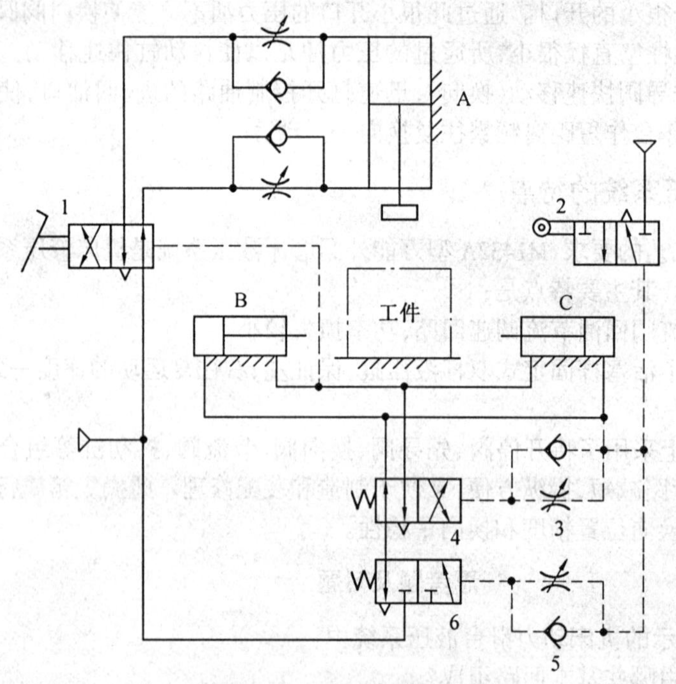

图9.1 机床夹具气动夹紧系统

1—脚踏阀;2—行程阀;3、5—单向节流阀;4、6—换向阀

具体工作原理如下:用脚踏下阀1,压缩空气进入缸A的上腔,使活塞下降定位工件;当压下行程阀2时,压缩空气经单向节流阀5使二位三通气控换向阀6换向(调节节流阀开口可以控制阀6的延时接通时间),压缩空气通过阀4进入两侧气缸B和C的无杆腔,使活塞杆前进而夹紧工件。然后钻头开始钻孔,同时流过换向阀4的一部分压缩空气经过单向节流阀3进入换向阀4右端,经过一段时间(由节流阀控制)后换向阀4右位接通,两侧气缸后退到原来位置。同时,一部分压缩空气作为信号进入脚踏阀1的右端,使阀1右位接通,压缩空气进入缸A的下腔,使活塞杆退回原位。活塞杆上升的同时使机动行程

阀2复位,气控换向阀6也复位,由于气缸B、C的无杆腔通过阀6、阀4排气,换向阀6自动复位到左位,完成一个工作循环。该回路只有再踏下脚踏阀1才能开始下一个工作循环。

9.2 数控加工中心气动系统

图9.2所示为某数控加工中心气动系统原理图,该系统主要实现加工中心的自动换刀功能,在换刀过程中实现主轴定位、主轴松刀、拔刀、向主轴锥孔吹气排屑和插刀动作。

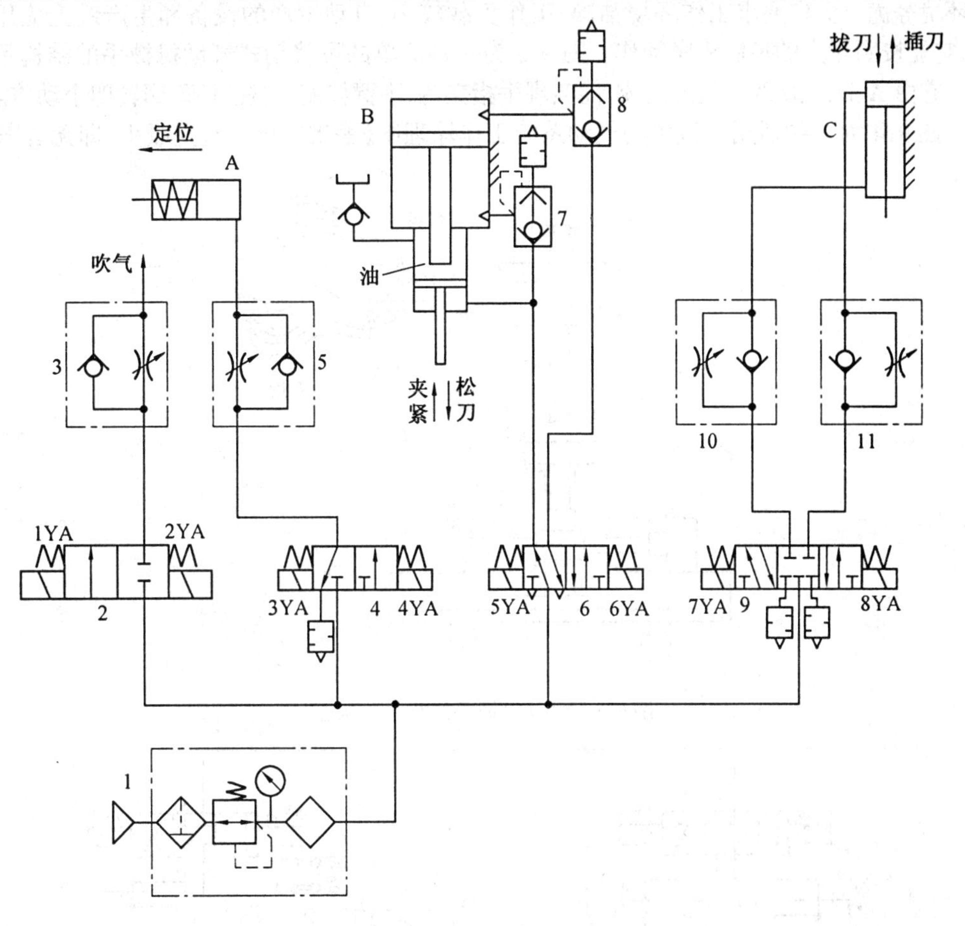

图9.2 数控加工中心气动系统原理图

1—气动三联件;2、4、6、9—换向阀;3、5、10、11—单向节流阀;7、8—快速排气阀

具体工作原理如下:当数控系统发出换刀指令时,主轴停止旋转,同时4YA通电,压缩空气经气动三联件1、换向阀4、单向节流阀5进入主轴定位缸A的右腔,缸A的活塞左移,使主轴自动定位。定位后压下开关,使6YA通电,压缩空气经换向阀6、快速排气阀8进入气液增压器B的上腔,增压腔的高压油使活塞伸出,实现主轴松刀,同时使8YA通电,压缩空气经换向阀9、单向节流阀11进入缸C的上腔,缸C下腔排气,活塞下移实现拔刀。由回转刀库交换刀具,同时1YA通电,压缩空气经换向阀2、单向节流阀3向主轴锥孔吹气。稍后1YA断电、2YA通电,停止吹气,8YA断电、7YA通电,压缩空气经换向阀

9、单向节流阀 10 进入缸 C 的下腔，活塞上移，实现插刀动作。6YA 断电、5YA 通电，压缩空气经阀 6 进入气液增压器 B 的下腔，使活塞退回，主轴的机械机构使刀具夹紧。4YA 断电、3YA 通电，缸 A 的活塞在弹簧力的作用下复位，回复到开始状态，换刀结束。

9.3　气动机械手气压传动系统

气动机械手是机械手的一种，它具有结构简单，质量轻，动作迅速，平稳可靠，不污染工作环境等优点。在要求工作环境洁净、工作负载较小、自动生产的设备和生产线上应用广泛，它能按照预定的控制程序动作。图 9.3 为一种简单的可移动式气动机械手的结构示意图。它由 A、B、C、D 四个气缸组成，能实现手指夹持、手臂伸缩、立柱升降、回转四个动作。

图 9.4 为一种通用机械手的气动系统工作原理图（手指部分为真空吸头，即无 A 气缸

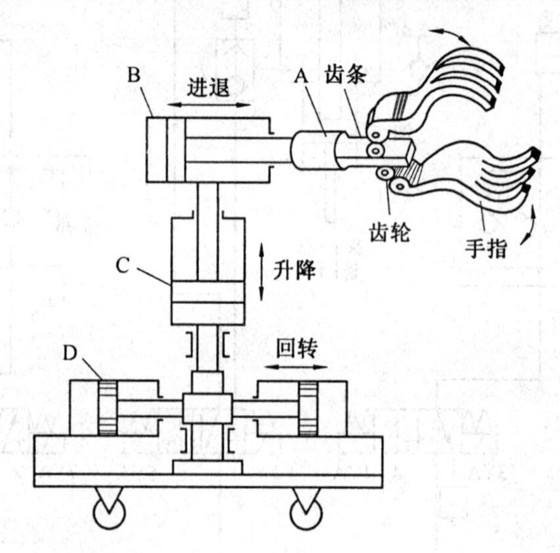

图 9.3　气动机械手的结构示意图

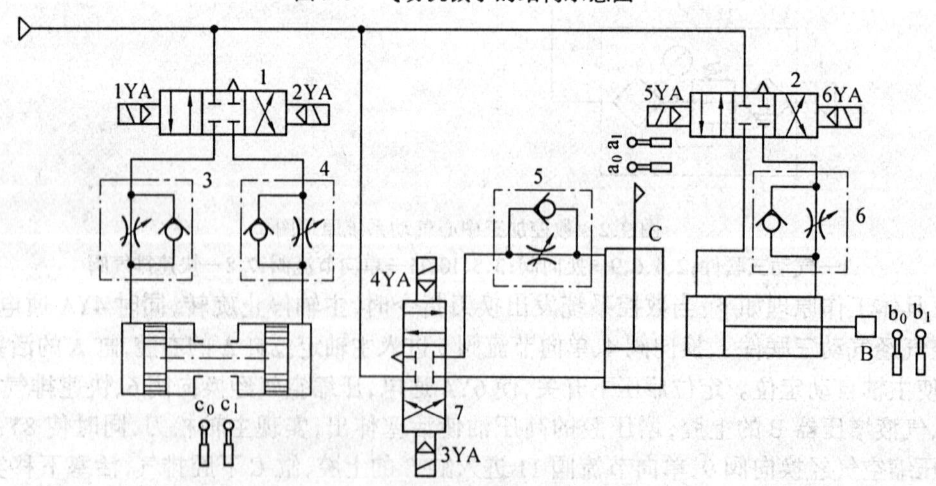

图 9.4　通用机械手气动系统工作原理图
1、2、7—换向阀；3、4、5、6—单向节流阀

部分),要求其工作循环为:立柱上升→伸臂→立柱顺时针转→真空吸头取工件→立柱逆时针转→缩臂→立柱下降。

三个气缸均有三位四通双电控换向阀 1、2、7 和单向节流阀 3、4、5、6 组成换向、调速回路。各气缸的行程位置均有电气行程开关进行控制。表 9.1 为该机械手在工作循环中各电磁铁的动作顺序表。

表 9.1 电磁铁动作顺序表

	垂直缸上升	水平缸伸出	回转缸转位	回转缸复位	水平缸退回	垂直缸下降
1YA			+	−		
2YA				+	−	
3YA						+
4YA	+	−				
5YA		+	−			
6YA					+	−

下面结合表 9.1 来分析它的工作循环:

按下它的启动按钮,4YA 通电,阀 7 处于上位,压缩空气进入垂直气缸 C 下腔,活塞杆上升。

当缸 C 活塞上的挡块碰到电气行程开关 a_1 时,4YA 断电,5YA 通电,阀 2 处于左位,水平气缸 B 活塞杆伸出,带动真空吸头进入工作点并吸取工件。

当缸 B 活塞上的挡块碰到电气开关 b_1 时,5YA 断电,1YA 通电,阀 1 处于左位,回转缸 D 顺时针方向回转,使真空吸头进入下料点下料。

当回转缸 D 活塞杆上的挡块压下电器行程开关 c_1 时,1YA 断电,2YA 通电,阀 1 处于右位,回转缸 b 复位。

回转缸复位时,其上挡块碰到电气程开关 c_0 时,6YA 通电,2YA 断电,阀 2 处于右位,水平缸 B 活塞杆退回。

水平缸退回时,挡块碰到 b_0,6YA 断电,3YA 通电,阀 7 处于下位,垂直缸活塞杆下降,到原位时,碰上电气行程开关 a_0,3YA 断电,至此完成一个工作循环,如再给启动信号。可进行同样的工作循环。

根据需要只要改变电气行程开关的位置,调节单向节流阀的开度,即可改变各气缸的运动速度和行程。

9.4 拉门自动开闭系统

拉门自动开闭系统通过连杆机构将气缸活塞杆的直线运动转换成拉门开闭运动,利用超低压气动阀来检测行人的踏板动作。在拉门内、外装踏板 6 和 11,踏板下方装有完全封闭的橡胶管,管的一端与超低压气动阀 7 和 12 的控制口连接。当人站在踏板上时,橡胶管里压力上升,超低压气动阀动作。其气动回路如图 9.5 所示。

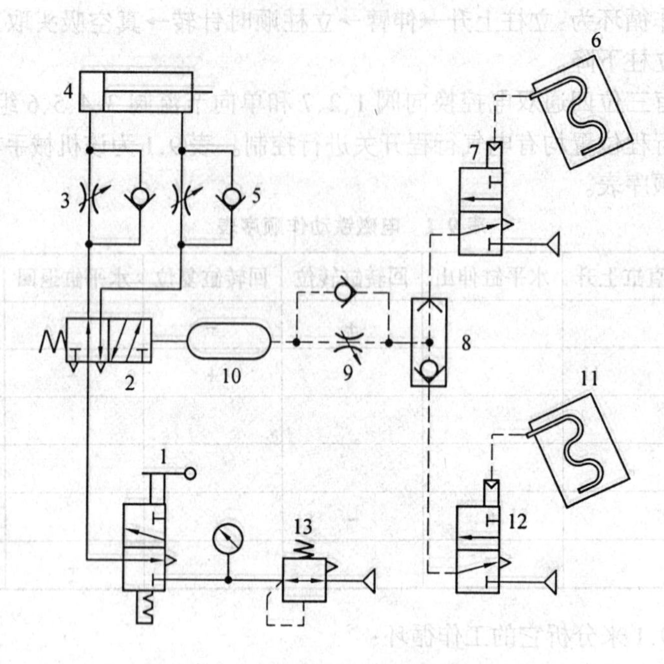

图 9.5　拉门自动开闭气压传动系统

1—手动阀；2、7、12—气动换向阀；3、5、9—单向节流阀；

4—气缸；6、11—踏板；8—梭阀；10—气罐；13—减压阀

首先使手动阀 1 上位接入工作状态，空气通过气动换向阀 2、单向节流阀 3 进入气缸 4 的无杆腔，将活塞杆推出(门关闭)。当人站在踏板 6 上后，气动控制阀 7 动作，空气通过梭阀 8、单向节流阀 9 和气罐 10 使气动换向阀 2 换向，压缩空气进入气缸 4 的有杆腔，活塞杆退回(门打开)。

当行人经过门后踏上踏板 11 时，气动控制阀 12 动作，使梭阀 8 上面的通口关闭，下面的通口接通(此时由于人已离开踏板 6，阀 7 复位)。气罐 10 中的空气经单向节流阀 9、梭阀 8 和阀 12 放气(人离开踏板 11 后，阀 12 已复位)，经过延时(由节流阀控制)后阀 2 复位，气缸 4 的无杆腔进气，活塞杆伸出(关闭拉门)。

该回路利用逻辑"或"的功能，回路比较简单，很少产生误动作。行人从门的哪一边进出均可。减压阀 13 可使关门的力自由调节，十分便利。如将手动阀复位，则可变为手动门。

思考题及习题

9.1 在图 9.1 所示的工件夹紧气压传动系统中，工件夹紧的时间是怎样调节的？

9.2 简述加工中心气动系统工作原理？

9.3 在图 9.3 中，要求该机械手的工作循环是：立柱下降→伸臂→立柱逆时针转→(真空吸头取工件)→立柱顺时针转→缩臂→立柱上升。试画出电磁铁动作顺序表，分析它的工作循环。

9.4 在自动拉门气压传动系统中利用了哪个元件的什么逻辑功能？

*第 10 章 液压与气动系统的安装调试和故障分析

10.1 液压与气动系统的安装

10.1.1 安装前的准备工作与要求

(1)仔细分析液压系统工作原理图、电气原理图、系统管道连接布置图、元件清单和产品样本等技术资料。

(2)第一次清洗液压元件和管件,重要元件应进行密封和耐压试验。

10.1.2 液压元件的安装要求

(1)安装各种泵和阀时,不能接反和接错;各接口要固紧,密封应可靠。

(2)液压泵轴与电动机轴的安装应符合形位公差要求。

(3)液压缸活塞杆(或柱塞)的轴线与运动部件导轨面的平行度要符合技术要求。

(4)方向阀一般应保持水平安装;蓄能器应保持轴线竖直安装。

10.1.3 管路的安装要求

(1)系统全部管道应进行两次安装,即第一次试装后拆下管路,按相关工序严格清洗、处理后进行第二次安装。

(2)管道的布置要整齐,油路走向应平直、距离短,尽量少转弯。

(3)液压泵吸油管的高度一般不大于 500 mm,吸油管和泵吸油口连接处应保证密封良好。

(4)溢流阀的回油管口与液压泵的吸油管不能靠得太近。

(5)电磁阀的回油、减压阀和顺序阀等的泄油与回油管相连通时不应有背压。

(6)吸油管路上应设置滤油器,过滤精度为 0.1～0.2 mm,要有足够的通油能力。

(7)回油管应插入油面以下有足够的深度,以防飞溅形成气泡。

气压系统的安装与液压系统的安装类似,也有清洗、元件安装和管道安装等,但也有一些不同之处,例如,气动系统的动密封圈要装的松一些,不能太紧等。这里不再具体介绍。

10.1.4 空载调试

(1)启动液压泵,检查泵在卸荷状态下的运转。

(2)调整溢流阀,逐步提高压力使之达到规定的系统压力值。

(3)调整流量控制阀,先逐步关小流量阀,检查执行元件能否达到规定的最低速度及平稳性,然后按其工作要求的速度来调整。

(4)调整自动工作循环和顺序动作,检查各动作的协调性和顺序动作的正确性。

(5)各工作部件的空载条件下,按预定的工作循环或顺序连续运转 2~4 h 后,检查油温及系统所要求的各项精度,一切正常后,方可进入负载调试。

10.1.5 负载调试

负载调试是在规定负载条件下运转,进一步检查系统的运行质量和存在的问题。负载调试时,一般应逐步加载和提速,轻载试车正常时,才逐步将压力阀和流量阀调节到规定值,以进行最大负载试车。

气压传动系统的调试与液压传动系统的调试类似。

10.2 液压与气压传动系统的使用与维护

10.2.1 液压传动系统的使用与维护

使用液压设备,必须建立有关使用和维护方面的制度,以保证液压系统正常地工作。

1.液压系统的使用

(1)泵启动前应检查油温。油温过高或过低时都应使油温达到相应要求才能正式工作。工作中也应随时注意油液温升。

(2)液压油要定期检查更换。对于新用设备,使用三个月左右即应清洗油箱,更换新油。以后应按要求每隔半年或一年进行清洗和换油一次。要注意观察油液位高度,及时排除气体。

(3)使用中应注意过滤器的工作情况,滤芯应定期清理或更换。

(4)设备若长期不用,应将各调节旋钮全部放松,防止弹簧产生永久变形而影响元件性能。

2.液压设备的维护保养

维护保养应分日常检查、定期检查和综合检查三个阶段进行。

(1)日常检查通常是在泵启动前、启动后和停止运转前检查油量、油温、压力、漏油、噪声、振动等情况,并随之进行维护和保养。

(2)定期检查的内容包括:调查日常检查中发现异常现象的原因并进行排除;对需要维修的部位,分解检修。定期检查的间隔时间通常为 2~3 个月。

(3)综合检查大约每年一次,其主要内容是检查液压装置的各元件和部件,判断其性能和寿命,并对产生故障的部位进行检修或更换元件。

定期检查和综合检查均应做好记录,以此作为设备出现故障查找原因或设备大修的依据。

10.2.2 气动系统的使用维护

气动系统的使用与保养也分为日常维护、定期检查和系统大修。不同的是它还应注意以下几个方面：

(1)开机前后要放掉系统中的冷凝水。

(2)定期给油雾器加油。

(3)日常维护需对冷凝水和系统润滑进行管理。

(4)随时注意压缩空气的清洁度，对分水滤气器的滤芯要定期清洗。

10.3 液压气动元件与系统的故障分析和排除

10.3.1 液压传动系统的故障分析和排除

液压设备是由机械、液压、电气及仪表等装置有机地组合成的统一体，系统中，各种元件和机械以及油液大都在封闭的壳体和管道内，出现故障时，比较难找出故障原因，排除故障也比较麻烦。一般情况下，任何故障在演变为大故障之前都会伴随着有种种不正常的征兆，如出现不正常的声音，工作机构速度下降、无力或不动作，油箱液面下降，油液变质，外泄漏加剧，油温过高，管路损伤，出现糊焦气味等。通过肉眼观察、耳听、手摸、鼻嗅等发现，加上翻阅记录，可找到原因和处理方法。分析故障之前必须弄清液压系统的工作原理、结构特点与机械、电气的关系，然后根据故障现象进行调查分析，缩小可疑范围，确定故障区域、部位，直至某个液压元件。

液压系统故障许多是由元件故障引起的，因此首先要熟悉和掌握液压元件的故障分析和排除方法，这可参见前面相关内容，这里将液压系统常见故障的分析和排除方法列表10.1至表10.10说明如下。

表 10.1 齿轮泵常见故障及其排除方法

故　障	产生原因	排除方法
不吸油，输油不足压力提不高	1.电动机转向错误。 2.吸入管道或滤油器堵塞。 3.轴向间隙或径向间隙过大。 4.各连接处泄漏，有空气混入。 5.油液黏度太大或油液温升太高。	1.纠正电动机旋转方向。 2.疏通管道，清洗滤油器，换新油。 3.修复更换有关零件。 4.紧固各连接处螺钉，避免泄漏严防空气混入。 5.油液应根据温升变化选用。
噪声严重压力波动大	1.油管及滤油器部分堵塞或吸油管吸入口处滤油器容量小。 2.从吸入管或轴密封处吸入空气或者油中有气泡。 3.泵轴与联轴器同轴度超差或擦伤。 4.齿轮本身的精度不高。 5.油液黏度太大或温升太高。	1.除去脏物，使吸油管畅通，或改用容量合适的滤油器。 2.连接部位或密封处加点油，如果噪声减小，可拧紧管接头或更换密封圈，回油管管口应在油面以下，与吸油管要有一定距离。 3.调整同轴度，修复擦伤。 4.更换齿轮或对研修整。 5.应根据温升变化选用油液。

续表 10.1

故　障	产生原因	排除方法
液压泵旋转不灵活或咬死	1.轴向间隙及径向间隙过小。 2.油泵装配不良,泵和电动机的联轴器同轴度不好。 3.油液中杂质被吸入泵体内。 4.前盖螺孔位置与泵体后盖通孔位置不对,拧紧螺钉后别劲而转不动。	1.检测泵体、齿轮,修配有关零件。 2.根据油泵技术要求重新装配。 3.调整同轴度,严格控制在 0.2 mm 以内严防周围灰沙、铁屑及冷却水等物进入油池,保持油液洁净。 4.用钻头或圆锉将泵体后盖孔适当修大再装配。

表 10.2　叶片泵常见故障、产生原因及排除方法

故　障	产生原因	排除方法
液压泵吸不上油或无压力	1.泵的旋转方向不对,泵吸不上油。 2.液压泵传动键脱落。 3.进出油口接反。 4.油箱内油面过低,吸入管口露出液面。 5.转速太低吸力不足。转速低,离心力无法使叶片从转子槽内移出,形成不可变化的密封空间。 6.油液黏度过高使叶片运动不灵活。 7.油温过低,使油黏度过高。 8.系统油液过滤精度低导致叶片在槽内卡住。 9.吸入管道或过滤装置堵塞或过滤器过滤精度过高造成吸油不畅。 10.吸入管道漏气。	1.可改变电机转向,一般泵上有箭头标记,无标记时,可对着泵轴方向观察,泵轴应是顺时针方向旋转。 2.重新安装传动键。 3.按说明书选用正确接法。 4.补充油液至最低油标线以上。 5.检查动力源将转速调到规定值。 6.运用推荐黏度的工作油。 7.加温至推荐正常工作温度。 8.拆洗、修磨液压泵内脏件,仔细重装,并更换油液。 9.清洗管道或过滤装置,除去堵塞物,更换或过滤油箱内油液,按说明书正确选用滤油器。 10.检查管道各连接处,并予以密封、紧固。
流量不足达不到额定值	1.转速未达到额定转速。 2.系统中有泄漏。 3.由于泵长时间工作、振动,使泵盖螺钉松动。 4.吸入管道漏气。 5.吸油不充分: (1)油箱内油面过低。 (2)入口滤油器堵塞或通流量过小。 (3)吸入管道堵塞或通径小。 (4)油液黏度过高或过低。 6.变量泵流量调节不当。	1.按说明书指定额定转速选用电动机转速。 2.检查系统,修补泄漏点。 3.拧紧螺钉。 4.检查各连接处,并密封紧固。 5.充分吸油: (1)补充油液至最低油标线以上。 (2)清洗过滤器或选用通流量为泵流量两倍以上的滤油器。 (3)清洗管道,选用不小于泵入口通径的吸入管。 (4)选用推荐黏度的工作油。 6.重新调节至所需流量。

续表 10.2

故　障	产 生 原 因	排 除 方 法
压力升不上去	1.泵吸不上油或流量不足。 2.溢流阀调整压力太低或出现故障。 3.系统中有泄漏。 4.由于泵长时间工作、振动,使泵盖螺钉松动。 5.吸入管道漏气。 6.吸油不充分。 7.变量泵压力调节不当。	1.同前述排除方法。 2.重新调试溢流阀压力或修复溢流阀。 3.检查系统,修补泄漏点。 4.拧紧螺钉。 5.检查各连接处,并予以密封紧固。 6.同前述排除方法。 7.重新调节至所需压力。
噪声过大	1.吸入管道漏气。 2.吸油不充分。 3.泵轴和原动机轴不同心。 4.油中有气泡。 5.泵转速过高。 6.泵压力过高。 7.轴密封处漏气。 8.油液过滤精度过低导致叶片在槽中卡住。 9.变量泵止动螺钉误调失当。	1.检查各连接处,并予以密封紧固。 2.同前述排除方法。 3.重新安装达到说明书要求精度。 4.补充油液或采取结构措施,把回油浸入油面以下。 5.选用推荐转速。 6.降压至额定压力以下。 7.更换油封。 8.拆洗修磨泵内脏件并仔细重新组装,并更换油液。 9.适当调整螺钉至噪声达到正常。
过度发热	1.油温过高。 2.油液黏度太低,内泄过大。 3.工作压力过高。 4.回油口直接接到泵入口。	1.改善油箱散热条件或增设冷却器,使油温控制在推荐正常工作油温范围内。 2.选用推荐黏度工作油。 3.降压至额定压力以下。 4.回油口接至油箱液面以下。
振动过大	1.轴与电动机轴不同心。 2.安装螺钉松动。 3.转速或压力过高。 4.油液过滤精度过低导致叶片在槽中卡住。 5.吸入管道漏气。 6.吸油不充分。 7.油中有气泡。	1.重新安装达到说明书要求精度。 2.拧紧螺钉。 3.调整至需用范围以内。 4.拆洗修磨泵内零件重新组装,并更换油液或重新过滤油箱内油液。 5.检查各连接处,并予以密封紧固。 6.同前述排除方法。 7.补充油液或采取结构措施,把回油浸入液面以下。
外渗漏	1.密封老化或损伤。 2.进出油口连接部位松动。 3.密封面磕碰。 4.外壳体砂眼。	1.更换密封。 2.紧固螺钉或管接头。 3.修磨密封面。 4.更换外壳体。

表 10.3 轴向柱塞泵常见故障、产生原因及排除方法

故　障	产 生 原 因	排 除 方 法
流量不够	1.油箱液面过低,油管及滤油器堵塞或阻力太大以及漏气等。 2.泵壳内预先没有充好油,留有空气。 3.液压泵中心弹簧折断,使柱塞回程不够或不能回程,引起缸体和配油盘之间失去密封性能。 4.配油盘及缸体或柱塞与缸体之间磨损。 5.对于变量泵有两种可能,如为低压可能是油泵内部摩擦等原因,使变量机构不能达到极限位置造成偏角过小所致;如为高压,可能是调整误差所致。 6.油温太高或太低。	1.检查储油量,把油加至油标规定线,排除油管堵塞,清洗滤油器,紧固各连接处螺钉,排除漏气。 2.排除泵内空气。 3.更换中心弹簧。 4.清洗去污,研磨配油盘与缸体的接触面,单缸研配,更换柱塞。 5.低压时,可调整或重新装配变量活塞及变量头,使之活动自如;高压时,纠正调整误差。 6.根据温升选用合适的油液或采取降温措施。
压力脉动	1.配油盘与缸体或柱塞与缸体之间磨损,内泄或外漏过大。 2.对于变量泵可能由于变量机构的偏角太小,使流量过小,内漏相对增大,因此不能连续对外供油。 3.伺服活塞与变量活塞运动不协调,出现偶尔或经常性的脉动。 4.进油管堵塞,阻力大及漏气。	1.磨平配油盘与缸体的接触面,单缸研配,更换柱塞,紧固各连接处螺钉,排除漏损。 2.适当加大变量机构的偏角,排除内部漏损。 3.偶尔脉动,多因油脏,可更换新油;经常脉动,可能是配合件研伤或别劲,应拆下研修。 4.疏通进油管及清洗进口滤油器,紧固进油管段的连接螺钉。
噪　声	1.泵体内留有空气。 2.油箱油面过低,吸油管堵塞或阻力大,以及漏气等。 3.泵和电机不同心,使泵和传动轴受径向力。	1.排除泵内的空气。 2.按规定加足油液,疏通进油管,清洗滤油器,紧固进油段连接螺钉。 3.重新调整,使电动机与泵同心。
发　热	1.内部泄漏过大。 2.运动件磨损。	1.修研各密封配合面。 2.修复或更换磨损件。
漏　损	1.轴承回转密封圈损坏。 2.各接合处O形密封圈损坏。 3.配油盘与缸体或柱塞与缸体之间磨损(会引起回油管外漏增加,也会引起高低腔之间内漏)。 4.变量活塞或伺服活塞磨损。	1.检查密封圈及各密封环节,排除内漏。 2.更换O形密封圈。 3.磨平接触面,配研缸体,单配柱塞。 4.严重时更换。

续表 10.3

故　　障	产　生　原　因	排　除　方　法
变量机构失灵	1.控制管路上的单向阀弹簧折断。 2.变量头与变量壳体磨损。 3.伺服活塞、变量活塞以及弹簧心轴卡死。 4.个别管路道堵死。	1.更换弹簧。 2.配研两者的圆弧配合面。 3.机械卡死时,用研磨的方法使各运动件灵活;油脏时,更换新油。 4.疏通管路,更换油液。
泵不能转动（卡死）	1.柱塞与油缸卡死(可能是油脏或油温变化引起的)。 2.滑靴因柱塞卡死或因负载大时启动而引起脱落。 3.柱塞球头折断(原因同上)。	1.油脏时,更换新油;油温太低时,更换黏度较小的油液。 2.更换或重新装配滑靴。 3.更换柱塞。

表 10.4　液压缸常见故障、产生原因及排除方法

故　　障	产　生　原　因	排　除　方　法
爬行和局部速度不均匀	1.空气侵入液压缸。 2.缸盖活塞杆孔密封装置过紧或过松。 3.活塞杆与活塞不同心。 4.液压缸安装位置偏移。 5.液压缸内孔表面直线性不良。 6.液压缸内表面锈蚀或拉毛。	1.设排气阀,排除空气。 2.密封圈密封应保证能用手平稳地拉动活塞杆而无泄漏,活塞杆与活塞同轴度偏差不得大于 0.01 mm,否则应矫正或更换。 3.活塞杆全长直线度偏差不得大于 0.2 mm,否则应矫正或更换。 4.液压缸安装位置不得与设计要求相差大于 0.1 mm。 5.液压缸内孔椭圆度、圆柱度不得大于内径配合公差之半,否则应进行镗铰或更换缸体。 6.进行镗磨,严重者更换缸体。
冲　　击	1.活塞与缸体内径间隙过大或节流阀等缓冲装置失灵。 2.纸垫密封冲破,大量泄油。	1.保证设计间隙,间隙过大应换活塞,检查修复缓冲装置。 2.更换新纸垫,保证密封。
缓冲过长	1.缓冲装置结构不正确三角节流槽过短。 2.缓冲节流回油口开设位置不对。 3.活塞与缸体内径配合间隙过小。 4.缓冲的回油孔道半堵塞。	1.修正凸台与凹槽,加长三角节流槽。 2.修改节流回油口的位置。 3.加大至要求的间隙。 4.清洗回油孔道。
推力不足或速度减慢	1.活塞与缸体内径间隙过大,内泄漏严重。 2.活塞杆弯曲,阻力增大。 3.活塞上密封圈损坏,增大泄漏或增大摩擦力。 4.液压缸内表面有腰鼓形造成两端通油。	1.更换磨损的活塞,单配活塞其间隙为 0.03~0.04 mm。 2.校正活塞杆。 3.更换密封圈,装配时不应过紧。 4.镗磨油缸内孔,单配活塞。

表 10.5 齿轮马达常见故障、产生原因及排除方法

故　障	产　生　原　因	排　除　方　法
转速降低、输出扭矩降低	1.油泵供油量不足,油泵因磨损轴向间隙和径向间隙增大,内泄漏量增大;或者油泵电机转数与功率不匹配等原因,造成输出油量不足,造成马达的流量也减少。 2.液压系统调压阀调压失灵压力上不去,各控制阀内泄漏量增大等原因,造成进入马达 的流量和压力不够。 3.油液黏度过小,致使液压系统各部分内泄漏量增大。 4.马达本身的原因,如 CM 型马达的侧板和齿轮两侧面磨损拉伤,造成高低压腔之间内泄漏量大,甚至串腔。特别是当转子和定子接触线因齿形精度差或者拉伤时,泄漏更为严重,造成转速下降,输出扭矩降低。 5.工作负载较大,转速降低。	1.清洗滤油器,修复油泵,保证合理的间隙,更换能满足转速和功率要求的电机等。 2.检查调压阀调压失灵的原因,并针对性地排除。 3.选用合适黏度的油液。 4.研磨修复马达侧板的齿轮两面,并保证装配间隙即马达体也研磨掉相应尺寸。 5.检查负载过大的原因并排除。
噪声过大并伴随振动和发热	1.系统吸进空气,原因主要有:滤油器因污物堵塞、泵进油管接头漏气、油箱液面太低、油液老化等。 2.马达本身的原因,主要有:齿轮齿形精度不好或接触不良;轴向间隙过小;马达滚针轴承破裂;马达个别零件损坏;齿轮内孔与端面不垂直,马达前后盖轴承孔不平行等原因,造成旋转不均衡,机械摩擦严重,噪声大和振动现象。	1.清洗滤油器,减少液压油的污染;泵进油管路管接头拧紧,密封破损的予以更换;油箱油液补充添加至油标要求位置;油液污染老化严重的予以更换等。 2.对研齿轮或更换齿轮;研磨有关零件,重配轴向间隙;更换破损的轴承;修复齿轮和有关零件的精度;更换损坏的零件;避免输出轴过大的不平衡径向负载。
油封漏油	1.泄油管的压力高。 2.马达油封破损。	1.泄油管要单独引回油箱,而不要共用马达回油管路;泄漏管通路因污物堵塞或设计过小时,要设法使泄油管油液畅通流回油箱。 2.更换油封,并检查马达轴的拉伤情况进行研磨修复,避免再次拉伤油封。

表10.6 溢流阀常见故障、产生原因及排除方法(以YF型溢流阀为例)

故　障	产生原因	排除方法
压力波动不稳定	1.先导阀调压弹簧过软(装错)或歪扭变形。 2.锥阀与阀座接触不良或磨损。 3.油液中混进空气。 4.油不清洁,阻尼孔堵塞。	1.更换弹簧。 2.锥阀磨损或有毛病就更换。新锥阀卸下调整螺母,推几下导杆,使其接触良好。 3.防止空气进入,并排除已进入的空气。 4.更换或修研阀座。 5.清洁油液,疏通阻尼孔。
调整无效	1.弹簧断裂或漏装。 2.阻尼孔堵塞。 3.滑阀卡住。 4.进出油口装反。 5.锥阀漏装。	1.检查、更换或补装弹簧。 2.疏通阻尼孔。 3.拆出、检查、修整。 4.检查油源方向并纠正。 5.检查、补装。
显著漏油	1.锥阀与阀座接触不良。 2.滑阀与阀体配合间隙过大。 3.管接头没拧紧。 4.接合面纸垫冲破或铜垫失效。	1.锥阀磨损或有毛病时,更换新的锥阀。 2.更换滑阀,重配间隙。 3.拧紧连接螺钉。 4.更换纸垫或铜垫。
显著噪声及振动	1.螺母松动。 2.弹簧变形不复原。 3.滑阀配合过紧。 4.主滑阀动作不良。 5.锥阀磨损。 6.出口油路中有空气。 7.流量超过允许值。 8.和其他阀产生共振。	1.紧固螺母。 2.检查并更换弹簧。 3.修研滑阀,使其灵活。 4.检查滑阀与壳体是否同心。 5.更换锥阀。 6.排出空气。 7.调换流量大的阀。 8.微调阀额定压力值(一般额定压力值偏差在0.5 MPa以内,易发生共振)。

表10.7 减压阀常见故障、产生原因及排除方法

故　障	产生原因	排除方法
压力不稳定,有波动	1.油液中混入空气。 2.阻尼孔有时堵塞。 3.滑阀与阀体内孔圆度达不到规定的要求,使阀卡住。 4.弹簧变形或在滑阀中卡住,使滑阀移动困难,或弹簧太软。 5.钢球不圆,钢球与阀座配合不好或锥阀安装不正确。	1.排除油液中空气。 2.疏通阻尼孔及换油。 3.修研阀孔,修配滑阀。 4.更换弹簧。 5.更换钢球或拆开锥阀调整。
输出压力低,升不高	1.顶盖处泄漏。 2.钢球或锥阀与阀座密合不良。	1.拧紧螺钉或更换纸垫。 2.更换钢球或锥阀。
不起减压作用	1.回油孔的油塞未拧出,使油闷住。 2.顶盖方向装错,使出油孔和回油孔沟通。 3.阻尼孔被堵死。 4.滑阀被卡死。	1.将油塞拧出,接上回油管。 2.检查顶盖上孔的位置是否装错。 3.用直径为1 mm的针清理小孔并换油。 4.清理和研配滑阀。

表 10.8 单向阀常见故障、产生原因及排除方法

故　　障	产 生 原 因	排 除 方 法
发出异常的声音	1.油液的流量超过允许值。 2.与其他阀共振。 3.在卸压单向阀中,用于立式大油缸等的回油,没有卸压装置。	1.更换流量大的阀。 2.可略微改变阀的额定压力也可试调弹簧的强弱。 3.补充卸压装置回路。
阀与阀座有严重泄漏	1.阀座锥面密封不好。 2.滑阀或阀座拉毛。 3.阀座碎裂。	1.重新研配。 2.重新研配。 3.更换并研配阀座。
不起单向作用	1.滑阀在阀体内咬住,主要是由于:阀体孔变形、滑阀配合时有拉毛、滑阀变形胀大。 2.漏装弹簧。	1.修研阀座孔、修除毛刺、修研滑阀外径。 2.补装适当的弹簧(弹簧的最大压力不大于30 N)。
结合处渗漏	螺钉或管螺纹没拧紧	拧紧螺钉或管螺纹

表 10.9 换向阀常见故障、产生原因及排除方法

故　　障	产 生 原 因	排 除 方 法
滑阀不能动作	1.滑阀被堵塞。 2.阀体变形。 3.具有中间位置的对中弹簧折断。 4.操纵压力不够。	1.拆开清洗。 2.重新安装阀体的螺钉使压紧力均匀。 3.更换弹簧。 4.操纵压力必须大于0.35 MPa。
工作程序错乱	1.滑阀被拉毛,油中有杂质或热膨胀使滑阀移动不灵活。 2.电磁阀的电磁铁坏了,力量不足或漏磁等。 3.液动换向阀滑阀两端的控制阀(节流单向阀)失灵或调整不当。 4.弹簧过软或太硬,使阀通油不畅。 5.滑阀与阀孔配合太紧或间隙过大。 6.因压力油的作用使滑阀局部变形。	1.拆卸清洗、配研滑阀。 2.更换或修复电磁铁。 3.调整节流阀、检查单向阀是否封油良好。 4.更换弹簧。 5.检查配合间隙使滑阀移动灵活。 6.在滑阀外圆上开1×0.5 mm的环形平衡槽。
电磁线圈发热过高或烧坏	1.线圈绝缘不良。 2.电磁铁铁芯与滑阀轴线不同心。 3.电压不对。 4.电极焊接不对。	1.更换电磁铁。 2.重新装配使其同心。 3.按规定纠正。 4.重新焊接。
电磁铁控制的方向阀作用时有响声	1.滑阀卡住或摩擦过大。 2.电磁铁不能压到底。 3.电磁铁铁芯接触面不平或接触不良。	1.修研或调配滑阀。 2.校正电磁铁高度。 3.清除污物,修正电磁铁铁芯。

表 10.10 液压系统常见故障的分析和排除方法

故　　障	产　生　原　因		排　除　方　法
产生振动和噪声	1.液压泵吸空	①进油口密封不严,以致空气进入。	①拧紧进油管接头螺帽,或更换密封件。
		②液压泵轴颈处油封损坏。	②更换油封。
		③进口过滤器堵塞或通流面积过小。	③清洗或更换过滤器。
		④吸油管径过小、过长。	④更换管路。
		⑤油液黏度太大,流动阻力增加。	⑤更换黏度适当的液压油。
		⑥吸油管距回油管太近。	⑥扩大两者距离。
		⑦油箱油量不足。	⑦补充油液至油标线。
	2.固定管卡松动或隔振垫脱落。		2.加装隔振垫并紧固。
	3.压力管路管道长且无固定装置。		3.加设固定管卡。
	4.溢流阀阀座损坏、高压弹簧变形或折断。		4.修复阀座、更换高压弹簧。
	5.电动机底座或液压泵架松动。		5.紧固螺钉。
	6.泵与电动机的联轴器安装不同轴或松动。		6.重新安装,保证同轴度小于0.1 mm。
系统无压力或压力不足	1.溢流阀	①在开口位置被卡住。	①修理阀心及阀孔。
		②阻尼孔堵塞。	②清洗。
		③阀心与阀座配合不严。	③修研或更换。
		④调压弹簧变形或折断。	④更换调压弹簧。
	2.液压泵、液压阀、液压缸等元件磨损严重或密封件破坏造成压力油路大量泄漏。		2.修理或更换相关元件。
	3.压力油路上的各种压力阀的阀心被卡住而导致卸荷。		3.清洗或修研,使阀心在阀孔内运动灵活。
	4.动力不足。		4.检查动力源。
系统流量不足(执行元件速度不够)	1.液压泵吸空。		1.见前。
	2.液压泵磨损严重,容积效率下降。		2.修复达到规定的容积效率或更换。
	3.液压泵转速过低。		3.检查动力源将转速调整到规定值。
	4.变量泵流量调节变动。		4.检查变量机构并重新调整。
	5.油液黏度过小,液压泵泄漏增大,容积效率降低。		5.更换黏度适合的液压油。
	6.油液黏度过大,液压泵吸油困难。		6.更换黏度适合的液压油。
	7.液压缸活塞密封件损坏,引起内泄漏增加。		7.更换密封件
	8.液压马达磨损严重,容积效率下降。		8.修复达到规定的容积效率或更换。
	9.溢流阀调定压力值偏低,溢流量偏大。		9.重新调节。
液压缸爬行(或液压马达转动不均匀)	1.液压泵吸空。		1.见前。
	2.接头密封不严,有空气进入。		2.拧紧接头或更换密封件。
	3.液压元件密封损坏,有空气进入。		3.更换密封件保证密封。
	4.液压缸排气不彻底。		4.排尽缸内空气。
油液温度过高	1.系统在非工作阶段有大量压力油损耗。		1.改进系统设计,增设卸荷回路或改用变量泵。
	2.压力调整过高,泵长期在高压下工作。		2.重新调整溢流阀的压力。
	3.油液黏度过大或过小。		3.更换黏度适合的液压油。
	4.油箱容量小或散热条件差。		4.增大油箱容量或增设冷却装置。
	5.管道过细、过长、弯曲过多,造成压力损失过大。		5.改变管道的规格及管路的形状。
	6.系统各连接处泄漏,造成容积损失过大。		6.检查泄漏部位,改善密封性。

10.3.2 气压系统常见故障和排除方法

一般气动系统发生故障的原因是:(1)机器部件的表面故障或者是元件堵塞。(2)控制系统的内部故障。经验证明,控制系统故障的发生概率远远小于与外部接触的传感器或者机器本身的故障。

气压系统常见故障及排除方法见表10.11。

表10.11 气压系统常见故障及排除方法

故 障	原 因	排除方法
二次压力升高	1.减压阀复位弹簧损坏。 2.减压阀座有伤痕或阀座橡胶剥离。 3.减压阀体与阀导向处粘附异物。 4.减压阀心导向部分与阀体的密封圈损坏。 5.膜片破裂。	1.更换复位弹簧。 2.更换阀座。 3.清洗,检查滤清器。 4.更换密封圈。 5.更换膜片。
换向阀不换向	1.阀心移动阻力大,润滑不良。 2.密封圈老化变形。 3.滑阀被异物卡住。 4.弹簧损坏。 5.阀操纵力小。	1.改进润滑。 2.更换密封圈。 3.清除异物,使滑阀移动灵活。 4.更换弹簧。 5.检查操纵部分。
阀产生振动和噪声	1.压力阀的弹簧力减弱,或弹簧错位。 2.阀体与阀杆不同轴。 3.控制电磁阀的电源电压低。 4.空气压力低(先导式换向阀)。 5.电磁铁活动铁芯密封不良。	1.更换弹力茂盛叙谈 把弹簧调整到正确位置。 2.检查并调整位置偏差。 3.提高电源电压。 4.提高气控压力。 5.检查密封性,必要时更换铁芯。
分水滤气器压力降过大	1.使用的滤芯过细。 2.滤芯网眼堵塞。 3.流量超过滤清器的容量。	1.更换适当的滤芯。 2.用净化液清洗滤芯。 3.换大容量的滤清器。
从分水滤气器输出端溢出冷凝水和异物	1.未及时排出冷凝水。 2.自动排水器发生故障。 3.滤芯破损。 4.滤芯密封不严。	1.定期排水或安装自动排水器。 2.检修或更换。 3.更换滤芯。 4.更换滤芯。
油雾器滴油不正常	1.通往油杯的空气通道堵塞。 2.油路堵塞。 3.测量调整螺钉失效。 4.油雾器反向安装。	1.检修。 2.检修、疏通油路。 3.检修、调换螺钉。 4.改变安装方向。

续表 10.11

故　障	原　因	排除方法
元件和管路阻塞	压缩空气质量不好,水汽、油雾含量过高。	检查过滤器、干燥器,调节油雾器的滴油量。
元件失压或产生误动作	元件和管路连接不符合要求(线路太长)。	合理安装元件与管路,尽量缩短信号元件与主控阀的距离。
流量控制阀的排气口阻塞	管路内的铁锈、杂质使阀座被粘连或堵塞。	清除管路内的杂质或更换管路。
元件表面有锈蚀或阀门元件严重阻塞	压缩空气中凝结水含量过高。	检查、清洗滤清器、干燥器。
气缸出现短时的输出力下降	供气系统压力下降。	检查管路是否泄漏、管路连接处是否松动。
活塞杆速度有时不正常	由于辅助元件的动作而引起的系统压力下降。	提高压缩机供气量或检查管路是否泄漏、阻塞。
活塞杆伸缩不灵活	压缩空气中含水量过高,使气缸内润滑不好。	检查冷却器、干燥器、油雾器工作是否正常。
气缸的密封件磨损过快	气缸安装时轴向配合不好,使缸体和活塞杆上产生支承应力。	调整气缸安装位置或加装可调支承架。
系统停用几天后,重新启动时润滑部件动作不畅	润滑油结胶。	检查、清洗油水分离器或调小油雾器的滴油量。

附　录

附录　常用液压传动图形符号

（摘自 GB 786.1—93）

附表 1　基本符号、管路及连接

名　称	符　号	名　称	符　号
工作管路		单通路旋转接头	
控制管路		连接管路	
柔性管路		带单向阀的快换接头	
不带单向阀快换接头		三通路旋转接头	

附表 2　动力源及执行机构

名　称	符　号	名　称	符　号
液压泵		单活塞杆缸（带弹簧复位）	
单向定量液压泵			
双向定量液压泵		柱塞缸	

续附表 2

单向变量液压泵		伸缩缸	
双向变量液压泵		液压马达	
单向定量液压马达		双向定量液压马达	
单向变量液压马达		双向变量液压马达	
摆动马达		定量液压泵－马达	
变量液压泵－马达		液压整体式传动装置	
双活塞杆缸		不可调单向缓冲缸	
可调单向缓冲缸		不可调双向缓冲缸	
单活塞杆缸		可调双向缓冲缸	

附表3 控制方式

名　　称	符　　号	名　　称	符　　号
直线运动的杆		顶杆式	
转运动的轴		可变行程控制式	
定位装置		弹簧控制式	W
锁定装置		滚轮式	
弹跳机构		单向滚轮式	
人力控制		液压先导加压控制	
按钮式		液压先导加压控制	
拉钮式		液压二级先导加压控制	
按－拉式		气－液先导加压控制	
手柄式		电－液先导加压控制	
单向踏板式		液压先导卸压控制	
双向踏板式		液压先导卸压控制	

续附表 3

加压或卸压控制		电－液先导控制	
差动控制	2　1	先导型压力控制阀	W
内部压力控制	45°	先导型比例电磁式压力控制阀	
外部压力控制		双作用可调电磁操作	
单作用电磁铁		旋转运动电气控制装置	M
双作用电磁铁		电反馈	
单作用可调电磁操作			

附表 4　控制阀

名　称	符　号	名　称	符　号
溢流阀	W	或门型	
先导型溢流阀	W		
直动式比例溢流阀		二位二通电磁阀	W
			W
先导比例溢流阀		二位三通电磁阀	W

续附表 4

卸荷溢流阀	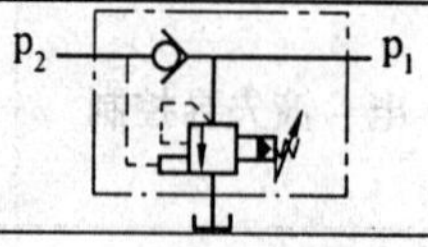 p_2 p_1	二位三通电磁球阀	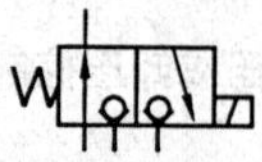
双向溢流阀	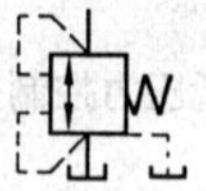	二位四通电磁阀	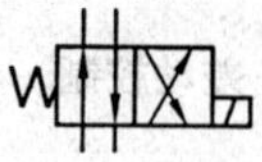
减压阀	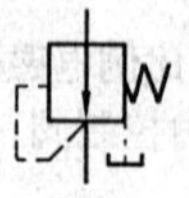	二位五通液动阀	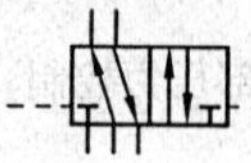
先导型减压阀	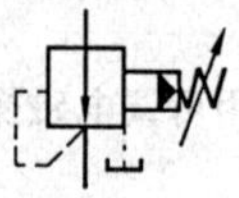	二位四通机动阀	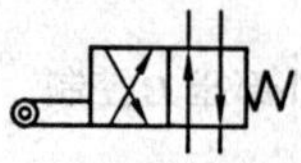
溢流减压阀	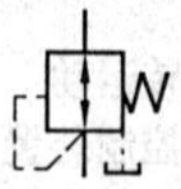	三位四通电磁阀	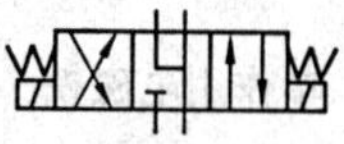
先导型比例电磁式溢流减压阀	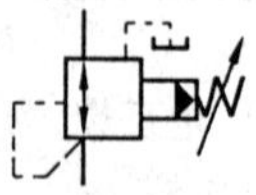	三位四通电液阀	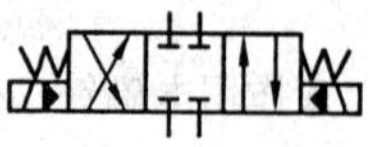
定比减压阀	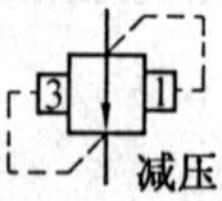 3 1 减压比1/3	三位六通手动阀	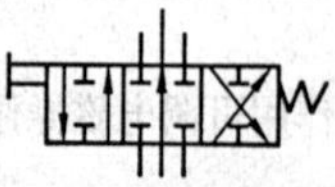
定差减压阀	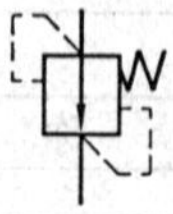	三位五通电磁阀	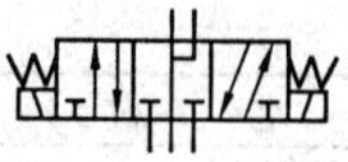
顺序阀	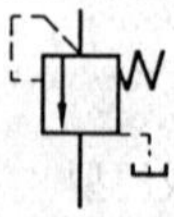	三位四通电液阀	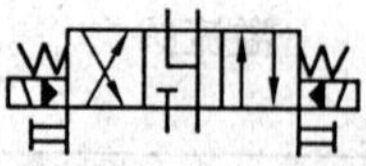
先导型顺序阀	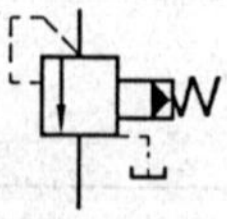	三位四通比例阀	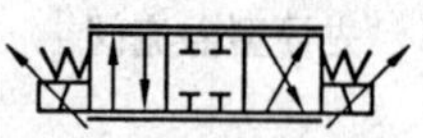
单向顺序阀(平衡阀)	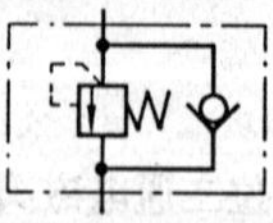	三位四通比例阀	
卸荷阀	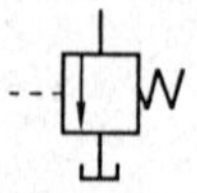	二位四通比例阀	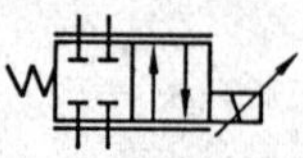
三位四通伺服阀	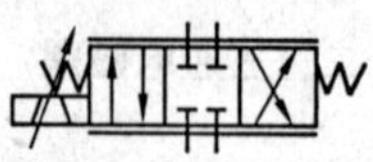	单向调速阀	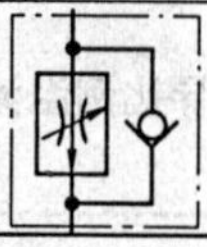

续附表 4

双溢流制动阀	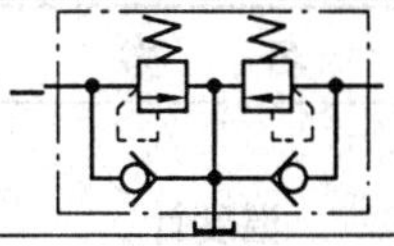	四通电液伺服阀	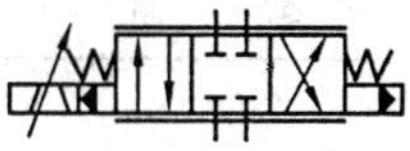
溢流油桥制动阀	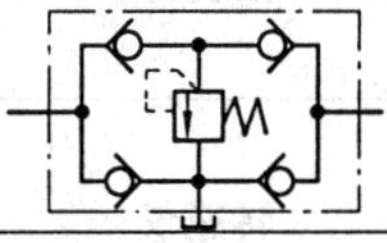		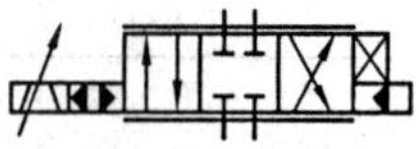
单向阀	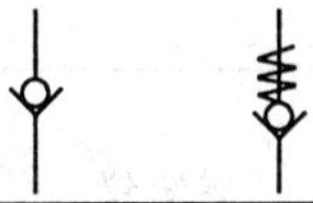	可调节流阀	
液控单向阀		不可调节流阀	
单向节流阀	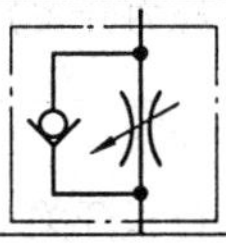	双单向节流阀	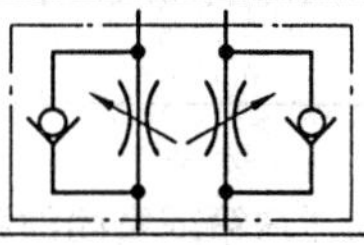
截止阀		滚轮控制节流阀 (减速阀)	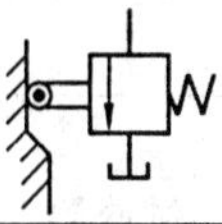
双液控单向阀	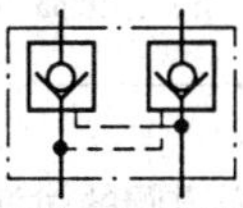	分流阀	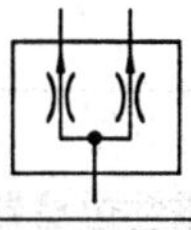
调速阀	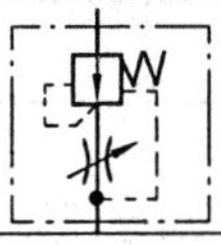	单向分流阀	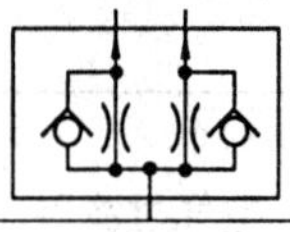
调速阀		集流阀	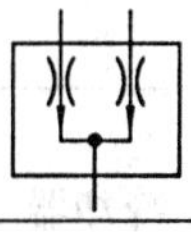
旁通型调速阀	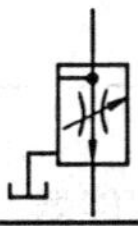	分流集流阀	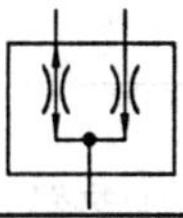

附表 5 辅件和其他装置

名 称	符 号	名 称	符 号
油箱(管端在液面上)		温度计	
油箱(管端在液面下)		转速仪	
油箱(管端在油箱底部)		转矩仪	
局部泄油或回油		压力继电器(压力开关)	
加压油箱或密闭油箱		行程开关	
过滤器		带污染指示器的过滤器	
磁性过滤器		带旁通阀的过滤器	
空气过滤器		压差开关	
冷却器		气体隔离式蓄能器	
加热器		蓄能器	
压力表(计)		重锤式蓄能器	
气 罐		弹簧式蓄能器	

续附表 5

名　　称	符　　号	名　　称	符　　号
液位计		液压源	
检流计 (液流指示器)		气压源	
流量计		电动机	M
累计流量计 (压力显控器)		原动机	M (电动机除外)

参考文献

[1] 雷天觉.新编液压工程手册[M].北京:机械工业出版社,1998.
[2] 王致清.流体力学基础[M].北京:高等教育出版社,1988.
[3] 罗惕乾.流体力学[M].北京:机械工业出版社,1998.
[4] 王春行.液压伺服控制系统[M].北京:机械工业出版社,1981.
[5] 李芝主.液压传动[M].北京:机械工业出版社,2001.
[6] 姚新主.液压与气动[M].北京:高等教育出版社,2003.
[7] 章宏甲,黄谊,王积伟.机床液压传动[M].北京:机械工业出版社,2000.
[8] 姜佩东.液压与气动技术[M].北京:高等教育出版社,2000.
[9] 薛祖德.液压传动[M].北京:中央广播电视大学出版社,1986.
[10] 许福玲.液压与气压传动[M].武汉:华中科技大学出版社,2001.
[11] 何存兴,张铁华.液压传动与气压传动[M].武汉:华中科技大学出版社,2000.
[12] 陈奎生.液压与气压传动[M].武汉:武汉理工大学出版社,2001.
[13] 黄志坚.液压设备故障分析与技术改进[M].武汉:华中理工大学出版社,1999.
[14] 马玉贵.液压件使用与维修技术大全[M].北京:中国建材工业出版社,1995.
[15] 嵇光国.液压泵故障诊断与排除[M].北京:机械工业出版社,1997.
[16] 全国液压气动标准化技术委员会.液压气动标准汇编[G].北京:中国标准出版社,1997.
[17] 王孝华,赵中林.气动元件及系统的使用与维护[M].北京:机械工业出版社,1996.
[18] 梨启柏.液压元件手册[M].北京:冶金工业出版社,2000.
[19] 黄谊,章宏甲.机床液压传动习题集[M].北京:机械工业出版社,1990.
[20] 夏廷栋,杜绍武.液压系统的使用与管理[M].北京:机械工业出版社,1986.